应用型本科系列规划教材

航空维修导论

主　编　赵　辉　任淑红
副主编　韩非非　王　菁

西北工业大学出版社
西　安

【内容简介】 在推进高等教育高质量发展的形势下，结合航空业大发展的需要，本书首先从航空器全生产周期的角度出发，宏观、系统地介绍了航空维修及适航要求；然后，通过航空维修思想介绍引入维修大纲；最后对航空维修中的管理、可靠性和适航性等内容进行了介绍。同时，考虑到教学需要，对飞机发动机结构、航空维修所需的英语术语和概率基础进行了基础性介绍。

本书可以作为普通高等学校航空航天类和机械类高年级本科生教材，也可以作为航空维修领域初级技术人员的培训教材或参考书。

图书在版编目(CIP)数据

航空维修导论 / 赵辉，任淑红主编. —西安：西北工业大学出版社，2022.12
ISBN 978－7－5612－8502－2

Ⅰ.①航… Ⅱ ①赵… ②任… Ⅲ.①航空器-维修 Ⅳ.①V267

中国版本图书馆 CIP 数据核字(2022)第 239848 号

HANGKONG WEIXIU DAOLUN
航 空 维 修 导 论
赵辉 任淑红 主编

责任编辑：华一瑾 刘 茜 **策划编辑**：华一瑾
责任校对：李阿盟 **装帧设计**：李 飞
出版发行：西北工业大学出版社
通信地址：西安市友谊西路 127 号 邮编：710072
电　　话：(029)88493844，88491757
网　　址：www.nwpup.com
印 刷 者：陕西奇彩印务有限责任公司
开　　本：787 mm×1 092 mm 1/16
印　　张：23.125
字　　数：577 千字
版　　次：2022 年 12 月第 1 版 2022 年 12 月第 1 次印刷
书　　号：ISBN 978-7-5612-8502-2
定　　价：68.00 元

前 言

航空维修的重要性毋庸置疑，而且，随着人们认识的不断提升，在现代科技的支撑之下，航空维修涵盖了航空器的设计、制造、运营等全过程，成为集管理、工程于一体的系统，是航空业不可或缺的重要组成部分。航空维修的对象是航空器，现代航空器是一个大型复杂系统。为保持这样的一个复杂系统处于一定的可靠性、安全性和经济性水平，必然需要有与之对应的比较完善的航空维修理论、方法和实践体系。

我们国家的科技发展进入了新时代，高等教育的人才培养也进入了"质量为王"的阶段。随着"民航强国"等战略的深入实施，航空维修所需的人才紧缺。面对这样的形势，高校培养的航空维修方面的人才应该具备怎么样的知识体系和能力素养，以更好地对接行业需求，是我们在教学实践中不断思考的问题。

一方面，随着时代的发展、科技的进步以及人才培养的需要，学生需要学习的知识面在不断扩展；另一方面，教学安排的总学时呈减少趋势。在这种情况下，如何从人才培养的整体高度和实际情况出发，既可以照顾到面又可以适应少学时现状等情况，对课程内容进行优化设置，也是我们在教学实践中不断努力探索的方向。本书也是我们探索工作的一个重要内容。

在本书的编写过程中，首先从航空器全生命周期的角度出发，宏观地介绍了航空维修及适航要求。然后，通过航空维修思想介绍引入维修大纲、维修计划文件和维修方案。同时对航空维修作业管理、维修保障、质量管理等内容进行了介绍。考虑到不同专业学生的知识差异等实际情况，书中的内容教师可以根据实际情况选讲。

本书各章的执笔人如下：第 1、5、6 章由赵辉编写，第 8～11 章由任淑红编写，第 3、7 章和附录 2、3 由王菁编写，第 2、4 章和附录 1 由张春凤编写，韩非非参与了第 5、6、8、10 章部分内容的编写。全书由赵辉负责统稿。深圳航空公司的刘长旭、河南机场集团的钟志平、西安航空发动机(集团)有限公司的李庆宇等同志提供了部分参考资料，并提出了许多宝贵意见。在本书的编写过程中引用和参考了诸多文献资料，在此，向其作者以及提供帮助和指导的同志们一并表示诚挚的感谢。

由于认识和经验的局限性，本书的错误和不妥之处在所难免，诚望广大读者批评指正。

编 者

2022 年 9 月

目　　录

第1章 绪　　论

▶导学

航空维修涵盖了航空维修工程、航空维修管理和航空维修技术等多方面的内容。学生应从宏观角度了解航空维修的内涵，理解航空维修相关领域的基础概念等，是本章的主要内容。

学习重点：航空维修相关基本概念，维修在产品生命周期中的位置和地位，航空维修的历史。

▶学习目标

(1)熟悉“产品”和“产品质量”的定义，熟悉产品的“维修性”“可靠性”“测试性”“安全性”“保障性”和“环境适应性”六个质量特性的定义。

(2)了解“管理”的定义，知道管理的作用。

(3)掌握“维修”的定义，了解维修的分类。

(4)清楚维修性工程、维修工程、维修管理和维修之间的关系。

(5)熟悉航空维修历史。

(6)了解质量及质量管理、安全及安全管理体系。

航空维修是一种具有行业特性的维修，维修对象是航空器。航空器是一个复杂的工程系统。面对这个系统，一方面需要有系统的理论和方法，另一方面需要相应的组织和管理，多管齐下来解决航空器全生命周期内的维修问题。

1.1　产品及其质量

1.1.1　产品和产品质量

产品是满足顾客需求的一种供给，包括无形的服务和有形的物品。对产品有需求的顾客可以是个人，也可以是部门、单位、行业和国家等。个人或组织都可以成为产品的提供者。

产品能够为顾客提供一种或多种功能(functions)，以满足顾客的需求。产品实现其功能的能力称为性能(performance)。产品能够满足顾客需要而具备的一组固有的属性(property)和特性(character)，称为产品质量特性。产品质量特性满足顾客需要的程度称为产品质量(quality)。产品的性能、可靠性、安全性、经济性、寿命和美学等均属于产品质量范畴。

产品的质量标准是衡量产品质量的尺度。产品的质量标准有多种类型，根据制定标准的部门和标准适用范围不同，可以分为国际标准、国际性区域标准、国家标准、行业标准、地方标准和企业标准；根据标准化对象不同，标准又可以分为技术标准、管理标准和工作标准；我国国家标准按照标准性质，划分为强制性标准和推荐性标准。

产品是有生命周期的。产品的生命周期是指产品从概念到退役的演变过程。《系统工程和软件工程——生命同期管理　第一部分：生命周期管理指南》(ISO/IEC/IEEE 24748－1：2018)给出了典型的系统生命周期，分为概念阶段(concept stage)、研发阶段(development stage)、生产制造阶段(production stage)、使用阶段(utilization stage)、支持阶段(support stage)和退役(retirement stage)六个阶段。这些阶段之间存在相互依赖和实践上的相互重叠。也有学者将产品的生命周期划分为可行性及概念研究(feasibility & concept phase)、研发阶段(design & development phase)、生产制造阶段(manufacturing phase)、安装调试阶段(installation & commissioning phase)、运行维修阶段(operating & maintenance phase)和报废处置阶段(removal & disposal phase)。

在产品生命周期不同阶段，产品的质量有所差异，如图 1.1 所示。有时将设计与生产质量称为“固有质量”(inherent quality)。一般而言，在交付与使用过程中，总是希望产品的质量能够保持在固有质量水平之上，这一目的主要靠维修和后勤保障来实现。另外，需求主要是指产品的利益相关方对产品的期望；而要求则是指法律法规、标准等对产品质量的要求。

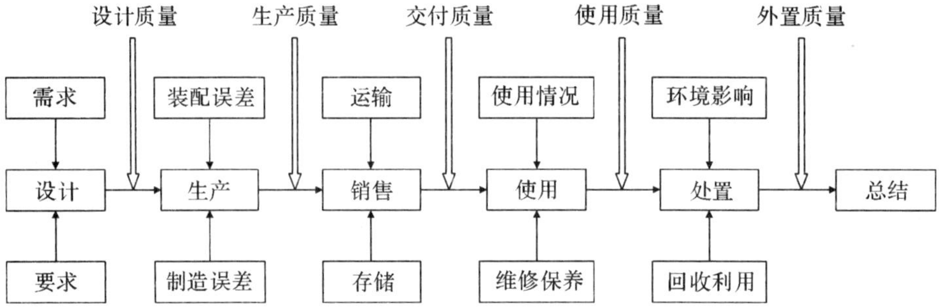

图 1.1　在产品生命周期不同阶段产品的质量

1.1.2　产品的质量要求

产品的质量特性包括专用特性(如尺寸、质量、速度等)、通用特性(如可靠性、安全性、维修性、测试性、保障性等)、适应性、经济性和时间性等很多方面。

根据用途不同，产品可以划分为军品和民品。军品和民品的质量要求有相同之处，也有差异，不能笼统地认为军品质量就一定优于民品。下面通过介绍武器装备的“六性”，来了解产品的质量要求。

武器装备是一种特殊用途的产品，为了提高武器装备的性能、质量和作战效能，《质量管理体系要求》(GJB 9001B—2009)针对装备的可靠性、维修性、保障性、安全性、测试性和环境适应性提出了相应的设计和实施要求。这六个性质，简称“六性”。“六性”属于产品的通用质量特性，但不同类型的产品，对这六个性质的要求是有差异的。下面逐一对这六个性质进行简单介绍。

1. 可靠性(reliabitity)

可靠性是指产品在规定时间内和规定条件下,完成规定功能的能力。

对可靠性这一概念有以下几点说明:

(1)可靠性是产品的一种属性。

(2)可靠性的概率度量称为可靠度。

(3)"规定的条件"包括使用时的环境条件,如温度、振动、湿度、冲击等;使用时的工作应力条件、维护方法;存储时的存储条件等。

(4)一般而言,产品的可靠性随着产品使用或存储时间的增长而下降。因此,可靠性又分为设计和制造获得的"固有可靠性"以及在运行使用中形成的"使用可靠性"。

(5)"规定功能"就是产品应该具备的技术指标。

(6)可靠性又分为硬件可靠性、软件可靠性和人的可靠性。

(7)产品可靠性要求有定性要求和定量要求两类。常用的可靠性定量要求指标有可靠度[($R(t)$]、平均故障前时间(Mean Time To Failure,MTTF)、平均故障间隔时间(Mean Time Between Failure,MTBF)和故障率(λ)等,将在后续内容中进行详细介绍。

(8)产品的可靠性通过可靠性工程①得以实现。可靠性工程贯穿产品全寿命过程,往往采用调查分析、实验研究、故障或维修活动分析等手段,探寻产品受外界环境影响程度及相互关系,从而发现可靠性的内在规律并采用相应手段和管理方法提高产品可靠性、延长产品的寿命和使用效能、降低在维修保障方面人力物力的支出以节约成本,以及及时发现、预防、消除故障等,主要包括可靠性指标的论证与确定、分配与预计、可靠性设计与评审、试验与鉴定及可靠性数据收集与反馈等。

随着社会生产力不断提升和人们生活水平的提高,对产品可靠性要求越来越高。驱动产品提高可靠性的动力有竞争、安全因素、市场压力、客户需求、法律和法规、环境要求、维修成本、保险和保密要求等。同时,可靠性学科在系统工程、维修规划、产品质量、环境保护、风险分析、保险计划、全生命周期成本和技术品质等诸多工作中具有十分重要的作用。

可靠性工作涵盖产品生命周期的所有阶段,在可靠性设计、可靠性提升计划、维修、可修件库存计划及管理、备件供应(spare parts supply)、到寿件(end-of-life products)的回收和再制造(recycling and remanufacturing)等方面发挥作用。

2. 维修性(maintainability)

维修性是指产品在规定的条件下和规定的时间内,按照规定的程序和方法进行维修时,保持或恢复到规定状态的能力。在《装备维修性工作通用要求》(GJB 3688B—2009)中,提出了维修性工作项目包括维修性及其工作项目要求的确定、维修性管理、维修性设计与分析、维修性试验与评价和使用期间维修性评价与改进。

对维修性这一概念的几点说明:

① 可靠性工程　有学者将可靠性工作划分为可靠性工程和可靠性服务两类。本书统一称为可靠性工程。

(1)维修性是产品的一种质量特性,是由设计赋予产品维修简便、迅速和经济的固有属性。

(2)"规定的条件"是指维修的机构和场所,以及相应的人员与设备、设施、工具、备件、技术资料等资源;"规定的程序和方法"是指按技术文件规定的维修工作类型(内容)、步骤和方法;"规定的时间"是指规定的维修时间。

(3)这里的维修包括预防性维修、修复性维修、战场损伤修复及软件维护。

(4)描述维修性的指标有定量要求和定性要求之分。常用的定量指标有平均修复时间(MTTR)、平均预防性维修时间、维修停机时间率、维修工时率和恢复功能用的任务时间(MTTRF)。这些定量指标将在后续章节中详细介绍。

3. 保障性(supportability)

保障性是指装备的设计特性及拟定的保障资源能够满足平时战备和战时使用要求的能力。良好的保障性能够保证装备在合理的寿命周期费用下实现其战备完好性的要求。为确定和达到产品保障性要求而开展的一系列技术和管理活动称为保障性工程。

保障性是由装备和保障系统构成的装备系统的综合特性,是从保障的角度对装备系统设计特性的描述。保障性强调装备自身的设计特性和外部的保障条件两个方面。前者主要是要求装备设计的可靠性高、易于维修、测试方便快捷以及易于保障且便于保障;后者主要是要求装备使用和维修过程中用的保障设备、设施、人员、资料及备件等保障资源和条件配置合理,具备良好的保障条件。

维修性要求有定量要求和定性要求之分。常用的定量指标有可用度(Operational Availability,AO)、能执行任务率(Mission Capable Rate,MCR)、出动架次率(Sortie Generation Rate,SGR)、再次出动准备时间、保障设备利用率、保障设备满足率、备件利用率、备件满足率和人员培训率等。保障性定性要求在设计特性方面体现为将装备自身设计得易于保障;在保障资源方面,则体现为从产品研制开始就要同步考虑和安排适宜的保障资源,如人力保障、备件保障、技术资料保障、训练保障、保障设施和包装、运输、存储保障等。

4. 测试性(testability)

测试性是指产品能够及时、准确地确定工作状态(可工作、不可工作或工作性能下降)并隔离其内部故障的一种设计特性。

良好的测试性,须能够及时准确检测到装备发生的故障并确定故障部位。装备测试主要分为内部测试和外部测试两种方式。内部测试主要是指装备在加电或控制信号引发时,机内测试(Built-In Test, BIT)装置进行的测试;外部测试主要是指不在装备正常操作环境下,利用自动测试设备或人工对装备进行的测试。

测试性定量指标主要有:故障检测率(Fault Detect Rate,FDR)、故障隔离率(Fault Isolation Rate,FIR)和虚警率(False Alarm Rate,FAR)。

5. 安全性(safety)

安全性用于表征产品不导致人员伤亡、系统毁坏、重大财产损失或不危及人员健康和环境的能力。

6. 环境适应性

环境适应性一般是指装备在其寿命周期内预计可能遇到的各种环境的作用下能实现其所有预定功能、性能和不被破坏的能力，是装备的重要质量特性之一。其中，环境是指装备寿命周期内规定使用的环境，包括自然环境和诱发环境两类。自然环境如温度、湿度、风、盐雾、灰尘、微生物和太阳辐射等；诱发环境如振动、冲击、噪声、电磁干扰、污染物、摇摆、跌落和加速度等。

1.2 故障与失效

1.2.1 故障

故障(failure)是指系统无法实现所要求的固有功能。

对该定义有以下几点解释：

(1)故障是一个事件(event)，发生在某一个时间点上。

(2)系统的功能是为了满足人们的需要，通过设计、制造实现的，这些功能不一定是完善的。

(3)一般说来，系统性能下降是一个缓慢的过程。当所要求的功能不能满足系统性能要求时，就会出现故障。

(4)故障的原因可能有一个或多个，如设计问题、制造问题、安装问题、使用问题或维修问题等。

故障有其发生的机理，即导致故障发生的物理、化学或其他类型的过程。需要注意的是，故障原因说明了设备为什么发生了故障，而故障机理则说明了设备是如何不能正常工作的。例如，一台液压缸卡在某个位置上，出现不能进行直线运动的故障。该故障的机理是丧失了保持滑动面分离的润滑性能，但其故障的原因有无数种可能，如由于污染、选型错误或污垢等导致的润滑油问题。

故障可以分为主要故障(primary failure)和次要故障(secondary failure)。主要故障是指该故障不是由另一个元件的故障或失效直接或间接造成的。次要故障则是指该故障由另一个元件的故障或失效直接或间接造成的，也称二次故障。

故障发生的概率往往和事件有关。因为时间的推移而导致的故障称为老化故障(aging failure)。因设备运行时间(operating time)、运行使用次数(the number of operations)或使用强度(applied stresses)导致的故障称为耗损故障(wear-out failure)。

故障模式(failure mode)是指系统出现故障的方式。故障模式仅仅是对故障如何发生的进行了描述，而不涉及故障发生的原因。

1.2.2 失效

失效(fault)是系统的一种状态，当系统处于此状态时，无法实现其所要求的固有功能。

从定义中可以看出，失效是系统的状态；前述的故障则是一个事件。为了更好地区分二者，可以使用系统性能曲线图来说明，如图 1.2 所示。从图中可以看出，当系统性能随时间下降到某一时刻时，其性能处于容许下限，系统出了故障；同时，系统的状态从正常转到失效，如不进行维修，则系统一直处于失效状态。

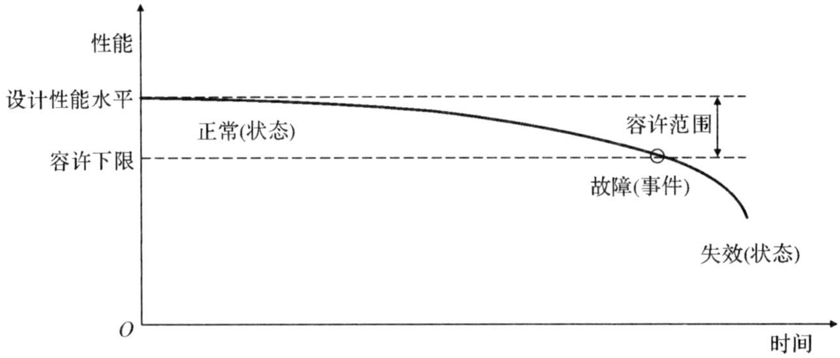

图 1.2　故障和失效

失效可以分为两类：一类是直接因故障而导致系统失效，此类失效比较容易找到原因；另一类是在系统设计、制造、运输、安装、运行或维护等过程中，因人为因素或误判导致的系统失效。后一类失效的原因，和第一类失效中的那些故障完全不同，比较隐蔽，如果未被激发，系统平时工作正常。因此，称这类失效为系统性失效(systematic fault)。软件错误导致的失效就是典型的系统性失效。

1.3　维　　修

1.3.1　维修的定义

为了满足特定需求，人们设计和建造了大量工程系统。常见的工程系统有各类产品、工厂和基础设施等。每一个工程系统都会随着时间、运行等而退化，并最终失效。当一个工程系统不能执行其设计和建造时的预期功能时，就说它出故障了。

工程系统可能处于正常状态或故障状态。工程系统出现故障后，如果可以通过维修恢复到正常工作状态，称其为可修复系统；否则称为不可修复系统，工程系统将进入报废状态。工程系统执行指定任务所需的正常运行时间，称为任务时间(mission time)；工程系统不能执行其规定任务的时间，称为停机时间(downtime)。

维修是指在一个工程系统的生命周期内，为使其保持、恢复到规定的技术状态或对其进行改进而采取的所有技术、行政和管理活动的集合。

为了更好理解维修这一定义，从下述几个方面进行解释和说明：

(1)维修的对象是工程系统。工程系统包含构成该系统的零部件、软件等所有要素在内。本书主要介绍航空器的维修。

(2)维修的目的是保证工程系统处于规定的技术状态。技术状态是指在技术文件中规定并在产品中达到的物理特性和功能特性,包含了设计出的技术状态、制造出的技术状态和维护与维修出的技术状态。在工程系统研制阶段,一般由技术状态管理工作保障其技术状态的标识、控制、审核和纪实。

(3)维修涵盖了工程系统的全生命周期,即从研发开始,直到工程系统退出市场或退役为止。对于航空器来说,在研发阶段,通过对维修目标的具体化,形成维修要求,并在设计与制造阶段将维修要求落实,从而形成了固有可靠性/维修性;而在使用过程中,通过维修又形成了使用可靠性/维修性。通过维修,应该让使用可靠性和固有可靠性之间保持于合理区间范围,图 1.3 所示为各个阶段中航空维修的主要内容。一般情况下,提到航空维修,是指图 1.3 下部围绕"使用可靠性"开展的相关工作,甚至是指"维修作业"。对于大多数人而言,维修由一组按要求顺序实施的维修活动组成。维修活动包含维护和修理两个方面。维护是指保持设备良好工作状态所做的所有工作,如清洗、润滑、涂油、检查调校以及补充能源或燃料等消耗品;修理是指恢复设备良好工作状态所做的一切工作,如检查、判断故障、排除故障、排除故障后的测试以及全面翻修等。

(4)从所发挥的作用角度看,维修包括保持工程系统到其规定的技术状态、恢复工程系统到其规定的技术状态或对工程系统进行改进三类。第一类称为预防性维修(Preventive Maintenance,PM);第二类称为事后维修(Corrective Maintenance,CM),第三类则称为改进性维修(Improvement Maintenance,IM)。

(5)维修包含了技术(工程、科学、工艺等)、商业(经济、法律、营销等)和管理(制造商、客户和维护服务提供者)三个方面的内容。在维修中,程序是必不可少的环节,无论在维修的哪一个环节,都必须严格按照程序开展工作。

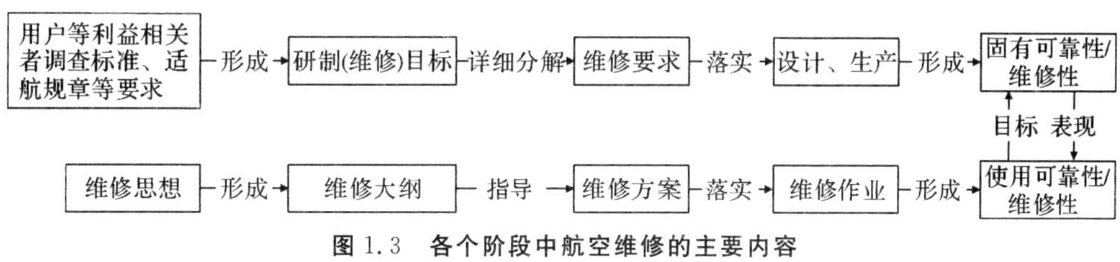

图 1.3　各个阶段中航空维修的主要内容

航空维修是一类特殊的维修,其维修对象是航空器。由于航空器的特殊用途,人们对其维修的要求和一般的工程系统维修有所不同。航空维修的基本要求为安全、可靠及经济。因此,以最低的维修成本保障航空器的安全性和可靠性是航空维修追求的根本目标。

1.3.2　维修的分类

依据标准的不同,维修可以有多种分类。从维修所起到的作用看,可以将维修划分为预防性维修、事后维修和改进性维修。根据维修任务执行时间,可以将维修分为计划维修和非计划维修。一般来说,事后维修属于非计划维修;预防性维修和改进性维修属于计划维修。图 1.4 所示为维修分类情况。

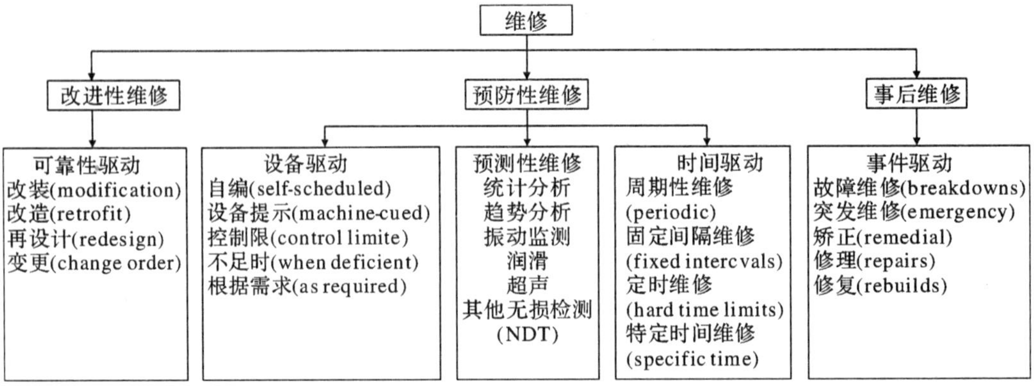

图 1.4　维修分类

1.3.2.1　预防性维修

预防性维修是在发生故障之前，使产品保持在规定的状态所进行的各种维修活动。预防性维修活动一般包括擦拭、润滑保养、调整、检查、定期拆修和定期更换等。预防性维修适用于故障后果危及安全、影响任务完成或导致较大经济损失等情况。预防性维修包括定时维修、视情维修、主动维修和基于运行人员的维修(Operator - Based Maintenance, OBM)。下面分别给出它们的定义。

1. 定时维修(Hard-time Maintenance，HM)

定时维修是指以时间为依据的维修。维修人员根据生产计划和经验，按照规定的时间间隔对设备状态进行检查，以确定是否有故障或即将有故障发生的迹象；或者使用检查列表或任务程序单，按照要求进行检查、更换、获取数据等，并记录异常或其他发现。定时维修适用于已经知道产品的寿命分布规律且确有耗损期，产品故障和使用时间之间存在明确的关系，且产品中大部分零、部件能工作到预期时间的情况。

定时维修也适用于那些对安全有直接不良影响的项目和那些可靠性随使用年限增加而下降但又没有可能对其进行维护检查的项目。

定时维修的优点很多，如：提前计划好维修，人员、物资等得到较好保障；提高了产品的安全和质量状态。定时维修同样存在一些缺点，如：维修活动增多、维修成本提高；过度维修；只适用于劣化与寿命相关的情况。

2. 视情维修(On-condition Maintenance，OM)

视情维修又称为预测性维修(Predictive Maintenance，PdM)、基于状态的维修(Condition Based Maintenance，CBM)。视情维修指通过对产品进行定期或长期的状态监测和故障诊断，判断设备所处状态，预测设备状态未来趋势，根据其状态发展趋势和可能的故障模式，预先制定预测性维修计划，确定机器应该修理的时间、内容、方式和必需的技术与物资支持。视情维修监测的对象为产品可能发生功能故障的二次失效，常用的监测分析技术有振动分析、红外热成像、声/超声测量、滑油分析、电学量(如电流等)测试、冲击脉冲法、部分放电和电晕检测以及运行性能参数(如压力、温度、流量等)分析。

可见，实施视情维修有两个前提：①大多数故障不是突然发生的，而是经过一段时间形成的；②产品的状态可以用某个或某些物理量表示，且这些物理量可以被观测。

视情维修的检查计划是基于产品状态而非事先安排的时间间隔或周期。它适用于耗损故障初期有明显劣化征候的产品，并要求有适用的监测手段和标准；同时，它一般需要有专门的设备和团队。

视情维修程序还包括定期搜集数据，以便用来揭示部件、系统或发动机的物理状态。视情数据必须针对单个的部件、系统或发动机。通过分析和评估视情数据，要能够确定对象的持续适航性、故障阻抗的衰退情况以及故障的临界状态。在轮胎面和刹车内衬检查、发动机定期孔探、发动机滑油分析以及发动机状态监控等工作中，通过测量对象的性能降低程度，并与规定的标准进行比较，从而确定对象的剩余寿命。

研究表明，采用完善的视情维修大纲，可以降低15%～30%的维修成本、减少20%～40%的停机时间并提升15%～25%的生产率。

3. 主动维修(Proactive Maintenance)

需要指出的是，主动维修的定义尚存争议。这里给出一个常见的定义：基于在视情维修或定时维修中发现的问题，提出主动维修的任务，如依据根源及故障分析的结果确定的任务，主动采取事前的维修措施，将其控制在一个合理的范围内，以防止引发产品发生进一步的故障或失效。其中根源包括油液污染度、物体的理化性能及温度等。

4. 基于运行人员的维修

基于运行人员的维修是指操作人员执行一些基本的维护活动。基于运行人员的维修成本低、收益高。运行人员通过执行少量的例行和重复维护任务，以保持设备高效地工作，达到预期的目的。这也称为全面生产维修(Total Productive Maintenance, TPM)或自主维护。

1.3.2.2　事后维修

事后维修又称为修复性维修、排故、修理，是指对发生了故障的产品进行修理，使其恢复到所规定的状态。事后维修是设备有了故障才维修，即坏了再修。事后维修活动一般包括准备、故障定位和隔离、分解、更换、再装、调校、检测以及修复损坏件等。事后维修又分为立即修复和延迟修复两大类。

1.3.2.3　改进性维修

改进性维修是指经过有关责任单位批准，以提高产品的技术性能、可靠性或维修性，或弥补产品在使用、安全等方面的设计不足，或使之适合特殊用途为目的，对产品进行改装或改进的维修活动。改进性维修已经改变了产品的设计状态，可以视为常规维修的延伸。

德国将维修划分为服务(servicing)、检查(inspection)、修复(repair)和改进(improvement)。其中，服务是指减少磨损的任务，如润滑、清洁、调整和校准；检查是指以确定和评估对象的实际状态，包括产生该状态的原因和继续使用的必要后果；修复是指恢复失效产品的功能，即事后维修；改进是指在不改变产品原有功能的情况下，提高产品的可靠性、可维护性，也包括更换磨损部件。

在民航领域，维修指导小组(Maintenance Steering Group，MSG)将维修划分为预防性维修和事后维修两类。其中，预防性维修又可以划分为润滑或勤务、操作/目视检查、检查/功能检查、恢复和报废五种类别。

大修(overhaul)是指对物品/设备进行全面检查和修复，并按耐久时间(durability)或使用期限将其恢复到可接受的水平。

此外，在民航领域还经常使用状态监控(Condition Monitoring，CM)。状态监控对象是没有确定的寿命限制或明确的损耗周期的单个部件或系统，状态监控就是对这些部件或系统的故障率、拆卸等情况进行监控。监控项目通常用在没有预期工作寿命(即项目的可靠性一般不会随着工龄而下降)，此时项目处于随机失效形式。状态监控程序适用于一些复杂系统，无法预测故障的任何其他部件或系统。在民航领域，状态监控多用于因冗余而使得故障对安全性和适航性没有影响或根本不影响适航性的那些项目。需要注意的是，状态监控不是故障预防程序。没有适合于评估状态监控项目的寿命的维修工作，也没有在发生故障前对此类项目进行更换的要求，因此状态监控要一直使用到故障发生为止，对其进行更换则属于计划外维修。

1.3.3 航空维修

航空维修是一类与行业紧密相关的维修。航空维修的对象是航空器，如飞机、直升机等。因为涉及人民生命安全和财产安全，所以对航空器的安全性、可靠性等质量特性要求很高。航空维修自然也以安全性、可靠性为核心要求。在民航领域，还需要考虑维修的经济性。也有人将安全性、可靠性和经济性称为航空维修的“黄金三角”。

在航空器的生命周期中，因受外部环境、使用情况等众多因素的影响，航空器的性能会降低，甚至会出现故障。这一过程可以类比为“熵”增。众所周知，“熵”在工程热力学中表示系统的有序程度，系统的熵值越大，其无序程度越高。航空器是按照一定的规范和标准设计并制造出来的，此时处于熵值较低状态，即系统有序程度很高；随着时间的增长，航空器的熵值在增长，即系统的无序性在增长；当这种无序性增长到某种程度时，航空器可能会出现故障。通过维修，可以将航空器系统的无序性恢复到或接近其设计状态。

为了便于讨论问题，一般需要将涉及的范围进行界定，从而形成了维修性工程、维修工程、综合后勤保障等相似又有区别的名词。下面对这些名词进行简要介绍。

1. 维修性工程和维修工程

在前面曾做过介绍，维修性是产品的一种质量特性，并通过设计、制造来实现的。维修性工程是指为了达到产品的维修性要求所进行的一系列设计、研制、生产和试验工作《可靠性维修性保障性术语》(GJB 451A—2005)。其任务是应用一套系统规范的管理和技术方法，指导与控制装备寿命周期过程中维修性论证、设计和评价，以便实现装备的维修性设计目标。

维修工程是运用系统工程理论和方法，使装备的维修性设计和维修保障系统实现综合优化的工程技术《军事装备维修基本术语》(GJB/Z 20365—1996)。其任务是应用各种技术、工程技能和各项工作综合以确定维修要求、设计维修技术以及规划维修工作，合理科学地组织与实施维修，保证产品能够得到经济有效的维修，实现维修质量与效益的最大化。

基思·莫布里等人在《维修工程手册》(第七版)中将维修工程定义为维修工程……是确保维修技术的有效性、通过设计和改进以提高装备的维修性、研究面临的维修技术难题，并采取合适的维修和改进措施。

可见，维修工程既包含了维修任务的规划、设计和管理，维修保障系统的规划和控制等方面的内容，又包含了维修技术、维修设计在内。

同时，还需要注意以下几方面内容：

(1)维修工程的核心方法论是系统工程思想。

(2)维修工程的对象是全系统，其时间过程涵盖系统的全寿命周期。

(3)维修工程的直接目的是优化工程系统的设计特性、维修方案和维修保障系统，使维修及时、有效、安全且经济。

(4)维修工程学是维修工程的一部分。维修工程学一般包括维修要求、维修策略、维修思想、维修方案、维修保障系统和维修管理 6 个方面，具体内容涉及维修的规划设计、维修保障系统规划运筹、维修决策与管理以及工程系统与外维修有关的设计特性和要求(如可靠性、维修性、安全性、可用性、测试性、保障性和环境适应性等)。维修工程学主要解决采用何种维修策略、维修工作何时开展以及如何配置维修资源等问题。这些也是本书重点介绍的内容。

(5)一些和维修紧密相关的内容，如传感测量、故障诊断、维修工艺等，主要用于指导开展具体的维修作业，本书不做过多介绍。

根据维修性工程和维修工程的定义可以看出：

(1)维修工程规划设计维修技术途径，为维修性设计要求提供依据。维修性工程遵照维修工程所确定的要求，选定其设计特性，并把这些特性结合到装备的设计中。

(2)维修性设计评审、试验与评定要与维修工程相结合，以评价设计措施的合理性和有效性。

2. 综合后勤保障

综合后勤保障(Integrated Logistics Support，ILS)是美国国防部在 20 世纪 50 年代提出的，其定义为：“综合后勤保障是一个管理和技术过程，通过这些过程，后勤活动和后勤保障要素以及时有效的方式进行规划、采办、实现、测试和供给。”

从定义中可以看出，综合后勤保障的控制对象是各后勤保障要素，包括维护计划、支持和测试设备、后勤支援、运输和处置、技术资料、设施、设计接口、人员和培训、后勤保障资源资金以及后勤保障管理与信息等；目标则是在使装备满足指定的性能要求的前提下降低后勤保障成本。

1.3.4 航空维修简史

维修源于何时目前尚无定论。不少人认为，自人类发明工具以来，维修就已成为一种需要而存在了。随着生产力水平的提高和人类文明的不断进步，越来越多的工程系统被发明、制造出来，维修日益普遍。

工程系统是不可靠的，如系统会随着时间发生退化，甚至失效。因此，工程系统离不开维修。通过维修，将工程系统保持在其固有可靠性水平上。一般而言，通过预防性维修将工程系统的退化过程进行控制，使其在较长时间内处于可靠区间内，并通过事后维修将工程系统恢复到规定的状态。

1769 年，瓦特发明了蒸汽机，同时也被视为现代工程维修的起点。在 20 世纪 40 年代之前，“坏了再修”的思想较为普遍，均采用事后维修策略。

载人飞行的飞机在 1903 年由莱特兄弟发明。在飞机出现的早期，飞机结构简单，可靠性差，往往是单位飞行小时就需要进行数个小时的维修。随着科技发展，飞机结构越来越复杂，维修成本越来越高。后来，飞机适航体系逐步构建起来。根据适航要求，新型号飞机或现有型号的改型飞机，均要制定相应的维修大纲，制造商以维修大纲为基础制定维修方案，在制造商维修方案指导下，航空公司制定自己的维修方案。

到了 20 世纪 50 年代，人们发现，按照适航要求开展的定时维修“失灵”了。一方面，存在过度维修，造成了大量浪费；另一方面，定时维修没有发挥作用，甚至导致了故障。美国联邦航空局(Federal Aviation Administration，FAA)联合部分航空公司进行了深入的调查研究。1967 年，美国联合航空公司以书面形式发表了《应用决断图表制订维修大纲的逻辑分析方法》，奠定了后来波音公司的 MSG－1 的基本框架。后来，为了给波音 747 飞机制订维修大纲，波音公司组建了一个专门的维修指导组(Maintenance Steering Group，MSG)，在运用前述研究成果的基础上，总结出一个用于指导制订预定维修大纲的文件《维修评审与大纲的制定》(Maintenance Evaluation and Program Evaluation)，这个文件后来被称为 MSG－1。

1970 年，美国联合航空公司和波音公司对逻辑决断法进行了改进，并删掉有关波音 747 飞机的具体内容，获得了一个适用于所有飞机的通用性文件《MSG－2：航空公司/制造厂商维修计划文件》(Airline/Manufacturer Maintenance Program Planning Document)。

1978 年，受美国国防部委托，美国联合航空公司的诺兰与希普编写出版了《以可靠性为中心的维修》(*Reliability-Centered Maintenance*)一书。该著作利用从飞机维修行业收集的数据，建立了一套基本上可以适用于所有行业、任何硬件设施的可靠性分析方法。维护是在组件级别进行的，一个项目(组件或更高级别)的维护工作是该项目的可靠性及其正常运行时故障的后果的函数。在 RCM 中，维修在组件(component)级进行，一个项目(组件或更高层级)的维修工作取决于该项目的可靠性及其在正常运行时的故障后果(consequence of its failure)。故障后果包括安全、经济、运行和环境 4 个方面。RCM 理念的核心是，通过对组件故障后果的评估，来决定采取何种维修措施。目前，RCM 在军事、核电等领域得到了广泛的应用。

同一时期，日本学者提出了全员生产维护(Total Productive Maintenance，TPM)。在

TPM 理念中,维修对设备的可用性、生产率和输出质量均有影响,因此被视为对制造有重要的影响。TPM 的核心是,通过全体员工的参与实现自主维护。

在 20 世纪 70—80 年代初期,产生了新的维修策略:基于状态的维修(Condition Based Maintenance,CBM)。CBM 基于大多数失效不是突然发生的,而是经过一段时间形成的这一事实。即大部分故障在它们要发生时都有一些预告信号,这些预告信号被称为潜在故障。如果可以检测到这些预告信号,就可以采取措施,预防故障发生或避免故障后果。这一事实可以用图 1.5 中的 *P-F*(Potential Failure-Functional Failure)曲线表示。CBM 建立在传感技术发展基础之上。

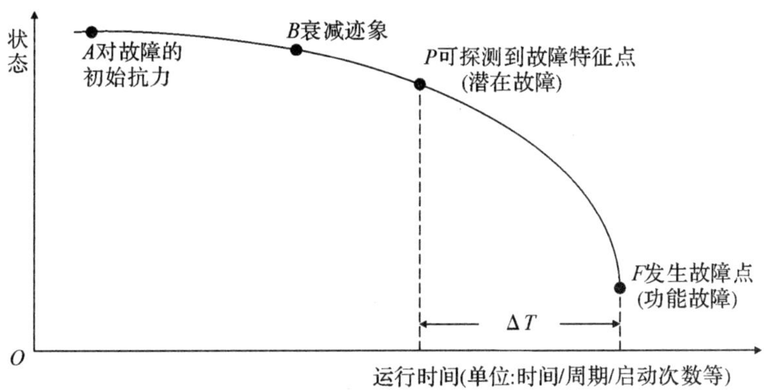

图 1.5　*P-F* 曲线

1980 年,MSG - 3 发布,并在应用中不断改进。我国民航领域因为引入波音公司的飞机,因此较早按照 MSG 维修思想构建了维修体系。南京航空航天大学的左洪福团队与中航工业合作,为"翔凤"支线飞机(ARJ 21)编写了重要系统项目的维修大纲和辅助维修大纲,也有学者使用 MSG - 3 分析流程制定军用飞机、通用航空飞机的维修大纲。MSG - 3 在国内的应用日益广泛。

维修是一项复杂的系统工程。近年来,为了防范和降低风险,风险分析等方法被引入维修;为了降低成本、提高管理效率等,更多的维修工作采用维修外包方式进行;同时传感器技术和信息与通信技术的发展推动了维修的状态感知、信息传输、存储、处理及维修决策支持等方面的发展。

1.4　航空维修相关领域的一些基本概念

学习航空维修,首先要从系统角度出发,了解航空维修在系统中的地位和作用,以及其属性和特点。因此,需要从宏观角度出发,看航空维修是哪些系统的子集,还需要看与其相关方面的内容、属性和特点,同时考虑这些方面和航空维修之间的关系,从而全方位了解航空维修的内容、属性和特点。下面介绍和航空维修有关的一些基本概念。

1.4.1　管理

通过计划(planning)、组织(organizing)、领导(leading)和控制(controlling)组织的各类

资源，整合员工的工作，高效(effectiveness)且有效(efficiency)地追求组织目标。

对“管理”这一定义的进一步说明如下：

(1)“高效、有效”的基本含义是“将事情做正确”。其中，“高效”是对措施的要求，指明智地利用各类资源，且成本效益高；“有效”是对结果的要求，指确立正确的目标、做出正确的决策、开展有效的工作，并完全实现目标。

(2)管理者的四大核心职责：计划、组织、领导和控制(见图1.6)。

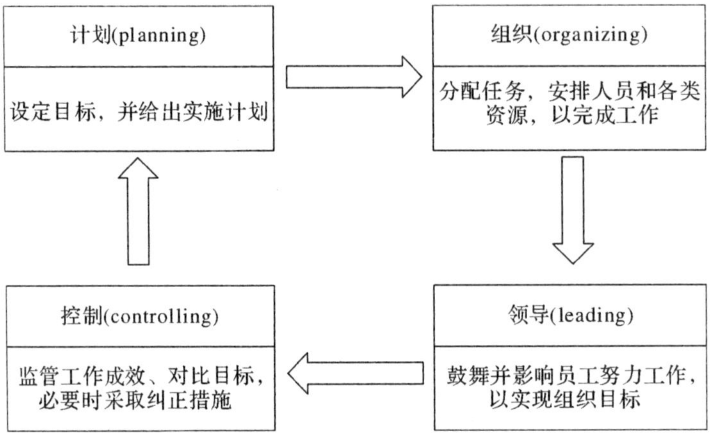

图1.6　管理工作核心职责

(3)管理追求的是实现组织目标。

(4)各类资源(包括组织)是管理的基础，也是管理的对象。

(5)管理者应该具备的核心技能如下：

1)理性思考能力。面对复杂情况，能够理性分析和判断，找出关键或本质，并利用这些信息做出正确决定。

2)出色的专业能力。开展工作所需的工作知识、专业知识和技术。对于高层管理者而言，应具有行业知识，对组织的过程和产品有整体了解；对于中底层管理者而言，应具有在其工作领域所需的专业知识，如财务、人力资源、市场营销、计算机、制造以及信息技术等。

3)系统思维能力。良好的全局观，运用整体、联系及变化的观点去评判事务，并进行决策。

4)团队合作能力。通过沟通、激励、指导、授权等方式与他人良好合作。

5)治理能力。建立治理的基础，如组织及队伍、制度、理念等，并能获得所需资源的能力。

(6)从系统角度看，管理系统一般是闭环系统，即有反馈并有依据地反馈进行调整的机制。

(7)管理的环境有外部环境和内部环境两类。外部环境是指组织外部影响其绩效(performance)的因素、力量、形势和事件，包括政治、经济、法律、社会与文化、科技、人口情况以及与全球化和世界经济相关的问题等。内部环境主要是指组织文化。组织文化包含7个维度，如图1.7所示。在组织内外，其利益受到组织活动影响的人，称为利益相关者(stakeholder)，如图1.8所示。

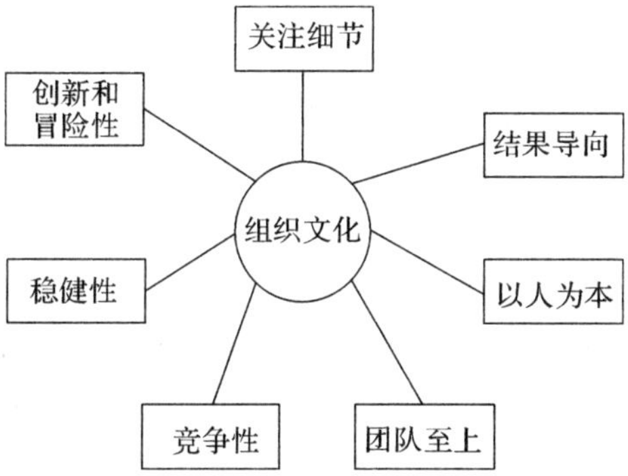

图 1.7 组织文化的 7 个维度

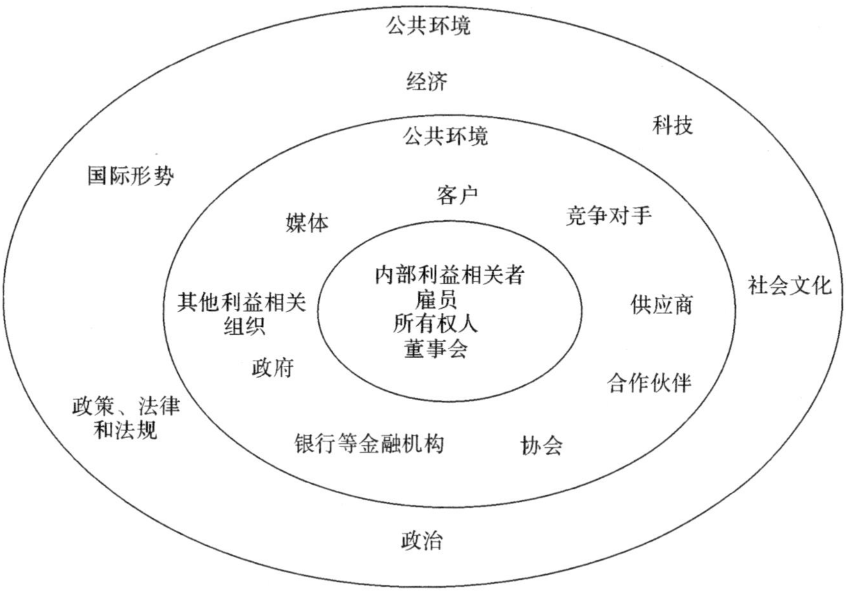

图 1.8 组织的利益相关者

(8)在计划方面,有三个方面的内容需要关注:决策(decision)、战略(strategy)和目标(goal)。决策是管理者对机会和威胁做出反应的过程,通过分析选择并对具体的组织目标和行动方针做出决定。决策流程见图 1.9。管理者采用的战略包括企业战略(corporate strategy)、竞争战略(business strategy)和职能战略(functional strategy)三种战略。战略管理流程见表 1.1。在当今激烈竞争和纷繁复杂的市场中,管理者可以采用一些战略工具来解决面对的问题以实现目标。常用的战略工具包括客户服务、员工技能和忠诚、创新(innovation)、质量(quality)以及社会媒体和大数据。目标是计划的核心内容之一。那什么是好目标呢?好目标应该具有如下特征:详细具体(specific)、可测量(measurable)、可实现(attainable)、结果导向(results-oriented)以及有截止时间(target dates)。这五个特征英文首字母即为"smart"。

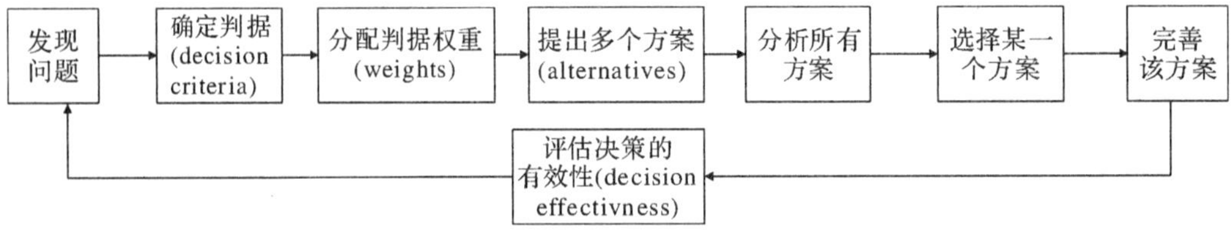

图 1.9 决策流程

(9)在组织方面,需要关注组织的结构和人力资源管理(human resource management)。组织结构的 6 个基本要素为工作专业化(specialization)、部门化、职权(authority)和职责(responsibility)、管理的跨度(span of control)、集权(centralization)与分权(decentralization)以及规范化(formalization)。其中:①职权和职责和指挥链条(chain of command)有关。需要明确的是,职权源自岗位,和职责相对应;②管理跨度表示管理者可以有效管理多少员工,传统观点认为管理者的直接下属不超过 7 个,现代管理理念则认为没有具体的数字要求,并朝着扩大管理跨度的方向发展;③跨度集权与分权主要看决策集中在高层的程度;④规范化是指组织中各项工作的标准化程度和员工行为受规则和程序指导的程度。在设计组织结构时,主要的 4 个影响因素为组织环境的特性、组织战略所追求的目标、组织采用的技术(特别是信息技术)和组织的人力资源情况。一个单位能力和水平的高低,在很大程度上取决于员工的能力和水平。人力资源管理面临的重大挑战是确保自身所在的公司拥有一支高质量的员工队伍。著名管理学专家罗宾斯认为 HRM 为 Right People, Right Place, Right Time。

表 1.1 战略管理流程

步骤	名称	说明
一	确定组织当前的使命(mission)、目标和战略	使命决定了要做什么
二	进行外部分析	外部分析涵盖了外部环境的所有组成部分:政治、经济、科技、法律、社会文化以及全球化事务。通过外部分析获得趋势和变化,其中积极的趋势构成机会(opportunity),消极的趋势构成挑战(challenge)
三	进行内部分析	内部分析涵盖组织的资源(resource)和能力(capability)。其中,组织最主要的价值创造能力称为核心竞争力(core competency)。资源和核心竞争力决定了组织的竞争能力。通过外部分析获得组织的优势(strength)和不足(weakness);组织所擅长的事项或拥有的独特资源称为"优势",组织不擅长的事项或需要却不具备的资源称为"劣势"。内、外部分析统称"SWOT 分析"。通过 SWOT 分析,管理者可以考虑合适的战略:利用组织的优势和外部机会,保护组织免受外部威胁,提升主要不足
四	制定战略	制定战略时,应考虑外部环境的实际情况和组织现有的资源及能力,并制定出有助于组织实现其目标的战略。通常制定三种主要类型的战略:组织战略、业务战略和职能战略
五	实施战略	制定好战略后,就要实施
六	评估结果	通过评估结果,调整和完善战略

(10)在领导方面，首先要关注人的行为，包括个人行为、团队行为和组织特征及组织行为。在了解组织行为的基础上，建设领导力、沟通能力，并激励员工。

(11)在控制方面，需要关注运营管理(operations management)。控制的主要作用是使组织适应变化和不确定性、发现违规和错误、降低成本、提高生产率或提升价值、发现机会并促进创新、提供反馈以及应对组织的复杂性。控制过程包含了测量实际绩效、比较实际绩效和标准、采取行动纠偏或调整标准等3个步骤，如图1.10所示。控制可以在活动开始之前、活动正在进行中或活动完成之后进行，分别称为前馈控制、同期控制和反馈控制。控制的对象包括物理对象(如建筑、设备、固定资产等)、人力资源(相应的控制如性格测试、培训考试、工作效率绩效考核、工作满意度或领导力调查等)、信息(生产计划、销售预测、环境影响报表、竞争分析和各类简报等)、财务(常见的控制如流动比率、资产负债表、预算分析、平衡记分卡等)、组织结构和文化。运营管理是组织将资源投入转化为产品和服务的一整套管理活动。质量管理也是控制的一个重要内容。将在后续进行介绍，这里不再赘述。

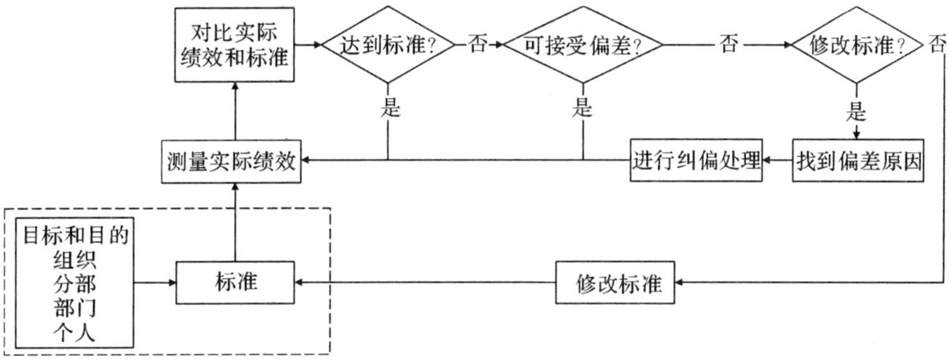

图1.10 管理中的控制

1.4.2 质量、质量工程、全面质量管理和六西格玛管理

本章1.1节介绍了产品质量及其要求。本节主要从质量管理的角度出发对质量及相关概念进行探讨。

1. 质量

质量的定义有很多，如有学者将质量定义为产品或服务满足客户需要的所有特征及特性(totality of features and characteristics)；也有学者认为，定义质量这一概念没有意义。但为了能够更好理解什么是质量，本书使用《质量管理体系》(ISO 9000：2015)中的定义：具有一组固有特性的对象，满足要求的程度(degree to which a set of inherent characteristics of an object fulfils requirements)。

对质量这一概念的有以下几点说明：

(1)质量是对系统、产品或服务满足要求程度的一种描述。

(2)特性指可区分的特性，包括物理特性(如机械性能、化学性能)、功能特性(车辆的耗油量、后备箱容积)、感官特性(如视觉、听觉)、行为特性(如礼貌、正直)、时间特性(如可靠性、可用性)和人因功效特性(如有关人身安全的特性)等。此外,也可以分为固有特性和赋予特性。前者是指随产品形成过程而产生的产品永久特性,如飞机的最大起飞质量;后者是指产品形成后因不同需要而对产品赋予的特性,如产品的价格。

(3)产品是过程的结果与输出,因此,产品的质量是由过程形成的。过程包含产品寿命周期各个过程,如规划过程、设计过程、制造过程、使用过程、服务过程和报废处理过程等。这些过程有输入和输出,而过程则实现二者之间的转化。过程的输入包括用户的需求和人员、资金、设备、设施、技术、材料、零部件、方法、数据、场地及管理等各种资源。要保证或提高产品的质量,就必须保证或提高形成产品质量的所有过程的质量。

(4)要求主要有四类:①在标准、规范、图样、技术要求和其他文件中明确规定的;②用户、社会公认的、不言而喻的、不必明确的管理和习惯要求;③必须履行的法律法规要求;④其他要求。要求是动态的、发展的和相对的。当要求变化时,需要对产品和过程的质量进行相应改变。

(5)产品质量可以分为产品设计质量、产品一致性质量和产品性能质量。

(6)质量有多个维度。常见的产品质量特性可以划分为专用质量特性和通用质量特性两个方面。专用质量特性反映了不同产品类别和自身特点的个性特征。如飞机的一些专用质量特性飞行速度、飞行高度、作战半径、最大航程与最大起飞质量等。通用质量特性反映产品均应具有的共性特征,如可靠性、维修性、安全性、测试性、环境适应性、耐久性、易用性和美观性等。

2. 质量工程(quality engineering)

实践表明,在产品设计、制造和交付过程中采用一些方法措施,可以提高产品的质量。将这些方法及其背后的理论总结后,产生了质量工程这一工程学科。

质量工程指的是一门学科,包括技术方法、管理方法、成本核算程序、基于统计的问题解决工具、培训和激励方法与计算机信息系统,以及所有设计、生产和交付满足客户需求的高质量产品和服务所需的各种科学。保证和改进产品的质量,将质量管理理论与相关专业技术相结合而开展的系统性活动。广义的质量工程包含了质量、可靠性与检测试验技术。

对质量工程这一个概念有以下几点解释:

(1)质量工程体现了质量管理理论与相关专业技术相结合,是一门交叉学科。质量工程也意味着制造高质量产品所需的知识体系,包括科学、数学、系统思维、心理学、人际关系和组织理论,以及在产品设计、生产和交付过程中所使用的众多方法。

(2)质量工程贯穿产品的全生命周期。被质量工程覆盖的产品研制过程模型如图 1.11 所示。

为了确保提供高质量产品,需要实施质量控制(quality control)。当使用统计原理创建控制图和抽样方案时，质量控制被称为“统计质量控制(statistical process control)”。

随着质量工程理念不断发展，逐步出现了全面质量管理(total quality management)和六西格玛方法(six sigma)。

3. 全面质量(total quality)

全面质量是一种经营方法，通过持续改进产品、服务、人员、过程和环境的质量来最大化组织的竞争力。

对全面质量这一概念有以下几点说明：

(1)全面质量涵盖了产品或服务、人员、过程和环境。

(2)全面质量通过持续改进来提升组织竞争力。

(3)全面质量有以下几个特点：基于战略，以客户(包含内部和外部的客户)为中心，对质量的执着追求，科学地决策及解决问题，长期性，团队合作，人员、过程、产品、服务和环境的持续改进，教育和培训，通过控制实现自由，目标一致，人人参与和授权，人员和过程处于最佳状态。

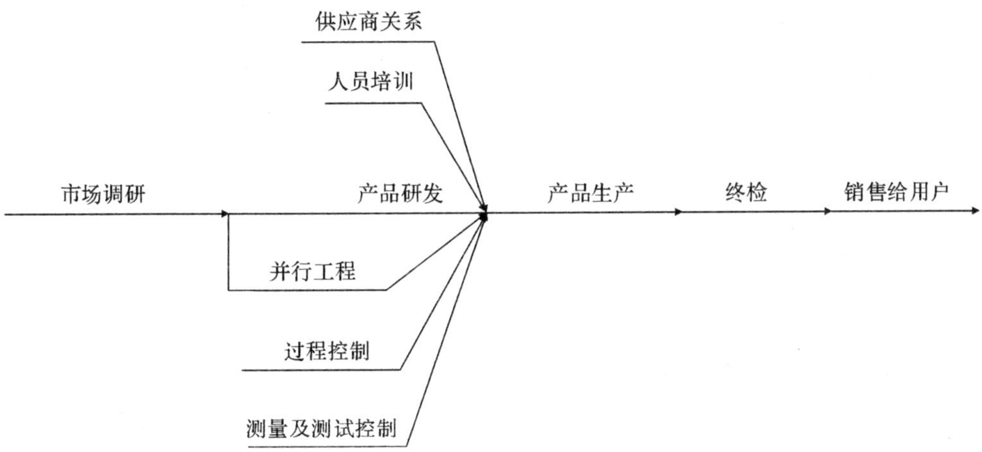

图 1.11　基于质量工程的产品研制过程

在产品的设计和生产过程中，为了满足用户的需求，组织中的大量活动必须由许多人来完成。如市场部门需要对用户需求、偏好等情况进行调研；设计师则需要根据这些需求和偏好选择产品的特性；制造工程师决定使用什么材料和采用什么工艺，以使产品符合所要求的规格；生产团队按照制造工程师的指导和工艺要求，将原材料转换成符合规定规格的产品；包装部门设计和生产包装，使产品能够安全、完好地交付给客户。同时，为了保证产品质量，还需要一些支持工作，如仪器设备校准、设备维护、人员培训、计算机软硬件安装和运行维护及电力维护等。换句话说，必须建立一个系统，在这个系统中，分配了职责和定义了关系的部门将在一起工作，以满足生产需要并交付满足用户需求的产品。这样的系统称为全面质量系统，如图 1.12 所示。

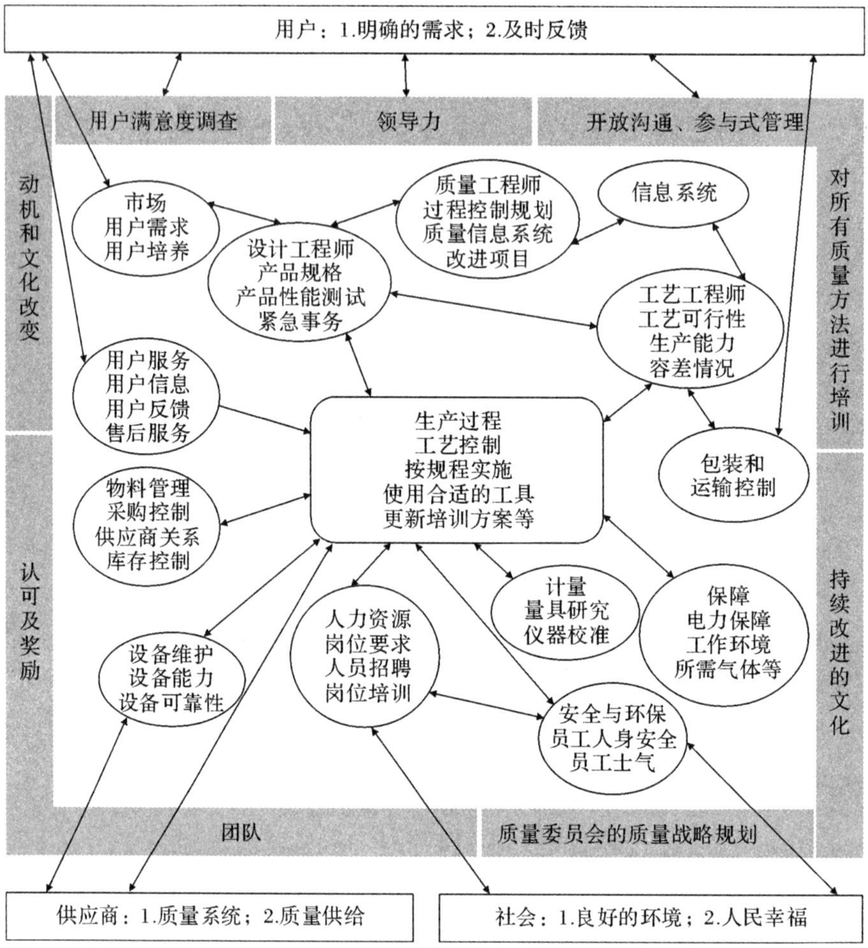

图 1.12　全面质量系统

4. 质量管理和全面质量管理(Total Quality Management，TQM)

质量管理是指为保证产品或服务的设计、制造、实施等相关的所有活动有效、高效实施的一种方法。质量管理通常包括制定质量方针和质量目标，以及质量策划、质量控制、质量保证和质量改进等活动。质量管理既关注产品质量，又关注如何实现产品质量。一般通过质量管理体系(quality management system)来实现质量管理。质量管理系统模型见图 1.13。

在质量管理实践中，人们越来越深刻认识到，需要构建一个具有以下特征的质量管理体系：覆盖所有相关人员，以质量为中心，在产品的全生命周期范围内发挥作用，从而确保产品目标的实现，提供用户满意的产品，进而实现组织的使命和价值。在朱兰(Joseph M. Juran)、克罗斯比(Philip B. Crosby)、石川(Kaoru Ishikawa)、戴明(W. Edwards Deming)等人的工作基础上，逐步形成了全面质量管理方法。

全面质量管理是一种综合性活动，旨在提高组织每个层面上的质量绩效。

对全面质量管理这一概念有以下几点说明：

(1)“全面”是指企业中和质量有关的所有人和所有活动；“质量”是指产品符合要求、满足顾客需求;“管理”是指可以且必须对质量进行管理。

(2)ISO 9000 标准中提出了质量管理的七原则:以顾客为中心(customer focus)、领导力(leadership)、全员参与(engagement of people)、过程方法(process approach)、持续改进(improvement)、基于事实的决策(evidence-based decision making)和关系管理(relationship management)。

(3)PDCA 循环是全面质量管理中持续改进的有效手段。戴明的导师沃尔特·休哈特(Walter A. Shewhart)博士最早提出了这四个步骤,由戴明引入日本并逐步发展起来,参见图 1.14。目前,PDCA 循环各部分的内容还在持续发展中。

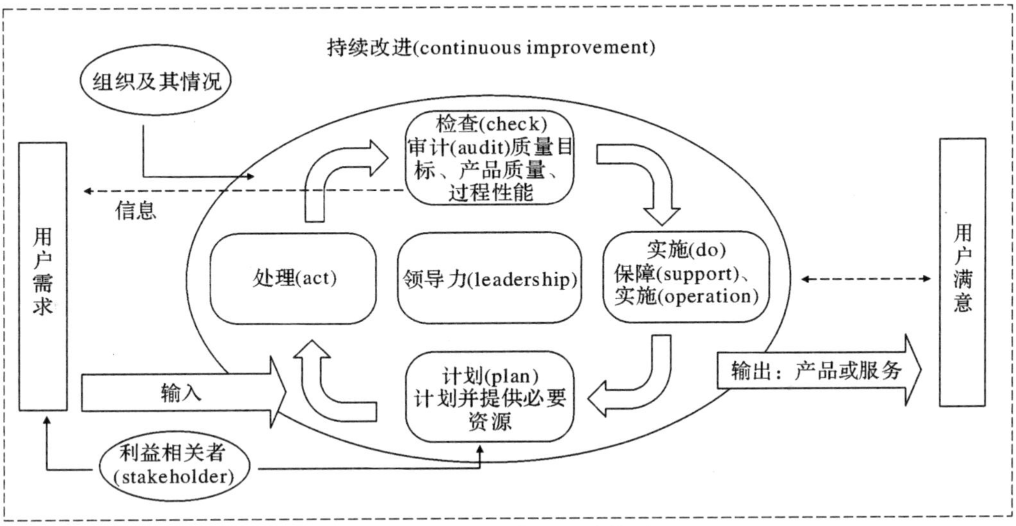

图 1.13　质量管理系统模型

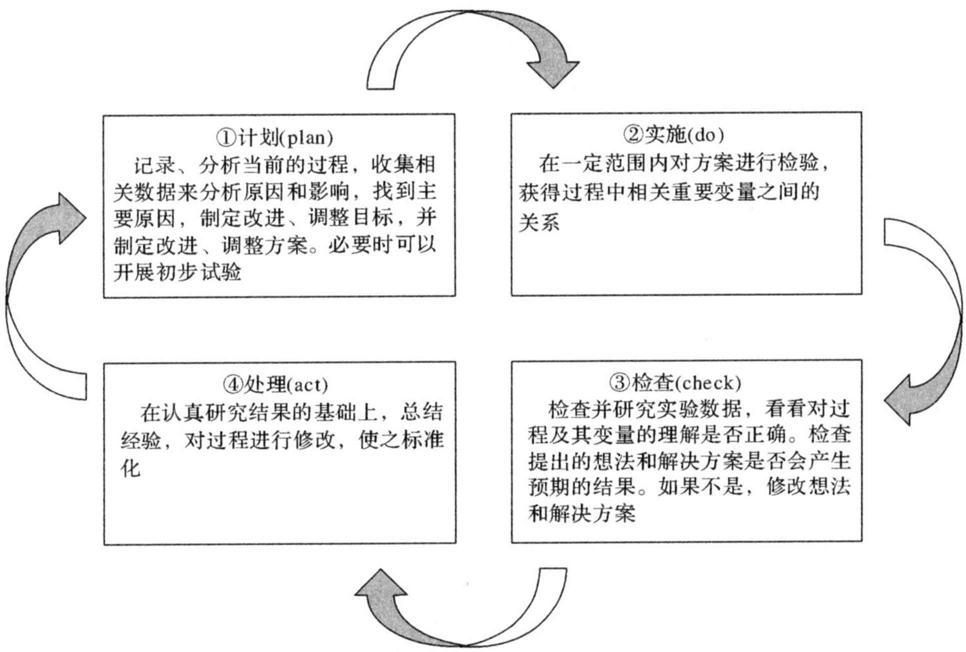

图 1.14　PDCA 循环

5. 六西格玛管理

六西格玛管理是一种建立在统计分析过程基础上的质量管理思想，它是研究过程变量和过程能力之间关系的学科，通过测量过程能力，确立过程状态，再通过分析和比较，找出影响过程能力的主要变量，利用过程优化的方法找到变化规律，然后消除或控制该变量，这样通过测量、分析、改进、控制循环，减少制造和服务相关过程中的缺陷，改进这些过程并使之达到或超越六西格玛水平。

西格玛是希腊字母 σ 的中文音译，在统计学中表示标准差，用来代表数据的离散程度和波动情况。6σ 表示 6 倍的标准差。在管理学中，使用 σ 来衡量过程能力，σ 水平越高，过程满足要求的能力就越强，过程的质量水平就越高。假定产品的质量服从正态分布，即

$$F(x)=\frac{1}{\sqrt{2\pi}\sigma}\int_{-\infty}^{x}\mathrm{e}^{-\frac{(x-\mu)^2}{2\sigma^2}}\,\mathrm{d}x$$

其概率密度函数为

$$f(x)=\frac{1}{\sqrt{2\pi}\sigma}\mathrm{e}^{-\frac{(x-\mu)^2}{2\sigma^2}}$$

当一个产品质量具备 6σ 水平时，要求产品质量上限和下限距离中心（specification center）均为 6 个标准差（6σ），如图 1.15(a)所示。此时产品的合格概率为

$$P\{\mu-6\sigma<X<\mu+6\sigma\}=0.999\ 999\ 998\ 0$$

即从概率角度看，产品不合格率为十亿分之二。在实践中，因为受到各种因素影响，中心存在 $\pm1.5\sigma$ 的漂移，中心漂移情况见图 1.15(a)。从图 1.15(b)中可以看出，当 $x\in[4.4,6.0]$ 时，标准整体分布的概率密度函数取值很小。综合考虑中心漂移和概率密度函数取值情况，一般将符合 6σ 要求的产品合格率按照 $P\{\mu-4.5\sigma<X<\mu+4.5\sigma\}$ 计算。按照这一做法进行计算得到产品的单侧不合格情况为

$$1-P\{X<\mu+4.5\sigma\}=0.000\ 003\ 40$$

即每一百万件产品中最多有 3.4 件不合格。

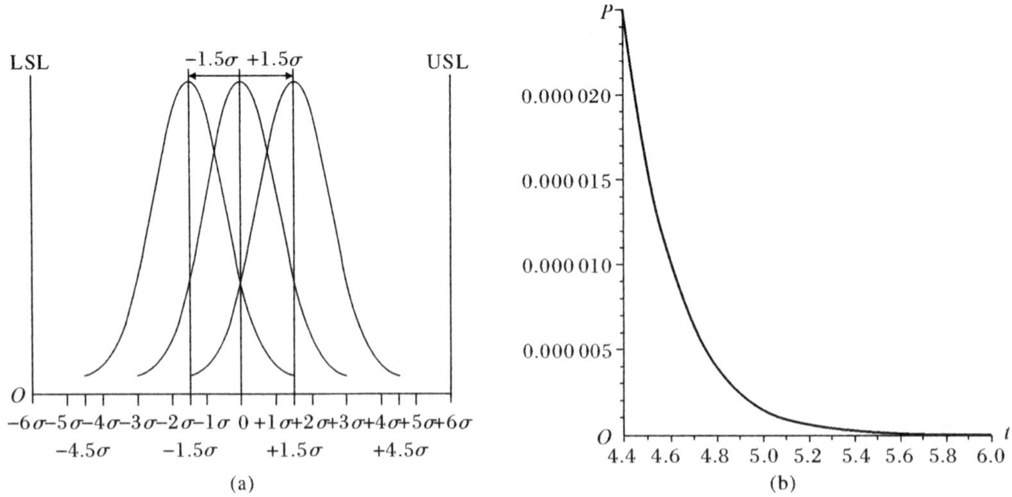

图 1.15　6σ 的统计学解释

(a)在概率密度函数图像上，6σ 的范围，图中左右两侧竖线分别表示下规格界限(lower specification limit，LSL)和上规格界限(upper specification limit，USL)；(b)正态分布概率密度函数在[4.4，6.0]区间取值情况

对六西格玛管理这一概念有以下几点说明：

(1)六西格玛管理的 6 个原则：以客户为中心、以数据和事实驱动的管理、以过程为导向(process focus)、前瞻性管理(proactive management)、无界合作(boundaryless collaboration)和追求完美且允许失败。

(2)在六西格玛管理中，所有工作都可以视为过程(process)。流程是一系列产生产品或服务输出的步骤和动作。过程一般涉及人员、设备、方法、材料(包含资金、数据等在内)和环境。过程的能力可以通过该过程的质量是否规格要求的情况来表述，这里的规格要求即过程能力指标(index)。常用的指标有 C_p 和 C_{pk} 两类。C_p 的计算公式为

$$C_p = \frac{\text{USL} - \text{LSL}}{6\sigma}$$

它通常用于产品设计和试生产阶段，是对过程潜在能力的评价，图 1.16 给出了 $C_p=1$ 的情形，即此时范围(USL－LSL)＝6σ。一般而言，当 $C_p>1.67$ 时，表明过程能力过强，需要考虑简化过程，降低成本等；当 $1.33<C_p\leqslant 1.67$ 时，表明过程能力充分，继续保持即可；当 $1.00<C_p\leqslant 1.33$ 时，表明过程能力一般，需要加强过程控制；当 $0.67<C_p\leqslant 1.00$ 时，表明过程能力不足，需要对过程进行 100％监控，以确保过程可控并改进；当 $C_p\leqslant 0.67$ 时，表明过程能力差，质量根本无法保证，需要马上对过程及其标准进行评估和改进。考虑到 C_p 表示界限范围和过程界限之间的关系，无法表示过程平均值 X 和目标值之间的关系，因此又做了如下定义：

$$C_{\text{pl}}=\frac{X-\text{LSL}}{(3\sigma},\qquad C_{\text{pu}}=\frac{\text{USL}-X}{3\sigma}$$

一般期望 $C_{\text{pl}}\geqslant 1$、$C_{\text{pu}}\geqslant 1$。

(3)实施六西格玛的关键是有一支好的队伍，确定队伍中的角色及责任，形成相应的组织体系。

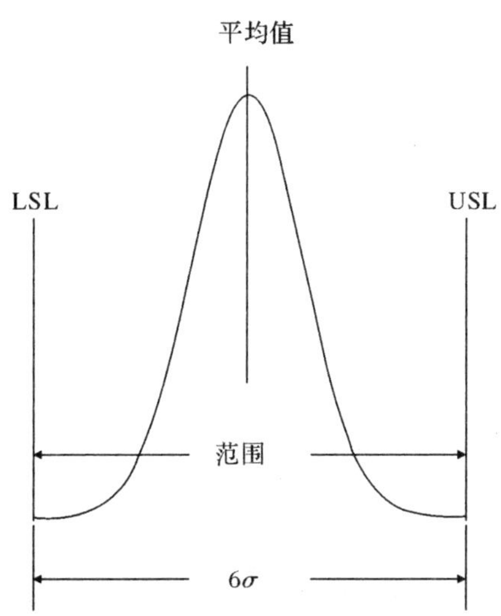

图 1.16　过程能力指标 C_p 示例

(4)六西格玛管理建立在 DMAIC 和 DFSS(Design for Six Sigma)两个方法之上。DMAIC 是包含定义、测量、分析、改进和控制 5 个步骤的质量管理流程,旨在改进现有的过程。管理者可以利用 DFSS 设计新产品或新的过程。

(5)DMAIC 是基于 PDCA 循环之上的,分为 5 个阶段,具体情况见表 1.2。当项目团队认为必须换掉原来的流程时,第(4)和第(5)步就会变成设计(design)和验证(verify)。

表 1.2　DMAIC 5 个步骤

定义(Define)	测量(Measure)	分析(Analyze)	改进(Improve)	控制(Control)
确定改进工作目标	对现有系统进行测量	分析系统,找出消除当前系统或过程的性能与预期目标之间差距的方法	对系统进行改进	采取措施对新系统进行控制

1.4.3　安全及安全管理体系(Safety Management System, SMS)

1. 危险(hazard)

危险有以下两种常见的定义:

国际民用航空组织(International Civil Aviation Organization, ICAO)对危险的定义:可能造成人员伤亡、设备或结构损坏以及材料损失或执行规定功能能力降低的状况或物体。

FAA 对危险的定义:发生或潜在发生的状况,它描述了任何导致人身伤害、疾病或死亡,系统、设备或财产的损坏或损失,对环境的破坏(环境问题不属于 SMS 范畴)的情况。

2. 风险(risk)

风险同样有以下两种常见定义:

ICAO 对风险的定义:在可预见的最坏情况下,使用预测的概率和严重性表示的、对危险后果的评估。

FAA 对风险的定义:在最差的可靠(合理或可信)系统状态下,对危险的潜在影响的严重性(有多坏)和可能性(有多大概率)做出的预测。

从定义中可以看出,危险是对状态的描述,而风险是对危害后果的预测。如在飞机起飞时,有垂直于跑道的 30 km/h 的侧风就属于危险;而由于对侧风的补偿不足,导致着陆时飞机可能偏离跑道则属于风险。

3. 安全

安全的常见定义为:按照许可要求,保护人的生命和防止财产损坏。ICAO 对安全的定义为:通过持续的危险(hazard)识别和风险管理过程,将对人或财产损害的可能性降低到,并维持在或低于可接受水平的状态。

安全和安保(security)是不同的。两者的关键区别在于“意图(intent)”。同样的损伤也可能由于安全或安保问题而产生,是否因人为故意而导致的损伤是判断问题属性的根本。

比如地勤人员开着加油车撞到了飞机机翼上，如果是驾驶员分心导致的，则属于安全事故；如果驾驶员是故意的，则属于安保事件。

4. 安全管理体系

安全管理体系是国际民航组织倡导的管理安全的系统化方法，它要求组织建立安全政策和安全目标，通过对组织内部组织结构、责任制度、程序一系列要素进行系统管理，形成以风险管理为核心的体系，并实现既定的安全政策和安全目标。

安全管理体系是一种正式的、自上而下的、类似于企业管理安全风险的方法，是成体系的安全管理方法，包括必要的组织结构、责任制、政策和程序。

对安全管理体系这一概念有以下几点说明：

(1)安全管理体系的四支柱：安全政策(safety policy)、风险管理(safety risk management, SRM)、安全保证(safety assurance, SA)和安全改进(safety promotion)，如图1.17所示。

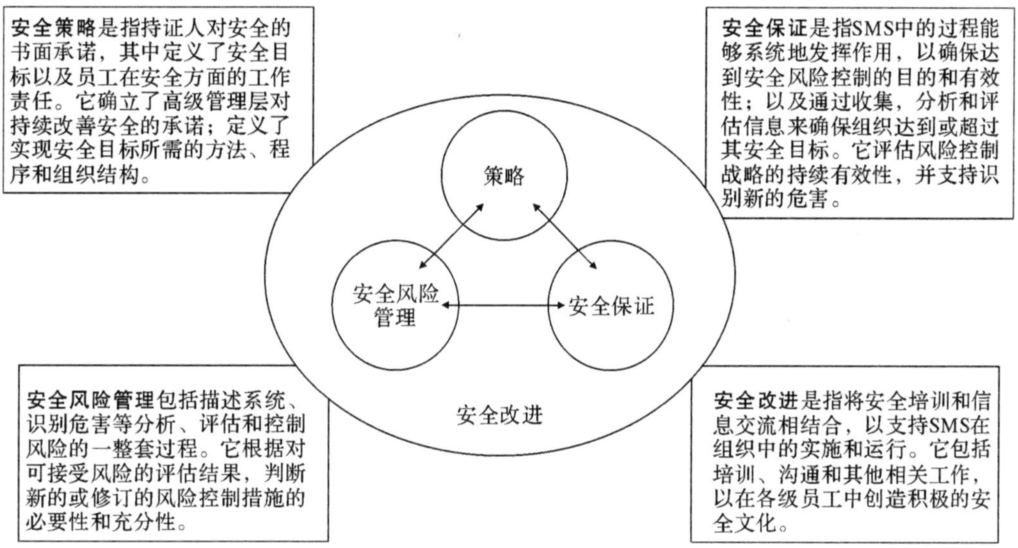

安全策略是指持证人对安全的书面承诺，其中定义了安全目标以及员工在安全方面的工作责任。它确立了高级管理层对持续改善安全的承诺；定义了实现安全目标所需的方法、程序和组织结构。
安全保证是指SMS中的过程能够系统地发挥作用，以确保达到安全风险控制的目的和有效性；以及通过收集，分析和评估信息来确保组织达到或超过其安全目标。它评估风险控制战略的持续有效性，并支持识别新的危害。
策略
安全风险管理
安全保证
安全改进
安全风险管理包括描述系统、识别危害等分析、评估和控制风险的一整套过程。它根据对可接受风险的评估结果，判断新的或修订的风险控制措施的必要性和充分性。
安全改进是指将安全培训和信息交流相结合，以支持SMS在组织中的实施和运行。它包括培训、沟通和其他相关工作，以在各级员工中创造积极的安全文化。

图1.17　安全管理系统的四支柱

(2)安全管理体系提供以下几点：

1)安全风险管理决策(decision - making)的结构化方法。

2)发挥安全管理能力的途径。

3)通过结构化的安全保证程序，提升对风险控制的信心。

4)监管者(regulator)和持证人(certificate holder)之间知识共享的有效接口。

5)支持健全安全文化的一个安全改进框架。

(3)到目前为止，民航领域中的安全管理发展历经三代：技术时期(20世纪初期—20世纪60年代)、人因时期(20世纪70—90年代中期)和组织时期(20世纪90年代中期至今)。

1.4.4 航空制造、军事航空、民用航空

从科技角度来看，航空是指飞行器在地球大气层（空气空间）中的飞行（航行）活动。但从更为广泛的角度看，航空包括了与之相关的科研教育、工业制造、公共运输、专业作业、航空运动、国防军事和政府管理等诸多内容，可以划分为航空制造、军事航空（military aviation）和民用航空（civil aviation）三个部分。

航空制造是指研究、制造适用于各种目的和使用条件的航空器以及配套的设备，涉及飞行器设计、飞机结构设计、航空材料、航空动力、航空电气工程、人机与环境工程以及应急救生等专业航空技术。

军事航空是指为了保卫国家以及维护国家内部安定，由国家武装力量执行的战争性质和非战争性质的航空活动，如空军执行的战斗飞行和训练飞行，武警执行的反恐、消防飞行，海军执行的搜救飞行等。

民用航空是指使用航空器从事除了国防、警察和海关等国家航空活动以外的航空活动。

民用航空是交通运输业的重要组成部分，包括运输航空（commercial aviation）和通用航空（general aviation）两个部分。

运输航空是指使用民用航空器进行经营性质的客、货、邮等航空运输活动。运输航空首先是一种公共航空运输活动，面向公众提供运输服务，因而安全性和准时性是其基本要求。其次，运输航空还是一种商业活动，以盈利为目的，因而又称为商业航空，运输的效率和效益是运输航空组织管理的重要目标。

根据《中华人民共和国民用航空法》，通用航空是指使用民用航空器从事公共航空运输以外的民用航空活动，包括从事工业、农业、林业、渔业和建筑业的作业飞行以及医疗卫生、抢险救灾、气象探测、海洋监测、科学实验、教育训练、文化体育等方面的飞行活动。

ICAO对通用航空的定义为："定期航班和用于取酬的或租用合同下进行的不定期航空运输以外的任何民用航空活动"。也就是说，ICAO将那些对社会公众开放的、定期或不定期以外的任何民用航空活动统称为通用航空。

问题和习题

(1)产品质量贯穿产品全生命周期，在产品不同生命周期阶段，产品质量有何不同？

(2)产品的"六性"内容是哪六个方面的特性？分别表征产品哪些方面的质量特性？

(3)故障和失效的区别是什么？

(4)什么是维修？常见的维修分类标注有哪些？不同的维修有哪些特点？

(5)*P-F* 曲线有何含义？

(6)维修性工程与维修工程有何关系？

(7)什么是管理？

(8)什么是质量及质量工程?

(9)全面质量管理有哪些特征?

(10)PDCA循环的内容是什么?

(11)安全管理体系的四支柱是什么?

(12)民用航空主要包含哪些内容?

参考文献

[1] 汪应洛.系统工程[M].5版.北京:机械工业出版社,2016.

[2] 康锐.可靠性维修性保障性工程基础[M].北京:国防工业出版社,2012.

[3] 张思璁.新型舰船建成后的"六性"评价研究[D].大连:大连海事大学,2019.

[4] JIN T D. Reliability Engineering and Services[M]. New Jersey:John Wiley & Sons,2019.

[5] 赵宇,何益海,戴伟.质量工程技术体系与内涵[M].北京:国防工业出版社,2017.

[6] 郭博智,王敏芹,吴昊.民用飞机维修性工程[M].北京:航空工业出版社,2018.

[7] 周栋,耿杰,吕川,等.维修性设计与分析[M].北京:北京航空航天大学出版社,2020.

[8] 阮廉,章文晋.飞行器研制系统工程[M].北京:北京航空航天大学出版社,2008.

[9] AJOY K,KUNDU,MARK A,et al. Conceptual Aircraft Design: An Industrial Approach [M]. New Jersey:Wiley,2019.

[10] IAN M,ALLAN S. Design and Development of Aircraft Systems[M]. 3rd ed. New Jersey: Wiley,2020.

[11] ULRICH K T,EPPINGER S D,YANG M C. Product Design and Development[M]. 7th ed. New York: McGraw-Hill Education,2019.

[12] 左洪福,蔡景,吴昊,等.航空维修工程学[M].北京:科学出版社,2011.

[13] 徐超群,闫国华.航空维修管理[M].北京:中国民航出版社,2012.

[14] KINNISON H,SIDDIQUI T. Aviation Maintenance Management[M]. 2nd ed. New York: McGraw-Hill Companies,Inc,2013.

[15] 编写组.GJB 9001B—2009《质量管理体系要求》实施指南[M].北京:国防工业出版社,2013.

[16] KINICKI A,WILLIAMS B K. Management: A Practical Introduction[M]. 9th ed. New York: McGraw-Hill Education,2019.

[17] ROBBINS S P,COULTER M,DECENZO D A. Fundamentals of Management: Management Myths Debunked[M]. 10th ed. New York:Pearson,2017.

[18] GOETSCH D L,DAVIS S. Quality Management for Organizational Excellence:Introduction to Total Quality[M]. 8th ed. New York:Pearson,2015.

[19] JIANG R Y. Introduction to Quality and Reliability Engineering[M]. Berlin:Springer,2015.

[20] CHARANTIMATH P M. Total Quality Management[M]. 3rd ed. New York: Pearson,2017.

[21] HOYLE D. ISO 9000 Quality Systems Handbook: Increasing the Quality of an Organization's Outputs[M]. 7th ed. New York:Routledge,2017.

[22] KRISHNAMOORTHI K S,KRISHNAMOORTHI V R, PENNATHUR A. A First Course in Quality Engineering: Integrating Statistical and Management Methods of Quality[M]. 3rd ed. Boca Raton:CRC Press,2018.

[23] 马林,何桢. 六西格玛管理[M]. 2 版. 北京：中国人民大学出版社,2014.

[24] 盛骤. 概率论与数理统计[M]. 3 版. 上海：上海交通大学,2011.

[25] MOBLEY R K. Maintenance Fundamentals[M]. 2nd ed. Oxford: Elsevier/Butterworth Heinemann,2004.

[26] MARQUEZ A C. The Maintenance Management Framework: Models and Methods for Complex Systems Maintenance[M]. New Delhi:Springer,2007.

[27] Agustiady T K,CUDNEY E A. Total Productive Maintenance: Strategies and Implementation Guide[M]. Boca Raton:CRC Press,2016.

[28] DHILLON B S. Engineering Systems Reliability, Safety, and Maintenance: An Integrated Approach[M]. Boca Raton:CRC Press,2017.

[29] ALAN J,STOLZER,JOHN J,et al. Safety Management Systems in Aviation[M]. 2nd ed. London:Ashgate Publishing Limited,2015.

[30] MOHAMMED B D,UDAY K,MURTHY D N P. Introduction to Maintenance Engineering: Modelling,Optimization and Management[M]. New Jersey:Wiley,2016.

[31] MOBLEY R K, HIGGINS L R, WIKOFF D J. Maintenance Engineering Handbook [M]. 7th ed. New York: McGraw - Hill Companies Inc. ,2008.

[32] 张永敬,徐娜. 综合后勤保障及主要技术综述[J]. 铁路计算机应用,2017,26(7): 50 - 54.

第2章　航空器的全生命周期过程

▶导学

航空维修的起点在哪里？航空维修的要求、规范、程序等是如何产生的？本章内容就是主要围绕这两个问题展开的。要想回答这两个问题，首先要了解系统工程相关知识。本章在介绍系统工程基础知识的同时，运用这些知识介绍了航空器的全生命周期过程。航空维修是航空器这一工程系统的重要组成部分。需要从系统工程角度了解航空维修并用系统的观点和方法去分析、掌握航空维修。

学习重点：系统工程及主要工具，航空器的研发过程，航空器维修性工程。

▶学习目标

(1)掌握“系统”的定义，了解系统的特点。

(2)掌握“工程系统”的特征。

(3)了解“工程系统生命周期”。

(4)熟悉系统工程过程。

(5)了解产品研发过程，熟悉“质量屋”的特点。

(6)了解航空维修工程的定义及内涵。

(7)熟悉航空维修性工程的定义及内容。

经过数年乃至更长时间的研制，一款航空器方能进入市场或交付给用户。经历研制过程后，航空器的可靠性、维修性等均得以确定。营运人在运营中对航空器进行维修时，其维修要求也就同样确定了。在研制新航空器之时，会大量使用系统工程方面的知识。本章在介绍系统工程方面的基础知识之后，介绍在系统工程视野下的航空器系统的研制过程。

2.1　系统和系统工程

2.1.1　系统

在工作和生活中，我们经常遇到“系统”这一词汇。在工程技术领域，对“系统”有很多不同的定义，如冯·贝培郎菲认为：系统是处于一定联系的、与环境发生关系的各组成成分的总体。下面给出系统工程界较为通用的定义：系统是由两个及以上有机联系、相互作用的要素所组成，具有特定功能、结构和环境的整体。

系统这一个概念的更多解释如下：

(1)系统必须由两个或两个以上要素组成,各个要素可以是单个事物,也可以是一组事物组成的子系统等。系统与其构成要素是相对的,取决于所研究的具体对象及范围,如一个系统也可以是一个更大系统的组成部分,系统也可以拆分为子系统或一组事务。

(2)系统与环境之间存在相互作用,有着密切的输入、输出关系,如图 2.1 所示。系统连同其环境一起构成了系统总体。需要指出的是,系统和环境也是相对的两个概念。

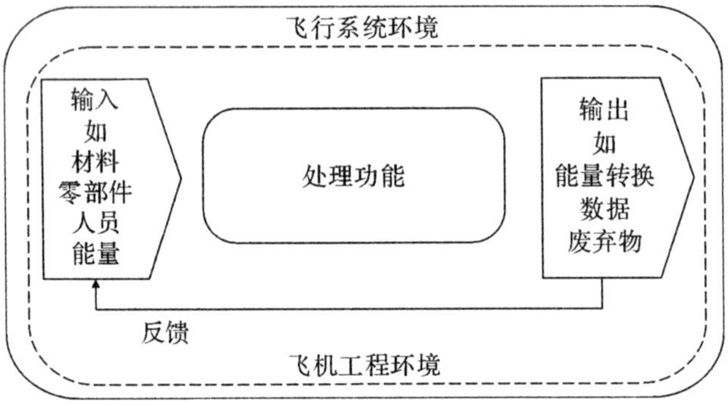

图 2.1 飞机系统及其环境

(3)组成系统的要素之间存在一定的有机联系,在系统内部形成一定的结构和秩序,如系统内部往往存在一定的层次性,如图 2.2 所示。这种层次性以及要素间的相互联系,是研究系统的有力工具。

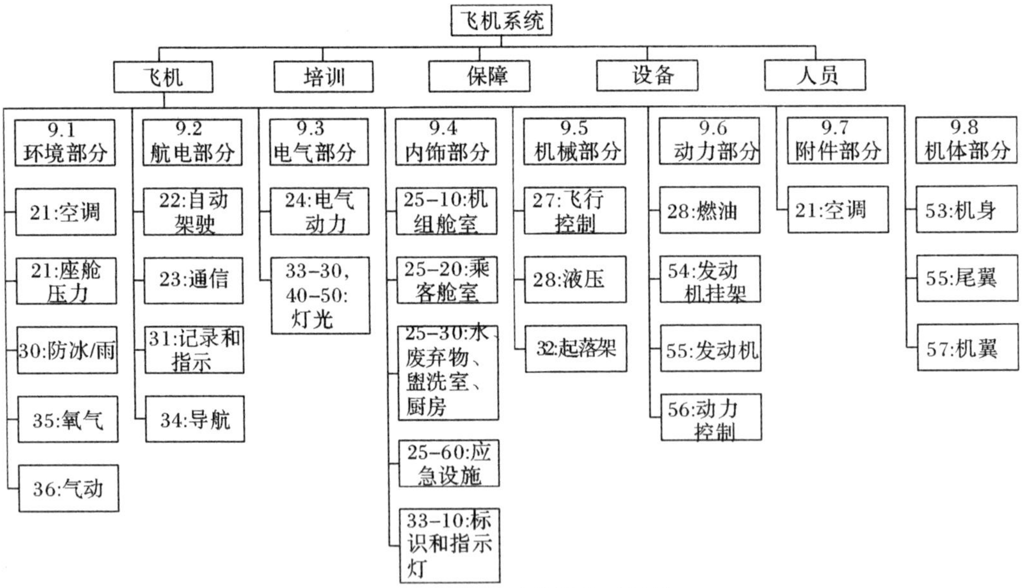

图 2.2 飞机系统层级关系示例

(4)系统具有不同于构成其的各个要素原有功能的新功能,并体现出"整体性"特征。系统功能的实现受环境和自身结构的影响。

(5)系统有其目的。一般而言,系统需要尽量以最佳方式来满足某些特定需求。

(6)按照不同的标准,系统可以有不同的分类,如自然系统和人造系统、物理系统和概念系统、静态系统和动态系统、开放系统和封闭系统、开环系统和闭环系统等。

飞机一类的人造系统,又被称为工程系统(engineered system)。工程系统具有如下特征:

(1)工程系统一般由相互作用的工程对象、工程过程、工程技术、工程管理、工程组织和工程支持这六个子系统结合而成。

(2)工程系统所具有的功能是对确定需求的响应,并可以实现其运行目标。

(3)工程系统具有生命周期。该生命周期一般从需求的确定开始,涵盖概念阶段、设计和构造/制造阶段、运行使用阶段、维修阶段和退役/报废处置阶段。

(4)工程系统由子系统和相关组件组成,系统响应或行为因这些子系统和相关组件相互作用而产生。

(5)工程系统往往具有层次结构,并且受到外部因素的影响,这些影响因素源于工程系统是其中一部分的更大系统或构成该大系统的其他系统。

(6)工程系统在自然界中运行,并和自然界之间存在交互。

(7)工程系统具有一定可靠性。

本书中讨论的系统对象,除非特别说明,都是工程系统。

工程越来越复杂,参与的群体也越来越多,协商和合作成为急需解决的问题。在这样的背景下,系统工程逐步发展起来。系统工程被认为是“设计中的设计”,是推进复杂系统研制的最佳工具。

2.1.2　工程系统生命周期

工程系统是有生命周期的。一般来说,工程系统生命周期包括七个阶段:①系统的运行需求;②系统概念;③系统概念的探索和验证;④工程原型的开发;⑤系统的生产、部署和分配;⑥系统的运行和维护;⑦系统的淘汰和退出。具体到不同的工程系统,其生命周期有一定差异。

常见的产品生命周期一般从规划开始,经过概念设计、初步设计、详细设计等过程,直到产品退市为止,如图 2.3 所示。其中,从规划到生产审批这几个阶段属于研发过程。从图 2.3 中可以看出,在每一个阶段结束、新阶段开始之前,需要进行审批或评审。审批或评审是产品研发的重要步骤,是项目研发质量保证体系中的重要内容,它们可以有效保证研发质量。另外,在生产制造、运行使用及维护阶段,往往会有涉及产品性能等方面的反馈,需要对这些反馈意见进行认真分析,并根据分析结果考虑改进产品或形成设计经验、规范等。

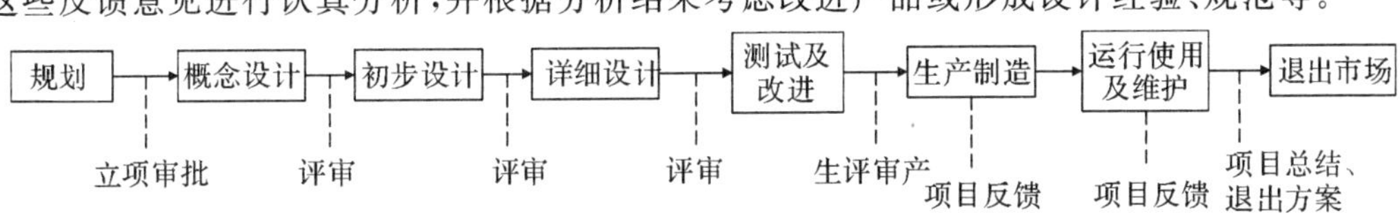

图 2.3　产品的研发过程及其生命周期

表 2.1 中给出一个单位在研发过程中的每个阶段,所需要开展的主要工作。从表 2.1 中可以看出,研发一款产品,需要单位内部的市场、工程部门、质量、生产、物资采购、法务、金融及财务、项目管理等多个相关部门相互协调,共同完成。在研发工作结束之后,产品将进入使用和维护阶段。在这个阶段,仍然可能存在改进产品的需要。因此,研制单位还需要与使用单位合作,一方面为使用单位使用和维护产品提供帮助,另一方面则需要注意收集和分析现场数据、用户反馈等,用于对产品的改进。

国内飞行器研制全寿命期阶段划分方法也有很多种,表 2.2 给出一种示例划分,共包含七个阶段,涵盖了从立项前到退役处理整个生命周期过程。每个阶段的里程碑、输入、输出及工作任务情况均在表中有介绍。

表 2.1　研发过程中的主要工作

阶 段	立 项	概念界定	可行性及规划	初步设计	详细设计	产品验证	制造验证	部 署	售后评估
主要目标	定义项目和业务单元的需求	制定项目概念和章程	完成产品描述	完成初步设计	完成详细设计并进行优化	验证产品性能	验证制造性能	销售和部署	经验总结
市场与销售	确定用户和市场规模	捕获用户声音； 分析、描述用户需求	制定市场和销售计划； 制定各个阶段的计划	和用户一起评审产品概念		开始为现场测试作准备	完成现场测试准备； 完成培训方案	确定价格销售预测；完成销售和服务	征求客户反馈和满意度评价；对比销售和预测情况；完成分阶段计划
工程	识别项目风险	识别关键质量特性； 提出并选择概念； 更新项目风险	提出功能规格（specification）和性能指标（metrics）； 对选择的概念进行评估； 确定产品架构； 评估可能的技术故障模式	功能分析、需求分配、权衡研究、综合、初步设计、原型机的设计试验与评价； 进行初步设计评审； 构建并测试 alpha 原型产品； 评估产品失效模式	子系统/部件设计、权衡研究和备选方案评价、研制 beta 原型机； 冻结软、硬件设计； 撰写好工程文档； 起草技术文档； 获得安全的 beta 原型产品	完成设计文档 完成 beta 原型产品及其现场测试 申请监管批准（regulatory approvals）	获得监管审批	实现产品各项指标	
质量保证（quality assurance）			制定初步测试计划		测试 beta 原型产品的健壮性（robustness）	完成质量保证测试	进行制造工艺验证测试		

续表

阶段	立项	概念界定	可行性及规划	初步设计	详细设计	产品验证	制造验证	部署	售后评估
生产				开始制定生产工艺； 进行初步生产评议评审	确定物料清单(bill of materials，BOM) 制定生产控制计划	更新生产控制计划	按工艺生产； 确定生产控制计划		记录废、旧产品
采购				创建供货商供货列表； 对供货商进行认证评估	确定交货时间较长的项目(long lead-time items)		核实供应链已就绪		
法律		搜索专利(patent)	确定贸易合规问题	识别潜在的专利	为专利申请做好准备	保证贸易合规			
金融财务	准备初步商务项)	完善商务项目	完整的金融方案						监测投资回报情况
项目管理	确定项目时间、资源和资金； 准备首次评审； 审批所需材料并提请审批	评估团队的能力水平和技能状况； 确定开发团队成员 准备第二次评审材料并提请审批	制定完整的产品开发时间表； 指派项目经理； 更新第二次评审的可交付成果； 准备第三次评审材料并提请审批	第三次评审的可交付成果； 准备第四次评审材料并提请审批	第四次评审的可交付成果； 准备第五次评审材料并提请审批	第五次评审的可交付成果； 准备第六次评审材料并提请审批	第六次评审的可交付成果； 准备第七次评审材料并提请审批	完成所有可交付成果； 完成销售、部署计划和文件； 第七次评审的可交付成果； 准备第八次评审材料并提请审批	记录典型范例； 准备第七次评审材料并提请审批

表 2.2 飞行器全寿命期阶段划分

阶段序号	阶段 0	阶段 1	阶段 2	阶段 3	阶段 4	阶段 5	阶段 6
阶段名称	立项前	方案探索和系统定义	方案确定	工程研制	生产和部署	使用和保障	退役处理
里程碑	0	1	2	3	4	5	
输入	用户需求；外部威胁；技术机遇；	任务需求书；约束条件	系统技术要求；基本方案	系统规范；接口控制文件；系统体系结构	生产计划；生产工艺	正式交付的飞行器及其保障系统	
主要工作	不可行性论证；非提倡性评审	多方案探索；确定系统是干什么的	基本方案、技术路径的演示验证；确定系统构成(系统配置)	初步设计；详细设计；生产准备；试生产；试验与评定；设计定型	批量生产，部署	使用与保障；改进与改型；技术状态控制	
输出	正式的立项建议书或不予立项的建议	系统技术要求；基本方案	系统体系结构；接口控制文件；功能基线	分配基线；全套设计文档；飞行器及其保障系统(原型)	批量生产出的飞行器及相应的保障系统		

美国国家航空航天局(National Aeronautics and Space Administration，NASA)针对飞行器的飞行系统和地面保障项目，将其寿命期划分为七个阶段，见表 2.3。在进入下一个阶段之前，一般都需要对前期工作的成果进行评审，以确定本阶段的任务是否已经完成，然后方可进入下一个阶段开展相关工作。

表 2.3 NASA 飞行器寿命期划分情况

阶段		目的	典型输出
预先规划论证阶段	A 前阶段：概念探索	收集使命任务建议和方案，从中选择新的工程和项目；确定所期望系统的可行性，开发使命任务概念，草拟系统及需求，辨识潜在技术要求	以仿真、分析、研究报告、模型和全尺寸实物模型形式表示的可行的系统概念

续 表

阶 段		目 的	典型输出
规划论证阶段	阶段 A:概念研究和技术开发	确定新的重大系统建议的可行性和迫切性,建立 NASA 战略计划的初始控制基线兼容性,并提出终使命任务构想、系统级需求和确定需要开发的系统结构技术	以仿真、分析、工程模型和样机形式表示的系统概念
	阶段 B:初步设计和技术完善	为建立满足项目需求的初始基线(baseline),对项目进行定义。提出系统结构中最终产品(和授权产品)的需求,并给出每个最终产品初步设计	终端产品的实物模型,给出权衡研究结果、技术指标和接口文档、原型机
实施	阶段 C:详细设计和制造	完成系统及相关子系统(包括操作系统)的详细设计,硬件产品制造和软件编写,完成每一系统结构最终产品的最终设计	最终产品的详细设计;最终产品零部件生产和软件开发
	阶段 D:系统组装、集成、测试和投产	组装、集成系统(包括硬件、软件和人),期间验证其能够满足系统需求,随后进行投产。并对最终产品进行完善、组装、集成和测试,准备投入使用	可以使用的最终产品
	阶段 E:运行使用和维护	实现使命任务并满足项目需求,并为实现需求提供保障	达到预期的产品
	阶段 F:退役	实施阶段 E 中制定的系统退役/处置计划,并分析所有反馈的数据和样本	产品退役

2.1.3　系统工程

国际系统工程协会(International Council on Systems Engineering,INCOSE)对系统工程的定义为:系统工程是实现成功的系统的一种跨学科方法和手段。其重点内容包括:在系统研发周期之初确定客户需求和所需功能,将这些需求文档化,然后进行综合性设计和验证,同时考虑运行、成本、进度、性能、培训、支持、测试、制造和退出处置。系统工程将相关学科和专业整合为一个团队,形成一个从概念到生产再到运行的结构化开发过程。系统工程同时考虑所有客户的业务和技术需求,以提供满足用户需求的优质产品为目标。

NASA 将系统工程定义为:用于系统设计、实现、技术管理、运行使用和退役的系统性、多学科方法,包括以下内容:

(1)目标的确定和界定。

(2)提出供选择的系统概念设计。

(3)对设计进行权衡分析。

(4)选择最佳设计方案,并进行实施。

(5)验证系统是否按照设计正确制造和集成。

(6)实施后,对系统达到既定目标的程度进行评估。

美国国防部给出的系统工程的定义:系统工程是对科学和工程成果的应用,以实现以下目标:

(1)通过反复迭代的定义、分析、综合、设计、试验和鉴定过程,将任务需求转化为对系统性能参数和系统配置的描述。

(2)综合相关技术参数,以保证所有物理的、功能的接口间相容,并优化整个系统设计方案。

(3)将可靠性、维修性、安全性、保障性、人因以及软件工程等工程专业综合到整个工程中去,以达到费用、进度和技术性能的目标。

从上述这些定义中可以看出:

(1)系统工程既是一个技术过程,又是一个管理过程,涵盖了多个学科内容。

(2)系统工程在系统的全寿命期内发挥作用,涵盖了从系统设计到系统退役的全过程。

(3)系统工程中常用的方法是迭代方法。

(4)系统工程关注系统和环境之间、系统内部元素之间接口的相容性,并以整体方案最优化为目标。

(5)系统工程获得的整体方案需要满足利益相关者的需求,其风险是可接受的,并通过平衡利益相关者间的利益使得方案成本在整个生命周期内最优。

2.1.4 系统工程过程

在清楚了系统工程的定义之后,下面来了解系统工程方法论方面的内容。

首先介绍系统工程的基本工作过程。常见的基本工作过程有霍尔三维结构和切克兰德方法论两种。它们都是以问题为导向而设计出的逻辑过程,不同之处为:①前者多以工程系统为研究对象,后者多以经济管理等系统为研究对象;②前者的核心内容是优化分析,后者的核心内容则是比较学习;③前者更多关注定量分析方法,后者则比较强调定性和定量相结合。这里对霍尔方法论进行简单介绍,愿意了解更多系统工程方法论内容的,可以参考汪应洛的《系统工程》一书。

美国学者霍尔(A. D. Hall)在1969年提出了霍尔三维结构,直观展示了系统工程各项工作内容,如图2.4所示。从时间维度上,霍尔三结构模型将系统工程的过程划分为七个阶段:规划阶段、设计阶段、分析或研制阶段、运筹或生产阶段、实施或安装阶段、运行阶段、更新阶段;在逻辑维度上,它将每个阶段应遵从的逻辑顺序和工作步骤划分为7步:摆明问题、系统设计、系统综合、模型化、最优化、决策、实施计划。从知识或专业维度上,它给出了系统工程所需的知识和应用领域。

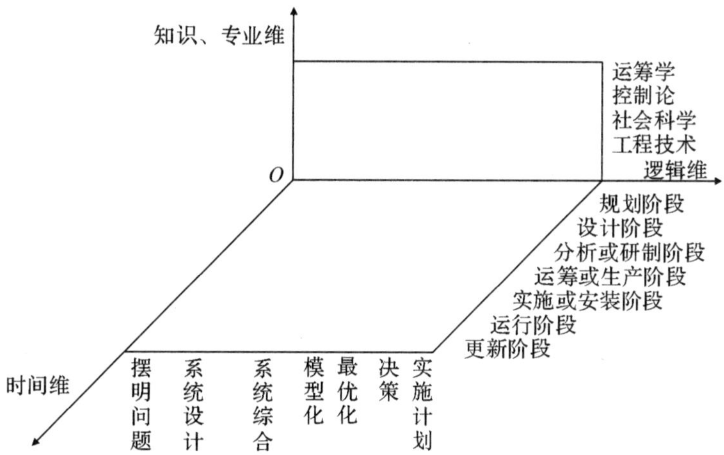

图 2.4 霍尔三维结构示例

通过霍尔三维结构，可以从整体上把握系统，但如何在实践中运用系统工程方法呢？NASA 提出了“系统工程引擎”，这是一种经过实践检验的方法。下面对其进行简单介绍。

NASA 提出了三类技术流程：系统设计、产品实现和技术管理。其中，技术管理为系统设计和产品实现提供了制度上的保障。这三者之间的关系可以用“系统工程引擎”来表示，如图 2.5 所示。

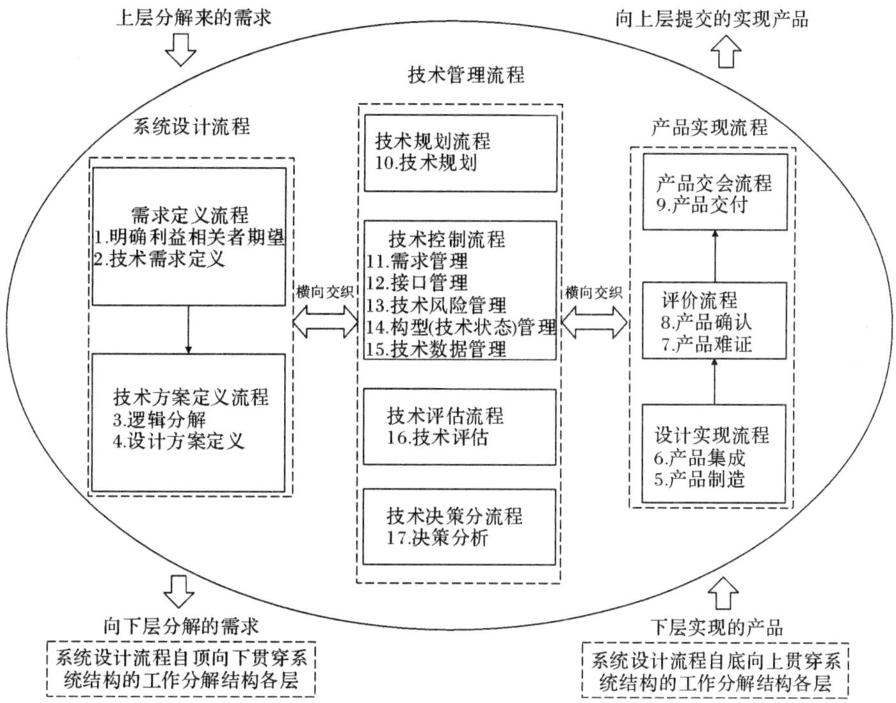

图 2.5 系统工程引擎

NASA 系统工程引擎中，给出了 17 个通用技术流程。其中，步骤 1～4 构成了系统设计流程，主要用于明确利益相关者期望并确定其控制基线、定义生成技术需求并确定其控制基线，将技术需求转变为设计方案是指满足控制基线确定的利益相关者期望。步骤 6～9 构成了产品实现流程，这些流程应用于系统结构中每一个产品，生成其设计方案，同时对产品进行验证和确认，并将相应产品作为一项功能产品交付到更高的产品层次中，从而满足该层次设计方案，同时满足利益相关者的期望。步骤1～9描述实施一个项目时的任务，步骤10～17是执行这些流程时的关联工具。后者构成了技术管理流程，这些流程用于建立和完善项目的技术方案，管理通信接口，依据方案和需求对产品和服务进行评估，控制项目全过程中的技术实施，并辅助决策。

有以下几点需要注意和说明：

(1)飞行器研制是需求实现过程。在这个过程中，如果说研制是“经”，则管理就是“纬”，它们交织在一起，构成了完整的飞行器研发过程。

(2)在一个项目中，以迭代递归的方式使用系统工程引擎中的流程。其中迭代是指在同一个(同一系列)产品中，纠正发现的差异或需求偏差的过程；递归则表示流程反复应用于系统结构中更低层次产品的设计或更高层次产品的实现，以增加系统的价值。

(3)每一个流程都包含输入、输出和流程活动这三个方面的内容。不同流程这三者亦不同。

(4)基线(baseline)是项目管理中的一个重要概念，当一个(或一组)配置项(如进度计划、范围、预算等)在项目生命周期的不同时间点上通过正式评审并进入受控状态后，就形成了基线。可以把基线简单理解为：项目成果物(如需求文件、规格说明书、设计图纸、预算等)在某一时刻的状态，它相当于一份经过确定后的项目快照。项目的进展应当以基线为参考进行衡量，以评估绩效。基线一旦建立，不可随意更改，其变化需要接受严格的变更控制。NASA的项目涉及4个基线：功能基线、分配基线、产品基线和部署基线。

(5)逻辑分解是生成详细功能需求的过程，使方案和项目能够满足利益相关者的期望。这个过程确定了系统在每个层次上应该实现“什么”，才能让项目成功。逻辑分解利用功能分析构造出系统的架构，分解顶层(或上层)需求，并将它们向下层分配。逻辑分解见图2.6。

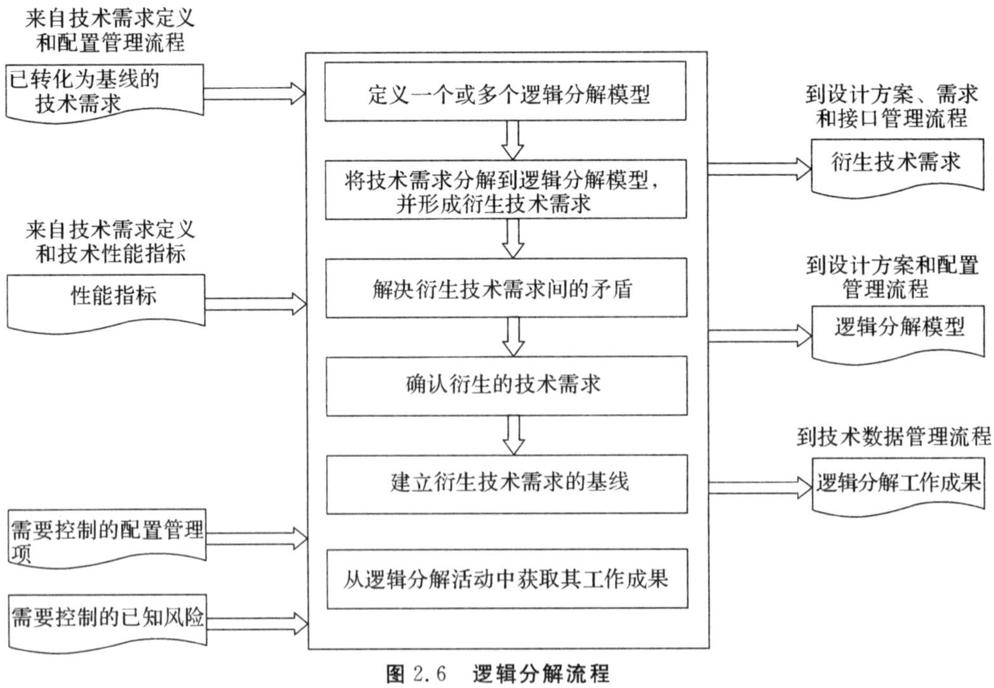

图2.6　逻辑分解流程

逻辑分解和工作分解结构(Work Breakdown Structure, WBS)不同。工作分解结构的定义为:以可交付成果为导向的工作层级分解,其分解对象是项目团队为实现项目目标提交所需可交付成果而实施的工作,它组织并定义了项目的全部范围。工作分解结构是对航空装备研制项目从立项论证到定型交付过程中应完成的所有工作自上而下逐级分解所形成的一个层次体系,它完全限定了航空装备研制项目的工作,并表示出各项工作之间以及它们与交付物之间的关系。常见的 WBS 构建方式有:基于项目产品结构构建 WBS、基于项目研制阶段构建 WBS 和基于项目业务分工(组织职能)构建 WBS。工作分解结构示例见图 2.7。

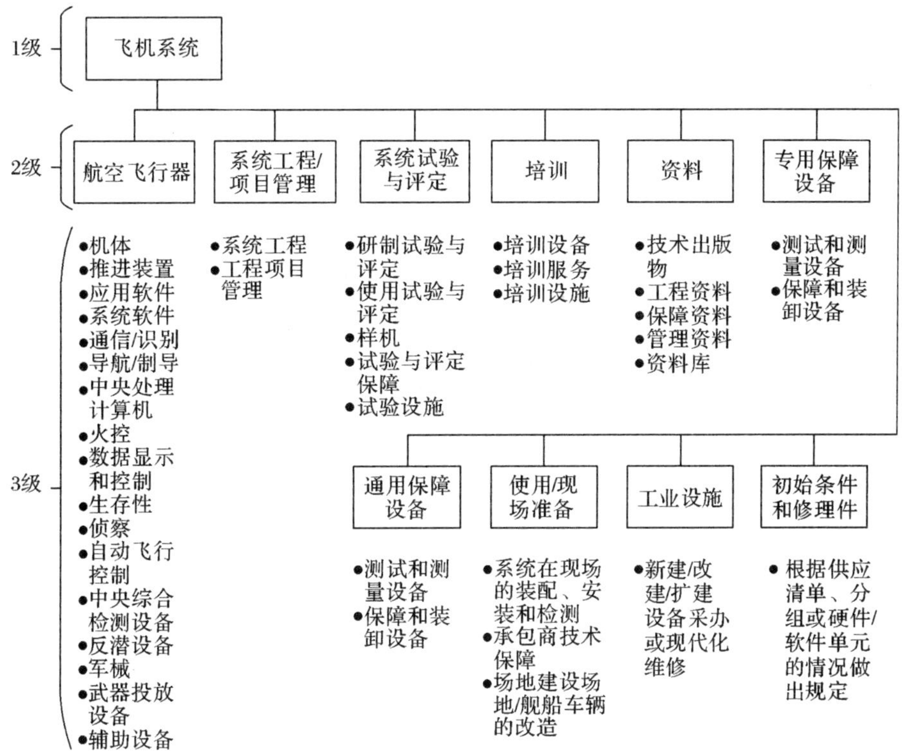

图 2.7　工作分解结构示例

(6)利益相关者就是那些受到本项目结果影响或和本项目存在利害关系的组织和个人。项目的关键参与者称为关键利益相关者。常见的关键利益相关者是用户,飞机项目中的主要利益相关者见图 2.8。不同的利益相关者,其关注的重点不同,因此利益诉求也不同,甚至差异甚大。如何协调和平衡利益相关者的要求,提出各方都可以接受的方案、决定等就显得十分重要。

(7)配置管理(configuration management)也称为"技术状态管理",是应用于产品生命周期的管理规程。在《技术状态管理》(GJB3206B—2022)中,"技术状态"定义为在技术文件中规定的及在产品中达到的功能特性和物理特色。在该标准中,"技术状态管理"的定义为在产品寿命周期内,为确立和维持产品的功能特性、物理特性与产品需求、技术状态文件规定保持一致的管理活动。这些管理活动主要包括技术状态管理策划与监督、技术状态标识、技术状态控制、技术状态纪实、技术状态验证与审核。对飞机而言,配置管理是在飞机全寿命周期内,为确立和保持飞机的功能特性、物理特性与研制总要求和技术状态文件一致的技术和管理活动。配置管理包含5个要素:配置计划和管理、配置识别、配置变更管理、配置状态记录、配置验证。配置管理流程见图2.9。

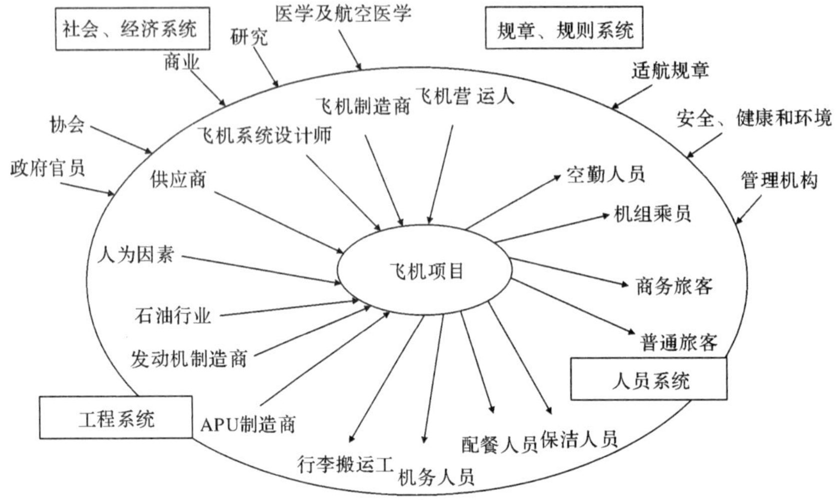

图2.8 飞机项目中的主要利益相关者

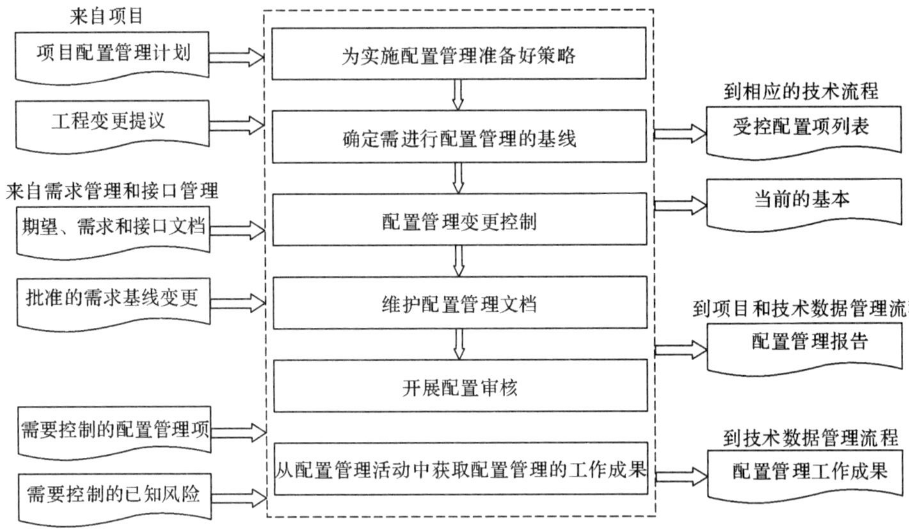

图2.9 配置管理流程

(8)产品验证(verification)和产品确认(validation)在目标上完全不同。对于客户而言,他关注的是最终产品能否在使用环境中达到预期效果。以此为目的开展的检查就是确认。产品确认过程是为了回答"所实现的是否是正确的最终产品";而产品验证过程则是为了回答"目标产品是否被正确地实现"。产品验证过程一般出现在产品设计、制造和维修阶段;而产品确认过程一般发生在产品需要交付给用户的阶段。

(9)决策分析是为个人和组织提供决策的方法,并提供建立决策问题数学模型和找到最优决策解的技术。常用的决策分析方法有系统分析(如仿真建模及性能分析)、权衡分析(权衡树)、成本收益分析、影响图、决策树、层次分析法等。感兴趣的可以阅读相关参考资料,这里不再赘述。

近年来,基于模型的系统工程方法在航空领域得到了广泛的应用。在介绍工作流程时,经常用到"双 V 图"。国际自动机工程师学会(Society of Automotive Engineering)的标准 ARP 4754A 使用"双 V 图"(见图 2.10),给出了飞机研制中根据安全性需求进行安全性设计和评估的流程图。从功能上看,包含了将需求转化为产品的整个过程,这与 NASA 的系统工程引擎是一致的,只是在技术管理方面涉及不多。

2.2 航空器研发过程

航空器是一类复杂产品。航空器研发是一系列活动,它一般从对市场机会的感知开始,到航空器的研发、生产、销售和交付,最终结束于退市。

2.2.1 产品研发与质量屋

什么是一款好的产品研发? 对其回答是仁者见仁、智者见智的事情。从生产单位角度看,可以从这五个方面评价产品好坏:质量(product quality)、制造成本(product cost)、研发周期(development time)、研发成本(development cost)、研发潜质(development capability)。当然,产品能够满足市场需求应该是首要的条件。

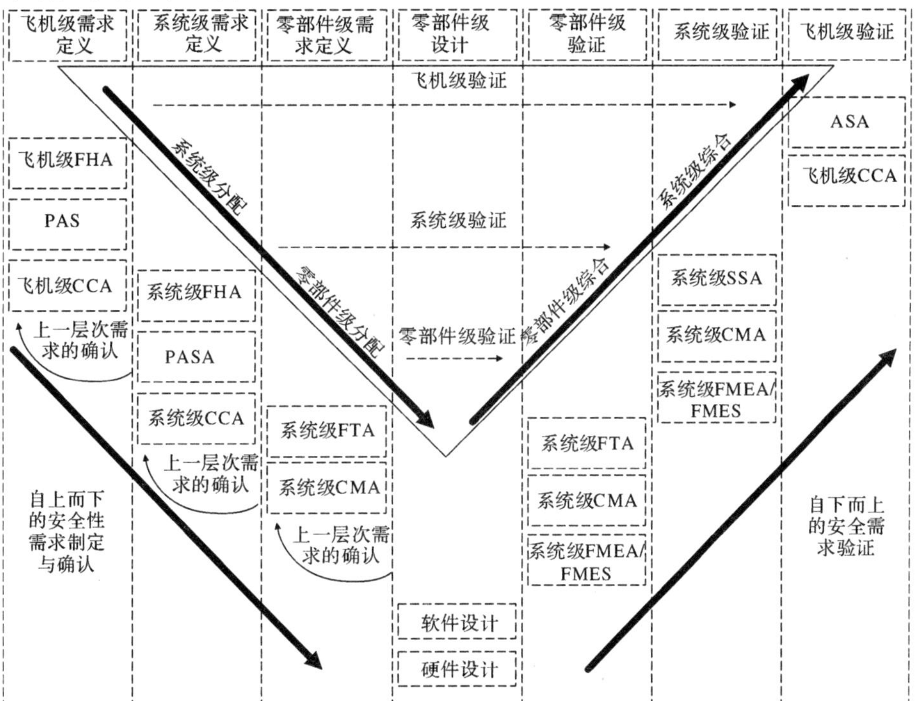

图 2.10　民机安全性设计流程图

FHA—Functional Hazard Assessment,功能危害评估;PASA—初步飞机安全性分析:

CCA—Common Cause Analysis,常见原因分析;

FTA—Fault Tree Analysis,故障树分析;

CMA—Common Mode Analysis,常见模式分析;

FMEA—Failure Modes and Effect Analysis,故障模式及影响分析;

FMES—Failure Modes and Effect Summary,故障模式及影响总结;

SSA—System Safety Assessment,系统级安全评估;

ASA—Aircraft Safety Assessment,飞机级安全评估

研发一款成功的产品十分困难。卡尔·乌尔里克(Karl Ulrich)认为研发过程中面临的主要挑战有:权衡(trade-offs)(如飞机减重和制造成本之间的权衡等)、面临不断变化的情况做决定、大量的细节(details)(如选择何种材料、安装方式等)、时间压力和经济方面的考量(如资金投入、成本、定价等)。

产品研发与产品复杂程度关系密切。简单的产品需要1～2人,可以在1年左右的时间内完成研发;复杂的产品,如波音787飞机,需要1.7万人协同约7年时间方才研发成功。

产品研发是一个从无到有的过程,是产品生命周期中的初始部分内容,一般在单位中以项目的形式进行。产品研发过程是单位构思、设计和产品商业化的一系列程序及活动。产品研发过程因为企业特性、产品复杂程度等有一定差异,但仍有很多共同之处。

除了制定有效的研发过程之外,单位还必须组织他们的产品研发人员以有效的方式开展研发工作。这部分内容属于管理范畴。

另外,在产品研发过程中,一般可以将产品划分为装备系统、装备、系统、分系统、设备、组件、元器件或零件七个层次。产品及其环境构成的系统一起决定了产品的功能。

质量功能配置(Quality Function Deployment,QFD)和质量屋(House Of Quality,HOQ)。复杂产品的一个重要特征是必须同时满足多种需求。产品如果能满足客户的需求,无疑将受到市场欢迎。但是市场调研结果往往是模糊的,需要将其转化为可量化的指标。

质量功能配置是一种用于复杂产品设计的方法,它能够将顾客需求信息合理有效地转化为开发阶段的技术目标和运行控制规程,以保证所设计和制造的产品能够真正满足顾客的需求。QFD能够有效传递客户需求,并生成后续的工程设计要求,有效控制产品的技术状态,满足产品功能,QFD可以为后续详细产品设计和生产制造过程精准地提供导引和开发方向,最终为产品功能的实现奠定坚实的基础。QFD是一种顾客需求驱动的、主动式、预防性的现代产品设计开发模式。QFD由日本知名学者赤尾洋二和水野滋提出,并被广泛应用于各个工业领域新产品或服务的设计开发。

QFD一般包括产品规划、零部件规划、工艺规划和制造规划四个阶段。其第一个阶段经常使用的工具称为质量屋,质量屋也被称为质量功能配置矩阵,该矩阵可以用类似房屋的图形来表达,将顾客需求转化为定量分值,以帮助设计者确定主要设计目标。此外,由于QFD中其他三个阶段的结构和分析方法在本质上与质量屋是相同的,故这三个阶段的构建可以参考质量屋进行。如果需要对质量屋有更加深入的了解,可以阅读本章后给出的相关参考文献。下面以一个具体的例子对质量屋(见图2.11)做简单介绍。

图2.11的左侧是需求矩阵,通过对客户的调研得出,并对这些需求逐一打分,然后根据客户需求计算出相对分值(用百分比表示)。图中“重要的工程指标”部分是技术需求矩阵,是需要重点关注的工程技术指标。图2.11中,上部的三角区域被称为“屋顶”,用以说明不同工程指标之间的关系。工程指标对应的列以对角线形式在屋顶处相交。根据重要的工程指标对需求的满足程度而打分得到二者之间的关联矩阵,关联矩阵中没有填入内容表示指标对需求没有影响。在质量屋中将需求矩阵中的相对分值和技术需求矩阵中某一指标的数值(在关联矩阵中)对应相乘并求和,然后利用每一指标的求和结果来计算相对比例,得到质量屋最底下一行(图中这些数值没有用百分比表示,相当于是原值的100倍),这一部分称为

"目标矩阵"。有些时候，还可以建立比较矩阵，将项目设计和其他竞品进行比较，从而找出产品的不足。

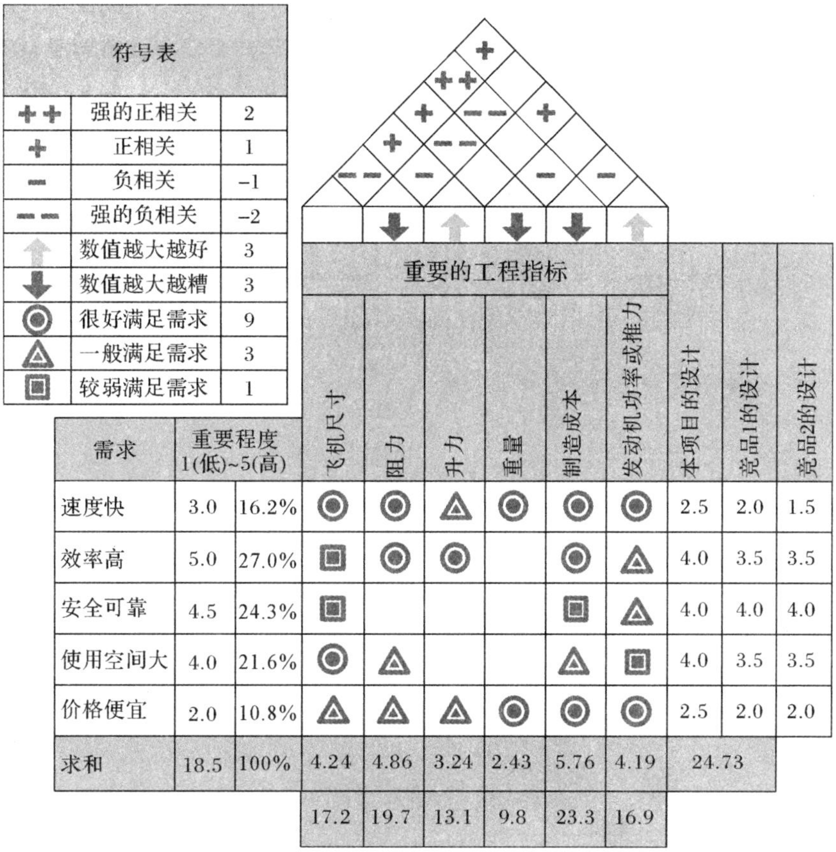

图 2.11　质量屋示例

需要注意的是，质量屋仅仅是一种分析工具，它能够帮助我们更好地理解需求。利用该工具得到的结果也是供设计参考的一种相对趋势，不必花费大量时间在不断完善质量屋的细节上，否则不仅仅是舍本逐末、浪费大量时间，还可能将设计带到错误的道路上。

2.2.2　航空器的研发过程

航空器的研发过程虽有一定差异，但是主要流程和工作内容相似。图 2.12 给出了常见的飞机研制流程。

从这一流程中可以看出：

(1)设计是一个反复迭代过程。在设计过程中，往往会面临着大量的选择。这些选择很多是在诸多矛盾中选择最佳的折中方案，因此经验和预判都十分重要。

(2)迭代尽量在设计初期进行。在设计初期进行调整，往往是文字上的变化，但到了设计后期，迭代的代价太大，甚至可能导致设计失败。

(3)做好需求调研和分析十分重要。产品设计的目标源于需求，整个项目都是建立在满足需求的基础之上，比如在设计过程中进行决策时，对需求的满足程度是决策的十分重要的因素，需求找准、找全了，不仅仅给设计带来极大便利，还为后期产品在市场上的表现打下良好基础。在历史上，一些产品，尽管技术水平很高，但是并没有满足市场的需求，最终遭到市场淘汰。因此，在这项工作上花费大量的时间是值得的。

(4)随着科学技术的不断发展，并行工程在设计中得到越来越多的应用。通过运用并行工程，可以节约大量的时间，大大缩短设计周期。

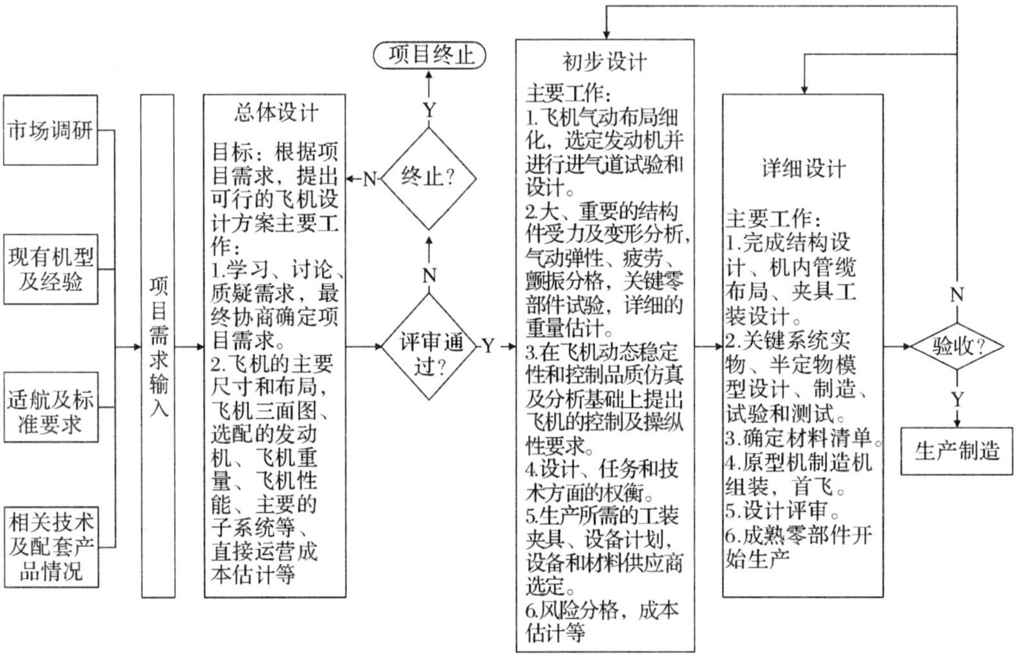

图 2.12 飞机研制流程

国内军用飞机的一般设计流程为可行性论证阶段(L)、方案论证阶段(F)、技术设计阶段(C)、工程设计和试制阶段(S)、试飞和设计定型阶段(D)、生产定型阶段(P)。

1)可行性论证阶段的主要工作为完成飞机可行性论证，提出飞机战术技术要求论证报告，配合使用方确定飞机战术技术要求。

2)方案论证阶段的主要工作为完成飞机方案论证，形成飞机总体研制方案报告。

3)技术设计阶段的主要工作为完成总体方案调整和打样，完成数字样机设计，通过样机评审。

4)工程设计和试制阶段的主要工作为完成飞机的详细设计、试制和试验。

5)试飞和设计定型阶段的主要工作为通过试飞，完成设计定型。

6)生产定型阶段的主要工作为通过小批生产和试用，完成飞机生产定型。

我国民用飞机，设计流程一般遵循 HB 8525—2017《民用飞机研制程序》。该标准将民用飞机研制全过程划分为需求与概念论证、初步设计、详细设计、试制与验证和批量生产 5 个阶段，设立了 11 个控制点，分别为 G1 机会识别、G2 项目筹划启动、G3 市场需求确定、G4 初步技术方案遴选、G5 总体技术方案审查、G6 初步设计审查、G7 详细设计审查、G8 首飞审查、G9 型号合格证(Type Certificate，TC)取证、G10 首次交付使用、G11 项目关闭审查。这 5 个阶段和 11 个控制点在时间上的关系如图 2.13 所示。

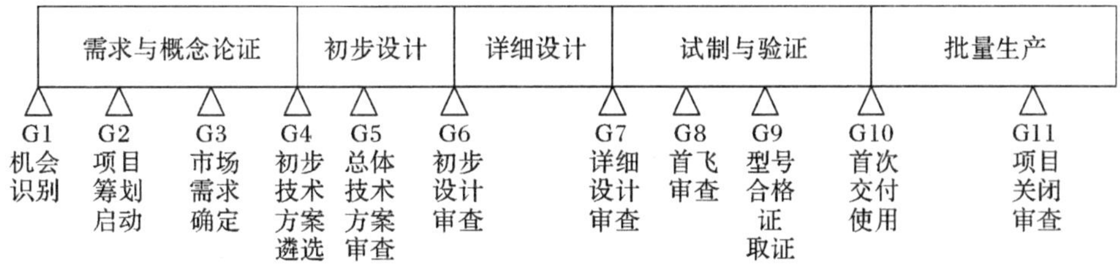

图 2.13　民用飞机研制典型流程

从时间上看，大型飞机的研制周期为 10～20 年。而飞机的服役时间一般较长，一些尚在使用的飞机，如 B747、B52、C130 等，其设计定型距今均已超过 50 年。

2.3　航空器维修工程

航空器维修工程贯穿航空器的全生命周期过程，包含制造人维修工程和营运人维修工程两类内容。它既要指导、融入和控制设计，又要执行设计要求，用最低的费用保持固有安全性、可靠性水平，并为改进设计提供必要信息。

航空器设计制造方通过维修工程，提供一种安全可靠、性能优良、顾客满意、营运人盈利的航空器，实现安全、可靠、经济和社会目标的统一。

航空器设计制造方维修工程包含在航空器全生命周期中，在不同的阶段主要内容有所不同，具体可以参考图 2.14。

航空器运营人承担的维修工程工作包含工程和维修两部分。工程方面的职责主要包括制定标准、政策和程序，制订和改进工作方案、计划，实施监督和记录评估，进行技术支援，保持飞机的适航性；维修方面的职责主要包括按照工程部门制定的要求实施维修任务，完成所要求的勤务、检查、修理、更换和改装，并进行记录。

长期以来，在航空器运营过程中形成了一条维修工程管理主线，如图 2.15 所示。这条主线通过航空维修核心指导文件，将适航管理部门、制造商和运营人联系了起来。维修大纲(Maintenance Review Board Peport，MRBR)，亦称维修要求或维修技术规程。维修大纲是保持航空器持续适航的基本文件。该文件由维修审查委员会(Maintenance Review Board，MRB)、制造方和工业指导委员会(Industry Steering Committee，ISC)共同协作提出，经 MRB 主席签字批准后，报送适航管理当局和航空公司。根据适航要求，营运人需要有自己的维修方案。这个运营方案应结合 MRBR 和自己的实际情况来制订。考虑到营运人(一般为航空公司)制订自己的维修方案比较困难，航空公司会撰写制造商维修计划文件(Maintenance Planning Document，MPD)，将 MRBR 中规定的维修要求进行细化和重新编排，推荐给飞机营运人。持续适航维修方案(Continuous Airworthiness Maintenance Program，CAMP)又称为持续适航维修大纲，是航空公司为保持飞机适航性进行维修检查而制订的综合性方案。它包含了航空公司为保持飞机适航性所要求的检查和维修方面的政策和职能。航空公司维修方案(Airline Maintenance Program，AMP)是执行持续适航维修方案的机型化技术文件，它将特定机型在飞机上的维修检查要求综合在一起，成为这些飞机执行持续适航维修方案的计划文件，或称维修计划。航空公司工卡又称为工作单，是航空公司维修工程部门维修或检查直管航空器的指令性文件，主要用来指导维修任务的实施。工卡的主要内容包括完成维修任务的技术指令、施工标准和注意事项，维修、修理和改装所需的工序及检验要求。工卡包含了维修或检查涉及的“什么时候”“做什么”和“怎么做”的问题。

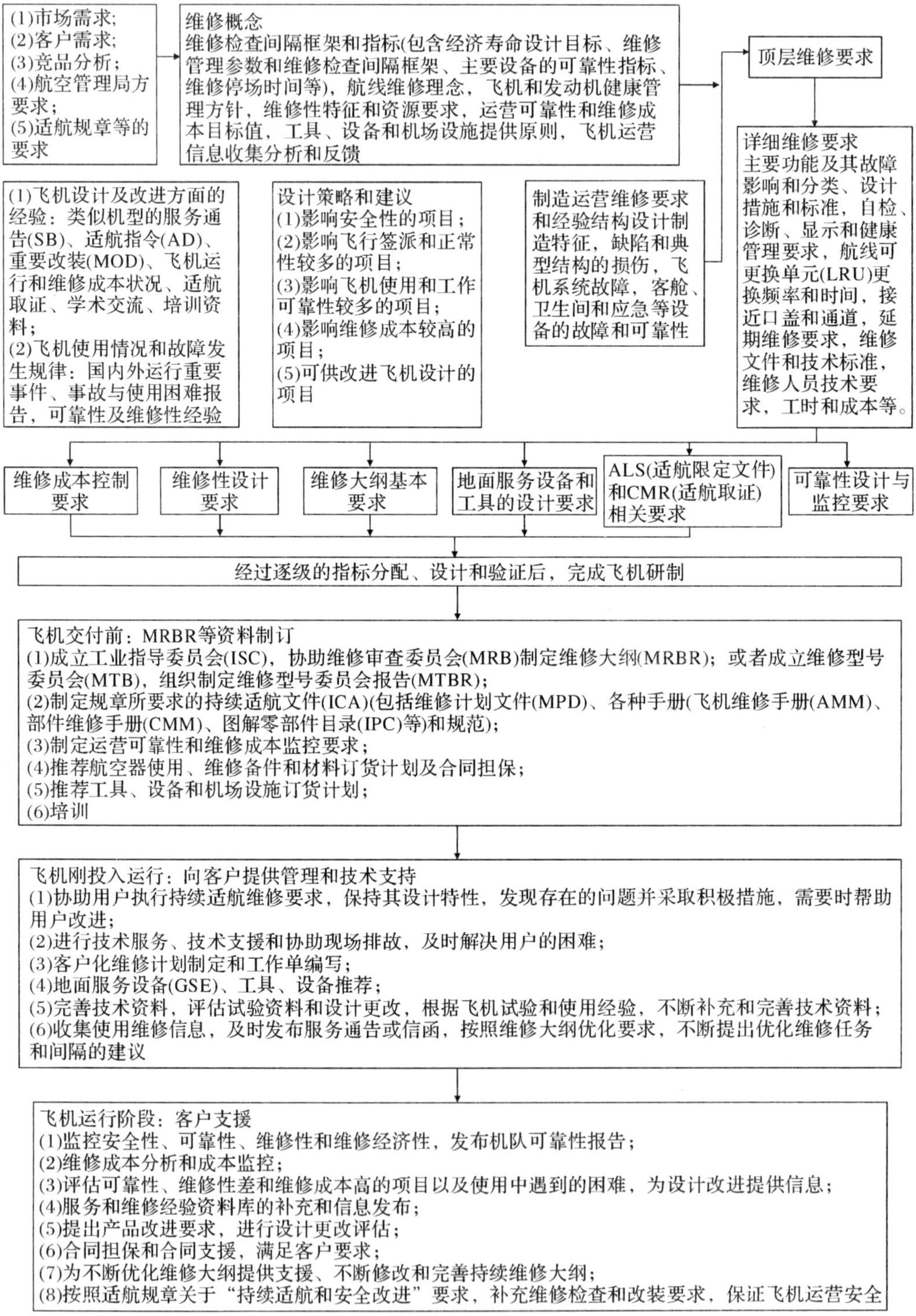

图 2.14　航空器设计制造商相关维修工程主要内容

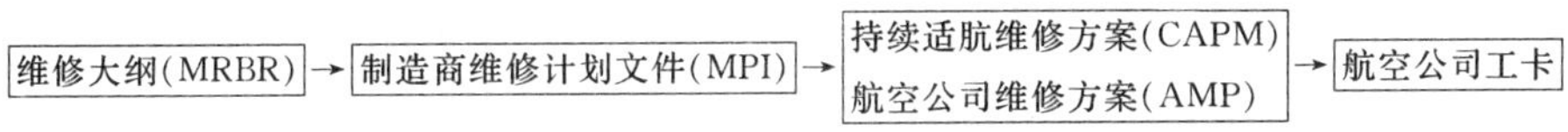

图 2.15　**航空维修工程管理主线**

2.4　航空器维修性工程

维修性工程一般包含维修性设计和维修性管理两个方面，具体内容见图 2.16。

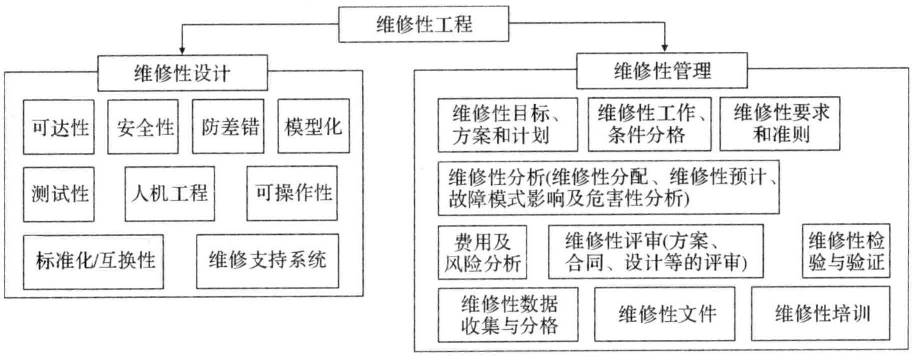

图 2.16　**维修性工程的主要内容**

在航空器维修性工程中，航空器的维修需求通过研发得以落实，即与其他需求一起，转化为具体设计要求，体现在产品设计之中，并经加工制造而成为航空器的特性。

在飞机生命周期的不同阶段，维修性工作内容如图 2.17 所示。

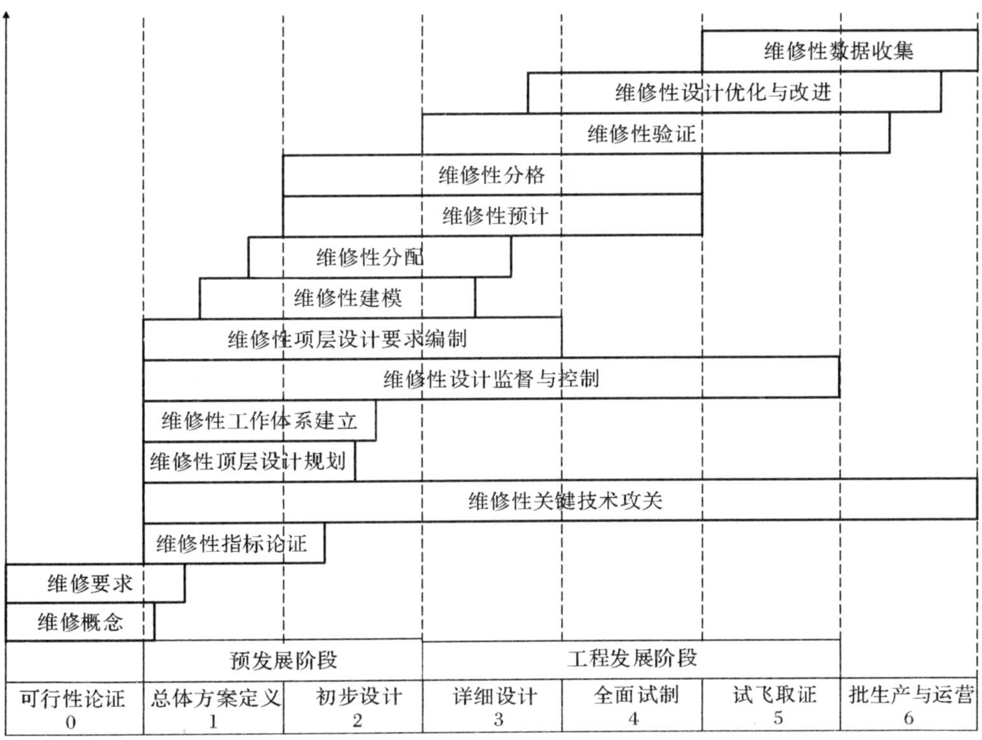

图 2.17　**飞机生命周期中各个阶段的维修性工作**

问题和习题

(1)什么是系统？系统有哪些特征？

(2)工程系统有哪些特点？

(3)工程系统的生命周期一般包含哪几个阶段？

(4)简述系统工程引擎。

(5)质量屋包含哪几部分？如何绘制项目的质量屋？

(6)制造人航空器维修工程在不同阶段的主要工作内容是什么？

(7)简单介绍航空器维修工程管理主线。

(8)航空器维修性工程包含哪些内容？

参考文献

[1] 汪应洛. 系统工程[M]. 5 版. 北京：机械工业出版社，2016.

[2] NASA. NASA Systems Engineering Handbook (NASA SP - 2016 - 6105 Rev2)[M]. Charlestion:CreateSpace Independent Publishing Platform,2017.

[3] LIU D H. Systems Engineering: System Design Principles and Models[M]. Boca Raton:CRC Press,2016.

[4] INCOSE. INCOSE Systems Engineering Handbook: A Guide for System Life Cycle Processes and Activities[M]. 4th ed. New Jersey:Wiley,2015.

[5] CHARLES S, WASSON. System Engineering Analysis, Design, and Development: Concepts, Principles, and Practices[M]. 5th ed. New Jersey:Wiley,2015.

[6] 阮廉，章文晋. 飞行器研制系统工程[M]. 北京：北京航空航天大学出版社，2008.

[7] ULRICH K T, EPPINGER S D, YANG M C. Product Design and Development[M]. 7th ed. New York City: McGraw - Hill Education,2019.

[8] JAMNIA A. Introduction to Product Design and Development for Engineers[M]. Boca Raton:CRC Press,2018.

[9] KUNDU A K, PRICE M A, RIORDAN D. Conceptual Aircraft Design: An Industrial Approach[M]. New Jersey:Wiley,2019.

[10] NICOLAI L M, CARICHNER G E. Fundamentals of Aircraft and Airship Design, Volume I - Aircraft Design[M]. AIAA,2010.

[11] GUDMUNDSSON S. General Aviation Aircraft Design - Applied Methods and Procedures [M]. Oxford:Butterworth - Heinemann,2013.

[12] SEABRIDGE A, MOIR L. Design and Development of Aircraft Systems[M]. 3rd ed. New Jersey: Wiley,2020.

[13] 杨莹，丁健，李伟. 系统工程在飞机设计上的应用与实践 [J]. 装备制造技术，2019(11)：140 - 144.

[14] 孟那那. 民用飞机研制项目详细设计评审准则及流程 [J]. 工程与试验，2020，60(1)：126－127.
[15] 李文正. 飞机设计流程解析[M]. 北京：航空工业出版社，2013.
[16] 倪先平，朱清华. 直升机总体设计思路和方法发展分析 [J]. 航空学报，2016，37(1)：17－29.
[17] 刘虎，罗明强，孙康文. 飞机总体设计[M]. 北京：北京航空航天大学出版社，2019.
[18] 肖力墉. 航空装备研制项目工作分解结构(WBS)构建方式研究 [J]. 制造业自动化，2014，36(12)：107－109.
[19] 常士基，刘延利，郭润夏. 民用航空维修工程[M]. 北京：航空工业出版社，2018.
[20] 郭博智，王敏芹，吴昊. 民用飞机维修性工程[M]. 北京：航空工业出版社，2018.
[21] 陈志英，陈光. 航空发动机维修性工程[M]. 北京：北京航空航天大学出版社，2013.
[22] 康锐. 可靠性维修性保障性工程基础[M]. 北京：国防工业出版社，2012.
[23] 周栋，耿杰，吕川，等. 维修性设计与分析[M]. 北京：北京航空航天大学出版社，2020.
[24] 左洪福，蔡景，吴昊，等. 航空维修工程学[M]. 北京：科学出版社，2011.
[25] 周振愚，钱跃竑，刘毅. 产品维修性设计的系统工程方法 [J]. 系统工程与电子技术，2020，42(5)：1197－1204.

第3章　航空器适航

▶导学

航空器适航是航空器全生命周期适于飞行的标准，通过适航当局对参与航空器设计、生产、运营、维修等活动参与者的资格审定以及过程监管，实现民用航空器始终符合其型号设计要求，且始终处于安全状态的目标。对于民用航空器的生命周期各个环节的参与者来说，适航标准和规范是必须被严格遵守且执行的，这是政府及公众基于民用航空安全这一基本要求所决定的。

学习重点：适航性定义及分类，初始适航管理，持续适航管理。

▶学习目标

(1)掌握适航性的定义。

(2)掌握适航管理的分类。

(3)掌握适航标准的特点及适航证件体系。

(4)理解初始适航管理的过程。

(5)熟悉持续适航管理的要素和主要工作内容。

(6)了解维修人员执照管理的要求。

3.1　适航性定义

适航来源于公众利益的要求及航空工业发展的需求。适航随着航空工业的进步而发展，航空工业是适航发展的基石，适航为航空工业的发展保驾护航。公众要求政府对空中飞行活动进行管理，以保证公众的生命及财产等利益。政府从对航线、飞行员的管理，到对航空器的管理，要求航空器的设计制造和维修达到一定的安全水平。

适航性英文为 Airworthiness，英国牛津字典对其解释是"fit to fly"，即航空器适合在空中飞行的性质或性能。

适航性定义为航空器(包括其部件及子系统整体性能和操纵特性)在预期运行环境和使用限制下的安全性和物理完整性的一种品质。这种品质要求航空器应始终符合其型号设计要求和始终处于安全运行状态，可以通过适当的维修而持续保持运行状态(在给定的使用寿命期内)。

从这个定义出发，适航性应包括以下要素：

(1)必须在预期运行环境和使用限制下使用。预期运行环境包括大气、机场、航路、空中交通等，以及目视飞行、夜间飞行、结冰/非结冰等运行条件。使用限制包括速度、高度、质量、平衡、发动机性能等。如果超出这些限制条件,例如飞机超重起飞,按非特技飞行载荷设计的飞机进行特技飞行,在结冰条件下飞行而没有适当的保护等,这些超出限制和运行条件的情况都可能引起事故的发生。

(2)航空器必须达到一定的要求,这种要求指航空器能在预期的环境中安全飞行(包括起飞和着陆阶段)的固有品质,这种品质通过设计赋予航空器,即在设计制造航空器时,其结构强度、飞行品质、性能等方面要符合相关的要求,并通过合适的维修而持续保持,使航空器的状态能够始终满足要求。

(3)安全运行状态,即能够远离可导致人员伤亡、疾病,设备或财产的损坏、丢失及对环境产生损害的情况。可通过危险识别和风险管理过程,使得对人员受伤害或者货物受损失的风险维持在可接受的水平或以下,以实现航空安全,这也是适航的最终目的。

航空器适航性本质上是航空器的固有性能及其外部环境特性之间的关系,同时航空器作为在天空、陆地、江海运行的公共交通运输工具,对其乘员和运行区域有着显著影响。因此国际社会达成共识,各个国家政府制定或采用了全面、严格的法律法规指导和约束航空器固有特性提供者、外部环境特性协调者、固有特性和外部环境特性之间的一切元素和活动,主要包括以下几个方面。

(1)国际民用航空协会和各国政府部门;

(2)空中交通管制方(包括军方);

(3)机场管理部门;

(4)航空器设计厂家;

(5)航空器制造厂家;

(6)航空器和部件维修单位;

(7)航空器运行人;

(8)机组乘员;

(9)乘员;

(10)行李和货物。

随着航空工业的发展,适航成为民用飞机进入主流航空市场的门槛,代表了公众对民用飞机安全的认可,也是民用飞机设计的固有属性。适航性由政府相关部门制定相关标准,由航空器设计制造商、运营商等航空运营相关机构和个人参与,由政府适航部门进行监督,涉及飞行器的整个寿命周期(设计、生产、使用、维修)以及飞机的各个部件、系统,以保证民用航空器的安全运行。

3.2 适航管理

3.2.1 适航管理概述

适航性这个词从一开始,就与政府对民用航空器安全性的控制和管理有关。民用航空器的适航管理是以保障民用航空器的安全性为目标的技术管理,是政府适航部门在制定各种最低安全标准的基础上,对民用航空器的设计、制造、使用和维修等环节进行科学统一的审查、鉴定、监督和管理。

根据管理内容和实施阶段不同，适航管理分为初始适航管理和持续适航管理，各阶段主要工作内容如图 3.1 所示。

初始适航管理是在航空器交付使用之前，适航部门依据各类适航标准和规范，通过对民用航空产品设计、制造的适航审定、批准和监督，以颁发型号合格证、生产许可证和适航证为主要管理内容，通过一系列规章和程序来验证航空产品的设计特性、使用性能以及制造质量和安全状态，以确保航空器和航空器部件的设计、制造按照适航部门的规定进行。航空器的设计和制造单位从图纸设计、原材料选用、试制、组装直至取得型号合格批准和生产许可，要对航空器的初始适航性负主要责任。

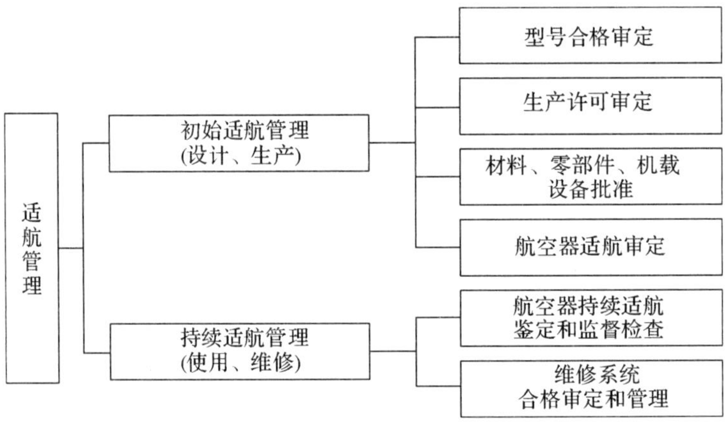

图 3.1　适航管理各阶段主要工作内容

持续适航管理是在民用航空器投入运营之后，依据各种维修规则和标准，使其适航性得以保持和改进。持续适航管理的三要素是维修机构、维修人员和航空器。因此，持续适航管理不能和初始适航管理截然分开，航空器的使用单位和维修单位，要对其使用和维修的航空器的持续适航性负主要责任。

无论是新研制还是改装的民用航空器（包括相关的发动机、机载设备和材料等航空产品），首先都要经过适航部门按适航条例、适航标准、适航程序和技术规定的要求，进行设计、制造和试飞等各阶段审查，分别获得型号合格证和补充型号合格证后，才能交由获得适航审查合格的生产厂家进行制造。新研制的民用航空器直到取得型号合格证、生产许可证和单机适航证后，方可投入安全有效使用。也就是说，航空器上使用的任何硬件和软件，大到一架整机、一个系统，小到一个螺栓、一块材料，包括投入使用后的维修都必须经适航部门的审查和批准，以确保航空产品始终处于安全状态。

民用航空器的适航管理贯穿航空器研制和交付使用的全过程，前者属于初始适航管理，后者属于持续适航管理；按研制航空器部门的划分，前者为航空器研制，后者为售后服务，两者密不可分。一个新型号的民用航空器研制，初始适航管理阶段意味着人力、物力和财力的投入，持续适航管理阶段才是技术成果和经济效果的收益。只有完成这两个阶段的适航工作，适航管理工作才算完成。

3.2.2　适航管理组织机构

适航管理组织机构是适航管理体系的一部分，是开展适航工作的组织保障。按照工作性质，适航管理机构的适航管理工作可划分为以下三类。

（1）立法、制定标准——适航审定部门根据国家颁布的航空法，统一制定颁布各种与安全有关的技术和管理的适航标准、规章、规则、指令和通告等。

（2）颁发适航证件——在民用航空器的研制、使用和维修过程中，通过依法用审定和颁发各种适航证件的手段来检验执行程度或标准要求的符合性。

（3）监督检查——适航部门通过颁证前的合格审定以及颁证后的监督检查等手段，促使从事民用航空产品设计、制造、使用和维修的单位或个人始终自觉地满足适航标准、规定的要求。

为了保证民用航空的安全性，世界上凡有航空运输的国家几乎都设有民用航空的适航管理机构，这种机构按照各国国情规模不一、名称各异。比较典型的有美国联邦航空局（FAA）和欧洲航空安全局（EASA），以及我国的中国民用航空局（Civil Aviation Administration of China，CAAC）等。

1. 美国联邦航空局

自 20 世纪 20 年代开始，美国就开始对民用飞机进行适航管理。伴随着美国航空制造业的迅猛发展，美国逐渐成为世界上基础雄厚、技术先进、产品丰富的航空制造业强国，美国联邦航空局也发展成为当今世界经验丰富、实力强大的适航当局。

美国航空制造业的产业结构是典型的金字塔结构，其塔尖是以波音公司为代表的、拥有雄厚技术实力和巨大市场份额的航空制造业巨擘，而基座是数量众多、充满活力、各具技术特点、产品不一的小型航空制造企业。这些小型航空制造企业并不依附于大的航空制造企业，而是独立地提供从飞机、发动机、螺旋桨到各种机载设备、零部件和飞机加改装方案的各种航空产品和服务。

FAA 的适航审定部门的组织体系设置也与美国航空制造业的产业特点相适应，一方面为了众多适航标准的制定、执行和解释的标准化，设立了按航空产品类别划分的专业审定中心；另一方面为了开展对数量众多的航空制造企业的适航管理，在美国全国范围内设置了众多专职的适航审定办公室和机构。FAA 适航审定具体机构设置如图 3.2 所示。

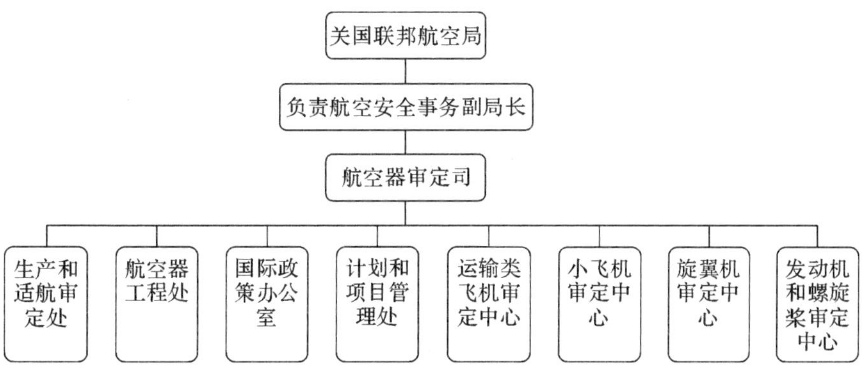

图 3.2　FAA 适航审定部门组织体系

在美国联邦航空局下，设置由负责航空器安全事务的副局长管理的航空器审定司，负责适航审定管理，位于美国首都华盛顿特区。在航空器审定司总部，设有四个处：生产和适航审定处，负责生产许可审定和单机适航审定政策制定；航空器工程处，负责航空器适航审定的工程技术的政策制定；国际政策办公室，负责国际适航双边协议和国际事务的政策制定；计划和项目管理处，负责型号合格审定的程序制定。

在航空器审定司的直接垂直管理下，分别在美国境内四个城市设置了四个审定中心。审定中心接受美国联邦航空局航空器审定司的领导，具备双重职能。一方面，审定中心按照不同的航空产品类别负责适航审定政策的标准化；另一方面，审定中心按照所在地管理周边几个州的现场办公室，负责所辖几个州的所有航空产品和零部件的适航审定项目。

2. 欧洲航空安全局

对于欧洲而言，空客公司与波音公司以及欧盟与美国在民用航空界的竞争需求促进了联合航空局(JAA)的诞生。2002年，伴随着欧洲的一体化进程，诞生了EASA，EASA接替了JAA的职能和活动。EASA是在欧盟框架下依据欧盟议会规章的相关规定，集中行使各成员国部分民航管理主权的政府组织。随着欧洲航空制造业的发展，EASA是拥有与美国联邦航空局FAA同等话语权的重要适航当局。

目前，法国、德国、意大利、西班牙、荷兰等27个欧盟国家均为EASA的成员国，每个成员国都有自己的适航当局。在适航审定工作中，EASA主要负责空中客车公司的设计制造审查、颁证和管理。对其他产品，其设计由EASA审查批准，制造由所在的EASA成员国适航当局审查批准。同时，EASA各成员国适航当局还承担了大量的各种基础性审查工作，解决了地域管理等问题，保证了工作效率和效果。欧洲适航审定体系的组织结构包括位于EASA总部的审定司、质量与标准化司、法规司等，其中对设计单位和制造单位的批准职能归属于质量与标准化司。审定司下设产品处、专家处、飞行标准处和合格审定政策计划处。EASA适航审定部门具体组织体系如图3.3所示。

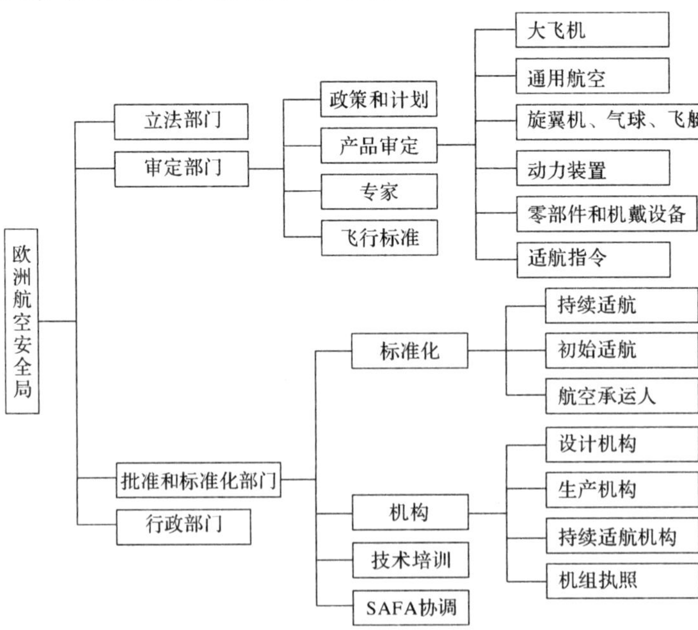

图3.3 EASA适航审定部门组织体系

与美国联邦航空局相比,欧洲航空安全局的适航组织体系具有以下三个不同的特点。

(1)产品审定分类不同,美国分为运输类飞机、小飞机、旋翼机和发动机/螺旋桨,欧洲航空安全局单设了负责零部件和机载设备适航审定的部门和负责适航指令的部门。

(2)重视标准化工作,由于欧洲航空安全局的具体适航审定工作仍由欧洲各国民航局的适航审定人员承担,所以,适航标准和程序执行的标准化问题尤为重要,因此欧洲航空安全局的适航组织体系中特别设置了标准化部门,负责标准化和培训工作。

(3)具备机构评审的职能,与美国的适航标准管理体系不同,欧洲适航当局会向航空产品的设计、生产机构颁发有别于适航证件的机构批准。因此,欧洲航空安全局的适航组织体系中设置了机构评审的部门,负责设计机构、生产机构和持续适航机构的评审和批准。

3. 中国民用航空局

20世纪70年代末,中国民用航空局成立工程司,着手开展适航审定管理。以1985年与FAA合作开展对MD82飞机在中国的转包生产的监督检查,以及1985年FAA给Y12II型飞机颁发型号合格证,进而扩展涵盖23部飞机(正常类、实用类、特技类和通勤类飞机)、机械类机载设备的中美适航双边为标志,中国民航适航审定系统逐步建立健全与国际接轨的适航法规体系和组织机构。

中国的适航理念、适航标准和相关程序都充分借鉴了FAA的模式。但是,中国民航当局的组织体系具备自身的特点。中国民航当局的组织体系是包括作为总部的中国民用航空局和作为地方派出机构的民航地区管理局的二级管理体系。中国民用航空局管辖的适航审定系统的组成同样是包括作为立法决策层的民航局航空器适航审定司和作为行政执法层的地区民航局适航审定处的二级管理体系。作为中国适航审定系统重要的支持力量,参照FAA按照航空产品类别设立审定中心的做法,在民航局政府的二级管理体系下,中国民航局还进一步设置了两个专业审定中心——上海航空器适航审定中心和沈阳航空器适航审定中心,分别负责国内运输类飞机(25部飞机)以及国内通用飞机(23部飞机)、正常类旋翼航空器(27部)和运输类旋翼航空器(29部)的型号合格审定工作。为了强化对作为立法决策层的民航局航空器适航审定司的技术支持,民航局下属的航空安全技术中心、中国民航大学和民航管理干部学院分别设置了适航机构,开展相关适航研究活动。中国适航审定系统的组织结构如图3.4所示。

中国民用航空局和各地区管理局、监督管理部门按照各自分工,对航空器、航空器(动力装置/螺旋桨/部件)设计/制造厂家、航空器运营企业、航空器维修单位、航空器动力装置/螺旋桨/部件维修单位、航空器从业人员(包括维修人员、飞行员、空中交通管制员等)采取审查、颁证、监督检查、行政处罚的方式进行管理。不同民航地区管理局、监督管理局之间,也根据已经确定的管理分工范围,对所在辖区内的航空器维修活动进行审查、监督、指导。

飞行标准司负责实施民用航空器运营人的运行合格审定及补充审定并进行持续监督检查。

适航审定部门的主要工作:颁发民用航空产品的适航指令;办理颁发民用航空器初始标准适航证的有关事宜;负责有关民用航空器的加改装方案、特修方案和超手册修理方案的工程审批工作。

适航维修部门的主要工作:审批民用航空器运营人的航空器维修方案、可靠性方案、加改装方案及特殊装机设备运行要求;审批民用航空器运营人在辖区内执管航空器的适航证、特许飞行证,并实施监督管理和使用困难报告的调查处理;审批辖区内民用航空器维修单位维修许可证并实施监督管理;负责维修人员培训机构的合格审定;负责航空器维修人员的资格管理。

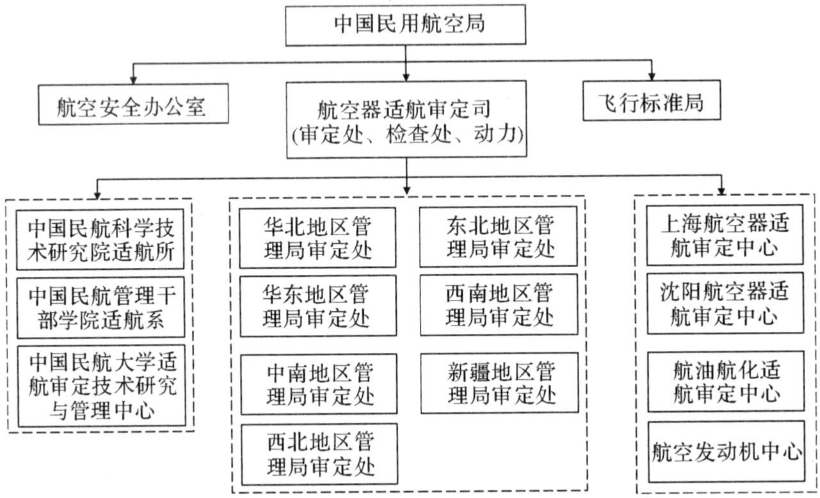

图 3.4 中国适航审定系统的组织结构

3.3 适航标准及适航证件体系

3.3.1 适航标准

适航标准是一类特殊的技术性标准,是为保证实现民用航空器的适航性而制定的最低安全标准。适航标准与其他标准不同,它是国家法规的一部分,必须严格执行。

适航标准是通过长期工作经验的积累,吸取了历次飞行事故的教训,经过必要的验证或论证及公开征求公众意见不断修订而成的。目前,各国适航标准中较有影响的是美国的联邦航空条例(Federal Aviation Regulations,FAR)、欧盟的 CS(Certification Specifications)。我国适航标准主要参考国际上应用最广泛的美国适航标准,并结合国情而制定,作为《中国民用航空规章》(China Civil Aviation Regulations,CCAR)的组成部分。

通观各国适航标准,总体上具有以下共同特点:

(1)强制性。适航标准原本就是为政府管理部门或授权管理部门对航空器的安全性进行控制而制定的。在各国适航标准中,多数是以法律条文的格式编写的,因此是强制执行的。

(2)国际性。适航标准因其应用领域的特性而具有鲜明的国际性特点。民用航空从起步开始,其发展就带有强烈的国际性,无论是航空产品的进出口,还是航空器设计生产日趋国际化的潮流,都决定了对适航法规体系相应的国际性要求。如果各国标准差异过于严重,将导致在安全性方面各国有不同的标准,一方面难以保证世界民用航空整体的安全性水平,另一方面对于各国航空工业也造成一定程度的不平等，并可能带来额外的工作。

(3)完整性。适航法规体系的完整性包含整体完整性和过程完整性两个方面，即适航法规体系既贯穿于和航空活动相关的各个专业领域，也贯穿于材料、设计、制造、运营整个过程。

(4)公开性。从适航标准本身内容来看，它体现了整个人类对航空安全的祈求，反映了100 多年人类航空实践的安全成果，是没有知识产权限制的宝贵知识成果，虽然有强烈的技术性，但不应该受到国别的限制，世界各国的公众都有享有同等安全的航空水平的权利。因此，各国的适航标准都是相互公开的。此外，适航标准的公开性还体现在公众对适航标准的可见度和参与性上。由于适航标准的修订关系到其工业界的利益、关系到广大公众的安全利益，各国的适航标准对其工业界、广大公众均为开放的，并且适航标准的修订过程允许公众的参与，给出意见，甚至由公众提议进行修订。在立法修订过程中将通过合理的程序给予公众充分的时间发表意见。

(5)动态性。适航标准是动态发展的，其演变是一个根据各种因素的变化不断持续地修订和完善的过程，同时这种动态发展体现出适航标准的实时性。以FAR－25部为例，截止到 2010 年 11 月共修订了 132 次。新申请的项目要适时符合新修订的标准。适航标准会因为安全事故发的发生，新技术、新材料的应用，国际适航合作与协调等原因进行修订。

(6)案例性。适航标准可以以实际运营中的案例作为渊源，以民用航空的实践，尤其是空难事故的调查为背景。在FAR－25中，除部分由早期适航标准沿用下来的条款似乎与空难事故无直接的联系之外，其他近二三十年来新增加的条款几乎均与空难事故有直接的联系。适航标准又是在大量试验研究的基础之上制定的，例如FAR－25－64 修正案对座椅、约束系统和连接结构的动力试验的要求。还有很多事例都可以看出，适航条款的要求背后都有其存在的安全性理由并时常伴随着技术原因甚至是惨痛的教训。

(7)基本性。在适航标准的制定过程中，需要考虑的不仅仅是民用航空器的适航性，还有其经济性。如果片面追求经济性而安全得不到保障，飞机失事将造成巨大的经济和生命财产的损失。如果不切实际、不得要领地盲目追求安全性，超过必要的安全裕度，则不利于民用航空工业和营运业的发展。因此，适航标准又称为最低安全标准。“最低”有两层含义：一是表明该标准是基本的；二是表明该标准是经济负担最轻的。

(8)稳健性。由于适航标准关系到人的生命和财产的安全，因此制定时应采取审慎、稳健的态度。从某种意义上来说，适航标准只反映已被证实的、成熟的航空科学技术，而不反映最新的进展。例如 1985 年，“应力强度因子"概念提出之后，断裂力学发展很快并得到广泛应用。然而迟至 20 年之后，损伤容限评定方法才进入适航标准之中。事实上对新颖或不同寻常的设计特点，或者制造者的新材料、新工艺、新技术，适航部门在未确实判明其对航空器适航性有何影响之前，一般持谨慎的态度。

我国的适航标准体系包括三级，如图 3.5 所示。

第一级为法律和行政法规，包括《中华人民共和国民用航空法》《中华人民共和国民用航空器适航管理条例》和《中华人民共和国民用航空器国籍登记条例》。其中，《中华人民共和国民用航空法》是由全国人民代表大会常务委员会批准通过的国家法律，是制定各项民航规章的依据。《中华人民共和国民用航空器适航管理条例》由国务院批准通过并发布，属国务院法规，是进行航空器适航管理的依据。

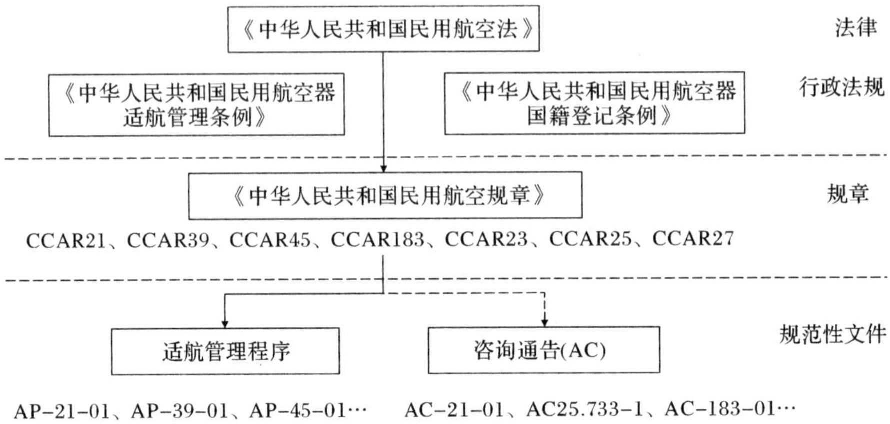

图 3.5 我国适航标准体系

第二级为《中华人民共和国民用航空规章》(CCAR)，它依据《中华人民共和国民用航空法》以及国务院有关条例，由民航局制定并发布。民用航空规章涉及各项民用航空活动，是专业性的、具有法律强制效力的管理规章。它的内容涵盖对航空器、发动机、螺旋桨及各种机载设备从设计、制造到使用、维修等全过程的各种技术要求和管理规则，还包括航运公司和航空人员、机场、空中交通管制、维修机构等各个方面。

在设计、生产、适航审定中常使用的适航规章如下：

- CCAR－21《民用航空产品和零部件合格审定规定》；
- CCAR－23《正常类、实用类、特技类和通勤类飞机适航规定》；
- CCAR－25《运输类飞机适航标准》；
- CCAR－26《运输类飞机的持续适航和安全改进规定》；
- CCAR－27《正常类旋翼航空器适航规定》；
- CCAR－29《运输类旋翼航空器适航规定》；
- CCAR－31《载人自由气球适航规定》；
- CCAR－33《航空发动机适航规定》；
- CCAR－34《涡轮发动机飞机燃油排泄和排出物规定》；
- CCAR－35《螺旋桨适航标准》；
- CCAR－36《航空器型号和适航合格审定噪声规定》；
- CCAR－37《民用航空材料、零部件和机载设备技术标准规定》；
- CCAR－39《民用航空器适航指令规定》。

第三级为适航管理程序(AP)和咨询通告(AC)。适航管理程序由中国民用航空局适航审定司司长批准发布，是适航管理规章(CCAR)的实施细则和具体管理程序，是各级适航部门的工作人员从事适航管理工作时应遵守的规则，也是民用航空器设计、制造、使用和维修的单位或个人应遵守的规则。适航管理程序在目前情况下是适航管理的必要补充，是强制执行的。适航咨询通告(AC)是适航部门向公众公开的对适航管理工作的政策以及某些具有普遍性的技术问题的解释性、说明性和推荐性文件和指定性文件。适航咨询通告由民航总局适航审定司司长批准并发布,不是强制执行的。

3.3.2　适航证件体系

在 CCAR－21 部《民用航空产品和零部件合格审定规定》中,民用航空产品是指民用航空器、航空发动机或者螺旋桨,零部件是指任何用于民用航空产品或者拟在民用航空产品上使用和安装的材料、零件、部件、机载设备或者软件。民用航空产品的设计、生产、制造、投入运行都需要获得相应的批准,零部件如果要用于民用航空产品也需获得相应的批准。批准基于以下两个条件。

(1)满足 CCAR－21 部中的合格审定程序和职责、豁免、飞行手册、故障、失效和缺陷的报告、ETOPS 报告要求、零部件的批准、替换件和改装件等适用条款,并满足适用的标牌或者标记、设计保证系统、运行符合性评审要求。

(2)满足一个或多个适用的适航标准。

批准的过程基于产品的不同阶段可分为型号合格审定、生产许可审定和适航合格审定。根据产品的类型、来源等特点,产品批准的形式包括以下几种：

(1)型号合格证；

(2)补充型号合格证；

(3)改装设计批准书；

(4)型号认可证；

(5)补充型号认可证；

(6)零部件设计批准认可证；

(7)生产许可证；

(8)零部件制造人批准书；

(9)技术标准规定项目批准书；

(10 适航证；

(11)出口适航证；

(12)外国适航证认可书；

(13)特许飞行证；

(14)适航批准标签。

批准所在阶段和形式汇总如表 3.1 所示。

以上适航证件主要涉及初始适航阶段,即航空产品和零部件的设计、生产及投入使用前的适航审定阶段。对于航空器进入运营阶段的持续适航问题,在 CCAR－121 部《大型飞机公共航空运输承运人合格审定规则》及 CCAR－135 部《小型航空器商业运输运营人运行合格审定规则》中规定了航空器的持续适航维修要求,通过对航空器、运营维修机构以及维修人员的维修和管理,实现航空器全生命周期的适航性。

表 3.1 适航证件批准阶段和形式

<table>
<tr><th rowspan="2">产 品</th><th colspan="3">阶 段</th></tr>
<tr><th>型号审定</th><th>生产审定</th><th>适航审定</th></tr>
<tr><td rowspan="5">航空产品</td><td>型号合格证</td><td rowspan="5">生产许可证</td><td>适航证</td></tr>
<tr><td>补充型号合格证</td><td>特许飞行证</td></tr>
<tr><td>改装设计批准书</td><td>外国适航证认可书</td></tr>
<tr><td>型号认可证</td><td>出口适航证</td></tr>
<tr><td>补充型号认可证</td><td>适航批准标签</td></tr>
<tr><td rowspan="3">零部件</td><td>零部件设计批准认可证</td><td></td><td></td></tr>
<tr><td>零部件制造人批准书</td><td></td><td rowspan="2"></td></tr>
<tr><td colspan="2">技术标准规定项目批准书</td></tr>
</table>

3.4 初始适航管理

初始适航管理是在航空器交付使用之前，适航当局依据各类适航标准和规范，对民用航空产品设计、制造的适航审定、批准和监督，以颁发型号合格证、生产许可证和适航证为主要管理内容，通过一系列规章和程序来验证航空产品的设计特性、使用性能以及制造质量和安全状态，以确保航空器和航空器部件的设计、制造按照适航部门的规定进行。

3.4.1 型号合格审定

航空器的设计和制造单位从图纸设计、原材料的选用、试制、组装直至取得型号合格批准和生产许可，要对航空器的初始适航性负主要责任。适航标准是航空器设计制造的主要依据之一，只有满足了适航标准，通过了适航当局的审定和批准，适航当局才会为该设计型号颁发相关适航证件。

型号合格审定批准的形式包括型号合格证、型号认可证、补充型号认可证、补充型号合格证和改装设计批准书。

1. 型号合格证

型号合格证是适航当局对各类航空器、航空发动机、螺旋桨设计批准的合格凭证。型号合格证的内容主要包括型号设计特征、航空器使用限制、合格证数据单、有关适用条例及民航局对产品规定的任何其他条件或限制。型号合格证、数据单记载了经批准的型号设计的基本数据和使用限制。

型号合格证申请人应当提交申请书并提交的文件包括：①申请航空器型号合格证的，提交设计特征、三面图和基本数据；②申请航空发动机型号合格证的，提交设计特征、工作特性曲线和使用限制说明；③申请螺旋桨型号合格证的，提交设计特征、工作原理和使用限制说明；④符合 CCAR－21 部十四章要求的设计保证系统的符合性说明；⑤相应的合格审定计划。

适航当局组织评审组根据申请人提供的资料进行预评审，经审查，申请人具有局方可接受的设计保证系统并且具备下列条件可获取型号合格证：

(1)申请人提交的型号设计、试验报告和各种计算证明申请型号合格审定的民用航空产品符合适航规章和环境保护要求，以及民航局适航部门规定的专用条件。

(2)局方在完成所有试验和检查等审定工作后，认为其型号设计和民用航空产品符合适航规章和专用条件及环境保护的要求，或任何未符合这些要求的部分具有局方认可的等效安全水平。

(3)军用航空产品的型号合格证申请人已经提供鉴定验收资料和实际使用记录，证实该产品实质上具有与适航规章要求相同的适航性水平。对于利用军方使用经验证明具有同等的安全水平或者规定相应的使用限制保证飞行安全的，局方可以同意该产品不必符合会使申请人负担过重的某些适用条款。

(4)对于航空器，相对其申请的型号合格审定类别没有不安全特征或特性。

除局方暂扣、吊销，或另行规定终止日期外，型号合格证长期有效。局方认为必要时，型号合格证持有人应当提交相应证件供检查。型号合格证持有人可以将其证件转让给他人或根据权益转让协议供他人使用，证件受让人应能够满足相关要求。

2. 型号认可证

进口民用航空产品应当取得局方颁发的型号认可证，设计国适航当局颁发的型号合格证持有人可以申请型号认可证。

在受理型号认可证申请之前，局方应当确认中国与该民用航空产品的设计国已经签署民用航空产品进口和出口的适航协议、备忘录或者技术性协议。

型号认可证申请人应当向局方提交下述资料：①按照局方规定格式填写的型号认可证申请书；②设计国适航当局颁发的型号合格证、型号合格证数据单，以及生产许可说明；③型号设计所依据的适航规章、修正案、专用条件及豁免条款的批准书；④证明性资料；⑤符合局方确定的审定基础的声明书；⑥局方确认必要的其他资料。

局方审查申请人提交的资料并且进行必要的实地检查后，确认该民用航空产品满足我国相关适航规章要求，可以颁发型号认可证。

申请型号认可证的有关适航规章、噪声规定所要求的手册、标牌、目录清单和仪表标记应当用中文或者英文书写，机上所有对旅客进行的提示、警告和通知的文字标记和标牌，所有向旅客或者机外营救人员指示应急出口和门的位置及开启方法的文字标记和标牌，以及旅客可能使用的机上所有应急设备的操作、使用说明应当至少有中文表述。

除局方暂扣、吊销或另行规定终止日期外，型号认可证长期有效。局方认为必要时，型号合格证持有人应当提交相应证件供检查。型号认可证不得转让。

3. 补充型号合格证、改装设计批准书和补充型号认可证

补充型号合格证是对国产民用航空产品的型号设计大改的审批。对进口民用航空产品

的型号设计更改可申请改装设计批准书。对于外国适航当局颁发的补充型号合格证，如果该民用航空产品已获得型号合格证或型号认可证，则该补充型号合格证持有人可以申请我国补充型号认可证。

型号设计更改分为“小改”和“大改”。

(1)“小改”指对民用航空产品的质量、平衡、结构强度、可靠性、使用特性以及对民用航空产品适航性没有显著影响的更改。

(2)“大改”指除“小改”以外的其他更改。

型号设计小改可以在向局方提供验证资料或者说明性资料之前按照局方接受的方式进行批准。

如果对民用航空产品的设计、动力、推力或者质量的更改为实质性更改，以至需要对该民用航空产品与适用规章的符合性进行实质的全面审查，应当申请新型号合格证或者型号认可证。

型号合格证持有人对型号设计进行尚未达到申请新型号合格证的大改时，可以申请补充型号合格证，或者申请对原证件的更改。

非型号合格证持有人对民用航空产品的型号设计进行尚未达到申请新型号合格证的大改时，该申请人应当申请补充型号合格证；进行小改时，该申请人可申请改装设计批准书。

如果民用航空产品已获得型号合格证或者型号认可证，国外适航当局颁发的补充型号合格证持有人可以申请补充型号认可证。

除局方另行规定终止日期外，补充型号合格证、改装设计批准书、补充型号认可证长期有效。局方确认必要时，补充型号合格证、改装设计批准书持有人应当提交相应证件供检查。补充型号合格证或者改装设计批准书持有人可以将其设计资料根据权益转让协议供他人使用。补充型号认可证不得转让。

3.4.2 生产许可审定

像设计环节一样，对于航空产品的生产环节，同样需要适航当局参与，对相关环节进行监督审定，保证生产的航空产品符合设计的要求以及质量，从而保障安全性。

型号合格证持有人可在短期依据型号合格证进行产品生产，但应符合下列条件：

(1)确保每一民用航空产品和零部件均可供局方检查。

(2)在制造地点保存所有 CCAR－21 部规定的技术资料和图纸。

(3)完成 CCAR－21 部要求的所有检查和试验后，将其纪录保持至该民用航空产品永久退役。

(4)允许局方实施任何用于确定符合民用航空规章必要的检查或者试验，包括在供应商的设施实施检查或者试验。

(5)按照局方要求为包括关键件在内的民用航空产品设置标牌或者标记。

(6)用制造人的件号和名称、商标、代号或者局方接受的制造人其他标识方法，标识从制造人设施出厂的民用航空产品的任何部分(例如组件、部件或者替换件)。

(7)除非局方同意,在型号合格证颁发 6 个月之内应当按照 CCAR-21 部第六章取得该民用航空产品的生产许可证。

生产许可证是适航部门对已获得民用航空产品型号设计批准,并欲重复生产该产品的制造人所进行的资格性审定,以确保该产品符合经民航总局批准的型号设计要求。适航部门通过对制造人生产能力、质量控制系统和工程技术管理系统审查和评估,确定其能保证所复制生产的每一航空产品都符合经批准的型号设计,颁发给制造人生产许可证。

持有或者已经申请型号合格证、补充型号合格证,或者改装设计批准书,或者持有上述证件的权益转让协议书,以及持有型号认可证或者补充型号认可证利用国内的生产设施生产的民用航空产品,并持有该民用航空产品的型号合格证或者补充型号合格证的权益转让协议书的制造商均可申请生产许可证。

生产许可证的申请人或者持有人应满足以下条件:

(1)向局方提交相关说明文件,以表明其组织机构如何确保符合要求。

(2)建立并书面描述一个质量系统,以确保每一民用航空产品及其零部件均能符合经批准的设计并处于安全可用状态。

(3)提供一份描述质量系统的手册供局方评审,该手册应当可以被局方接受的形式获取。

(4)接受局方为了确定符合民用航空规章,实施对质量系统、设施、技术资料和任何生产的民用航空产品或者零部件的检查,并且目击任何试验,包括在供应商设施进行的任何检查或者试验。

局方确定申请人符合以上要求后,应当颁发生产许可证,批准其按照规定的质量手册实施生产活动。如果民用航空产品具有相似的生产特性,可以在一个生产许可证之下生产多于一种型号的民用航空产品。

许可生产项目单是生产许可证的一部分。许可生产项目单列出准许生产许可证持有人生产的每一民用航空产品的型号合格证、补充型号合格证、改装设计批准书、型号认可证或者补充型号认可证的编号和型别。

生产许可证持有人生产的各类航空产品,除局方要求检查是否符合型号设计外,均需进一步证明即可获得相应的适航批准。

生产许可证持有人变更生产设施地点,应当向局方申请变更生产许可证。如果生产设施的任何变更可能会影响到民用航空产品或者零部件的检查、制造符合性或者适航性,生产许可证持有人应当立即以书面形式通知局方。

生产许可证持有人应当在其主要办公地点的显著位置展示其生产许可证。除局方另行规定终止日期外,生产许可证长期有效,且不得转让。

3.4.3 适航审定

新制造的民用航空器必须通过适航审定,获得相应的适航证书才可以投入运行,民用航空器适航审定的批准形式包括适航证、适航批准标签和外国适航证认可书、特许飞行证以及出口适航证。

对于民用航空器的适航批准,民用航空器颁发适航证,航空发动机、螺旋桨、零部件颁发适航批准标签,对具备外国适航证的航空器颁发外国适航证认可书。特许飞行证一般针对的是非商业目的的航空产品或活动,如试飞实验、机组培训等。出口适航证针对的是用于出口的民用航空器,对出口的航空发动机、螺旋桨或者零部件颁发适航批准标签。

适航证分为标准适航证和特殊适航证两类。对于取得型号合格证或者型号认可证的正常类、实用类、特技类、通勤类、运输类航空器,载人自由气球,特殊类别航空器(如滑翔机、飞艇、甚至轻型飞机和其他非常规航空器)颁发标准适航证。对于取得型号合格证或型号认可证的初级类、限用类、轻型运动类航空器,以及局方同意的其他情况,颁发特殊适航证。特殊适航证包括初级类、限用类和轻型运动类。

各类适航证申请人应当视具体情况向局方提交规定的文件材料,局方进行相关适航检查,符合以下要求即可颁发适航证、外国适航证认可书或适航批准标签。

(1)对于根据生产许可证制造的新航空器,适航证申请人在提交相关文件后,无需进一步证明,即可获得适航证。

(2)对于依据型号合格证生产的新航空器,适航证申请人应当在提交相关文件外,接受局方所进行的适航检查,确认其符合经批准的型号设计并处于安全可用状态,即可颁发适航证。

(3)对于已取得型号认可证和补充型号认可证的进口航空器,若该航空器为新航空器,适航证申请人提交相关文件,经航空器制造国确认,并且局方进行适航检查,确认其符合中国批准的型号设计并处于安全可用状态,即可颁发适航证。若该航空器为使用过的航空器,适航证申请人除提交相关文件外,还应当确认该航空器出口国与中国签署有相关双边协议且该航空器已做过局方规定的维修工作,并被航空器原制造人或者有资质的机构或者人员证明是适航的,经航空器出口国确认,局方进行适航检查,确认其符合中国批准的型号设计并处于安全可用状态,即可颁发适航证。

(4)具有外国国籍和适航证且其型号设计已经局方认可的航空器,其外国适航证认可书申请人或者适航证申请人需提交相关文件,供局方进行适航检查,确认其符合中国的适航要求并处于安全可用状态,即可颁发外国适航证认可书或者另行颁发适航证。

(5)对于航空发动机和螺旋桨适航批准标签的申请,局方对其进行适航检查,在确定该民用航空产品符合批准的型号设计并处于安全可用状态后,即可颁发适航批准标签。

在中国注册登记期间,除非局方另行规定终止日期或者航空器存在某种可疑的危险特征、遭受损伤而短期不能修复、封藏停用以及对航空器进行维修或者加改装期间等情况外,航空器在按照各项规定进行维修并按照各项运行限制运行时,其适航证长期有效。外国适航证认可书的有效期由局方规定。

适航证或者外国适航证认可书应当置于航空器内明显处,以备检查。适航证可以随航空器一起转让。如果出现航空器适航证再次签发记录已填满或者适航证存在破损、丢失的情况,应当向局方申请更换航空器适航证。当适航证被吊销或者类别变更、航空器型号发生变化以及航空器国籍登记号变更时,应当向局方申请重新颁发适航证。民用航空器标准适航证如图 3.6 所示。

中国民用航空总局
General Administration of Civil Aviation of China

	民用航空器标准适航证	编号/No.:
STANDARD AIRWORTHINESS CERTIFICATE		
1.国籍和登记标志 Nationality and Registration Marks	2.航空器制造人和型号 Marke and Manufacturers' Designation of Aircraft	3.航空器出厂序号 Aircraft Serial NO.
4.类别 Categories:		
5.本适航证根据1944年12月7日《国际民用航空公约》和《中华人民共和国民用航空法》及根据该法发布的有关规定颁发。本航空器在按照各项规定进行维修和各项运行限制运行时是适航的。This Certificate of Airworthiness is issued pursuant to the Convention on International Civil Aviation dated 7 December 1944, and to the Civil Aviation Law of the People's Republic of China and regulations issued thereunder, in respect of the above-mentioned aircralt wfiich is considered to be airworthy when maintained and operated in accordance with the foregoing and the pertinent operating limitations.		
局长授权 For the Minister: 签 发 人: Signature	部门/职务: Dept./Title	签发日期 Date of Issuance:
6.在中国注册登记期间，除夕非被暂扣、品销或局方别行规定终止日期外，航空器在按照各项规定进行维修并按照各项运行限制运行时，本适航证长期有效。Unless suspended, revoked or a termination date is otherwiseestablished by the authority, this airworthiness certificate is effective as long as the maintenance is performedin accordance with the appropriate Civil Aviation Re.qulations of China and the aircratt is operated according tothe prescribed limitations when the aircralt is registered inthe People's Republic of China.		
备　注: Remarks		

AAC-023(04/2007)　　　　第1页　共2页

图 3.6　中国民用航空器适航证

特许飞行证分为第一类特许飞行证和第二类特许飞行证。特许飞行证的有效期由局方规定。

从事下列飞行之一且尚未取得有效适航证的民用航空器，应当取得第一类特许飞行证。

(1)为试验航空器新的设计构思、新设备、新安装、新操作技术及新用途而进行的飞行。

(2)为证明符合适航标准而进行的试验飞行，包括证明符合型号合格证、补充型号合格证和改装设计批准书的飞行，证实重要设计更改的飞行，证明符合标准的功能和可靠性要求的飞行。

(3)航空器的生产试飞。

(4)制造人为交付或者出口航空器而进行的调机飞行。

(5)制造人为训练机组而进行的飞行。

(6)为航空比赛或者展示航空器的飞行能力、性能和不寻常特性而进行的飞行，包括飞往和飞离比赛、展览、拍摄场所的飞行。

(7)为航空器市场调查和销售而进行的表演飞行。

(8)交付试飞。

(9)局方同意的其他飞行。

对于尚未取得有效适航证或者目前可能不符合有关适航要求但在一定限制条件下能安

全飞行的航空器，要进行为改装、修理航空器而进行的调机飞行，为交付或者出口航空器而进行的调机飞行，为撤离发生危险的地区而进行的飞行以及应局方确认必要的其他飞行等情况，需取得第二类特许飞行证。

对于民用航空产品，任何出口人或者其授权的代表可以申请民用航空产品的出口适航证或者适航批准标签作为出口适航批准。对民用航空器颁发出口适航证，对航空发动机、螺旋桨或者零部件颁发适航批准标签。

民用航空器无论在哪个国家运营，都需要获取该国家适航当局颁发的适航证。而对于大部分国家的适航当局而言，其自身并不具备适航审定的能力，这种情况下，多数国家选择与波音和空客两大民用航空器制造商所在的美国和欧盟签订双边协议，即互相认可对方适航审定的结果。这就意味着适航证虽然是航空大国对飞机安全性的支持和保证，但也在很多时候成为航空巨头铸造行业壁垒的工具。如果想进入国际主流民机市场，必须获取美国或欧洲（尤其是美国）的适航证。而且尽管适航审定的依据适航标准是全世界公开的，但对于每一条适航标准的符合性验证方法美国和欧盟并没有公开，这就为其他国家取得其适航证造成了相当大的难度。

ARJ21 是我国首架我国首次按照国际民航规章自行研制、具有自主知识产权的中短程新型涡扇支线客机。2002 年项目立项，2009 年完成首飞并全面进入适航取证阶段，2014 年 12 月取得中国民航局型号合格证，2017 年 7 月取得中国民航局生产许可证。2002—2017 年 7 月，ARJ21 走过了提交型号设计申请、验证试飞、型号合格审定、适航审定的全部适航取证阶段。而我国也围绕 ARJ21 的适航审查，成立了专业的审定机构和审查人员，以此形成了符合国际适航审查机制和体系，掌握了国际适航审查标准，具备了喷气式大型民用运输类飞机的适航审查能力，为我国首架干线民用客机 C919 的取证奠定基础的同时，也填补了我国民用客机国际适航取证的空白，为我国民用航空工业的持续发展提供了坚实的保障。

C919 是我国首款按照国际通行适航标准自行研制、拥有自主知识产权的喷气式干线客机。C919 于 2015 年完成总装下线，2017 年 5 月 5 日成功首飞，2022 年 9 月获得中国民用航空局颁发的型号合格证，2022 年 11 月，中国商飞获得 C919 大型客机生产许可证，2023 年 5 月 28 日圆满完成首次商业飞行。相较于 ARJ21，C919 的适航取证时间大幅提升。

3.4.4 零部件的适航审定

在规章中，航空零部件指任何用于民用航空产品或者拟在民用航空产品上使用和安装的材料、零件、部件、机载设备或者软件。对于航空零部件，同航空器一样，在装机之前也需要通过适航当局的审定和批准，以获得相应的证书和资质。根据适航相关规章规定，零部件的批准方式包括以下几种：

（1）颁发零部件制造人批准书。

（2）颁发技术标准规定项目批准书。

（3）颁发零部件设计批准认可证。

（4）随民用航空产品的型号合格审定、补充型号合格审定或者改装设计批准合格审定一起批准。

(5)随民用航空产品的型号认可合格审定或者补充型号认可合格审定一起批准。

(6)民航局规定的其他方式。

零部件制造人批准书申请人向局方提供相关资料,局方确定申请人具有可接受的设计保证系统,符合规章要求并且零部件设计符合拟装该零部件的民用航空产品适用的民用航空规章的要求,即可颁发零部件制造人批准书,批准其按规定的质量手册生产该零部件。零部件制造人批准书项目单是零部件制造人批准书的一部分,内容包括零部件名称,型号,件号,适用的航空器、发动机或者螺旋桨的被替换的零部件制造人及其零部件件号,型别,序列号,注册号,设计批准依据,以及是否为关键件。除局方要求检查依据零部件制造人批准书生产的零部件(简称 PMA 件)是否符合经批准的设计外,零部件制造人批准书持有人无需进一步证明即可获得 PMA 件的适航批准标签。除局方另行规定终止日期外,零部件制造人批准书长期有效,其项目单有效期为两年,且不得转让。

技术标准规定(CTSO)是民航局颁布的民用航空器上所用的特定零部件的最低性能标准。技术标准规定项目批准书(CTSOA)是局方颁发给符合特定技术标准规定的零部件(简称 CTSO 件)的制造人的设计和生产批准书。按照技术标准规定项目批准书制造的零部件,只有得到相应的装机批准,才能安装到航空器上使用。除局方要求检查技术标准规定项目批准书持有人生产的 CTSO 件或者 CTSO 件的部分是否符合经批准的设计外,技术标准规定项目批准书持有人无需进一步证明即可获得 CTSO 件的适航批准标签。除局方另行规定终止日期外,技术标准规定项目批准书长期有效,其项目单有效期为两年,且不得转让。

零部件设计批准认可证是局方按照 CCAR-21 部规定的程序颁发给符合技术标准规定的进口零部件的设计批准。除放弃、撤销或者局方另行规定终止日期外,零部件设计批准认可证长期有效,且不得转让。

3.5 持续适航管理

3.5.1 持续适航管理概述

保证飞行安全是民用航空永恒的主题。民用航空器在获得适航证并投入运行后,如何保持它在设计制造时获得的固有安全性以及适航性,使飞机能始终处于安全运行状态,是保障飞行安全的重要基础。一架航空器的质量首先取决于它的初始设计和制造,在整个营运过程中,这种质量必须能够依照各种维修规则、标准使之能得到保证。

国际民航组织在其《持续适航手册》中给出了关于持续适航的明确定义:持续适航涵盖了为了确保所有航空器在其整个使用寿命内的任何时候都能遵守现行有效的适航要求,并处于安全运行状态的所有工作过程。

为实现并保证持续适航对适航性和安全性的要求,航空器主要通过具有资质的维修机构对航空器持续维修来保持持续的适航状态。因此,持续适航可认为主要包括两个方面:维修以及运营人的合格审定。

从适航的角度来说，没有所谓老航空器，也就是常说的用过的飞机。这意味着航空器年龄会影响其商业价值，但不会影响其适航状态。也就是在被适航许可的使用寿命内，航空器的安全运营状态并不会随着其使用年限的增加而变差。维修就是保证航空器使用寿命内飞机性能的重要手段。

维修包括预防性维修、改装和修理，以及适航指令要求的工作。适航性依赖于维修大纲，其中规定了定期更换件的更换、发动机与螺旋桨以及各种零部件与附件的修理工作。通过这些定期更换和修理工作保证航空器的运行状态。持续适航文件与预防性维修计划一起，包含了进行维修工作所必需的指南，为维修工作提供了依据，维修必须严格执行这一系列文件，才能符合航空器适航性的要求。同时维修必须是在获得适航当局审批的维修机构里，经由专门的具有维修资质的操作人员进行的一项工作。通过对整个维修过程从人员、时间、期限、方法、具体操作等的全程把控和管理，保障航空器能够符合其在设计制造时获得的固有安全性以及适航性，使飞机能始终处于安全运行状态。

运营人的合格审定。一个营运人不是仅仅买了飞机，有了营业执照和顾客市场，就可以投入商业运营。在航空业中，对于一个要进入航空运营的未来营运人，它必须既要满足当局有关航线运营的商业方面的要求，还要满足当局有关技术方面的要求。简而言之，就是未来营运人必须提供必要的资料文件，证明其了解商用航空的经营业务，了解商用航空的运营和维修业务，并且在适当的位置上均有执行该业务必要的人员、设施和程序。运营合格证是由当局向航空公司颁发的，该合格证书授权承运人按照航空法规经营计划的航空运输服务。运营合格证不能向另一家营运人转让。运营合格证永远有效，除非运营人自己放弃、被另一个合格证替代或者被当局吊销。在某种程度上，航空公司有权按照航空法规，以及运营规范包含的条款和限制规定从事运营活动。

持续适航管理依据主要包括：属于一般规则和要求的《国际民用航空公约》中的附件六《航空器的运行》；《中华人民共和国民用航空法》以及《中华人民共和国民用航空器适航管理条例》这两部法律法规，以及适航规章中的 CCAR－66《民用航空器维修人员执照管理规则》、CCAR－121《大型飞机公共航空运输承运人运行合格审定规则》、CCAR－145《民用航空器维修单位合格审定规定》、CCAR－147《民用航空器维修培训机构合格审定规定》等。

持续适航管理是通过对航空器的使用进行不间断的监控并采取适当的维修措施，持续地保持该航空器在初始设计中所达到的适航水平。航空器的持续适航性是适航当局、航空器制造厂商（包括配件供应商）、航空公司（包括维修单位）等部门机构的共同责任，但各方承担的持续适航责任也有所不同。

适航当局在持续适航管理中的主要责任是对航空器在使用过程中所涉及的适航性进行评估。其主要工作可以归纳如下：

（1）签发适航证件。

（2）对维修大纲、可靠性大纲、维修方案和可靠性方案的评估。

（3）颁发适航指令。

(4)对重大维修、改装工作的批准。

(5)对航空器的年检和不定期抽查。

(6)对维修单位进行许可审定。

(7)颁发维修人员执照。

(8)实施信息收集、整理和评估。

(9)参与重大故障和飞行事故的调查。

(10)批准、颁发委任代表证。

(11)按规定实施对持证人的监督和处罚措施。

制造厂商的主要责任是主动、及时地收集航空器使用中发生的重大故障问题，提出纠正措施，编发技术服务通告。其主要工作可以归纳如下：

(1)在新型号的设计和研制中，充分满足可靠性、结构完整性和维修性等方面适航当局确定的持续适航性要求。

(2)制定新航空器的初始维修大纲，并根据寿命期内使用情况的安全信息以及不间断的结构完整性检查结果，提出补充检查文件或修订检查程序。

(3)编制持续适航文件，向用户和维修单位提供使用、维护、修理、加改装和培训等方面的工作依据。

(4)对各架航空器的使用情况进行跟踪，并对反馈信息进行分析和处理。向用户和维修单位发出服务通告，并对使用中的各种问题进行技术指导。凡属危及安全方面的问题及时向适航当局提交使用困难报告，必要时建议颁发相应的适航指令。

航空公司和维修部门承担着保持航空器持续适航性的根本责任，是保障民用航空安全的主要因素。其主要职能如下：

(1)按适航当局颁发的法规、条例和程序，正确使用和维修航空器，使其保持固有的安全性；

(2)根据制造厂商提供的初始维修大纲，以及寿命期内提供的补充检查文件和修订的维修程序，结合本单位的航空器使用条件、航线、环境情况、设备和人员素质，制定出维修方案；

(3)按照上述初始维修大纲，补充检查文件、修订的维修程序和维修方案，正确使用和维修航空器，使其保持固有的安全水平；

(4)对制造厂商反馈使用和维修中发现的各种问题及其初步分析，凡属危及安全方面的问题向适航当局提交使用困难报告；

(5)执行适航当局发出的适航指令，纠正不安全状况；

(6)按要求执行制造厂商发出的服务通告。

持续适航管理有三个要素，即维修机构、维修人员和航空器。三要素都达到规定的要求或标准，才能保证航空器的持续适航。

3.5.2　持续适航文件

持续适航文件是由民用航空产品(航空器、发动机、螺旋桨)制造、修理、改装的设计证书持有人发布的，经局方批准或认可的，用于在民用航空产品整个运营寿命周期内确保其适航性的，由维修要求、维修程序、支持信息和产品目录、图册组成的一套文件。持续适航文件应在民用航空产品最终交付前或者颁发适航证书前发布，其随后的更改也应发布给民用航空产品所有人和占有人。持续适航文件的主要目的是向航空器使用人或者运营人提供保持航空器的持续适航性和飞行安全。

根据 CCAR－21 部规定，型号合格证或者型号认可证持有人向用户交付取得适航证的第一架航空器时，应当同时提供至少一套适航规章要求制订的完整的持续适航文件，并应当使得这些持续适航文件可被那些被要求符合它的其他人员或者单位获得。持续适航文件应当按照《正常类、实用类、特技类和通勤类飞机适航规定》(CCAR－23)的第 23.1529 条，《运输类飞机适航标准》(CCAR－25)的第 25.1529 条、第 25.1729 条，《正常类旋翼航空器适航规定》(CCAR－27)的第 27.1529 条，《运输类旋翼航空器适航规定》(CCAR－29)的第 29.1529条，《载人自由气球适航规定》(CCAR－31)的第 31.82 条，《航空发动机适航规定》(CCAR－33)的第 33.4 条，《螺旋桨适航标准》(CCAR－35)的第 35.4 条或者《运输类飞机的持续适航和安全改进规定》(CCAR－26)编写。对于特殊类别航空器，应当按照第 21.17 条第(二)款规定的适用适航要求编写。此外，这些持续适航文件的修订应当可被那些被要求符合它的任何人员或者单位获得。

按照规定，获得认可的持续适航文件是使用人运行航空器和落实适航性责任的基础。不具备经适航管理当局批准或认可的持续适航文件，将影响航空器的交付或影响其投入运行。

航空器持续适航文件的范围如下：

(1)航空器使用、维修及其他保持航空器持续适航的限制、要求、方法、程序和信息。

(2)航空器所安装的发动机、螺旋桨、机载设备与航空器接口的信息。

(3)航空器机载设备和零部件的维修方法、程序和标准。

航空器的基本持续适航文件包括如下类别文件：

(1)维修要求：具体包括计划维修要求(SMR)、审定维修要求(CMR)和适航性限制项目(ALI)，一些机型还通过维修计划文件(MPD)综合上述维修要求。

(2)航空器维修程序：具体包括航空器概述性资料、系统和安装说明、使用和操作说明、故障处理维修实施程序和维修支持信息，并编制成一系列手册(或者手册数据)的形式(如 AMM，FIM，SRM 等)。

(3)机载设备和零部件维修程序：具体一般呈现以机载设备和零部件制造厂家编的单独部件维修手册(CMM)的形式，但也可能部分结合航空器维修程序一同编制。

(4)构型控制文件：具体包括图解零件目录(IPC)和线路图册(WDM)。

持续适航文件的每本手册都应当有便于使用者查阅、修订控制(包括临时修订)和了解其修订历史的手册控制部分。持续适航文件各手册之间中相互引用、引用国家或者行业标准、引用发动机或机载设备制造厂家单独编制的文件时，必须保证内容的连贯性和协调一致性，并且避免造成不便于使用的连续或者多层次引用。

航空器持续适航文件在编制完成后(包括草稿和初稿阶段)应当及时分发给制造厂家内部相关部门,以便在相关的工作中参考并实施验证。

持续适航文件应当在航空器交付时将适用的持续适航文件一同提供给航空器的所有人(或运营人),并进行客户化或单机化出版编辑,同时还应当建立出版编辑规范以实施有效控制,保证内容的适用性。

持续适航文件可以以纸质、电子文档(光盘、网络)或者其组合的方式分发,但以电子文档方式提供时应当保证任何人在无意或者有意的情况下都不能修改其内容。

航空器投入使用后,航空器制造厂家应当对持续适航文件的准确性、可用性和与设计的符合性进行全寿命的持续跟踪,并在发现或者得到下述情况反馈时及时修订涉及的持续适航文件内容。

(1)存在错误或不准确的情况。

(2)存在缺乏内容的情况。

(3)存在不可操作的情况。

(4)制造厂家对航空器进行了设计更改后。

制造厂家也可以根据使用经验对持续适航文件进行改进。

为保证制造厂家内部相关部门和航空器的所有人(或运营人)及时获得和使用最新有效的持续适航文件,应当建立一个持续适航文件分发清单,并以合适的方式提供查询现行有效版本的渠道,包括定期提供持续适航文件有效版次清单或通过网络更新通知等方式。

3.5.3　航空器的持续适航性鉴定与监督检查

民用航空器在投入使用后,必须持续保持其在型号设计时所确定的适航性,并保持其颁发适航证时的状况。因此,对于在营运中的航空器的持续适航性的鉴定与监督检查是适航部门的一个很重要的日常管理工作。

投入运行的航空器必须通过维修保持该航空器的安全性始终不低于其型号合格审定基础对该航空器要求的最低安全水平,也就是持续适航性的保持。为达到这一目的,就必须满足下述几个方面的条件。

1. 确定航空器适航性的责任

航空器的营运人(一般为航空公司)必须对航空器的适航性负全部责任,这是因为航空器是在它的控制之下,并按照它的各种程序和规定而进行营运的。在某些情况下,尽管航空器使用人可以把部分或全部维修工作转包或移交给某个独立的合格的维修单位去完成,但这种行为丝毫不能被认为是适航性责任的转移或分配,也就不能推诿对航空器适航性的责任。为保持航空器适航性进行维修而确定的责任必须以维修协议或其他协议的形式表述出来,并为适航部门所认可。

通常,对航空器适航性的责任包括以下几点:

(1)确保每次运行前,实施飞行前检查工作,确信航空器可以完成预定的飞行。

(2)正确理解和使用最低设备清单,确保任何影响适航和运行安全的故障或缺陷均已排除，并且达到批准或认可的标准。

(3)确保航空器是按批准的维修大纲和方案进行维修的。

(4)确保达到了所有适用的适航指令和民航局认为必须执行的持续适航要求。

(5)确保按法定技术文件完成选择性改装工作。

2.对航空器的营运人的一般要求

航空器的营运人必须是民航局批准的并经工商登记的法人。在保证航空器持续适航性的同时，它还必须满足民航局有关营运规定中有关对航空器维修方面的要求。这些要求包括以下几点：

(1)营运人的维修机构必须是按 CCAR－145 部批准的机构。

(2)营运人所使用的技术文件是民航局批准或认可的文件，并应是最新有效版本。

(3)营运人所录用的维修人员必须具备相应资格，且放行和检验人员等必须满足 CCAR－145部中对维修及管理监督人员的资格要求。

(4)营运人必须具有必需的工具和设备及更换器材，这些工具、设备和器材应是航空器设计、制造部门推荐的或经民航局批准或认可的。

(5)营运人必须建立一整套完整的包括工程技术、质量保证、飞行安全等在内的管理系统，而且这个系统必须具有一套经民航局批准或认可行之有效的工作程序。如果营运人把其航空器的维修工作部分或全部委托给某一维修单位，营运人必须事先确信该机构是按 CCAR－145 部批准的机构。

(6)营运人必须具有一套与适航部门相互联系的系统，这套系统包括对完成工作的记录，对营运中发现问题的报告，以及对完成适航部门颁发的规章、指令完成情况的报告等与适航部门需经常联络的工作。

3.适航当局对航空器适航性的监督和检查

航空器的适航性应由营运人完全负责，这是因为航空器的营运安全是在营运人的控制之下。但是，为维护公众利益，保障飞行安全，适航部门必须对航空器的适航性实施监督与检查，这种监督与检查是适航部门工作的责任，是对营运人保证航空器适航性工作的一种评估，也是对航空状态的一种评价，更是适航部门对营运人飞行安全工作的一种控制。

适航部门对航空器适航性的控制与监督检查工作具体体现在以下几方面。

(1)对航空器的维修大纲和维修方案进行批准，并监督检查依据上述文件而制定的各种实施工作细则的符合性。

(2)对适航指令和重要服务通告的实施情况进行检查。

(3)对时控件状况进行检查。

(4)对保留项目及保留故障情况进行检查和评估。

(5)对重大故障和重复故障进行分析和监督，并对营运人的可靠性方案进行检查与评估。

(6)对维修记录进行检查。

(7)对重要修理与改装进行批准或认用。

(8)实施航空器年检。

(9)查处违章事件。

局方会对在使用的航空器进行年检，使用的航空器自首次颁发适航证的次年度开始年检，在航空器封存期间可不进行年检，但解除封存后，当年内必须完成一次年检。大修(含D检及以上维修)的航空器可结合修理进行年检或修后当年内完成一次年检。

年检的核心就是检查所有适用的法定技术文件的完整有效性，及其在被检航空器上的实际落实状况，进而分析评估这种状态对航空器待续适航性可能造成的影响。

完成年检后，适航部门根据检查结果，对航空器的适航状态进行评估，并将检查中发现的问题以航空器年检发现问题通知单的形式，通知被检查人并限定改正期限。在确定所发现问题、故障或缺陷的性质对航空器适航性的影响程度后，适航部门决定是否对航空器适航证予以签署。

3.5.4　维修单位合格审定

维修单位一般包括独立的维修单位、航空营运人的维修单位和制造厂家的维修单位。独立的维修单位包括国内维修单位、国外维修单位和地区维修单位。

为保障民用航空器持续适航和飞行安全，《民用航空器维修单位合格审定规定》(CCAR－145R3)对中国地区内从事民用航空器维修及航空器部件维修的单位进行合格审定和监督检查。

民航总局统一颁发民用航空器维修许可证书，并负责维修单位的合格审定与监督检查以及国外和地区维修单位维修许可证书的签发与管理。民航地区管理局负责在本地区内的国内维修单位维修许可证书的签发与日常监督、管理，并履行民航总局授权的其他维修单位的合格审定和监督检查职责。

民航总局和民航地区管理局依据职责和授权对维修单位的维修工作实施审查和监督检查。审查和监督检查可以采用下列形式：

(1)因维修单位申请颁发或者变更维修许可证而进行的审查；

(2)对国内维修单位进行的年度检查和对国外或者地区维修单位进行的为延长维修许可证有效期而进行的审查；

(3)主任适航监察员进行的定期和不定期检查或者抽查；

(4)民航总局或者民航地区管理局组织的联合检查；

(5)因涉及维修单位的维修工作质量和不安全事件而进行的调查；

(6)民航总局或者民航地区管理局认为必要的其他监督、检查或者调查工作。

除得到批准或认可或经民航总局特殊批准外，未获得或保持有效维修许可证的维修单位，不得从事维修中国登记的航空器及其部件的业务。

维修许可证由航空器或者航空器部件维修单位向民航总局或者民航地区管理局提交申请并提供相应文件，民航总局或者民航地区管理局接到申请人的完整的申请文件后，在5个工作日内做出是否受理申请资料的答复并以书面形式通知申请人。正式受理后以书面或会面的形式与申请人协商确定对申请人的维修设施及其管理状况进行现场审查的日期,并按照双方商定的日期对申请人的维修设施及其管理状况进行现场审查并按规定收取审查费用。当局对申请人现场审查完成或收到申请人对发现问题的书面改正措施之日起30个工作日内对符合规定要求的并交纳了规定审查费用的维修单位颁发维修许可证。

维修许可证由《维修许可证》页和《许可维修项目》页构成。《维修许可证》页载明单位名称、地址及维修项目类别;《许可维修项目》页标明限定的具体维修项目及维修工作类别。维修许可证不得转让。维修许可证应当明显展示在维修单位的主办公地点。除非被放弃、暂停或者吊销,国内维修单位的维修许可证一经颁发长期有效;国外和地区维修单位,维修许可证首次颁发和每次延长的有效期限最长不超过两年。

维修单位在获得维修许可证后具有下列权利:

(1)在维修许可证限定的维修范围内按照经批准的标准进行民用航空器或者航空器部件的维修工作。

(2)可以在维修许可证限定的地点以外进行应急情况支援和简单的售后服务工作。除上述情况外,在维修许可证限定的地点以外一次性或短期从事批准范围内的维修工作项目时,在其维修单位手册中说明其确保符合规定要求的程序,并在获得民航总局或者民航地区管理局的批准后方可进行。

(3)维修单位可以对按照经批准的标准完成的某项完整维修工作签发维修放行证明文件。

(4)维修单位取得维修许可证后暂时缺少从事批准的某项维修工作所必需的部分厂房设施、工具设备、器材、适航性资料和有关人员等条件,但表明其有能力在短期内满足相应条件的,其维修许可证上的有关项目可以不予暂停或者取消,但维修单位在此种情况下不得进行该有关项目的维修工作。

对维修单位的合格审定遵循“五四原则”,即五个条件:人员,工具、设备,器材,适航性资料,厂房、设施和四大系统,工程技术系统,质量和自我质量审核系统,生产控制系统,人员和培训系统。

3.5.5 维修人员执照管理

保持民用航空器的持续适航性是靠日常的保养和维修工作来完成的,而维修人员的素质是决定完成维修工作好坏的关键。为规范民用航空器维修人员的生产,保障民用航空器持续适航和飞行安全,CCAR-66部《民用航空器维修人员执照管理规则》明确了对维修从业人员的执照管理要求与体系,保障了维修人员具备必需的维修专业技能与行业素养。在CCAR-145部、CCAR-121部、CCAR-135部和CCAR-91部规章中对一些关键岗位人员(如放行人员),提出了持有CCAR-66部民用航空器维修人员执照的要求。

航空器维修人员执照按照航空器类别分为飞机和旋翼机两类维修执照,并标明适用维修的飞机类别,具体包括:涡轮式飞机(TA)、活塞式飞机(PA)、涡轮式旋翼机(TR)、活塞式旋翼机(PR)。

取得航空器维修人员执照后，可以维修放行除复杂航空器之外的其他航空器。航空器维修人员执照上加注复杂航空器的机型签署后，航空器维修人员执照持有人方可维修放行对应型号的复杂航空器。除法律、法规、规章另有规定外，航空器维修人员执照持续有效。

申请航空器维修人员执照应当具备下列条件：

(1)年满 18 周岁。

(2)无影响维修工作的色盲或者色弱。

(3)具有大专以上(含大专，下同)学历。

(4)完成 CCAR－66 部要求的航空器维修基础知识培训。

(5)具备至少 1 年的经所在单位授权从事民用航空器或者航空器部件维修工作的经历(培训和实习不计算在内)，或者为理工科专业大专以上学历人员并完成 CCAR－66 部要求的航空器维修实作培训。

(6)通过 CCAR－66 部要求的航空器维修人员执照的考试。

(7)完成本规则 CCAR－66 部要求的航空维修技术英语等级测试。

(8)民航行业信用信息记录中没有航空器维修相关的严重失信行为记录。

执照培训及考试包括基础部分、实作部分和维修技术英语三部分(共计 9 个模块)。

民航局统一制定和发布按照飞机、旋翼机及其所安装发动机类别区分的航空器维修基础知识培训和实作培训要求，并分别明确其最低培训学时。

航空器维修基础知识培训和实作培训应当由符合《民用航空器维修培训机构合格审定规定》(CCAR－147)规定的维修培训机构实施，并且不低于民航局规定的最低培训学时要求。

航空器维修人员执照的考试包括基础知识考试和实作评估两部分。航空器维修人员执照的申请人在维修培训机构完成航空器维修基础知识培训和实作培训后，由该维修培训机构所属民航地区管理局组织对其进行基础知识考试和实作评估。

基础知识考试在维修培训机构所属民航地区管理局监督下由维修培训机构按照民航局统一规定的题库实施。基础知识考试为 100 分满分制，70 分为及格。考试不及格者可以补考 1 次，补考不及格者重新参加维修培训机构的培训后方可再次参加考试。

实作评估在维修培训机构所属民航地区管理局监督下由维修培训机构的评估员实施。评估不通过者可以补充评估 1 次，补充评估不通过者重新参加维修培训机构的培训后方可再次评估，再次评估不通过视为最终评估结论。

航空维修技术英语等级测试包括综合阅读和听力两部分。航空器维修人员参加由维修培训机构所属民航地区管理局组织的航空维修技术英语等级测试。

航空维修技术英语等级测试在维修培训机构所属民航地区管理局监督下由维修培训机构按照民航局统一规定的题库实施。测试采用 100 分满分制，测试结果分为以下级别：

(1)4 级：阅读部分 85～100 分，且听力 75～100 分。

(2)3 级：阅读部分 85～100 分，且听力 0～74 分。

(3)2 级:阅读部分 60～84 分,且听力 0～100 分。

(4)1 级:阅读部分 0～59 分,且听力 0～100 分。

航空维修技术英语等级测试可以多次参加,但是每次测试完成至少 6 个月后方可再次参加。

航空器维修人员执照中依据申请人的航空维修技术英语等级测试历史最高成绩标注其等级。

航空器维修人员执照持有人具备下列条件的,可以申请机型签署。

(1)通过 CCAR－66 部第 66.18 条要求的机型签署所涵盖任一航空器型号的机型维修培训和考试。

(2)首次申请某一类别的机型签署的,完成 CCAR－66 部第 66.19 条要求的机型维修实习。

机型签署应当与航空器维修人员执照的航空器类别以及发动机类别对应,并按照民航局航空器评审报告确定的规范签署。

机型签署的有效期为 24 个月。机型签署有效期满需要延续的,其持有人应当向机型签署机关提出申请,并提交其对应机型的维修放行工作记录。维修人员在机型签署有效期内从事所签署机型的维修放行工作时间少于 6 个月的,机型签署机关应当作出不予延续的决定。机型签署失效的,维修人员可以通过参加机型知识恢复培训和考试后重新申请取得机型签署。

航空器机型维修培训和考试由符合《民用航空器维修培训机构合格审定规定》(CCAR－147)规定的维修培训机构组织实施,并向通过其考试的人员颁发具体航空器型号的维修培训合格证。

除法律、法规、规章另有规定外,航空器维修人员执照持有人有权从事下列航空器维修工作:

(1)按照执照类别,对非复杂航空器依据其持续适航文件的规范实施维修放行。

(2)按照执照类别和机型限制,对复杂航空器依据其持续适航文件的规范实施维修放行。

(3)按照维修单位的授权和管理要求,对航空器部件依据其持续适航文件的规范实施维修放行。

问题和习题

(1)什么是适航性？适航性有哪些要素？

(2)适航管理包括哪些阶段？每个阶段的主要任务是什么？

(3)适航管理机构的主要职责是什么？举例说明主要的适航管理机构有哪些并说明其特点。

(4)适航标准具备哪些特点？

(5)适航证件有哪些？试总结各自针对的产品和批准阶段。

(6)航空器型号设计的更改如何划分？针对各种更改，型号审定的批准形式分别是什么？

(7)获取生产许可证的要求是什么？

(8)持续适航管理的主要依据有哪些？

(9)持续适航管理的参与者有哪些？各方责任主要是什么？

(10)维修从业人员的执照包括哪些？申请维修从业人员执照需具备哪些条件？

参考文献

[1] 孙康文，邓志诚，杨乃宾. 航空器适航基础[M]. 北京：北京航空航天大学出版社，2020.

[2] 白杰，冯振宇. 航空器适航审定概论[M]. 北京：中国民航出版社，2018.

[3] 菲利普·德·弗洛里奥. 适航性：航空器合格审定导论[M]. 冯振宇，邹田春，杨建忠，译. 3 版. 北京：航空工业出版社，2020.

[4] 孙缨军. 持续适航导论[M]. 北京：北京航空航天大学出版社，2020.

第4章　可靠性与维修性

▶导学

可靠性与维修性是航空维修的理论基础。定型之后,设计、生产制造的航空器所具有的可靠性称为固有可靠性。保持航空器的固有可靠性是维修的核心目标。对航空器可靠性、维修性的要求是以指标的形式体现的,指标分为定量和定性两大类。这些可靠性和维修性指标需要通过设计、制造和维修来实现。本章在概率和统计基础上,提出可靠性与维修性的相关指标,然后介绍可靠性设计过程以及可靠性建模、预计和分配。

学习重点:可靠性与维修性的概念,可靠性与维修性的主要指标,可靠性设计工作内容,常见的可靠性建模方法。

▶学习目标

(1)熟悉概率和数理统计中的基本概念、常见分布及其特征值。

(2)熟悉可靠性特征量,掌握常见的可靠性寿命分布函数及其特征量。

(3)熟悉可靠性、维修性的主要指标及要求。

(4)了解可靠性设计过程,掌握可靠性建模方法。

从航空器设计开始就需要考虑其可靠性与维修性。在实践中,使用定性和定量的指标来表示可靠性与维修性,从而更好地描述航空器的这两类属性。通过探索航空器可靠性与维修性规律,从而为设计、制造和运行维护提供有力的支撑。

4.1　概率论和数理统计基础

对系统可靠性进行量化离不开概率论和数理统计。可靠性工作面对的是系统的不确定性,概率是处理不确定性问题的主要工具,同时,为了探索和利用这些不确定性中存在的规律性,又离不开数理统计。下面对概率论和数理统计相关知识进行回顾。

4.1.1　随机事件与概率

现实生活中存在大量无法事先预知结果的现象,称之为随机现象。随机现象往往也存在一定的规律,称为统计规律。为了获得某一随机现象的统计规律,需要对其进行观察,观察的过程称为随机试验(试验)。随机试验的一个可能结果称为一个样本点,所有样本点组成的集合称为样本空间。

试验的样本空间的子集称为随机事件(事件)。在每次试验中，当且仅当这一子集中的一个样本点出现时，称这一事件发生。

事件可以视为集合。因此，事件之间的关系可以用集合之间的关系来描述。下面先对集合及其关系进行简单介绍。

一些对象的全体称为集合。集合 S 中的每一个对象 x 称为集合的元素，记作 $x \in S$。不在集合 S 中的元素 a，记作 $a \notin S$。集合中的元素数量可以是有限多个或无穷多个，也可以是零。当集合中元素数量为零时，称为空集，记作 $\varnothing$。可以以集合中的元素具有某种性质来描述一个集合，记作 $\{x | x$ 满足性质 $P\}$。

若集合 A 的所有元素均为集合 B 的元素，称 A 为的 B 子集，记作 $A \subset B$ 或 $B \supset A$。如果有 $A \subset B$ 且 $B \subset A$，则称集合相等，记作 $A = B$。对于事件，则称事件 A 与事件 B 相等。

由属于 A 或属于 B 的元素组成的集合称为 A 和 B 的并集，记作 $A \cup B = \{x | x \in A$ 或 $x \in B\}$。对于事件，则称为事件 A 与事件 B 的和事件。

既属于 A 又属于 B 的元素组成的集合称为 A 和 B 的交集，记作 $A \cap B = \{x | x \in A$ 且 $x \in B\}$，也可以记为 AB。对于事件，则称为事件 A 与事件 B 的积事件。

由属于 A 且不属于 B 的元素组成的集合称为 A 和 B 的差集，记作 $A - B = \{x | x \in A$ 且 $x \notin B\}$。对于事件，则称为事件 A 与事件 B 的差事件。

对于事件 A 与事件 B，如有 $A \cap B = \varnothing$，则称事件 A 与事件 B 是互不相容(互斥)的。此时事件 A 与事件 B 不能同时发生。用 S 表示样本空间，如有 $A \cup B = S$ 且 $A \cap B = \varnothing$，则称事件 A 与事件 B 互为逆事件(对立事件)。此时事件 A 与事件 B 中有且仅有一个发生。事件 A 的逆事件记为 $\overline{A}$。显然，此时 $\overline{A} = B = S - A$。

利用集合之间的运算，同样可以得到事件之间的运算。定义 A, B, C 为事件，则有

交换律：$A \cup B = B \cup A$，$A \cap B = B \cap A$。

结合律：$A \cup (B \cup C) = (A \cup B) \cup C$，$A \cap (B \cap C) = (A \cap B) \cap C$。

分配律：$A \cup (B \cap C) = (A \cup B) \cap (A \cup C)$，$A \cap (B \cup C) = (A \cap B) \cup (A \cap C)$。

德摩根律：$\overline{A \cup B} = \overline{A} \cap \overline{B}$，$\overline{A \cap B} = \overline{A} \cup \overline{B}$。将其推广到 n 个事件的情况，有

$$(\overline{\bigcup_n A_n}) = \bigcap_n \overline{A_n};(\overline{\bigcap_n A_n}) = \bigcup_n \overline{A_n}$$

概率模型是描述不确定事件的一种有力工具。通过随机试验，得到一个事件的集合，即样本空间；然后，采用映射，将样本空间中一个事件发生的可能性与一个非负数联系起来，就构成了该样本空间的概率模型。

概率：设 E 是随机试验，S 是它的样本空间。给 E 的每一个事件 A 赋予一个实数，记为 $P(A)$，如果集合函数满足如下条件时，称 $P(A)$ 是事件 A 的概率。

(1)非负性：对于每一个事件 A，有 $P(A) \geqslant 0$。

(2)归一性：整个样本空间 S(称为必然事件)，有 $P(S) = 1$。

(3)可加性：若 $A_1, A_2, \cdots$ 是两两互不相容的事件，即 $A_i A_j = \varnothing, i \neq j, i, j = 1, 2, \cdots$，有

$$P(A_1 \cup A_2 \cup \cdots) = P(A_1) + P(A_2) + \cdots \tag{4-1}$$

为了更好地应用概率这个工具，下面对其中常用的一些符号和规定进行简单介绍。

(1)事件 A 和 B,如果满足 $P(AB)=P(A)P(B)$,则称事件 A 和 B 相互独立;否则称两个事件之间有联系。当 $P(A)>0$ 且 $P(B)>0$ 时,则事件 A 和 B 相互独立与互不相容不能同时成立,即独立非互斥,互斥非独立。

(2)事件 A 或者 B 发生的概率记作 $P(A+B)$。事件 A 和 B 相互独立时,有

$$P(A+B)=P(A)+P(B)-P(AB)=P(A)+P(B) \tag{4-2}$$

事件 A 和 B 为互不相容事件时,有

$$P(A+B)=P(A)+P(B)-P(AB)=P(A)+P(B)-P(A)P(B) \tag{4-3}$$

(3)事件 A 已经发生的情况下,事件 B 发生的概率,称为条件概率,记作 $P(B|A)$。事件 A 和 B 为互不相容事件时,有 $P(B|A)=P(B)$。

(4)事件 A 的逆事件 $\overline{A}$ 的概率为

$$P(\overline{A})=1-P(A) \tag{4-4}$$

(5)事件 A 和 B 都发生的概率记作 $P(AB)$。事件 A 和 B 为相互独立事件时,即事件 A 的发生和事件 B 无关,反之亦然,则有 $P(AB)=P(A)P(B)$;事件 A 和 B 相关时,有 $P(AB)=P(A)P(B|A)$,即事件 A 和 B 都发生的概率等于事件 A 发生的概率乘以在事件 A 已经发生的情况下,事件 B 发生的概率,或者 $P(AB)=P(B)P(A|B)$,它们都符合下面将要介绍的乘法原则。当 $P(A)>0$ 时,据此可以得到条件概率公式:

$$P(B|A)=\frac{P(AB)}{P(A)}=\frac{P(B)P(A|B)}{P(A)} \tag{4-5}$$

(6)全概率公式。试验 E 的样本空间为 S,A 是 E 的一个事件,$B_1,B_2,\cdots,B_n$ 是 S 的一个划分($B_iB_j=\varnothing,i\neq j,i,j=1,2,\cdots,n$;且 $B_1\cup B_2\cup\cdots\cup B_n=S$),且 $P(B_i)>0(i=1,2,\cdots,n)$,则有

$$\begin{aligned}P(A)=&\sum_{i=1}^{n}P(A\mid B_i)P(B_i)=P(A\mid B_1)P(B_1)+\\&P(A\mid B_2)P(B_2)+\cdots+P(A\mid B_n)P(B_n)\end{aligned} \tag{4-6}$$

(7)贝叶斯公式。试验 E 的样本空间为 S,A 是 E 的一个事件,$B_1,B_2,\cdots,B_n$ 是 S 的一个划分,且 $P(A)>0,P(B_i)>0(i=1,2,\cdots,n)$,则有

$$P(B_i|A)=\frac{P(A|B_i)P(B_i)}{P(A)\sum_{j=1}^{n}P(A|B_j)P(B_j)}\quad i,j=1,2,\cdots,n \tag{4-7}$$

4.1.2 排列与组合

(1)加法原则。设事件 A 有 m 种选取方式,事件 B 有 n 种选取方式,则选 A 或 B 共有 $m+n$ 种选取方式。

(2)乘法原则。设事件 A 有 m 种选取方式,事件 B 有 n 种选取方式,则选 A 以后再选取 B 共有 $m\times n$ 种选取方式。

集合 S 中有 n 个元素,S 的一个 r 组合是指从 S 中选择 r 个元素并按照顺序排成一排,记为 $P(n,r)$。

对于正整数 n 和 r,$n\geqslant r$,有

$$P(n,r)=n(n-1)\cdots(n-r+1)=\frac{n!}{(n-r)!} \tag{4-8}$$

上述排列可以视为将集合元素在一条直线上进行排列，称为线排列。当集合中元素在圆周上排列时，即首尾相连时，称为圆排列。

集合 S 中有 n 个元素，S 的一个 r 圆排列数量为$\frac{1}{r}P(n,r)$。

集合 S 中有 n 个元素，S 的一个 r 组合是指从 S 中任意选择 r 个元素而不考虑顺序，记为 C_n^r 或$\binom{n}{r}$。

对于正整数 n 和 r，$n\geqslant r$，有

$$\binom{n}{r}=\frac{P(n,r)}{r!}=\frac{n!}{r!\ (n-r)!} \tag{4-9}$$

显然，当 $n<r$ 时，$\binom{n}{r}=0$，$\binom{n}{0}=\binom{n}{n}=1$，$\binom{n}{1}=n$。利用前述结论，可以得到二项式定理。

二项式定理 n 为一正整数，对于任意的 x 和 y，有

$$(x+y)^n=y^n+\binom{n}{1}xy^{n-1}+\binom{n}{2}x^2y^{n-2}+\cdots+\binom{n}{n-1}x^{n-1}y+x^n=\sum_{r=0}^{n}\binom{n}{r}x^ry^{n-r} \tag{4-10}$$

4.1.3 随机变量

1. 随机变量

随机变量(random variable)试验 E 的样本空间为 S，s 是 S 的一个样本点，有唯一一个实数 $X(s)$与该样本点对应，则把这个定义域为 S 的单值实值函数 $X=X(s)$称为(一维)随机变量。

下面对随机变量这一概念进行几点解释：

(1)随机变量 X 是样本点的函数，这个函数的自变量是样本点(样本点可以是数，也可以不是数)，定义域是样本空间 S，因变量是实数。

(2)引入随机变量，就可以使用微积分(数学分析)的方法来讨论随机变量的分布。

(3)如果一个随机变量全部可能取到的值是有限个或可列无限多个，称其为离散型随机变量。

(4)对于非离散型随机变量，有一类比较常见的是连续性随机变量。

2. 二项分布

设实验 E 只有两个可能结果：A 和 $\overline{A}$，记 $P(A)=p(0<p<1)$，则称 E 是一个伯努利试验。将试验 E 独立重复 n 次，称为 n 重伯努利试验。在 n 重伯努利试验中，设常数 $p\in(0,$

1)，用 X 表示试验中时间 A 发生的次数，显然 X 是一个离散型随机变量，其分布律为

$$P\{X=k\}=\binom{n}{k}p^k(1-p)^{n-k},\quad k=0,1,2,\cdots,n \tag{4-11}$$

则称 X 服从以 n，p 为参数的二项分布，记为 $X\sim B(n,p)$。特别地，当 $n=1$ 时，称 X 服从以 p 为参数的伯努利分布或(0－1)分布。

3. 泊松分布

设随机变量 X 所有可能取的值为 0，1，2，…，而取各个值的概率为

$$P\{X=k\}=\frac{\lambda^k e^{-\lambda}}{k!},\quad k=0,1,2,\cdots \tag{4-12}$$

其中，$\lambda>0$ 是常数，称为平均发生率。称 X 服从参数为 λ 的泊松分布，记为 $X\sim P(\lambda)$。

4. 分布函数及其概率密度函数

试验 E 的样本空间为 S，X 是 S 的随机变量，x 是任意实数，函数

$$F(x)=P\{X\leqslant x\} \tag{4-13}$$

称为 X 的分布函数(distribution function)，也称 X 的累积分布函数(Cumulative Distribution Function, CDF)。

此时，可以将 X 看成是数轴上的随机点的坐标，分布函数 $F(x)$ 在 x 处的函数值表示 X 落在区间 $(-\infty,x]$ 上的概率。显然，$F(x)$ 是值域为 $[0,1]$ 的不减函数。考虑到 $F(x+0)=\lim\limits_{x\to x_0+0}F(x)=F(x)$，则 $F(x)$ 是右连续的。

试验 E 的样本空间为 S，X 是 S 的随机变量，$F(x)$ 是 X 的分布函数，如果存在非负函数 $f(x)$，对于任意实数 x，有

$$F(x)=\int_{-\infty}^{x}f(t)\mathrm{d}t \tag{4-14}$$

称 X 为连续型随机变量，函数 $f(x)$ 是 X 的概率密度函数(Probability Density Function, PDF)。

随机变量的分布函数与其概率密度函数之间的关系如图 4.1 所示，曲线为概率密度函数，阴影部分表示分布函数。

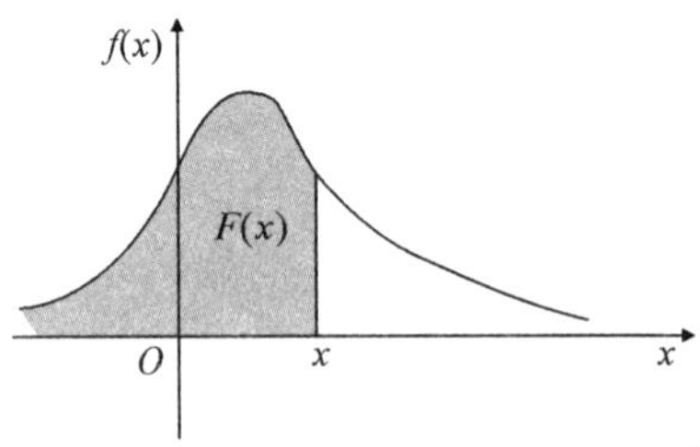

图 4.1　随机变量的分布函数与其概率密度函数之间的关系

使用随机变量的分布函数和概率密度函数来表示事件概率是不同的。图 4.2(a)为概率密度函数，使用阴影部分来表示概率 $P\{-2<X\leqslant 2\}$；图 4.2(b)为相应的分布函数，为获得概率 $P\{-2<X\leqslant 2\}$，只需要用在 $x=2$ 处的函数值减去在 $x=-2$ 处的函数值即可，最终得到的结果为图 4.2(b)中大括号所包含的虚线高度。

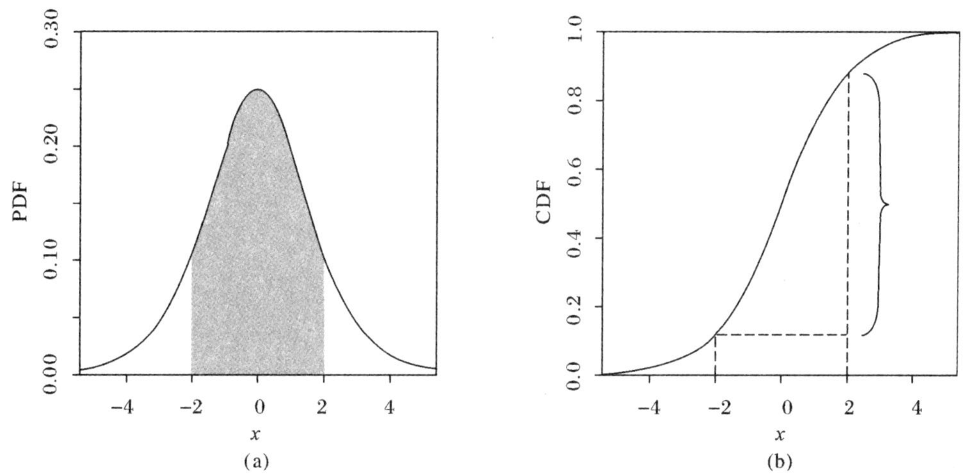

图 4.2　使用随机变量的分布函数和概率密度函数来表示事件概率的对比图

下面对概率密度函数做几点说明：

(1)概率密度函数是非负函数，即 $f(x)\geqslant 0$。

(2)如果概率密度函数 $f(x)$在点 x 处连续，则有 $F'(x)=f(x)$。

(3) $F(\infty)=\int_{-\infty}^{\infty} f(t)\mathrm{d}t = 1$。

(4)对于任意实数 x_1、$x_2(x_1\leqslant x_2)$，有

$$P\{x_1 < X \leqslant x_2\} = F(x_2) - F(x_1) = \int_{x_1}^{x_2} f(x)\mathrm{d}x \tag{4-15}$$

设 a 是任一确定的实数，$\Delta x>0$，由 $\{X=a\}\subset\{a-\Delta x<X\leqslant a\}$可得

$$0\leqslant P(X=a)\leqslant P\{a-\Delta x<X\leqslant a\}=F(a)-F(a-\Delta x)$$

当 $\Delta x\to 0$ 时，根据函数 $F(x)$的连续性，有

$$P\{X=a\}=0$$

因此，计算连续型随机变量在某一个区间的概率时，不用区分该区间是开区间、闭区间还是半开半闭区间。还需要注意的是，对于连续型随机变量，即使有 $P(A)=0$，也并不意味着 A 是不可能事件。

4.1.4　随机变量的数字特征

在实际或理论问题中，随机变量的分布不太容易得到，而同时，人们对描述随机变量某一特征的常数感兴趣，如人们在购买商品时更加关注其平均寿命而非其寿命服从什么分布。将这些表示随机变量特征的常数称为随机变量的数字特征。

常见的数字特征如下：

(1)集中的趋势，或中心倾向。随机变量的概率一般分布在这个位置附近，常用的有算术平均值、几何平均值、中位数、众数、数学期望等。

(2)分散度。分散度指随机变量相对于集中趋势的差异程度，常用的有极差、方差或标准差等。

(3)置信度。在实际工作中，经常通过抽检来实现可靠性评价等目的，所抽取的子样和

母体之间存在一定的差异，或者说抽样获得的结果和实际情况相比可信程度有多大，可以用置信度来表示。

下面介绍几个常用的数字特征。

1. 数学期望

设离散型随机变量 X 的分布律为 $P\{X=x_i\}=p_i, i=1,2,\cdots$，如级数 $\sum_{i=1}^{\infty} x_i p_i$ 绝对收敛，则称 $E(X)=\sum_{i=1}^{\infty} x_i p_i$ 为离散型随机变量 X 的数学期望，也称为期望或均值。

连续型随机变量 X 的概率密度函数是 $f(x)$，如果广义积分 $\int_{-\infty}^{\infty} xf(x)\mathrm{d}x$ 绝对收敛，称 $E(X)=\int_{-\infty}^{\infty} xf(x)\mathrm{d}x$ 为连续型随机变量 X 的数学期望。

数学期望有以下一些常见性质：

(1)设 a 为常数，则有 $E(a)=a$。

(2)设 X 为随机变量，且 $E(X)$存在，a,b 为常数，则 $E(aX+b)=aE(X)+b$。

(3)设 X,Y 为随机变量，且 $E(X),E(Y)$存在，则 $E(X+Y)=E(X)+E(Y)$。

(4)设 X,Y 为相互独立的随机变量，且 $E(X),E(Y)$存在，则 $E(XY)=E(X)E(Y)$。

2. 方差

设 X 为随机变量，如果 $E\{[X-E(X)]^2\}$存在，则称 $E\{[X-E(X)]^2\}$为 X 的方差，记为 $\mathrm{Var}(X)$或 $D(X)$。同时，定义标准差或均方差 $\sigma(X)=\sqrt{D(X)}$。

实际计算方差时，更多使用下列公式：

$$D(X)=E(X^2)-[E(X)]^2 \tag{4-16}$$

设 X 为随机变量，具有数学期望 $E(X)=\mu$，方差 $D(X)=\sigma^2\neq 0$，令 $X^*=\dfrac{X-\mu}{\sigma}$，则有 $E(X^*)=0$，$D(X^*)=1$。称 X^* 为 X 的标准化变量。

方差有以下一些常见性质：

(1)设 a 为常数，则有 $D(a)=0$。

(2)设 X 为随机变量，a,b 为常数，则 $D(aX+b)=a^2D(X)$。

(3)设 X,Y 为随机变量，则 $D(X\pm Y)=D(X)+D(Y)\pm 2E\{[X-E(X)]\{Y-E(Y)]\}$。

(4)设 X,Y 为相互独立的随机变量，则 $D(X\pm Y)=D(X)+D(Y)$。

3. 协方差和相关系数

可以使用数字特征来描述两个随机变量之间的关系。

定义两个随机变量 X 和 Y 的协方差为 $E\{[X-E(X)][Y-E(Y)]\}$，记为 $\mathrm{Cov}(X,Y)$。

将协方差定义展开，并化简后，可得

$$\mathrm{Cov}(X,Y)=E(XY)-E(X)E(Y) \tag{4-17}$$

易知，相互独立的随机变量 X 和 Y 的协方差为零。

协方差有以下一些性质：

(1)设 X,Y 为随机变量，a,b 为常数，则 $\mathrm{Cov}(X,Y)=\mathrm{Cov}(Y,X)$；$\mathrm{Cov}(aX,bY)=ab\mathrm{Cov}(X,Y)$；$\mathrm{Cov}(X,a)=0$；

(2)设 X,Y,Z 为随机变量，则 $\mathrm{Cov}(X+Y,Z)=\mathrm{Cov}(X,Z)+\mathrm{Cov}(Y,Z)$。

定义两个随机变量 X 和 Y 的相关系数为$\dfrac{\mathrm{Cov}(X,Y)}{\sqrt{D(X)}\sqrt{D(Y)}}$，记为$\rho_{XY}$。

协方差有以下一些性质：

设 X,Y 为随机变量，$\mathrm{Cov}(X,Y)$存在且 $D(X)>0,D(Y)>0$，则有

(1)$|\rho_{XY}|\leqslant 1$。

(2)$|\rho_{XY}|=1$ 的充要条件是存在常数 a,b，使 $P\{Y=aX+b\}=1$，其中

当$\rho_{XY}=1$ 时，$a=\sqrt{\dfrac{D(Y)}{D(X)}}$，$b=E(Y)-\sqrt{\dfrac{D(Y)}{D(X)}}E(X)$；

当$\rho_{XY}=-1$ 时，$a=\sqrt{\dfrac{D(Y)}{D(X)}}$，$b=E(Y)-\sqrt{\dfrac{D(Y)}{D(X)}}E(X)$。

(3)如果$\rho_{XY}=0$，则称随机变量 X,Y 无关。两个随机变量相互独立，则它们一定无关；两个随机变量无关，但它们不一定相互独立。

4. 矩

设 X,Y 是随机变量，k、l 是正整数，则称

(1)$E(X^k)$为 X 的 k 阶原点矩，简称 k 阶矩。

(2)$E\{[X-E(X)]^k\}$为 X 的 k 阶中心矩。

(3)$E(X^kY^l)$为 X 和 Y 的$(k+l)$阶混合矩。

(4)$E\{[X-E(X)]^k[Y-E(Y)]^l\}$为 X 和 Y 的$(k+l)$阶混合中心矩。

5. 变异系数

设随机变量 X 的数学期望 $E(X)\neq 0$，方差 $D(X)$存在，则称$\delta_X \xlongequal{\text{def}} \dfrac{\sqrt{D(X)}}{|E(X)|}$为随机变量 X 的变异系数。变异系数反映随机变量在单位均值上的波动程度，是一个无量纲量。

6. 分数位

对于随机变量 X，如果实数 a 满足 $P\{X\leqslant a\}\geqslant p$ 且 $P\{X\geqslant a\}\geqslant 1-p$，$p\in(0,1)$，则称 a 是随机变量 X 或其服从的分布的 p 分位数，记作 v_p。

需要说明以下两点：

(1)对于离散型随机变量 X，当 p 确定时，v_p 可能不唯一。

(2)对于连续型随机变量 X，分布函数为 $F(X)$，密度函数为 $f(x)$，$F(v_p)=P\{X\leqslant v_p=\int_{-\infty}^{v_p}f(x)\mathrm{d}x=p$，则称 $v_p=F^{-1}(p)$ 为 X 的 p 分位数。当 $p=\dfrac{1}{2}$ 时，称 $v_{\frac{1}{2}}$ 为中位数。可见，v_p 是随机变量的一个值，它对应的分布函数值为 p。

7. 众数

当 X 为离散型随机变量时，设其分布律为 $P\{X=x_i\}=p_i$，$i=1,2,\cdots$。如果存在实数

a,使得 $P\{X=a\}\geqslant P(X=x_i)$均成立,则称 a 是随机变量 X 或其服从的分布的众数。可见,a 所对应的概率最大。

对于连续型随机变量 X,密度函数为 $f(x)$,如果存在实数 a,使得 $f(a)\geqslant f(x)$对于任意 x 均成立,则称 a 是随机变量 X 或其服从的分布的众数。可见,a 所对应的概率密度值最大。

需要注意的是,众数不一定唯一。

4.1.5 正态分布及相关常用统计量分布

设 X 是随机变量,其概率密度函数为

$$f(x)=\frac{1}{\sqrt{2\pi}\sigma}e^{-\frac{(t-\mu)^2}{2\sigma^2}},\quad -\infty<x<\infty \tag{4-18}$$

式中:$\mu>0$ 为位置参数,等于数学期望;$\sigma>0$ 为尺度参数,等于标准差。

称随机变量 X 服从参数为 μ,σ 的正态分布或高斯(Gauss)分布,记为 $X\sim N(\mu,\sigma^2)$。正态分布图像见图 4.3。正态分布的分布函数为

$$F(x)=\frac{1}{\sqrt{2\pi}\sigma}\int_{-\infty}^{x}e^{-\frac{(t-\mu)^2}{2\sigma^2}}dt \tag{4-19}$$

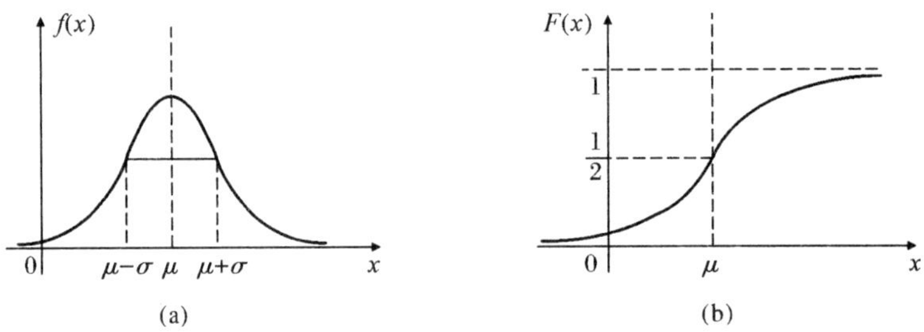

图 4.3 正态分布

正态分布概率密度函数性质如下:

(1)函数曲线为对称的钟形曲线,关于 $x=\mu$ 对称。

(2)当 $x=\mu$ 时,$f(x)$取最大值$\frac{1}{\sqrt{2\pi}\sigma}$,且该值随着 σ 增大而减小。

易知:$E(X)=\mu,D(X)=\sigma^2$。

当 $\mu=1,\sigma=0$ 时,称为标准正态分布,记为 $X\sim N(0,1)$。

可以通过变换将一般形式的正态分布转化为标准正态分布。

取 $z=\frac{x-\mu}{\sigma}$,则标准正态分布的概率密度函数为

$$\phi(z)=\frac{1}{\sqrt{2\pi}}e^{-\frac{z^2}{2}},\quad -\infty<z<\infty \tag{4-20}$$

分布函数为

$$\phi(z)=\frac{1}{\sqrt{2\pi}}\int_{-\infty}^{t}e^{-\frac{z^2}{2}}dz \tag{4-21}$$

$\phi\left(\frac{x-\mu}{\sigma}\right)$可以通过查标准正态分布表得到。标准正态分布表中 $x>0$。对于 $x<0$ 的情

况，考虑到标准正态分布概率密度函数为偶函数，即 $\Phi(x)=1-\Phi(-x)$，通过查表就可以解决。

对于标准正态分布，给定正数 $\alpha\in(0,1)$，则满足 $P\{X\leqslant u_\alpha\}=\alpha$ 的 u_α 称为标准正态分布的上 α 分位数。

设 $X_1,X_2,\cdots,X_n$ 相互独立，且 $X_i\sim N(\mu_i,\sigma^2)$，$i=1,2,\cdots,n$，则对于任意不全为零的常数 $c_1,c_2,\cdots,c_n$，有 $\sum_{i=1}^{n} c_iX_i\sim N\left(\sum_{i=1}^{n} c_i\mu_i,\sum_{i=1}^{n} c_i^2\sigma_i^2\right)$。特别地，在 $n\neq 0$ 时，如果 $c_1=c_2=\cdots=c_n=\frac{1}{n}$，则这些相互独立的随机变量服从相同的分布 $N(\mu,\sigma^2)$，$\overline{X}=\frac{1}{n}\sum_{i=1}^{n}X_i$ 是 $X_1,X_2,\cdots,X_n$ 的算术平均值，则有 $\overline{X}\sim N\left(\mu,\frac{\sigma^2}{n}\right)$。

根据中心极限定理，均值为 μ，方差为 σ^2 的独立同分布随机变量 $X_1,X_2,\cdots,X_n$ 的算数平均值 $\overline{X}=\frac{1}{n}\sum_{i=1}^{n}X_i$，当 n 充分大时，近似服从均值为 μ，方差为 σ^2/n 的正态分布。

同时，对于随机变量 Y_n 服从以 n,p 为参数的二项分布，在 n 充分大时，随机变量 $\frac{Y_p-np}{\sqrt{np(1-p)}}$ 近似服从标准正态分布。

在数理统计中，常用统计量的分布有 χ^2 分布、t 分布、F 分布，这 3 个分布都是正态随机变量的函数的分布。在介绍这几个分布之前，先介绍 Γ 函数。

1. Γ 函数

Γ 函数是基本的特殊函数，其常用的定义为

$$\Gamma(x)=\int_0^{\infty}\mathrm{e}^{-t}t^{x-1}\mathrm{d}t,x>0$$

Γ 函数的常用性质如下：

(1)$\Gamma(1)=1$。

(2)$\Gamma(x+1)=x\Gamma(x)$，对于正整数 n，$\Gamma(n)=(n-1)!$。

(3)$\Gamma\left(\frac{1}{2}\right)=\sqrt{\pi}$。

2. χ² 分布

设 $X_1,X_2,\cdots,X_n$ 为相互独立的标准正态分布随机变量，则称随机变量 $Y=X_1^2+X_2^2+\cdots+X_n^2$ 服从自由度为 n 的 χ^2 分布，记为 $Y\sim\chi^2(n)$。

χ^2 分布的概率密度函数(见图 4.4)为

$$f(x)=\begin{cases}\dfrac{1}{2^{\frac{n}{2}}\Gamma\left(\dfrac{n}{2}\right)}y^{\frac{n}{2}-1}\mathrm{e}^{-\frac{y}{2}}, & y>0\\ 0, & \text{其他}\end{cases}\tag{4-22}$$

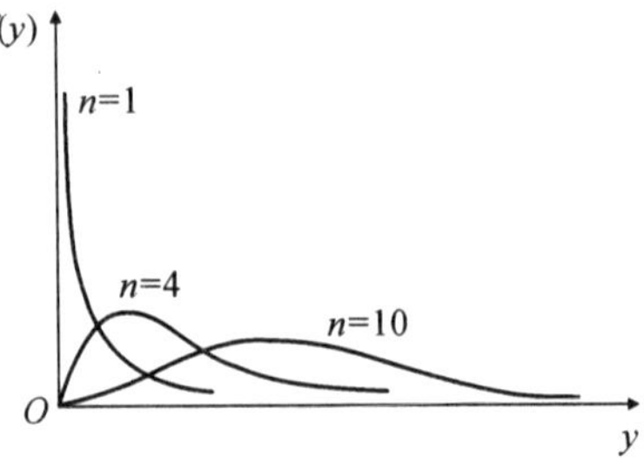

图 4.4　χ^2 分布

χ^2 分布的性质如下：

(1)$E(\chi^2)=n, D(\chi^2)=2n$。

(2)可加性。设 $X\sim\chi^2(m)$，$Y\sim\chi^2(n)$，且 X 与 Y 相互独立，则 $X+Y\sim\chi^2(m+n)$。

对于给定的正实数 $\alpha\in(0,1)$，称满足条件 $P\{\chi^2>\chi_\alpha^2(n)\}=\int_{\chi_\alpha^2(n)}^{\infty}f(y)\mathrm{d}y=\alpha$ 的点 $\chi_\alpha^2(n)$ 为$\chi^2(n)$ 分布的上 α 分位点。

3. t 分布

设随机变量 X 与 Y 相互独立，$X\sim N(0,1)$，$Y\sim\chi^2(n)$，则称 $T=\dfrac{X}{\sqrt{\dfrac{Y}{n}}}$服从自由度为 n 的 t 分布或学生氏分布，记为 $Y\sim t(n)$。

t 分布的概率密度函数(见图 4.5)为

$$f(x)=\frac{\Gamma\left(\frac{n+1}{2}\right)}{\sqrt{\pi n}\,\Gamma\left(\frac{n}{2}\right)}\left(1+\frac{x^2}{n}\right)^{-\frac{n+1}{2}}, x\in\mathbf{R} \tag{4-23}$$

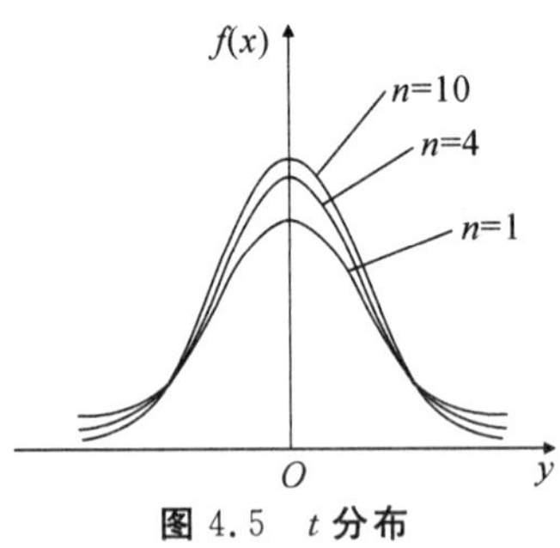

图 4.5　t 分布

由于$\lim\limits_{n\to\infty}f(x)=\dfrac{1}{\sqrt{2\pi}}\mathrm{e}^{-\frac{x^2}{2}}$，因此当 n 充分大时，t 分布近似于 $N(0,1)$分布。

对于给定的正实数 $\alpha\in(0,1)$，称满足条件

$$P\{t>t_\alpha(n)\}=\int_{t_\alpha(n)}^{\infty}f(y)\mathrm{d}y=\alpha \tag{4.24}$$

的点 $t_\alpha(n)$为 $t(n)$分布的上 α 分位点。考虑到 $t(n)$分布概率密度函数的对称性，有 $t_\alpha(n)=-t_{1-\alpha}(n)$。当 $n>45$ 时，可以用正态分布的分位点来近似。

4. F 分布

设随机变量 X 与 Y 相互独立，$X\sim\chi^2(m)$，$Y\sim\chi^2(n)$，则称 $F=\dfrac{X/m}{Y/n}$ 服从自由度为(m, n)的 F 分布，记为 $F\sim F(m,n)$。

$F(m,n)$分布的概率密度函数（见图 4.6）为

$$f(y)=\begin{cases}\dfrac{\Gamma\left(\dfrac{m+n}{2}\right)}{\Gamma\left(\dfrac{m}{2}\right)\Gamma\left(\dfrac{n}{2}\right)}\left(\dfrac{m}{n}\right)^{\frac{m}{2}}y^{\frac{m}{2}-1}\left(1+\dfrac{m}{n}y\right)^{-\frac{m+n}{2}}, & y>0\\ 0, & \text{其他}\end{cases}\tag{4-25}$$

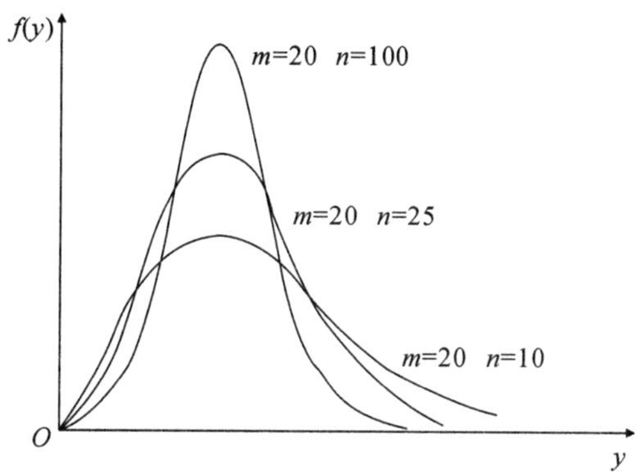

图 4.6　F 分布

对于给定的正实数 $\alpha\in(0,1)$，称满足条件 $P\{F>F_\alpha(m,n)\}=\int_{F_\alpha(m,n)}^{\infty}f(y)\mathrm{d}y=\alpha$ 的点 $F_\alpha(m,n)$ 为 $F(m,n)$ 分布的上 α 分位点，它具有如下性质：

$$F_\alpha(m,n)=\frac{1}{F_{1-\alpha}(n,m)}\tag{4-26}$$

4.1.6　样本和抽样分布

在概率论中，一般都假设随机变量的分布是已知的。但在工程等领域，存在大量不知道随机变量的概率分布的情况，需要对这些随机变量进行重复独立的观察，得到许多观察值，对这些数据进行分析，从而对随机变量的分布进行推断。这些是统计的主要内容。统计以概率论为基础，根据试验或观察得到的数据，来研究随机现象。

在一个统计问题中，往往考虑有关对象的某项数量指标，一般会针对该指标开展相关随机试验。将试验的全部可能观察值称为总体，而每一个可能的观察值称为个体。总体中所包含的个体的数量称为总体的容量。容量为有限的称为有限总体，容量为无限的称为无限总体。

显然，总体中的每一个个体是随机试验的一个观察值，可以视为某一个随机变量 X 的值。因此，可以将一个总体与一个随机变量 X 对应起来，从而将对总体的研究转化为对一个随机变量 X 的研究。这样，随机变量 X 的分布函数和数字特征就可以视为总体的分布函数和数字特征。

在统计工作中，一般通过从总体中抽取一部分个体，根据观察得到的数据来对总体分布进行推断。被抽取的部分个体称为总体的一个样本。从总体中抽取样本的过程称为抽样，抽取的规则称为抽样方案。常用的抽样方案为简单随机抽样，即在相同条件下对总体 X 进行 n 次重复的、独立的观察，并将观察的结果按照试验顺序进行记录。这样可以认为：获得的试验结果（数据）是相互独立的，且都是和随机变量 X 具有相同分布的随机变量。通过简单随机抽样得到的样本称为简单随机样本。对于有限总体，采用放回抽样就可以得到简单随机样本。当个体总数比样本容量大得多时，可以将不放回抽样视为放回抽样。对于无限总体，总是使用不放回抽样。

统计推断是统计学的基本任务之一，即由样本推断总体。为解决我们关心的具体问题，往往需要构造样本的适当函数，利用这些样本的函数来进行统计推断。如把观察到的数据处理为一些数字特征，从而来估计总体分布中的未知参数。

设 $X_1,X_2,\cdots,X_n$ 是来自总体 X 的一个样本，$g(X_1,X_2,\cdots,X_n)$ 是 $X_1,X_2,\cdots,X_n$ 的函数。如果该函数中不含未知参数，则称 $g(X_1,X_2,\cdots,X_n)$ 是一个统计量。显然，统计量是样本的函数，统计量的分布称为抽样分布。

设 $X_1,X_2,\cdots,X_n$ 是来自总体 X 的一个样本，$x_1,x_2,\cdots,x_n$ 是这一样本的观察值。定义 $\overline{X}=\frac{1}{n}\sum_{i=1}^{n}X_i$ 为样本均值，$S^2=\frac{1}{n-1}\sum_{i=1}^{n}(X_i-\overline{X})^2=\frac{1}{n-1}(\sum_{i=1}^{n}X_i^2-n\overline{X}^2)$ 为样本方差，$S=\sqrt{S^2}=\sqrt{\frac{1}{n-1}\sum_{i=1}^{n}(X_i-\overline{X})^2}$ 为样本标准差。

它们的观察值分别是

$$\overline{x}=\frac{1}{n}\sum_{i=1}^{n}x_i \tag{4-27}$$

$$s^2=\frac{1}{n-1}\sum_{i=1}^{n}(x_i-\overline{x})^2=\frac{1}{n-1}\left(\sum_{i=1}^{n}x_i^2-n\overline{x}^2\right) \tag{4-28}$$

$$s=\sqrt{\frac{1}{n-1}\sum_{i=1}^{n}(x_i-\overline{x})^2} \tag{4-29}$$

设总体 X 的均值 $E(X)=\mu$，方差 $D(X)=\sigma^2$。根据上述内容，应该有值 $E(\overline{X})=\mu$，方差 $D(\overline{X})=\sigma^2/n$。且

$$E(S^2)=E\left[\frac{1}{n-1}\left(\sum_{i=1}^{n}X_i^2-n\overline{X}^2\right)\right]=\frac{1}{n-1}\left[\sum_{i=1}^{n}E(X_i^2)-nE(\overline{X}^2)\right]=$$

$$\frac{1}{n-1}\left[\sum_{i=1}^{n}(\sigma^2+\mu^2)-n\left(\frac{\sigma^2}{n}+\mu^2\right)\right]=\sigma^2 \tag{4-30}$$

在正态总体下，一些统计量的抽样分布情况可以用下面几个定理来说明。

设 $X_1,X_2,\cdots,X_n$ 是取自正态总体 $N(\mu,\sigma^2)$ 的样本，总体 X 的样本均值和样本方差分别是 $\overline{X}$ 和 S^2，则有

(1) $\frac{(n-1)S^2}{\sigma^2}=\frac{\sum_{i=1}^{n}(X_i-\overline{X})^2}{\sigma^2}\sim\chi^2(n-1)$。

(2)$\overline{X}$ 和S^2 相互独立。

(3) $\dfrac{\overline{X}-\mu}{S/\sqrt{n}} \sim t(n-1)$。

4.1.7　参数估计

可靠性的特征值是指表示产品可靠性水平高低的各种可靠性指标的总称。通过统计分析,可以得到产品可靠性的特征量的估计值。常见的方法由矩估计和极大似然估计。

矩估计的核心思想是用样本的k阶原点矩$A_k = \dfrac{1}{n}\sum_{j=1}^{n} X_j^k\ (k=1,2,\cdots)$代替总体的$k$阶原点矩$\mu_k = E(X^k)$。当未知参数$\theta$可以用总体的$k$阶原点矩表示时,即$\theta = \varphi(\mu_1,\mu_2,\cdots,\mu_m)$,则$\theta$的矩估计量为$\widehat{\theta} = \varphi(A_1,A_2,\cdots,A_m)$。

极大似然估计的基本思想是如果事件A的概率依赖未知参数θ,如果观察到A已经发生,则就在θ的可能取值范围Θ内取θ的估计值,使事件A的概率最大。针对不同类型的随机变量,极大似然估计略有差异,但基本思想相同。

设总体X有分布律$P\{X=x\} = p(x;\theta)(\theta \in \Theta)$,设$X_1,X_2,\cdots,X_n$是来自总体$X$的样本,$X_1,X_2,\cdots,X_n$的联合分布率为$p(x_1;\theta)p(x_2;\theta)\cdots p(x_n;\theta) = \prod_{i=1}^{n} p(x_i;\theta)$。已知样本$X_1,X_2,\cdots,X_n$的一个样本值为$x_1,x_2,\cdots,x_n$。样本$X_1,X_2,\cdots,X_n$的取到样本值$x_1,x_2,\cdots,x_n$的概率为$P\{X_1=x_1,X_2=x_2,\cdots,X_n=x_n\} = \prod_{i=1}^{n} P\{X_i=x_i\} = \prod_{i=1}^{n} p(x_i;\theta)$。显然,这是关于$\theta$的函数,对于不同的$\theta$,得到不同的概率。记

$$L(\theta) = L(x_1,x_2,\cdots,x_n;\theta) = \prod_{i=1}^{n} p(x_i;\theta)$$

其中$L(\theta)$称为似然函数。通过选取θ的估计值$\widehat{\theta}$,使得$P(A)$的概率$L(\theta)$最大。即$\widehat{\theta}$由$\max\limits_{\theta\in\Theta} L(x_1,x_2,\cdots,x_n;\theta)$确定。由此得到的$\widehat{\theta} = \widehat{\theta}(x_1,x_2,\cdots,x_n)$称为参数$\theta$的极大似然估计值,统计量$\widehat{\theta}(X_1,X_2,\cdots,X_n)$称为$\theta$的极大似然估计量。

对于连续总体,使用样本的联合密度函数替代前述的联合分布律,也可以得到似然函数$L(\theta) = \prod_{i=1}^{n} f(x_i;\theta)$。类似地,通过$\max\limits_{\theta\in\Theta} L(x_1,x_2,\cdots,x_n;\theta)$确定参数$\theta$的极大似然估计值$\widehat{\theta}$。

通过上述讨论可知:求θ的极大似然估计问题可以归结为求似然函数$L(\theta)$的最大值点问题。当$L(\theta)$关于θ的导数存在时,根据高等数学知识,则$\widehat{\theta}$可以由方程$\dfrac{\mathrm{d}}{\mathrm{d}\theta}L(\theta) = 0$确定。考虑到$L(\theta)$为乘积形式,也可以使用$\dfrac{\mathrm{d}}{\mathrm{d}\theta}\ln[L(\theta)] = 0$来确定$\widehat{\theta}$。

当总体分布函数中含有多个未知参数$\theta_1,\theta_2,\cdots,\theta_k(k>1)$时,通过求解方程组

$$\left.\begin{aligned}\frac{\partial}{\partial\theta_1}\ln(L)=0\\\frac{\partial}{\partial\theta_2}\ln(L)=0\\\cdots\cdots\\\frac{\partial}{\partial\theta_k}\ln(L)=0\end{aligned}\right\}\tag{4-31}$$

得到$\theta_1,\theta_2,\cdots,\theta_k$ 的极大似然估计值。

采用不同方法得到的参数 θ 的估计值一般也不同。因此，需要对估计值进行评判。常见的标准有无偏性、有效性和一致性。可以参考数理统计方面的书籍，这里不再赘述。

4.2 可靠性与维修性相关的基本概念

1. 可靠性

可靠性是指产品在规定的条件下和规定的时间内完成规定功能的能力。可靠性是产品质量特性之一。

2. 维修性

系统在规定条件和规定时间内，按规定的程序和方法进行维修时，将系统保持或恢复到规定状态的能力。

常用的维修性指标如下：

(1) 维修度。系统在规定的条件下和规定的时间内，按规定的程序和方法进行维修时，将系统保持或恢复到规定状态的概率。

(2) 修复率。到时刻 t，未修复的系统在时刻 t 之后的单位时间内被修复的概率。

(3) 平均修复时间。在规定的条件和规定的时间内，系统的修复性维修时间与被修复的故障数之比，记为 MTTR(Mean Time To Repair)。

3. 保障性

保障性是指系统的设计特性和计划的保障资源能够满足使用要求的能力。

4. 可用性

可用性是指系统在任一随机时刻需要和开始执行任务时，处于可工作或可使用状态的程度。

一般使用可用度来表示可用性。可用度分为瞬时可用度、稳态可用度和平均可用度。

(1) 瞬时可用度是指系统在规定的使用条件下，由 $t=0$ 时的完好状态，到某一时刻 t 仍然处于完好状态的概率，记为 $A(t)$。

(2) 稳态可用度是指瞬态可用度的极限值，即 $A=\lim\limits_{t\to\infty}A(t)$。

(3) 平均可用度是指系统在 $(0,t]$ 内瞬时可用度的平均值，即 $\bar{A}(t)=\frac{1}{t}\int_0^t A(x)\mathrm{d}x$。

4.2.1　可靠性的特征量

可靠性的特征值是指表示产品可靠性水平高低的各种可靠性指标的总称。通过统计分析，可以得到产品可靠性的特征量的估计值。常用的特征值有可靠度、不可靠度、失效率、平均寿命、可靠寿命、中位寿命和特征寿命等。

1. 系统寿命(lifetime)

系统寿命定义多种多样，如使用寿命、市场寿命、经济寿命等。这里介绍几种常用的寿命概念。

(1) 使用寿命。产品从投入使用开始，到从技术或经济上看系统都不宜再使用、必须大修或报废时，所经历的时间。

(2) 可靠寿命。产品从投入使用开始，到给定的系统可靠度 r 所对应的时间为止，所经历的时间，或者说是给定的可靠度 r 对应的寿命 T_r，即 $R(T_r)=r$。当可靠度 $r=\mathrm{e}^{-1}$ 时，对应的可靠寿命称为特征寿命；当可靠度 $r=0.5$ 时，对应的可靠寿命称为中位寿命。

(3) 首次大修期限。在规定条件下，系统从首次投入使用开始到首次大修为止，所经历的时间。

(4) 大修间隔。在规定条件下，系统两次相继大修之间的时间间隔。

(5) 储存寿命。在规定条件下，系统可以满足规定要求的储存期限。

(6) 总寿命。在规定条件下，系统从开始使用到报废为止，所经历的时间。

(7) 市场寿命。产品从开始进入市场到退出市场为止，所经历的时间。

需要注意的是，这里所说的时间，可以是日历天、工作时间、循环次数等，可以根据上下文内容进行判断。

2. 寿命分布函数与可靠度

在可靠性工作中，经常关心系统在一定时间间隔内失效的概率，这就涉及系统的寿命分布情况。

通常使用一个非负的随机变量 T 来描述系统的寿命，即系统从开始工作到发生失效或故障的时间，设 t 为非负实数，则 T 的分布函数(cumulative distribution function)为

$$F(t)=P\{T\leqslant t\},t\geqslant 0 \tag{4-32}$$

其中：$F(t)$ 被称为寿命分布函数、累积故障分布函数、不可靠度函数，即系统在规定的条件下和规定的时间内，丧失规定功能的概率；t 为规定的时间；T 为系统的寿命，即在发生故障前的工作时间。

如果寿命分布函数 $F(t)$ 为连续的，则有

$$F(t)=P\{T\leqslant t\}=\int_{-\infty}^{t}f(x)\mathrm{d}x \tag{4-33}$$

其中：$f(t)$ 是随机变量 T 的概率密度函数(probability density function)，即寿命分布概率密度函数，也被称为故障概率密度函数，显然 $f(t)=\dfrac{\mathrm{d}F(t)}{\mathrm{d}t}=F'(t)$；其余同前述定义。

寿命分布函数有以下性质：

(1) 如果给定的寿命 $t<0$,则 $F(t)=0$,即系统的寿命不能为负值。

(2) 寿命分布函数在 $t\geqslant 0$ 时,是一个非减函数。

(3) 寿命分布函数在$[0,\infty)$上处处右连续,且有左极限;同时,$F(0^-)=0$,$F(\infty)=1$。

$F(t)$ 表示在区间$[0,t]$内系统失效的概率,而当系统寿命 $T>t$ 时,系统不失效(正常工作)的概率同样是我们关心的,这个概率就是可靠度。

系统在规定的条件下和规定的时间内,完成规定功能的概率称为可靠度,记为 R。换句话说,可靠度用来衡量系统在规定寿命完成规定功能的能力。系统的可靠度是时间的函数,有时也被称为可靠度函数(the reliability function)或生存函数(survivor function),用 $R(t)$ 表示。

利用系统寿命分布,可以得到系统的可靠度函数为

$$R(t)=P\{T>t\}=1-F(t)=\bar{F}(t) \tag{4-34}$$

如果 $R(t)$ 为连续的,则有

$$R(t)=P\{T>t\}=\int_t^{\infty}f(x)\mathrm{d}x=1-F(t)=1-\int_{-\infty}^{t}f(x)\mathrm{d}x \tag{4-35}$$

显然,

$$f(t)=-\frac{\mathrm{d}R(t)}{\mathrm{d}t}=-R'(t) \tag{4-36}$$

可靠度函数有以下性质:

(1) 如果给定的寿命 $t<0$,则 $R(t)=1$,即系统可靠度为 1。

(2) 寿命分布函数在 $t\geqslant 0$ 时,是一个非增函数。

(3) 寿命分布函数在$[0,\infty)$上处处右连续,且有左极限;同时,$R(0^-)=1$,$F(\infty)=0$。

从统计角度,可靠度可以定义为在相同试验条件下对 n 个相同系统进行测试,在时间区间$[t-\Delta t,t]$上,观测到 $n_f(t)$ 个系统失效,而 $n_s(t)$ 个系统运行正常,则在 t 时刻,系统的可靠度为

$$R(t)=\frac{n_s(t)}{n_s(t)+n_f(t)}=\frac{n_s(t)}{n} \tag{4-37}$$

系统寿命分布及其概率密度函数、可靠度函数三者之间的关系如图 4.7 所示。

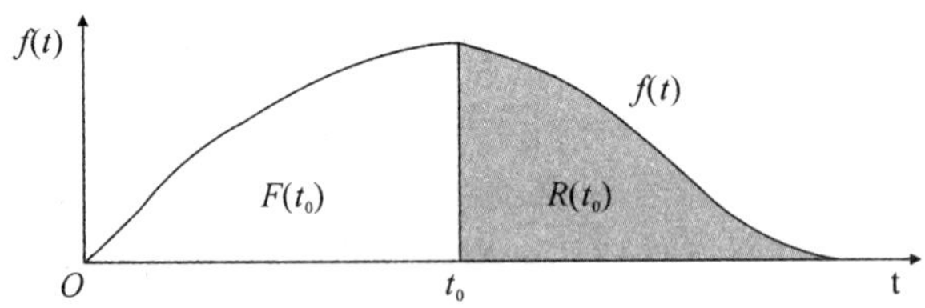

图 4.7　系统寿命分布及其概率密度函数、可靠度函数三者之间的关系

3. 失效率函数

系统在 t 时刻处于正常状态,当 $\Delta t\to 0$ 时,系统在区间$[t,\Delta t]$内失效的概率用 $k(t)$ 表示,则有

$$k(t)=P\{t<T\leqslant t+\Delta t\mid T>t\}=\frac{P\{t<T\leqslant t+\Delta t,T>t\}}{P\{T>t\}}=$$

$$\frac{P\{t < T \leqslant t + \Delta t\}}{P\{T > t\}} = \frac{R(t) - R(t + \Delta t)}{R(t)} \tag{4-38}$$

需要说明的是，此概率是一个条件概率。条件概率涉及两个事件，其中系统在 t 时刻处于正常状态是一个事件，而系统在区间$[t,\Delta t]$内失效则是另一个事件。

系统在时间区间$[t,\Delta t]$上的故障率(the failure rate)是指系统在 t 时刻处于正常状态，在$[t,\Delta t]$上，单位时间内系统发生故障的概率。用 $z(t)$ 表示故障率，则有

$$z(t) = \frac{k(t)}{(t+\Delta t)-t} = \frac{P\{t < T \leqslant t + \Delta t \mid T > t\}}{\Delta t} = \frac{R(t) - R(t+\Delta t)}{\Delta t R(t)} \tag{4-39}$$

从故障率定义中可以看出：

(1) 故障率不是概率。

(2) 故障率定义在一个区间上，为该区间上的平均值。

在实际工作中，系统在相同试验条件下对 n 个相同系统进行测试，在时间区间$[t,t+\Delta t]$上，观测到 $n_f(t)$ 个系统失效，而 $n_s(t)$ 个系统运行正常，则系统的故障率为

$$z(t) = \frac{n_f(t)}{n_s(t)\Delta t} \tag{4-40}$$

显然，存在一个故障率的瞬时值，即瞬时故障率(the instantaneous failure rate)，可以将其定义为当 $\Delta t \to 0$ 时，故障率 $z(t)$ 的极限，记之为 $h(t)$，则有

$$h(t) = \lim_{\Delta t \to 0} z(t) = \lim_{\Delta t \to 0} z \frac{R(t) - R(t+\Delta t)}{\Delta t R(t)} = -\frac{1}{R(t)} \lim_{\Delta t \to 0} z \frac{R(t+\Delta t) - R(t)}{\Delta t} =$$

$$-\frac{1}{R(t)} \times \frac{\mathrm{d}R(t)}{\mathrm{d}t} = -\frac{R'(t)}{R(t)} = \frac{f(t)}{R(t)} = \frac{f(t)}{1-F(t)} \tag{4-41}$$

瞬时故障率也称为失效率函数(The hazard function)、风险函数。

累积失效率函数是在时间区间$[0,t]$内出现失效的条件概率，表示在$[0,t]$内出现失效的总次数，其数学表达为

$$H(t) = \int_0^t \lambda(x)\mathrm{d}x \tag{4-42}$$

下面介绍可靠度函数和失效率函数之间的关系。

因为 $h(t) = -\frac{1}{R(t)} \times \frac{\mathrm{d}R(t)}{\mathrm{d}t}$，则有 $h(t)\mathrm{d}t = -\frac{\mathrm{d}R(t)}{R(t)}$，对其两边在时间区间$[0,t]$进行积分，并考虑到 $R(0) = 1$，则有

$$\int_0^t h(x)\mathrm{d}x = -\int_0^t \frac{\mathrm{d}R(x)}{R(x)} = -\ln R(x) \mid_0^t = -\ln R(t)$$

可得

$$R(t) = \mathrm{e} - \int_0^{t\, h(x)\mathrm{d}x}$$

将累积失效率函数代入，则有

$$R(t) = \mathrm{e} - \int_0^{t\, h(x)\mathrm{d}x} = \mathrm{e}^{-H(t)} \tag{4-43}$$

故障率、失效率函数多用于不可修复系统。

4. 平均故障前时间(Mean Time To Failure, MTTF)与平均故障间隔时间(Mean Time Between Failures, MTBF)

(1) 平均故障前时间。在相同条件下对 n 个不可修复产品进行试验，测得其故障时间为 $t_1, t_2, \cdots, t_n$，其平均故障前时间为

$$\text{MTTF} = \frac{1}{n}\sum_{i=1}^{n} t_i \tag{4-44}$$

易知 MTTF 为系统故障时间这一随机变量的数学期望。假定该随机变量是连续的，概率密度函数为 $f(t)$，则有

$$\text{MTTF} = \int_0^{\infty} tf(t)\mathrm{d}t = -\int_0^{\infty} t\mathrm{d}R(t) = -[tR(t)]\mid_0^{\infty} + \int_0^{\infty} R(t)\mathrm{d}t = \int_0^{\infty} R(t)\mathrm{d}t \tag{4-45}$$

(2) 平均故障间隔时间。一个可修复系统在使用过程中发生了 n 次故障，每次故障修复后就投入使用，测得每次工作持续时间为 $t_1, t_2, \cdots, t_n$，其平均故障间隔时间为

$$\text{MTBF} = \frac{1}{n}\sum_{i=1}^{n} t_i \tag{4-46}$$

系统的平均故障间隔时间与修复效果有关。修复效果有以下 3 种。

1) 基本维修(最小维修)。产品修复前后瞬时故障率(失效率函数) 相同。

2) 完全维修。产品修复后，瞬时故障率(失效率函数) 与其刚投入使用时的相同。

3) 中度维修。产品修复后，瞬时故障率(失效率函数) 在基本维修和完全维修之间。

如果系统每次完全维修，则意味着有

$$\text{MTBF} = \text{MTTF} = \int_0^{\infty} R(t)\mathrm{d}t$$

当系统的寿命服从指数分布时，产品的故障率为常数 λ，完全维修和基本维修之间没有差别，此时有

$$\text{MTBF} = \text{MTTF} = \int_0^{\infty} R(t)\mathrm{d}t = \frac{1}{\lambda} \tag{4-47}$$

可靠性特征量之间的关系可以总结为图 4.8。

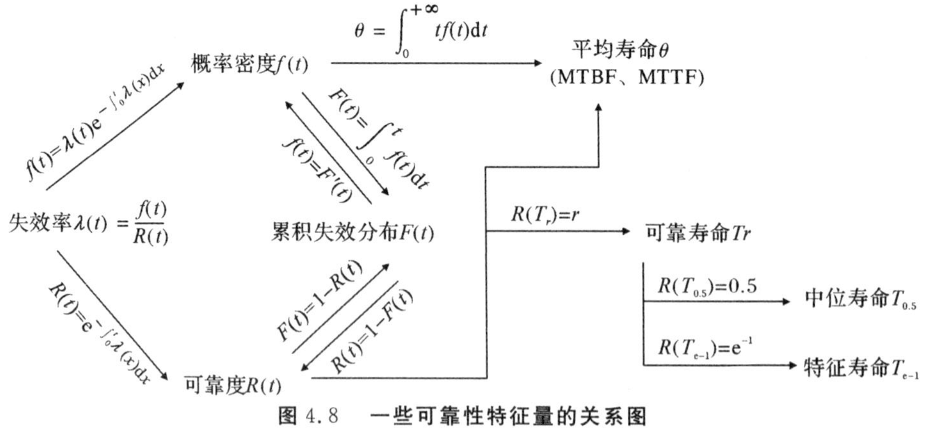

图 4.8 一些可靠性特征量的关系图

4.2.2 常见的寿命分布函数

工程上常用的寿命分布函数，如指数分布、正态分布、威布尔分布等，非负的随机变量 T 表示系统的寿命，变量 $t \geqslant 0$，图形的横坐标为时间。下面简单介绍这些寿命分布。

1. 指数分布

许多电子器件，如晶体管、电阻、电容、集成电路等，具有不变的瞬时失效率。指数分布描述了瞬时失效率为常数的情况。指数分布的概率密度函数[见图 4.9(a)]为

$$\lambda e^{-\lambda t},\quad \lambda > 0,\quad t \geqslant 0 \tag{4-48}$$

指数分布函数[见图 4.9(b)]为

$$F(t) = \int_0^t \lambda e^{-\lambda x}\,dx = 1 - e^{-\lambda t} \tag{4-49}$$

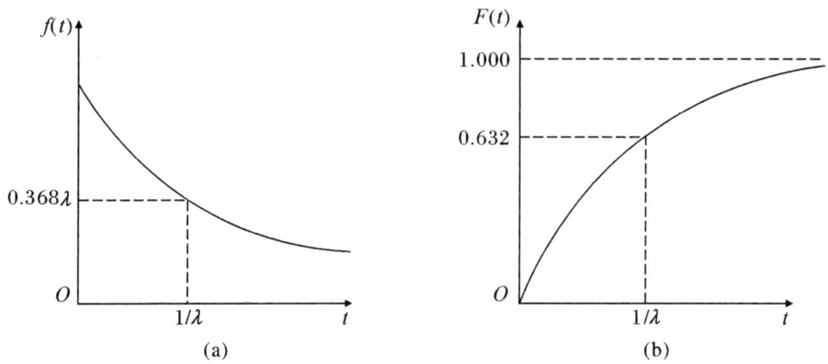

图 4.9　指数分布的概率密度函数和分布函数

可靠度函数[见图 4.10(a)]为

$$R(t) = 1 - F(t) = e^{-\lambda t} \tag{4-50}$$

瞬时失效率[见图 4.10(b)]为

$$h(t) = \lambda \tag{4-51}$$

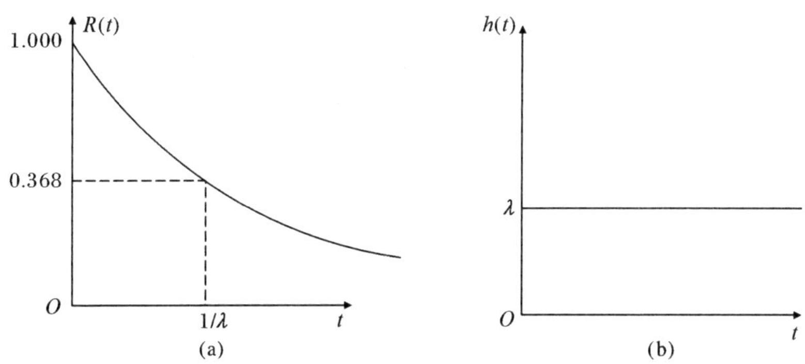

图 4.10　指数分布的可靠度函数和瞬时失效率

2. 瑞利分布(Rayleigh distribution)

器件工作在退化或损耗阶段时，导致瞬时失效率呈现增长趋势，此时系统寿命服从瑞利分布。瑞利分布的概率密度函数为 $f(t) = \lambda t e^{-\frac{\lambda t^2}{2}}$，见图 4.11(a)，寿命分布函数 $F(t) = 1 - e^{-\frac{\lambda t^2}{2}}$，见图 4.11(b)。

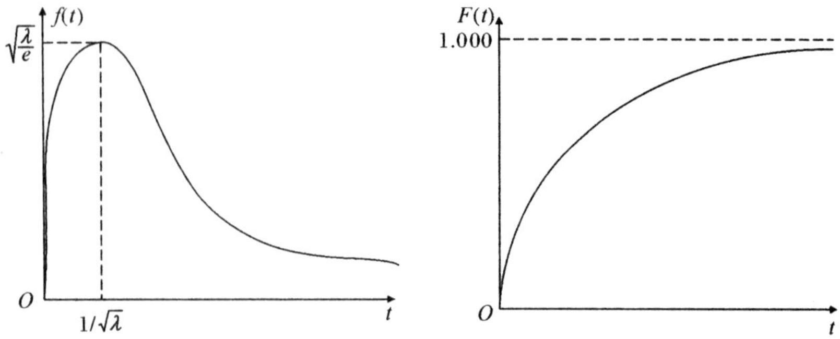

(a)　　　　(b)

图 4.11　瑞利分布的概率密度函数和分布函数

设 k 为常数，瞬时失效率函数[见图 4.12(a)]为

$$h(t)=k \tag{4-52}$$

可靠度函数[见图 4.12(b)]为

$$R(t)=\mathrm{e}^{-\frac{kt^2}{2}} \tag{4-53}$$

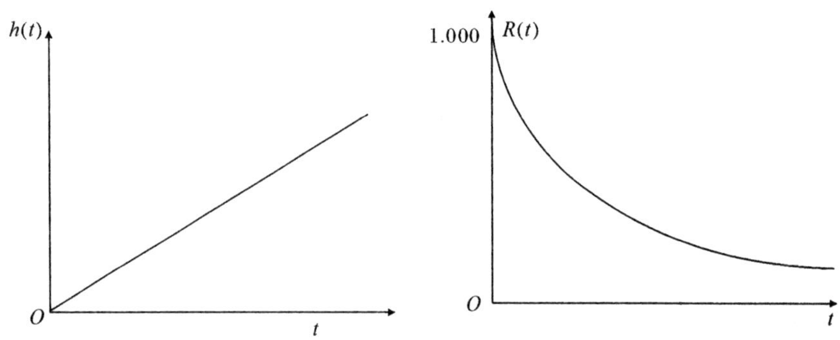

(a)　　　　(b)

图 4.12　瑞利分布的瞬时失效函数和可靠度函数

3. 正态分布(Normal distribution)

很多器件的失效时间服从正态分布。

系统寿命累积分布函数为

$$F(t)=\frac{1}{\sqrt{2\pi}\sigma}\int_{-\infty}^{t}\mathrm{e}^{-\frac{(x-\mu)^2}{2\sigma^2}}\mathrm{d}x \tag{4-54}$$

可以通过将一般形式的正态分布转化为标准正态分布(此时 $\mu=0,\sigma=1$) 来处理。取 $z=\frac{t-\mu}{\sigma}$，则标准正态分布的概率密度函数为

$$\varphi(z)=\frac{1}{\sqrt{2\pi}}\mathrm{e}^{-\frac{z^2}{2}},\quad -\infty<z<\infty \tag{4-55}$$

令 $\phi(z)=\frac{1}{\sqrt{2\pi}}\int_{-\infty}^{t}\mathrm{e}^{-\frac{z^2}{2}}\mathrm{d}z$，则累积分布函数为

$$F(t)=P\{T\leqslant t\}=P\left\{\frac{T-\mu}{\sigma}\leqslant\frac{t-\mu}{\sigma}\right\}=\phi\left(\frac{t-\mu}{\sigma}\right) \tag{4-56}$$

$\phi\left(\frac{t-\mu}{\sigma}\right)$可以通过查标准正态分布表(见附录 1) 得到。

可靠度函数为

$$R(t)=1-F(t)=1-\phi\left(\frac{t-\mu}{\sigma}\right) \tag{4-57}$$

瞬时故障率为

$$h(t)=\frac{f(t)}{R(t)}=\frac{\varphi\left(\frac{t-\mu}{\sigma}\right)}{\sigma R(t)} \tag{4-58}$$

正态分布的瞬时故障率随时间增大而单调递增。

4. 对数正态分布(Lognormal distribution)

对数正态分布时正偏态分布，多用于大量时间发生集中在结束范围尾部(左侧) 的模型，如一组密切相关失效机理的分布或单个半导体失效机理都可以使用对数正态分布描述。对数正态分布也用于描述由于疲劳导致的故障和维修分析时间建模。

概率密度函数[见图 4.13(a)] 为

$$f(t)=\frac{1}{\sqrt{2\pi}\sigma t}e^{-\frac{(\ln t-\mu)^2}{2\sigma^2}} \tag{4-59}$$

其中:μ 为所有故障时间对数的平均值;σ 为所有故障时间对数的标准差。

易知，如果定义随机变量 $X=\ln T$，则 X 服从正态分布。

对数正态分布的均值为 $e^{\mu+\frac{\sigma^2}{2}}$，方差为 $e^{2\mu+\sigma^2}(e^{\sigma^2}-1)$。

对数正态分布函数[见图 4.13(b)] 为

$$F(t)=\int_0^t\frac{1}{\sqrt{2\pi}\sigma t}e^{-\frac{(\ln t-\mu)^2}{2\sigma^2}}dx=\Phi\left(\frac{\ln t-\mu}{\sigma}\right) \tag{4-60}$$

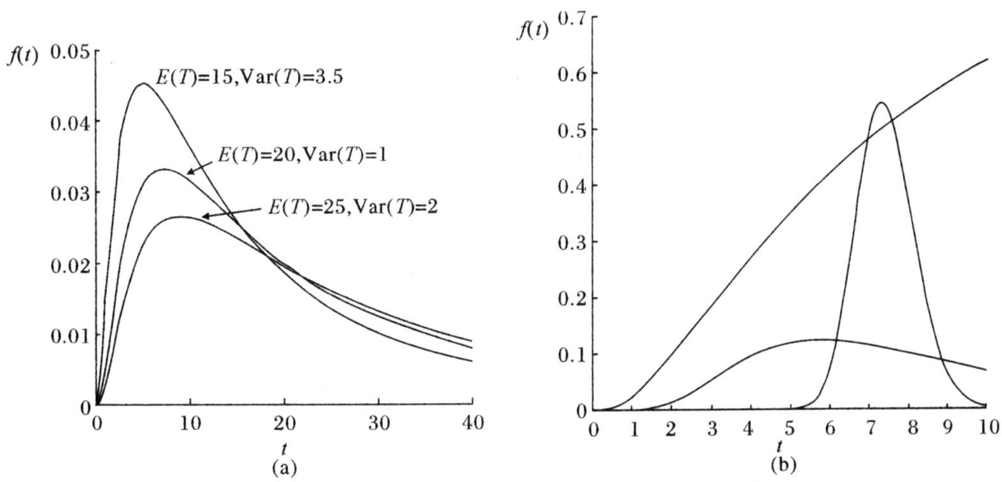

图 4.13　对数正态分布的概率密度函数和分布函数

可靠度函数[见图 4.14(a)] 为

$$R(t)=\int_t^{\infty}\frac{1}{\sqrt{2\pi}\sigma t}e^{-\frac{(\ln t-\mu)^2}{2\sigma^2}}dx=1-\phi\left(\frac{\ln t-\mu}{\sigma}\right) \tag{4-61}$$

瞬时故障率[见图 4.14(b)]为

$$h(t)=\frac{f(t)}{R(t)}=\frac{\varphi\left(\frac{\ln t-\mu}{\sigma}\right)}{t\sigma R(t)} \tag{4-62}$$

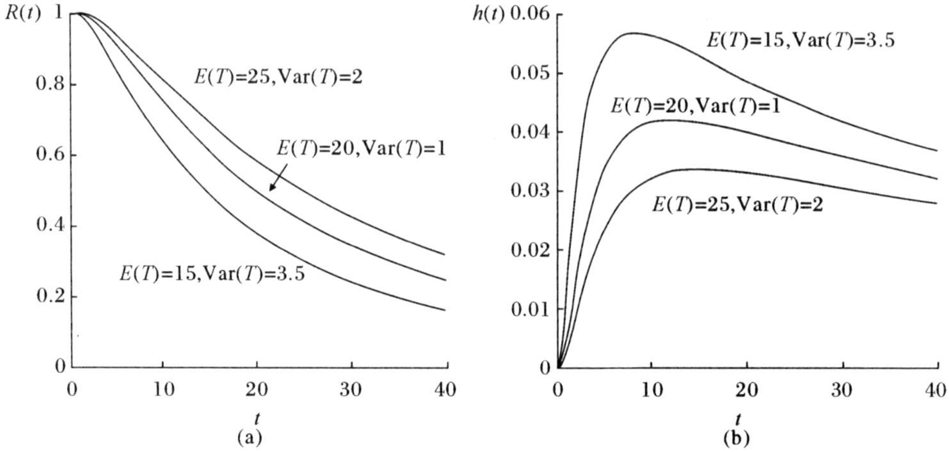

图 4.14　对数正态分布的可靠度函数和瞬时失效率

5. 伽玛(Γ) 分布

伽马分布多用于由相同元件组成的冗余系统的可靠性分析，其概率密度函数[见图 4.15(a)]为

$$f(t)=\frac{t^{\gamma-1}}{\theta^{\gamma}\Gamma(\gamma)}e^{-\frac{t}{\theta}} \tag{4-63}$$

其中：$\gamma>0$ 称为形状参数；$\theta>0$ 称为尺度参数；$\Gamma(\gamma)=\int_0^{\infty}e^{-x}x^{\gamma-1}dx$，称为伽马函数。

称随机变量 T 服从参数为 γ、θ 的伽马分布，记为 $T\sim\Gamma(\gamma,\theta)$。

在 4.1.5 节介绍了伽马函数的 3 个性质，这里再次强调如下：

(1)$\Gamma(0)=\Gamma(1)=1$。

(2)$\Gamma\left(\frac{1}{2}\right)=\sqrt{\pi}$。

(3)$\Gamma(\gamma)=(\gamma-1)\Gamma(\gamma-1)$；特别地，当 γ 是整数 n 时，利用分部积分公式可得 $\Gamma(n)=(n-1)\Gamma(n-1)=(n-1)!$。

伽马分布的平均值为 $\gamma\theta$，方差为 $\gamma\theta^2$。

伽马分布函数[见图 4.15(b)]为

$$F(t)=\int_0^t\frac{x^{\gamma-1}}{\theta^{\gamma}\Gamma(\gamma)}e^{-\frac{x}{\theta}}dx \tag{4-64}$$

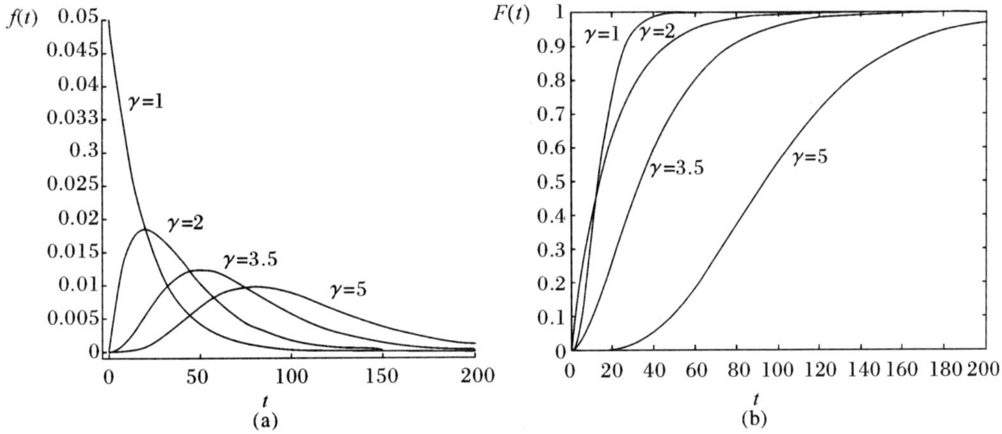

图 4.15　伽玛分布的概率密度函数和分布函数

可靠度为

$$R(t)=\int_t^{\infty}\frac{x^{\gamma-1}}{\theta^{\gamma}\Gamma(\gamma)}\mathrm{e}^{-\frac{x}{\theta}}\mathrm{d}x=\int_t^{\infty}\frac{1}{\theta\Gamma(\gamma)}\left(\frac{x}{\theta}\right)^{\gamma-1}\mathrm{e}^{-\frac{x}{\theta}}\mathrm{d}x \tag{4-65}$$

伽马分布的瞬时失效率比较复杂。当 $0<\gamma<1$ 时，瞬时失效率在时间区间 $[0,\infty)$ 上从无穷大单调递减至 $\frac{1}{\theta}$；当 $\gamma=1$ 时，瞬时失效率在时间区间 $[0,\infty)$ 上恒等于 $\frac{1}{\theta}$；当 $\gamma>1$ 时，瞬时失效率在时间区间 $[0,\infty)$ 上从 0 单调递增至无穷大。

当 γ 为整数 n 时，伽马分布变成爱尔朗(Erlang) 分布。此时，分布函数为

$$F(t)=1-\mathrm{e}^{-\frac{t}{\theta}}\sum_{k=0}^{n-1}\frac{\left(\frac{t}{\theta}\right)^k}{k!} \tag{4-66}$$

可靠度[见图 4.16(a)] 为

$$R(t)=\mathrm{e}^{-\frac{t}{\theta}}\sum_{k=0}^{n-1}\frac{\left(\frac{t}{\theta}\right)^k}{k!} \tag{4-67}$$

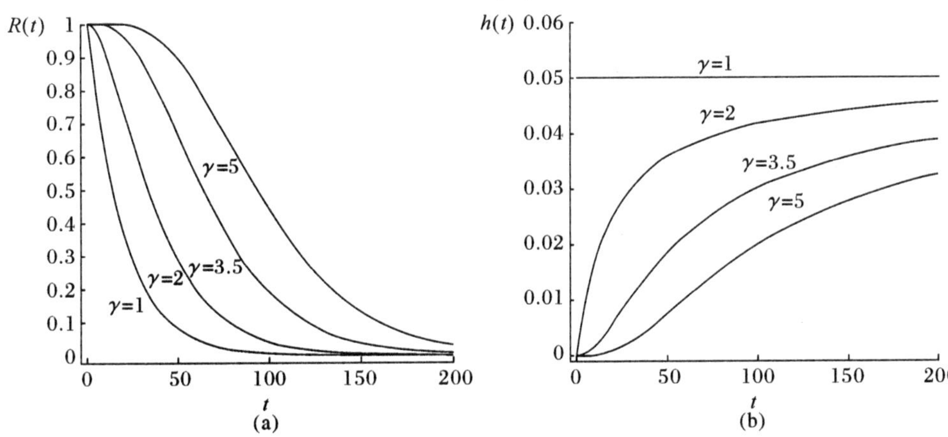

图 4.16　伽玛分布的可靠度函数和瞬时失效率

此时，瞬时故障率函数[见图 4.16(b)]为

$$h(t)=\frac{\frac{1}{\theta}\left(\frac{t}{\theta}\right)^{n-1}}{(n-1)!\sum_{k=0}^{n-1}\frac{\left(\frac{t}{\theta}\right)^{k}}{k!}} \tag{4-68}$$

6. 威布尔分布(Weibull distribution)

因为可以推导出不同类型的瞬时故障率曲线，或者很好地近似为其他分布，威布尔分布在可靠性分析中得到广泛使用，如机械系统的寿命分布、可靠性测试、材料强度等。

一个三参数的威布尔分布概率密度函数为

$$f(t)=\beta\eta^{-\beta}(t-\gamma)^{\beta-1}\mathrm{e}^{-\left(\frac{t-\gamma}{\eta}\right)^{\beta}} \tag{4-69}$$

其中：$\beta>0$ 为形状参数(寿命服从威布尔分布的许多产品和材料，其形状参数大多在 0.5～5.0 之间)；$\eta>0$ 为尺度参数，或特征寿命；$\gamma\geqslant 0$ 为位置或时间延时参数，且 $t\geqslant\gamma$。

随机变量 T 服从威布尔分布，记为 $T\sim W(\beta,\gamma,\eta)$。威布尔分布的均值为 $\gamma+\eta\Gamma\left(\frac{1}{\beta}+1\right)$，方差为 $\eta^2\left[\Gamma\left(\frac{2}{\beta}+1\right)-\Gamma^2\left(\frac{1}{\beta}+1\right)\right]$。

威布尔分布的分布函数为

$$F(t)=1-\mathrm{e}^{-\left(\frac{t-\gamma}{\eta}\right)^{\beta}} \tag{4-70}$$

对应的可靠度为

$$R(t)=\int_t^{\infty}f(x)\mathrm{d}x=\mathrm{e}^{-\left(\frac{t-\gamma}{\eta}\right)^{\beta}} \tag{4-71}$$

瞬时故障率为

$$h(t)=\frac{f(t)}{R(t)}=\frac{\beta}{\eta}\left(\frac{t-\gamma}{\eta}\right)^{\beta-1} \tag{4-72}$$

当 $\gamma=0$ 时，得到两参数的威布尔分布，其概率密度函数[见图 4.17(a)]为

$$f(t)=\frac{\beta}{\eta}\left(\frac{t}{\eta}\right)^{\beta-1}\mathrm{e}^{-\left(\frac{t}{\eta}\right)^{\beta}} \tag{4-73}$$

其均值为 $\eta\Gamma\left(\frac{1}{\beta}+1\right)$，方差为 $\eta^2\left[\Gamma\left(\frac{2}{\beta}+1\right)-\Gamma^2\left(\frac{1}{\beta}+1\right)\right]$。

此时，如果 $\beta=1$，$f(t)$ 变为指数分布密度函数；如果 $\beta=2$，$f(t)$ 变为瑞利分布密度函数；如果 $\beta=3.439\ 27$，$f(t)$ 接近正态分布密度函数。这也是威布尔分布在可靠性工作中得到广泛应用的原因之一。

两参数威布尔分布的分布函数[见图 4.17(b)]为

$$F(t)=1-\mathrm{e}^{-\left(\frac{t}{\eta}\right)^{\beta}} \tag{4-74}$$

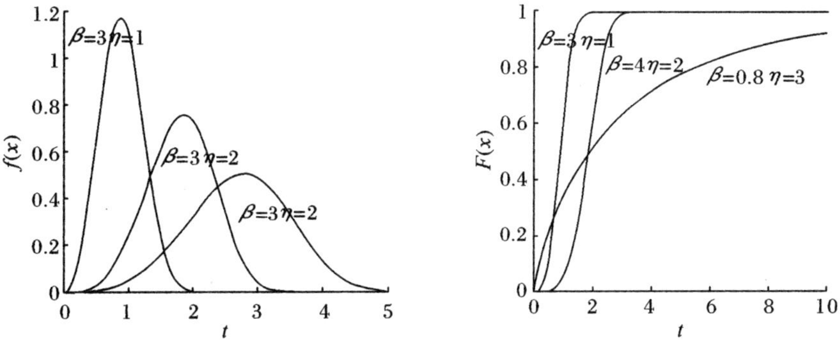

(a)　(b)

图 4.17　两参数威布尔分布的概率密度函数和分布函数

可靠度[见图 4.18(a)]为

$$R(t) = e^{-\left(\frac{t}{\eta}\right)^{\beta}} \tag{4-75}$$

瞬时故障率函数[见图 4.18(b)]为

$$h(t) = \frac{\beta}{\eta}\left(\frac{t}{\eta}\right)^{\beta-1} \tag{4-76}$$

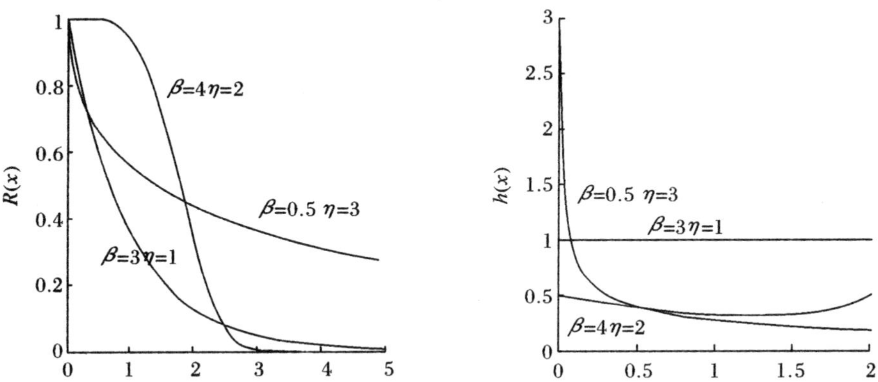

(a)　(b)

图 4.18　两参数威布尔分布的可靠度函数和瞬时失效率

4.2.3　维修性要求

维修性要求分为定量要求和定性要求两大类。

维修性定性要求是为使产品维修快速、简便、经济，而对产品设计、工艺、软件及其他方面提出的要求，一般包括可达性、互换性与标准化、防差错及识别标志、单元体和模块化、维修安全、检测诊断、维修人因工程、零部件可修复性、减少维修内容、降低维修技能等方面要求。

维修性定量要求是确定产品的维修性参数、指标及验证方法，以便在设计和使用过程中用量化的方法评价产品的维修性水平。下面介绍一些常见的维修性参数。

1. 维修度(M)

维修度是指，可修产品在规定条件下进行维修时，在规定时间内完成维修的概率。它表示维修的难易程度，是维修时间的函数。维修度的定义式为

$$M(t) = P(T < t) \tag{4-77}$$

其中：T 表示在规定的约束条件下完成维修的时间；t 表示规定的维修时间。

在工程实践中，维修度的计算公式为

$$M(t) = \frac{n_R}{n_0} \tag{4-78}$$

其中：n_R 表示在时间 t 内产品的修复件数量；n_0 表示产品总修复件数量。

2. 可用度(A)

产品在任一随机时刻具有或维持其规定功能的概率称为可用度。可用度综合反映了系统的可靠性和维修性水平，是对一个系统可工作状态的描述，它又可分为瞬时可用度和稳态可用度。

(1) 瞬时可用度是指系统在任意随机时刻可供使用的概率。将时刻 t 作为随机变量，当产品的寿命及修复时间均服从指数分布时，瞬时可用度为

$$A(t) = \frac{\mu + \lambda e^{-(\mu+\lambda)t}}{\mu + \lambda} \tag{4-79}$$

其中：μ 表示修复率，单位为$\frac{1}{\mathrm{h}}$；λ 表示故障率，单位为$\frac{1}{\mathrm{h}}$。

稳态可用度用来描述较长时间连续工作系统的可用性。它可以用瞬态可用度的极限来表示：

$$A_s = \lim_{t \to +\infty} A(t) \tag{4-80}$$

在工程上一般都用稳态可用度。下面介绍三种常用的稳态可用度。

1) 固有可用度是指产品的平均故障间隔时间与平均故障间隔时间、平均修复时间的和之比，表达式为

$$A_1 = \frac{\mathrm{MTBF}}{\mathrm{MTBF} + \overline{M}_{\mathrm{ct}}} \tag{4-81}$$

其中：MTBF 表示平均故障间隔时间；$\overline{M}_{\mathrm{ct}}$ 表示平均修复时间。

2) 可达可用度是指产品的工作时间与工作时间、修复性维修时间、预防性维修时间的和之比，其表达式为

$$A_A = \frac{T_{\mathrm{O}}}{T_{\mathrm{O}} + T_{\mathrm{CM}} + T_{\mathrm{PM}}} \tag{4-82}$$

其中：T_{O} 表示工作时间；T_{CM} 表示修复性维修时间；T_{PM} 表示预防性维修时间。

T_{CM} 与 T_{PM} 之和表示总的维修时间。

3) 使用可用度是指产品能工作的时间与能工作时间、不能工作时间的和之比，表达式为

$$A_O = \frac{\text{能工作时间}}{\text{能工作时间} + \text{不能工作时间}} = \frac{T_O + T_S}{T_O + T_S + T_{CM} + T_{PM} + T_{ALD}} \tag{4-83}$$

其中：T_O 表示工作时间；T_S 表示产品能工作，但处于未工作状态的时间；T_{CM} 表示修复性维修时间；T_{PM} 表示预防性维修时间；T_{ALD} 表示行政管理和保障资源供应时间。

3. 平均修复时间（MTTR 或 T_{ct}）

平均修复时间是指在规定的条件和规定的时间内，产品在任一规定的维修级别上，修复性维修总时间与该级别被修复产品的故障总数之比。简单的说就是排除故障所需实际时间的平均值，即产品修复一次平均所需的时间。其计算公式为

$$\text{MTTR} = \frac{\sum_{i=1}^{r} t_i}{r} \tag{4-84}$$

当平均修复时间服从指数分布时，有

$$\text{MTTR} = \frac{1}{\mu} \tag{4.85}$$

其中：μ 表示修复率。

当设备由 n 个可修复项目组成时，平均修复时间为

$$\text{MTTR} = \frac{\sum_{i=1}^{r} \lambda_i \text{MTTR}_i}{\sum_{i=1}^{r} \lambda_i} \tag{4-86}$$

另外，这里的修复时间包括准备时间、故障检测和诊断时间、拆卸时间、维修或更换时间、重装时间、校验测试时间等，不包括行政与供应延误时间。

MTTR 是维修性的基本度量参数，同时也是产品维修性设计的基本度量参数。它从产品的寿命剖面出发，反映设备完好性和对维修资源与费用的要求。

4. 恢复功能时间（MTTRF 或 T_{mct}）

恢复功能用的任务时间是指在规定的任务剖面中，产品致命性故障的总维修时间与致命性故障总数之比，即为排除致命性故障所需实际时间的平均值。MTTRF 考虑在任务剖面内排除致命性故障所需平均时间，反映维修任务成功性的要求，是一种任务维修性参数。

这里的致命性故障是指那些使产品不能完成规定任务，或可能导致人或物产生重大损失的故障或故障组合。

5. 最大修复时间（M_{maxct}）

最大修复时间是指在规定的维修级别上达到规定维修度所需要的修复时间，它不包括供应和行政管理延误时间。通常规定维修度 $M(t) = p$ 为 95% 或 90%。

最大修复时间是平均修复时间的函数为

$$T_{maxct} = f(T_{ct})$$

当维修时间服从指数分布时，有

$$T_{\mathrm{maxct}} = -T_{\mathrm{ct}}\ln(1-p) \tag{4-87}$$

当 $M(t)=95\%$ 时，有

$$T_{\mathrm{maxct}} = 3T_{\mathrm{ct}}$$

当维修时间服从正态分布时，有

$$T_{\mathrm{maxct}} = T_{\mathrm{ct}} + Z_p d \tag{4-88}$$

其中：Z_p 表示维修度 $M(t)=p$ 时的正态分布分位点；d 表示维修时间 t 的标准差。

当 $M(t)=95\%$ 时，$Z_{0.95}=1.65$；当 $M(t)=90\%$ 时，$Z_{0.90}=1.28$。

6. 平均预防性维修时间($\overline{M}_{\mathrm{pt}}$)

平均预防性维修时间是指设备每次进行预防性维修所需时间的平均值，其计算公式为

$$\overline{M}_{\mathrm{pt}} = \frac{\sum_{j=1}^{m} f_{\mathrm{pj}}\overline{M}_{\mathrm{ptj}}}{\sum_{j=1}^{m} f_{\mathrm{pj}}} \tag{8-89}$$

其中：m 表示预防性维修作业的项目数量；f_{pj} 表示第 j 项预防性维修作业的频率；$\overline{M}_{\mathrm{ptj}}$ 表示第 j 项预防性维修作业的平均时间。

7. 平均维修时间($\overline{M}$)

平均维修时间是指在规定的条件下和规定的时间内，产品修复性维修和预防性维修总时间与该产品的维修总次数之比。其计算公式为

$$\overline{M} = \frac{\lambda\overline{M}_{\mathrm{ct}} + f_p\overline{M}_{\mathrm{pt}}}{\lambda + f_p} \tag{4-90}$$

其中：λ 表示产品的总故障率；f_p 表示产品的预防性维修频率。

当维修时间服从指数分布时，有

$$\overline{M} = \int_0^{+\infty} tm(t)\,\mathrm{d}t = \int_0^{+\infty} \mu t\mathrm{e}^{-\mu t}\,\mathrm{d}t = \frac{1}{\mu} \tag{4-91}$$

8. 每小时工作直接维修工时(DMMH/OH)

每小时工作直接维修工时是指在规定的条件和规定的时间内，产品直接维修工时总数与该产品寿命单位总数之比。

9. 维修工时率(M_1)

维修工时率是指在规定的条件和规定的时间内，产品维修工时总数与该产品寿命单位总数之比。其计算公式为

$$M_1 = \frac{M_{\mathrm{MH}}}{O_h} \tag{4-92}$$

其中：M_{MH} 表示产品在规定使用时间内的维修工时数；O_h 表示产品在规定时间内的工作小时数或寿命单位总数。

10. 维修率[$\mu(t)$]

维修率是指产品在维修时间已达到某时刻 t 后尚未修复，在该时刻后单位时间内完成修复的概率。

为了准确地表达维修性参数中规定的条件的含义，明确是在什么条件下提出的要求，将维修性参数分为使用参数和合同参数两大类。

11. 使用参数

使用参数是直接反映对装备使用需求的维修性参数。使用参数的量值称为使用指标。由于使用性参数中往往包含了许多承制方无法控制的使用中出现的随机因素，所以使用参数和使用指标不一定直接写入合同。

12. 合同参数

合同参数是在合同或研制任务书中表述使用方对装备维修性的要求，并且是承制方在研制与生产过程中能够控制和验证的维修性参数。合同参数的量值称为合同指标。

4.3　可靠性设计分析

可靠性设计分析围绕可靠性要求展开。可靠性要求是产品的研制目标，是进行可靠性设计分析、制造、试验和出厂等的依据。

可靠性要求分为可靠性定性要求、可靠性定量要求和可靠性工作项目要求三类。

(1) 可靠性定性要求是通过非量化的形式提出可靠性要求。常见的可靠性定性要求有简单性、冗余、降额、采用成熟技术、环境适应性和人机工程等。

(2) 可靠性定量要求是规定系统的可靠性参数、指标和相应的验证方法。可靠性定量要求又分为基本可靠性要求和任务可靠性要求。常用的可靠性参数有(瞬时)故障率、平均故障间隔时间、平均维修间隔时间、平均严重故障间隔时间、成功概率、平均修复时间、平均拆卸间隔时间、平均维修时间、发动机空中停车率、发动机送修率、航班可靠度、事件率、总寿命等。

此外，可靠性参数分为使用参数和合同参数。使用可靠性参数反映了系统及其保障因素在计划的使用和保障环境中的可靠性要求，是从最终用户的角度来评价系统的可靠性水平；合同可靠性参数反映了合同中使用的用于设计和考核度量的可靠性要求，一般采用固有可靠性值，它更多是从承制方的角度来评价系统的可靠性。

(3) 可靠性工作项目要求是指要求采取的可靠性设计措施或可靠性分析工作。比如余度设计、确定关键件和重要件、热设计、故障模式影响及危害性分析、潜在通路分析、耐久性分析、有限元分析等。

可靠性设计分析的流程如图 4.19 所示。

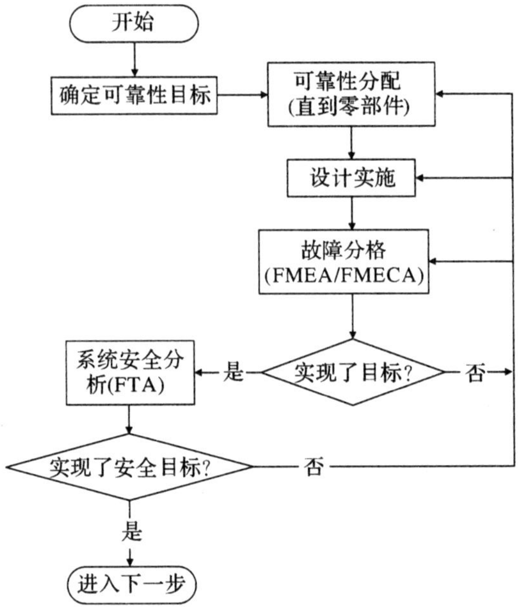

图 4.19　可靠性设计流程

4.4　可靠性分配、预计和建模

可靠性分配，就是将设定或者规定的资产总体可靠性指标，由上到下、从整体到局部，逐步分解分配到各系统、分系统及零部件。可靠性分配主要在方案阶段及初步设计阶段进行，与可靠性预计工作结合，是一个反复迭代的过程。

常用的可靠性分配方式有等分配法、评分分配法、比例组合法、考虑重要度和复杂度分配法、可靠度再分配法、直接寻查法等，详见可靠性相关资料，这里就不展开说明了。

可靠性预计是在设计阶段，对系统可靠性进行定量的估计，是根据历史的产品可靠性数据、系统的构成和结构、系统的工作环境等因素，估计组成系统的部件及系统可靠性。系统的可靠性预计是一个自下而上、从局部到整体的一种系统综合过程。

可靠性模型，是对系统及其组成部件进行建模，反应系统的主要故障特征，用于预计或估算产品的可靠性。

1. 串联模型

在串联结构中，系统内所有的单元必须正常运行，整个系统才可以正常运行。如图 4.20 所示，假设系统包含 n 个单元，如果其中任意一个单元故障，则系统将会故障。

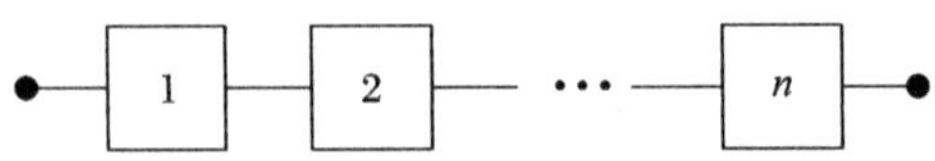

图 4.20　串联模型的可靠性框图

若第 i 个单元的故障率为λ_i、可靠度为$R_i(t)$，则系统的故障率和可靠度分别为

$$\lambda = \sum_{i=1}^{n} \lambda_i \tag{4-93}$$

$$R(t) = \prod_{i=1}^{n} R_i(t) = \prod_{i=1}^{n} e^{-\lambda_i t} = e^{-\sum_{i=1}^{n}\lambda_i t} = e^{-\lambda t} \tag{4-94}$$

显然，$R(t) \leqslant \min\{R_1(t), R_2(t), \cdots, R_n(t)\}$。

2. 工作冗余模型

此类冗余系统由两个或者两个以上单元并联构成，且只有在所有单元均发生故障时，系统才会故障。可靠性框图如图 4.21 所示。

n 个独立单元并联时系统的可靠度，等于 1 减去 n 个单元均故障时的概率，即

$$R(t) = 1 - \prod_{i=1}^{n} [1 - R_i(t)] \tag{4-95}$$

显然，$R(t) \geqslant \max\{R_1(t), R_2(t), \cdots, R_n(t)\}$。

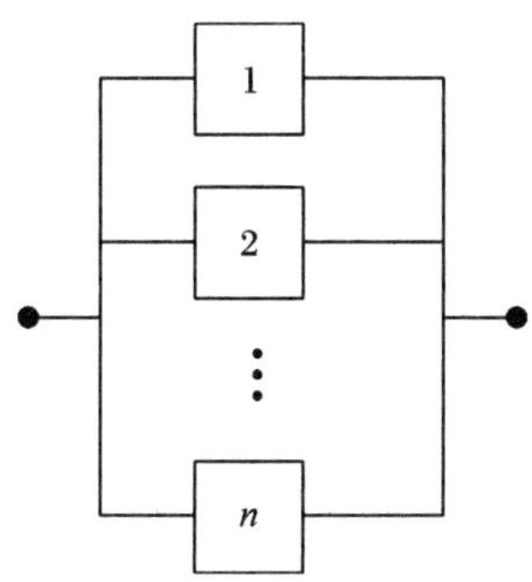

图 4.21　工作冗余模型的可靠性框图

3. 表决系统模型（k/n 冗余结构）

在一些并联构造中，要求 n 个单元中至少有 $k(k \leqslant n)$ 个单元正常工作，系统才能正常工作，可靠性框图如图 4.22 所示。

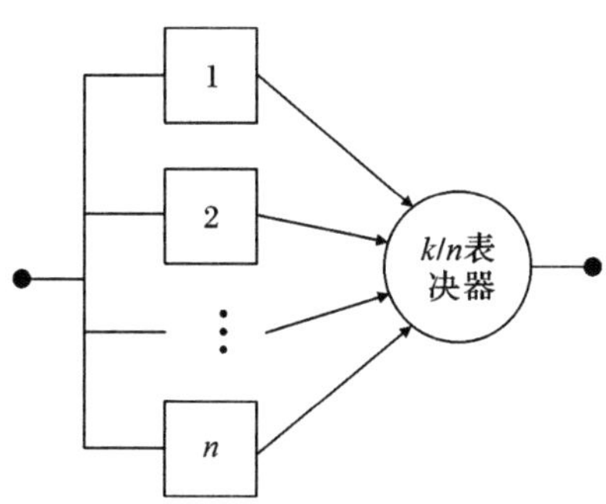

图 4.22　表决系统模型的可靠性框图

如果每一个单元都是相互独立的，且可靠度均相同，则根据 4.1.2 节中介绍的二项式定理，可以求得系统可靠度：

$$R = \sum_{x=k}^{n} \binom{n}{x} R^x (1-R)^{n-x} \tag{4-96}$$

其中：$\binom{n}{x} = \dfrac{n!}{x!(n-x)!}$。

4.备用冗余模型(旁联模型)

组成系统的 n 个单元中，只有一个单元在工作，当工作单元故障时，通过监测与转换装置转接到另一个单元，系统可以继续工作，直到所有单元都故障时系统才故障。这类模型也被称为旁联模型、非工作储备模型，其可靠性框图见图 4.23。

假设检测转换装置可靠度为 1，各工作单元相同，且寿命均服从指数分布。系统的可靠度为

$$R(t) = \mathrm{e}^{-\lambda t}\left[1 + \lambda t + \frac{(\lambda t)^{\lambda t}}{2!} + \cdots + \frac{(\lambda t)^{n-1}}{(n-1)!}\right] \tag{4-97}$$

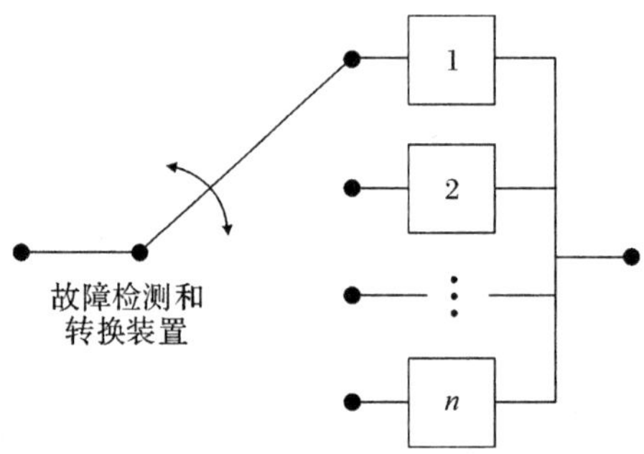

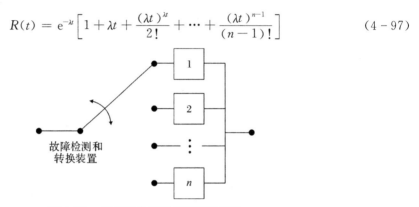

图 4.23 备用冗余模型的可靠性框图

对于可修复系统，与不可修复系统在数学上有本质区别。对于可修复系统来说，常用的统计分布都不适用。由于失效零件没有从总体中取出，所以失效并维修的零件数量最终会超过总体数量，概率密度函数将大于 1。

可修复系统的失效属于离散事件序列，也可以称为随机点过程。可修复系统的状态通常可以用叠加过程或更新过程来描述。这就需要用到齐次泊松过程。

泊松分布描述的是事件以恒定的概率随机发生的情况。而齐次泊松过程是一个平稳点过程，无论何时何地取一个区间进行抽样，在固定长度的区间内，事件数目的分布不变。泊松分布的概率密度函数为

$$f(x) = \frac{(\lambda x)^k \mathrm{e}^{-\lambda x}}{k!}, \quad k = 0,1,2,\cdots \tag{4-98}$$

其中：λ 是平均发生率，λx 是在 $(0, x)$ 中事件数的期望值。

如果个体随机变量是独立同分布的指数分布，则总体过程变量也是独立同分布的指数分布，因此该过程为齐次泊松过程。如果个体随机变量是独立同分布的，但不是指数分布，则整体过程将趋于齐次泊松过程。前者称为叠加过程，后者称为更新过程。

一些可修复系统的可靠性可以使用马尔可夫分析、Petri 网等为工具进行。这些内容已经超出本书讨论范围，感兴趣的读者可以参考相关可靠性著作。

问题和习题

(1)什么是随机变量？随机变量的数字特征有哪些？

(2)什么是标准正态分布？如何正确使用标准整体分布表？

(3)常见的可靠性特征值有哪些？这些特征值的定义是什么？

(4)常用的寿命分布函数有哪些？其统计特征值如何？

(5)可靠性的特征量有哪些？

(6)可靠性分配和预计之间有什么区别和联系？

(7)基本的系统可靠性模型有哪些？如何确定这些模型的可靠性？

(8)简述可靠性设计过程。

(8)维修性的特征量有哪些？

参考文献

[1] EBELING C E. An Introduction to Reliability and Maintainability Engineering[M]. 2nd ed. Long Grove：Waveland Press,2010.

[2] JAMNIA A,ATUA K. Executing Design for Reliability Within the Product Life Cycle [M]. Boca Raton:CRC Press,2019.

[3] 许胤龙,孙淑玲. 组合数学引论[M]. 2 版. 合肥：中国科学技术大学出版社,2010.

[4] 盛骤,谢式千,潘承毅. 概率论与数理统计[M]. 4 版. 北京：高等教育出版社,2010.

[5] 同济大学数学系. 概率论与数理统计[M]. 北京：人民邮电出版社,2017.

[6] TRIVEDI K S, BOBBIO A. Reliability and Availability Engineering：Modeling, Analysis,and Applications[M]. Cambridge:Cambridge University Press,2017.

[7] 吴崇试,高春媛. 数学物理方法[M]. 3 版. 北京：北京大学出版社,2019.

[8] 顾樵. 数学物理方法[M]. 北京：科学出版社,2012.

[9] JIN T D. Reliability Engineering and Services[M]. New Jersey:Wiley,2019.

[10] BLITZSTEIN J K,HWANG J. Introduction to Probability[M]. 2nd ed. Boca Raton：CRC Press,2019.

[11] 伯特瑟卡斯,齐齐克利斯. 概率导论[M]. 郑忠国,童行伟,译. 2 版. 北京：人民邮电出版社,2015.

[12] O'CONNOR P D T,KLEYNER A. Practical Reliability Engineering[M]. 5th ed. New Jersey：Wiely,2012.

[13] 宋保维,王晓娟. 系统可靠性设计与分析[M]. 西安：西北工业大学出版社,2000.

[14] 曾声奎,冯强. 可靠性设计与分析[M]. 北京：国防工业出版社,2011.

[15] 叶南海，戴宏亮. 机械可靠性设计与 MATLAB 算法[M]. 北京：机械工业出版社，2018.

[16] 康锐. 可靠性维修性保障性工程基础[M]. 北京：国防工业出版社，2012.

[17] 赛义德. 可靠性工程[M]. 杨舟，译. 2 版. 北京：电子工业出版社，2013.

[18] 凯拉什·卡布尔，迈克尔·佩希特. 可靠性工程[M]. 戴顺安，译. 北京：国防工业出版社，2018.

[19]《飞机设计手册》总编委会. 飞机设计手册 第 20 册：可靠性、维修性设计[M]. 北京：航空工业出版社，1999.

[20] METCALFE A，GREEN D，GREENFIELD T，et al. Statistics in Engineering：With Examples in MATLAB © and R[M]. Boca Raton：Chapman & Hall/CRC，2019.

[21] MARTINE W L，MARTINEZ A R. Computational Statistics Handbook with MatLab [M]. 3rd ed. Boca Raton：CRC Press，2016.

[22] 陈志英，陈光. 航空发动机维修性工程[M]. 北京：北京航空航天大学出版社，2013.

[23] 吕川，周栋. 维修性设计分析与验证[M]. 北京：国防工业出版社，2012.

[24] 陈卉. 民用飞机维修性需求初步探讨 [J]. 科技视界，2016(6)：112.

[25] 郭博智，王敏芹，吴昊. 民用飞机维修性工程[M]. 北京：航空工业出版社，2018.

[26] DHILLON B S. Reliability，Maintainability，and Safety for Engineers[M]. Boca Raton：CRC Press，2020.

[27] MOORE H. MATLAB for Engineers[M]. 5th ed. New York City：Pearson，2021.

第5章 航空维修思想

▶导学

在航空维修领域，维修思想具有十分重要的地位。航空器的维修大纲等维修文件都是在航空维修思想的指导下制定的。通过落实航空维修事项，确保航空器的安全性、可靠性和经济性。本章主要介绍 MSG 维修思想和 RCM 维修思想。

学习重点：航空维修思想的发展历史，RCM 维修思想的内涵、基本原理和实施过程，MSG 维修思想的内涵及在航空维修领域的地位，应用 MSG 维修思想制定维修大纲等维修文件的过程。

▶学习目标

(1)了解“航空维修思想”的定义。

(2)熟悉航空维修思想的发展阶段及其特点。

(3)了解“RCM”的定义。

(4)掌握 RCM 的基本原理。

(5)熟悉 RCM 的 7 个过程。

(6)了解 MSG 维修思想的特点。

(7)熟悉 MSG 维修思想的地位和作用，清楚 MSG－3 在制定维修大纲时的 7 个步骤。

维修思想(maintenance concept)，也被称为维修原理、维修理念或维修哲学。航空维修思想随着飞机的诞生而出现，并随着航空事业的进步而发展。航空维修思想从朴素的坏了再修，到以预防为主的维修，再到以可靠性为中心的维修，最终形成了 MSG(Maintenance Steering Group)维修思想。

5.1 航空维修思想及其发展历史

5.1.1 定义

对于如何开展维修，需要有维修理论与方法论层面的指导和规范。维修思想帮助人们确定维修策略、优化维修参数，制定维修方案，属于维修工作中的顶层设计范畴。因考虑问题的角度不同，对什么是维修思想有多种看法。这里给出维修思想的定义如下：维修思想是制订具体的维修大纲、维修程序和维修策略的基础，是维修工作的总体框架。维修思想对维修工作进行了概要性说明，包含维修类型、维修原则、维修级别划分及其任务、维修策略、预计的主要维修资源和维修活动约束条件等。

下面对维修思想的定义进行简要说明：

(1)不同的维修思想追求的目标不同，因此依据不同维修思想制定的维修策略等也不同。

(2)维修思想发展有阶段性，在不同阶段，人们受认识水平、认识能力和科学技术发展水平等的影响，对维修思想有不同的认识和理解。

(3)维修思想是维修工作的总体框架。维修思想从宏观角度出发，给出了维修工作的原则、工作程序等。

(4)维修思想是动态的。随着科技不断发展，维修思想也在与时俱进地发展和完善。

5.1.2 航空维修思想的发展历史

表 5.1 给出了航空维修思想的主要发展历程。为了能够更好地理解航空维修思想，下面对航空维修思想的发展历史作一简单介绍。

1903 年，美国莱特兄弟发明了载人飞机。在随后的一段时间里，飞行可以说是冒险者和狂热爱好者的运动。早期的飞机设计师往往又是飞机的制造师和维修师。那个时候的飞机可靠性很差，维修飞机的时间甚至超过了飞行时间。在这一阶段，指导航空维修的主要思想理念就是简单的“坏了再修”。

后来，飞机及其机载系统的复杂度逐步提高，但结构仍然非常简单，任何产品出了故障，都有可能直接影响飞机的飞行安全。此时，人们认为飞机的可靠性与安全性直接相关，且飞机零部件的可靠性随时间的增长而降低。因此广泛采用预防性维修工作，“定时维修”——按照固定时间间隔进行返修或报废，成为主流维修思想。1930 年 5 月，美国的航空通告“7E”就体现了这一维修思想。通告中明确指出：“将确定一定的固定时间间隔……以进行飞机、发动机、仪表和设备的检验、维修和大修”。该通告还指出：“应按照恰当的时间进行大修，以确保随时都具有响应的功能”。

人们之所以采取“定时维修”，主要原因是对产品可靠性和安全性规律的认识。“定时维修”基于磨损是时间的函数，故而只能通过定时维修保持产品可靠性。上述思想的理论基础就是“浴盆曲线”，如图 5.1 所示。从浴盆曲线可以看出，产品的故障发生时期可以划分为三个时期：早期故障期、偶发故障期和耗损故障期。

在产品投入使用初期(包含制造后、大修后或改造后)，由于设计或制造中的缺陷、使用者操作不熟练或不规范等，导致产品故障。开始时，产品故障率较高，通过使用环境应力筛选、老练试验等方法处理后，故障率逐渐下降。

在产品使用一段时间后，产品的故障率会降到一个较低水平，并基本处于平稳状态，故障率可以近似为常数，产品故障率服从指数分布。这一阶段产品的故障由偶然因素引起，是设备的最佳工作期。

表 5.1　航空维修思想的发展

时间	1930 年	1961 年	1964 年	1967 年	1968 年	1970 年	1972 年	1977 年	1978 年	1980 年	1988 年	1993 年	1997 年
文件类别	航空通告 7E	调查报告	AC120-17	维修大纲	MSG-1	MSG-2	EMSG-2	AC121-22	RCM	MSG-3	MSG-3R1	MSG-3R2	AC121-22A
文件名称	以预防为主的维修	FAA/航空运输可靠性大纲	用可靠性方法控制维修	波音 737-100 维修大纲	维修评审和大纲制订	维修大纲计划文件	维修大纲制订书	维修审查委员会(MRB)	以可靠性为中心的维修	维修大纲制订文件	维修大纲制订文件	维修大纲制订文件	MRB 程序
发布单位	美国政府	FAA 和航空公司	FAA 咨询通告	FAA 批准	航空公司和制造厂	航空公司和制造厂	欧洲的航空公司和制造厂	FAA	诺兰希谱	ATA	ATA	ATA	FAA
使用情况	30 多年军民均用	美民航动力装置和其他有限项目	广泛使用，1978 年修改为 AC-120-17A	737 用户(运营中修改)	波音 747 新机维修大纲	军机 S-3A、F-4J、B-52 等。新机大纲修订 DC-10、L101 营运中飞机改进：B707、DC-8 和 MD-80	欧洲：A300，协和飞机	用于修订 MRBR	应美国海军要求编写，无应用记载	波音 757、767、747-400、A310、F111、A6 等	波音 777、MD-11、MD-90、(MD-80)、A340	波音 737、A320	用于制订 MRBR
维修方式和维修工作	定时维修方式(HT)	允许航空公司按需要进行检查和拆换，及针对性维修	在定时维修的基础上，增加视情维修(OC)项目和使用性评定项目(符合 AC120-17 要求)		增加状态监控方式(CM)，形成三种维修方式(HT，OC，CM)				提出四种维修工作：视情(OC)、报废(LL)、拆修(RW)、隐患检查(FF)和利用使用数据	9 种维修工作(LU/SV、CR、OP、IN/FC、RS、DS、CB)和用可靠性方案监控	8 种维修工作(LU/SV、OP/VC、IN/FC、RS、DS)和用可靠性方案控制		使用最新的 MSG 更改版制订维修大纲
维修思想	传统维修	用可靠性方法控制维修			MSG 维修思想和用可靠性方法控制维修								
	以安全为目标的维修	以安全、可靠、经济为目标的维修											

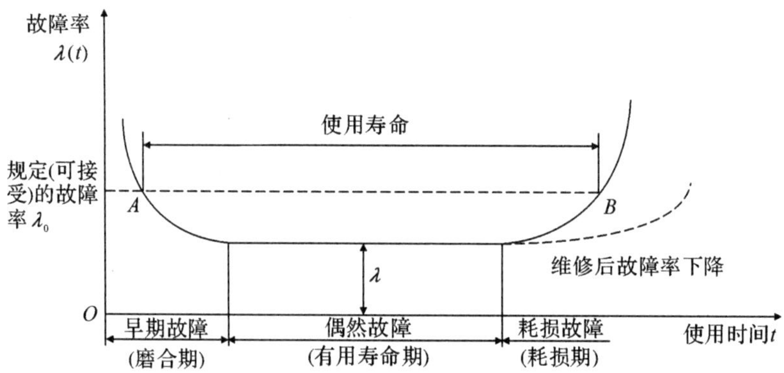

图 5.1　浴盆曲线

产品使用较长时间后，会进入损耗故障期。在这一时期，产品的故障率迅速上升。故障主要是老化、疲劳、磨损和腐蚀等耗损性因素导致。可以通过采用定时维修、更换等预防性维修措施，降低产品故障率。

浴盆曲线的底部长度反应了产品的耐久性，一般可以作为首翻期、使用期或翻修间隔期的基值。

早期的航空维修思想具有如下特点：

(1)故障与时间有关，往往相关性很强，即可靠性与工龄有关，且符合浴盆曲线。

(2)任何一个零部件出故障，都可能直接影响飞机的安全，即飞机可靠性和安全性直接相关。

(3)增加预防维修的频次可以更好地预防故障。

(4)每个零部件都存在损耗，只有通过定时维修和拆卸的方法，才可以排除和预防故障。

虽然，定时维修在提高飞机可靠性方面有着积极的作用，但是，人们也逐渐注意到，即使缩短维修周期，对零部件或者飞机进行深度拆卸的返修，并没有实现满意的飞机的可靠性，反而投入大量的人力、物力等资源。

到了二十世纪五六十年代，航空器的复杂程度大大提高。例如，1940 年，歼击机上的电子设备有 600 多个，1960 年，运输机上的电子设备接近 9 万个。在这样的情况下，继续对每一零部件采用传统的定时维修方式就显得十分不合理，这样做的同时还会导致飞机的维修费用急剧上升。

面临如此形势，美国联合航空公司在 20 世纪 70 年代后期统计了大量的航空产品故障率，在分析研究基础上，提出了 6 种包含浴盆曲线在内的工龄与可靠性关系，如图 5.2 所示，其中横坐标表示时间，纵坐标表示故障率，百分比表示该类机件占所研究机件总量的比例。下面对这 6 种故障率曲线进行简单介绍。

(1)曲线 A 就是传统的浴盆曲线[见图 5.2(a)]。可以看出，产品具有明显的耗损期。飞机上的机轮、刹车盘、活塞式发动机的气缸、喷气发动机叶片和齿轮泵等的磨损均可视为符合浴盆曲线。具备此类特性的航空产品占 4%。

(2)曲线 B 表示的故障率通常为常数或具有缓慢上升的特点，随后表现出明显的耗损期[见图 5.2(b)]。活塞式发动机的故障率就具有这样的特点，这些产品一般需要规定翻修时限。在投入使用前，一般要进行交付前试验和检查，从而剔除早期故障。具备此类特性的航空产品占 2%。

具有这两类故障率的多是各种零件或简单产品的故障，它们通常具有机械磨损、材料老化或金属疲劳等方面的损耗。

(3)曲线 C 表示的故障率具有逐渐上升特性，没有明显的耗损期[见图 5.2(c)]。对于符合此类规律的零部件，在确定工龄期限的时候，更多是考虑：这样做在成本上是划算的。喷气发动机叶片磨损符合此类情况。具备此类特性的航空产品占 5%。

(4)曲线 D 表示产品的故障率在出厂时很低，但在较短时间内故障率就达到某个常数，无耗损期[见图 5.2(d)]。具备此类特性的航空产品占 7%。

(5)曲线 E 表示在产品的使用寿命期内，故障率为常数[见图 5.2(e)]。具备此类特性的航空产品占 14%。

(6)曲线 F 表示产品有早期故障，随后故障率为常数或缓慢上升[见图 5.2(f)]。电子产品一般符合此类特性。具备此类特性的航空产品占 68%。

符合曲线 D、E 和 F 的航空产品如飞机的液气系统、空调系统的部分附件、发动机的某些部附件等。

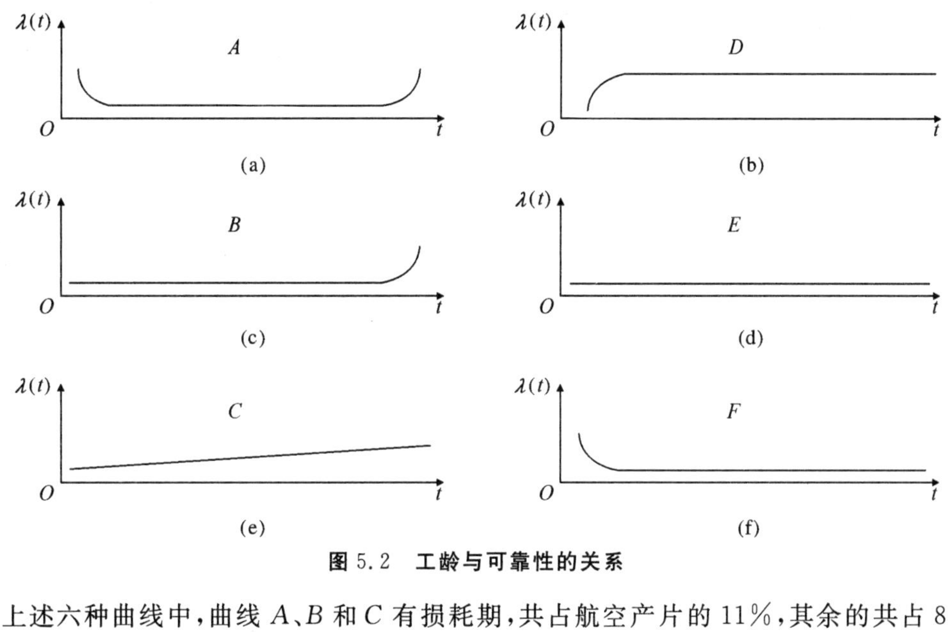

图 5.2　工龄与可靠性的关系

上述六种曲线中，曲线 A、B 和 C 有损耗期，共占航空产片的 11%，其余的共占 89%。对于没有耗损期的设备，无需定时维修。

一般来说，设备的故障率应该是图 5.2 中所示的 6 种曲线中的一种或几种的合成，其故障率可能与民用飞机的故障率不完全相同。但是，设备故障率取决于设备的复杂性，设备越复杂，其故障曲线越是接近于曲线 E 和 F。

在需求拉动和技术发展基础上，设备的复杂程度越来越高。为了搞清楚这些设备的故障规律，人们首先提出了复杂设备的概念：具有多种故障模式能引起故障的设备，如飞机、轮船、汽车及其各系统、设备和动力装置。

1960 年 12 月，美国贝尔电话实验室的德雷尼克(D. F. Drenick)发表了复杂设备的故障定律，也称之为德雷尼克定律。该定理的具体表述为可修复的复杂设备，不管其故障件寿命分布类型如何，故障件修复或更新之后，复杂设备的故障率随着时间的增大而趋于常数，该常数为平均故障间隔时间的倒数。陈学楚先生的著作《航空维修理论》中给出了德雷尼克定律的证明，感兴趣的读者可以参阅。

德雷尼克定律可以用图 5.3 表示。图中$f_1(t)$为随机变量 t_1 的故障分布密度，$f_2(t)$为随机变量 t_1+t_2 的故障分布密度，……MTBF 为$f_1(t)$的寿命平均值，复杂设备更换过程的故障率 $\lambda(t)$是这些故障率分布密度之和$f_1(t)+f_2(t)+\cdots$，该和趋于常数。图 5.3 中也给出了故障件为耗损型且没有维修(或更换)时的复杂设备的故障率曲线，该曲线随时间迅速上升。

德雷尼克定律的物理解释为复杂设备的故障是由许多不同的故障模式造成的，而每种故障模式会在不同的时间发生，具有偶然性。如果出现了故障就及时排除或更新零部件的话，则故障件的更新也具有偶然性，因而使得设备总的故障率为常数。

一般的机械设备、机电设备、电气设备和电子设备等多属于复杂设备。复杂设备的故障定律应用十分广泛，它使我们在故障机制尚不清楚的情况下，可以回避故障的物理原因，也不必知道故障件的故障率分布类型，为实施预防性维修工作提供了简便而重要的理论依据。

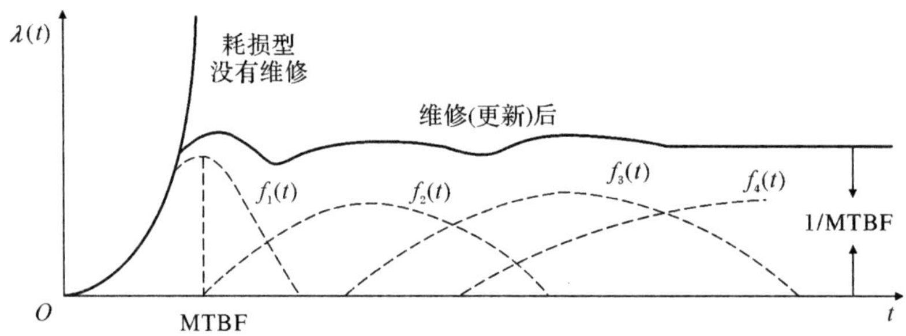

图 5.3　复杂设备的故障规律——德雷尼克定律

对产品故障率的研究等极大地推动了航空维修思想的发展。在对航空零部件的可靠性进行深入研究的基础上，1967 年，美国联合航空公司以书面形式发表了《应用决断图表制订维修大纲的逻辑分析方法》，奠定了 MSG-1 的基本框架。

1968 年，波音公司计划为波音 747 飞机制订维修大纲。波音公司认为，在大型喷气式客机时代，需要采用现代化方法来制定维修大纲，为此，他们组建了一个专门的维修指导组(Maintenance Steering Group，MSG)。维修指导组成员除了波音公司的设计及维修领域工作人员之外，还包括 FAA 专家、航空公司代表、供应商代表、维修机构代表和航空运输协会(Air Transport Association ATA)代表。在工作过程中，涉及 6 个业务工作组(IWGs)，包括结构组、机械系统组、发动机和辅助动力装置(APU)组、电气与航空电子系统组、飞行控制与液压系统组、区域检查组。每一个业务工作组先列出各个具体的系统，然后了解系统的功能，在此基础上确定重大维修项目(MSIs)，并进一步分析这些项目的功能、故障模式、故障影响和故障原因等，然后采用逻辑决断程序分析每一个项目，并从定时维修(Hard-time)、视情维修(On-Condition)两种维修策略中确定一种。在以可靠性为中心的维修(RCM)思想的基础上，总结出一个用于指导制定预定维修大纲的文件《维修评审与大纲的制定》，并用于波音 747 飞机初始预定维修大纲的制定。这个文件后来被称为 MSG－1，其主要特点为在制定预定维修方案时，使用逻辑决断程序来决定该做什么以及不需要做什么。

在 MSG－1 指导下制定的波音 747 飞机初始预定维修大纲十分成功，且具有较好的通用性。1970 年，美国联合航空公司和波音公司共同合作，对逻辑决断法进行了改进，并删掉有关波音 747 飞机的具体内容，获得了一个适用于所有飞机的通用性文件《MSG－2：航空公司/制造厂商维修计划文件》。MSG－2 在定时维修和视情维修基础上提出了第 3 种维修策略：状态监控(Condition Monitoring, CM)。MSG－2 用于洛克希德 L－1011、麦克唐纳·道格拉斯 DC－10 以及波音 727－200 等飞机维修大纲的制定。1972 年，欧洲的一些制造商对 MSG－2 进行了微调，产生了 EMSG 方法，并用于"协和号"和空客 A300 飞机上。

MSG－2 也十分成功。但在使用中也发现一些问题，如对安全性后果和经济性后果区分不严格、对隐蔽功能故障没有足够重视、腐蚀防护措施处理不当、没有清楚区分定时维修、视情维修和状态监控等。同时，随着科学技术的不断发展，产生了新的飞机设计思想，故障模式、机理以及监测手段等也获得了快速发展。

在此期间，美国联合航空公司广泛收集飞机系统、结构、发动机和零部件的使用数据，对其失效方式，以及对所监控的失效模式和采取的维修措施之间所形成的相互关系进行分析，取得了丰富的成果。1978 年，该公司的诺兰(Nowlan)与希普(Heap)编写出版了《以可靠性为中心的维修》一书。该著作利用从飞机维修行业所收集的数据，建立了一套基本上可以适用于所有行业、任何硬件设施的可靠性分析方法。由此奠定了现在广泛使用的、用于制定飞机维修大纲的 MSG－3 分析逻辑的基础。

1980 年 9 月 30 日，MSG－3 文件发布。MSG－3 是一种面向任务的方法，它使用失效模式影响分析方法(Failure Mode Effect Analysis ，FMEA)，自顶向下对系统进行分析。MSG－3 将功能故障划分为两类——安全性故障和经济性故障。同时结合功能故障对机组人员是否明显，从而将航空器功能故障整体分为 4 种类型。MSG－3 通过采用面向任务的方法，理清了定时维修、视情维修和状态监控这三者之间的关系。和 MSG－2 相比，MSG－3发生了一些变化，增加了腐蚀和防护(Corrosion Prevention and Control Program, CPCP)指引、包含电气线路互联系统(Electrical Wiring Interconnect Systems, EWIS)在内的增强区域分析程序(Enhanced Zonal Analysis Procedure, EZAP)、闪电/高强度辐射场(Lightning/High Intensity Radiated Field, L/HIRF)分析。

MSG－3 在使用过程中不断完善，期间进行过多次修订，和 RCM 有一定的区别，发展出了独特的航空维修思想。目前，MSG－3 文件为 2018 年修订版本，分为固定翼和旋翼两册。与此同时，RCM 也在诸多行业得到广泛应用，如核电、汽车、船舶等。

5.2 RCM 维修思想

5.2.1 RCM 的定义

考虑到 MSG-2 存在的一些不足，如缺少维修周期的原则、没有明确区分安全性和经济型、对隐蔽故障缺乏恰当的处理等，美国国防部委托美国联合航空公司的诺兰、希普等人研发一套维修大纲修订方法。诺兰和希普将这项研究的成果作为专著出版，即《以可靠性为中心的维修》。

RCM 是目前国际上通用的、用以确定设备预防性维修工作、优化维修制度的一种系统工程方法，在军队、核工业、汽车工业等部门得到了广泛应用。

约翰·莫布雷(John Moubray)将 RCM 定义为一种用于确定某设施在其运行环境下维修需求的方法。

马吕斯·巴森(Marius Basson)在其专著 *RCM3: Risk-Based Reliability Centered Maintenance* 中对 RCM 的定义为用于确定维修、工程和其他风险管理策略所需的最低安全量的过程，以确保组织的资产管理系统中规定的安全及环境完整性的最低可允许水平和具有成本-收益的运营能力。

以可靠性为中心的维修，关键是按故障后果确定维修策略。以可靠性为中心的维修分析，就是按照 RCM 的理念确定资产维修需求的过程，可以将其定义为根据有形资产的故障后果，以最少的维修资源消耗，运用逻辑决断分析的方法来确定所需的维修产品和项目、维修工作类型或维修方式、维修间隔期和维修级别，制定出预防性维修大纲，从而达到优化维修的目的。

其中，预防性维修大纲是资产预防性维修的汇总文件，具体包括需要进行预防性维修的项目、项目的预防性维修工作类型及其维修间隔、实施预防性维修工作的维修级别等。维修资源则是指为完成预定的维修工作所需要的保障设备、备件、维修人力及技术等级、设施等。

我国国家军用标准 GJB 1378A—2007《装备以可靠性为中心的维修分析》给出的以可靠性为中心的维修分析定义为按照以最少的资源消耗，保持装备固有可靠性和安全性的原则，应用逻辑决断的方式确定装备预防性维修要求的过程。其基本思路是对系统进行功能与故障分析，明确系统内可能发生的故障、故障原因及其后果；用规范化的逻辑决断方法，确定出针对各故障后果的预防性对策；通过现场故障数据统计、专家评估、定量化建模等手段在保证安全性和完好性的前提下，以维修停机损失最小为目标优化系统的维修策略。

可以看出，RCM 的主要作用是确定预防性维修大纲，并根据维修大纲中所规定的维修工作，合理安排维修资源；根据工龄可靠性关系的探索及可靠性监控的结果，对预定的维修大纲进行监控。可以说，RCM 既是一种方法，又是一种过程，用于确定必须完成哪些作业才能确保有形资产或系统能够继续完成使用者所需的各种功能。

5.2.2　RCM 原理

RCM 包含如下 8 大基本原理。

(1)定时拆修/报废,对复杂设备的故障预防几乎不起作用,但对以耗损型故障模式为主导地位的产品有预防作用。

(2)对产品的潜在故障,以合适的间隔进行定量检查,可使设备在不发生功能故障的前提下得到充分的利用,实现安全、环保、可靠和经济的目的。

资产故障与工龄之间经常没有或有很小的关系。在大多数情况下,在故障发生之前,人们总能找到产品功能退化式的相关征兆。这种征兆就是潜在故障。可以将潜在故障定义为指示产品或结构项目将不能完成归档功能的可鉴别的状态。即潜在故障是一种可鉴别的状态,它能显示功能故障即将发生或正在发生。如果能够检测到某种故障模式所处的这种状态,就可以采取措施防止这种故障模式的发生,或避免其故障后果。图 1.5 是视情维修中常用的 *P-F* 曲线。从图 1.5 中可以看出,故障发生后,系统性能会逐步退化到一个可以被检测的状态点"*P*";如果此时没有检测到这种变化并采取修复措施,系统会加速退化到发生功能故障的状态点"*F*"。这里提到的检测潜在故障的预防性维修工作,就是视情维修工作。

在 RCM 中,视情维修根据潜在故障发展为功能故障的时间间隔来确定,而且如果从技术上看,定时维修和视情维修均可行时,一般采取视情维修。

(3)检查并排除隐蔽故障功能,是预防多重故障严重后果的必要措施。

RCM 提出了隐蔽故障的概念,重视隐蔽故障与多重故障之间的关系,并认为多重故障的严重后果是可以预防的,至少可以将多重故障的风险降低到一个可以接受的水平,这取决于隐蔽功能故障的检测频率或更改设计。

下面解释隐蔽功能故障和多重故障。

1)隐蔽功能故障(hidden function failure):装备使用人员在正常使用时不能发现的功能故障。这类故障是针对下列具有隐蔽功能产品的:①正常使用情况下,产品功能的中断对履行正常职责的操作人员而言是不明显的;②正常情况下不工作并处于备用状态的产品,其功能故障在需要使用该功能之前,对履行正常职责的使用人员而言是不明显的。

2)多重故障(multiple failure):由连贯发生的两个或以上的独立故障所组成的故障事件,它可能造成其中任一故障不能单独引起的后果。

(4)有效的预防维修工作,能够以最小的资源消耗来恢复和保持产品的固有可靠性水平,但不可能超过其固有水平,除非改进设计。

(5)有效的预防维修工作,能够能降低故障发生的频率,但是不能改变其故障后果,只有通过改进设计才能改变故障的后果。

(6)只有故障后果严重,如有安全性、环境性、实用性或经济型影响,且所做的维修工作技术可行又值得做时,才做预防性维修工作,否则不做预防性维修工作,但对有严重后果的故障模式应权衡考虑更改设计。

对于只增加维修费用,不能提高产品使用可靠性的任何维修工作不予考虑;根据故障后果确定维修工作,比预防故障本身更为重要。

(7)装备投入使用前所制定的初始预防性维修大纲,需要在其使用期间不断收集使用数据信息,并不断修订、逐步完善。

(8)产品的预防性维修大纲只有通过使用方、维修部门和承制方的长期共同协作才能完善。

RCM 中将故障后果根据重要性分为四类:安全性和环境性后果、隐蔽性故障后果、使用性后果和非使用性后果。其中,安全性和环境性后果是指故障会引起人员伤亡或导致违反行业、地方和国家的环境标准;隐蔽性故障后果是指对设备运行没有直接影响,但可能导致严重的、甚至灾难性的故障后果,RCM 可以有效检测并排除隐蔽性故障;使用性后果是指影响到正常使用,如停产、产量下降、次品率提高等;非使用性后果是指只涉及直接维修费用的故障后果。

针对上述故障后果, RCM 方法按照如下四种原则处理。

(1)功能丧失或者其故障具有安全性和环境性后果,则必须进行预防性维修,如果预防性维修不能满足要求,即不能将该故障的危害降低到一个可接受的水平,必须重新设计或改变工艺流程。

(2)功能故障对操作人员来说不是显而易见的(隐蔽性故障),则必须进行预防维修。

(3)故障后果的经济性,即预防故障的维修任务经济上必须是合理的。

(4)设计中考虑维修性原则,即尽量满足标准化、模块化、互换性、可达性的要求,易于故障查找和识别。

RCM 原理给有形资产维修理念带来了质的飞跃,如飞机结构从安全寿命到经济寿命,新飞机设计必须符合损伤容限和耐久性设计要求,在飞机达到设计目标寿命后,经过科学合理的维修,仍然可以使用到经济寿命结束为止,而后者远大于设计目标寿命。

5.2.3 RCM 过程

随着 RCM 的流行,许多行业和研究者都提出了所谓的 RCM 方法,由于标准等不统一,在业界和理论界均引发了巨大争论。为了对 RCM 方法进行界定,美国军方委托汽车工程师协会(Society of Automotive Engineers, SAE)制定了 SAE JA1011《以可靠性为中心的维修过程的评审准则》,明确定义了 RCM 过程。后来颁布的各类 RCM 标准、手册、指南,如国际电工技术委员会(International Electrotechnical Commission, IEC)标准 IEC 60300 - 3 - 11、美国国防部标准 MIL - STD - 3034A、美国航空航天局《设施即相关设备 RCM 指南》等,基本上都遵循了 SAE JA1011 的规定。

任何 RCM 过程,都必须确保下列所有 7 个问题按顺序得到满意回答:

(1)在当前使用环境下,资产的功能及其相关的性能指标是什么(使用环境、功能及性能指标)?

(2)设备出功能故障(不能执行其功能或达不到性能指标)时,会有什么样的表现(功能失效)?

(3)引起资产各个故障的原因是什么(故障模式)?

(4)故障发生时,会出现什么现象(故障影响)?

(5)各故障在什么情况下至关重要(故障结果)?

(6)做什么工作才能预测(predict)或预防(prevent)各类故障(主动维修和维修间隔)?

(7)找不到合适的预防工作时,应怎么办(缺省工作)?

从这 7 个问题可以看出,RCM 需要对资产的功能、功能故障、故障模式及其影响等有清楚明确的定义。因此,必须通过故障模式及影响分析(FMEA)对资产进行故障审核,列出其所有的功能及其故障模式和影响,并对故障后果进行分类评估,然后根据故障后果的严重程度,按照安全、环保、可靠、经济的原则,对每一故障模式做出采取预防性措施、还是不采取预防性措施待其发生故障后再进行修复的决策。如果采取预防性措施,应选择何种维修工作类型。RCM 分析中对故障后果的评估分类和预防办法的选择,是依据逻辑决断图进行的。图 5.4 给出了 RCM 流程。

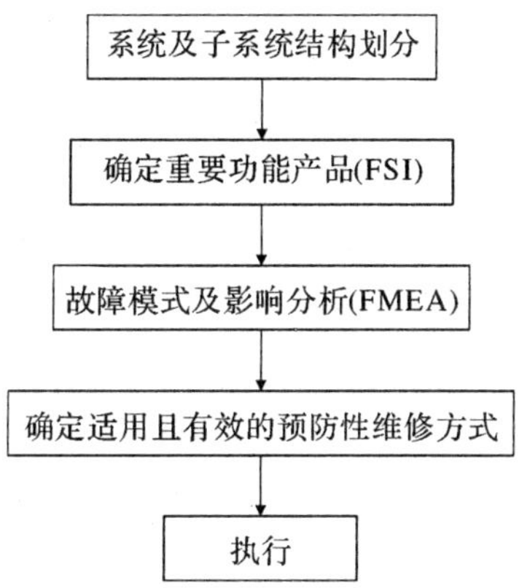

图 5.4　RCM **流程**

下面将围绕这 7 个问题,对 RCM 进行简要介绍。

1. 资产功能的介绍

与功能相关的四个核心内容有使用背景、主要功能与次要功能、功能描述、性能标准。

资产的使用背景包括:资产是如何使用的、它的性能标准是什么、它用在哪里等,表 5.2 给出了一些具体描述方面。

资产的功能通常包含两类:主要功能和次要功能。RCM 需要确定资产所有者或用户可以接受的性能标准,就需要从确定资产在其使用背景下的所有功能开始。所有的资产、系统及所有保护装置等,都应确定其全部的主要功能和次要功能。

所有资产的功能描述,一般应包含一个动词、一个宾语和一个性能标准,如:对一台水泵的功能描述是“以不低于 500 L/min 的速度,将水池 A 中的水抽向水池 B”。

表 5.2 有形资产的一些具体使用背景

使用背景	说明
单件生产与流水线	资产用于单件生产还是在流水线工作。在流水线上，一般情况下任一设备故障将会导致整个生产线停工或减少产量；对于单件生产，大多数故障只是影响与该工序相关产品的生产
质量标准	包括废品率、客户满意度、航班正点率等质量或客户所期望的服务标准
环境标准	使用资产对环境的影响十分重要。必须满足两类用户的环境要求：使用设备的人和社会。在整个生命周期内，资产及其使用和维修过程不应损害环境
安全性标准	对影响安全的资产，应制订有关可接受的风险水平的正式标准。如商用飞机设备的失效导致飞机损失的概率，应低于10^{-9}飞行小时
使用地理的特点	设备所处地理位置特点不同，对设备有不同要求，如丛林、沙漠、陆地还是海洋，高原、南北极、平原还是盆地等
使用强度	主要涉及设备的使用频次和每次使用时间长短、使用负荷情况等。如是 7×24 小时工作还是偶尔使用；是满负荷工作还是在一般负荷下工作等
冗余	冗余是指设备的余度或备份的情况。如商用飞机的电传操纵、起落架收放装置、电源、动力装置、飞控系统、综合航电等关键系统一般都是多余度的
半成品	首先，相邻工序的两个加工设备之间半成品的数量，对生产设备的故障后果有较大影响，当下道工序加工已有半成品数量所花费时间小于设备维修所需时间时，将导致生产中断等；第二，半成品积压也需要资金，如影响资金流转速度、增加管理费用和库房费用等。因此，半成品维修策略的制订，需要在故障影响和费用之间进行平衡
备件	这里的备件是指其故障后果影响资产故障维修策略制订的关键备件。备件存在的理由是为了避免和减少故障后果，因此，备件的贮存策略可以视为一种初始使用背景。备件和故障后果之间的关系，关键在于订货周期，同时，备件的库存也需要资金，同样需要根据故障后果进行平衡
市场需求与原材料供应	按市场需求的周期性变化或原材料供应的波动对资产故障后果的影响，确定资产故障的维修策略

资产性能的退化是不可避免的，因此当资产投入使用时，它必须具有比用户所期望的最低性能标准更高的性能，这一性能称为固有能力。固有能力和用户所期望的性能之间的部分，称为“退化裕量”。在具体工作中，往往需要由资产使用者、维修人员和行业专家一起确定资产的可接受最低性能标准。

2. 功能故障

功能故障的定义为资产的功能不能达到其用户可接受的性能标准时的状态。由于资产一般有多种功能，因此资产可能存在多种故障状态。

3. 故障模式

故障模式就是引起资产故障状态的任何事件和机理。为了描述故障模式，一般先列出资产的功能、功能故障类型，然后确定导致每一项功能故障的故障模式，表 5.3 给出了一台水泵的故障模式。

为了更好地实施预防性维修，就必须确定可能影响资产的全部尽可能合理的故障模式，同时，还应正确区分故障模式和故障原因。

表 5.3　水泵的故障模式

功 能		功能故障		故障模式		故障模式机理(原因)
1	以不低于 500 L/min 的速度，将水池 A 中的水抽向水池 B	A	根本不能抽水	1	轴承卡死	正常磨损 润滑不足 轴向力过大 错误的装配 ……
				2	叶轮脱落	
				3	叶轮被异物堵塞	
				4	联轴器因疲劳折断	
				5	电机不转	
				6	进水阀堵死	
					……	
		B	抽水速度低于 500 L/min	1	叶片磨损	
				2	进水阀部分堵塞	
				3	吸管部分堵塞	
					……	

4. 故障影响

故障影响的两个关键概念是基本假设和必需的信息。故障影响的基本假设是指对资产的某种故障模式不进行任何故障的预计、预防和探测等工作，会产生什么样的后果？描述故障影响所必需的信息如下：

(1)故障发生后，有什么迹象？对于隐蔽功能，还应考虑多重故障发生时会出现什么情况。

(2)在什么情况下，故障会导致人员伤亡或对环境产生不利影响？

(3)在什么情况下，故障会影响生产或使用？

(4)故障会导致何种物理损伤？

(5)故障发生后，为恢复系统的功能必须做什么？

5. 故障后果

根据 SAE JA1012，故障后果确定分两步：①将故障划分为明显故障和隐蔽故障；②将故障后果分为安全性后果、环境性后果、使用性后果和非使用性后果 4 种。

6. 预防措施

RCM 过程中的第六个问题，涉及预防故障的措施。通过故障管理策略，给出了各类故障处理方式，如图 5.5 所示。其中，定期恢复、定期报废、视情维修和故障检查这 4 种维修工作中的 2 种或 2 种以上的组合，称为维修工作组合。维修工作组合主要用于有安全性或环境性影响的故障模式。

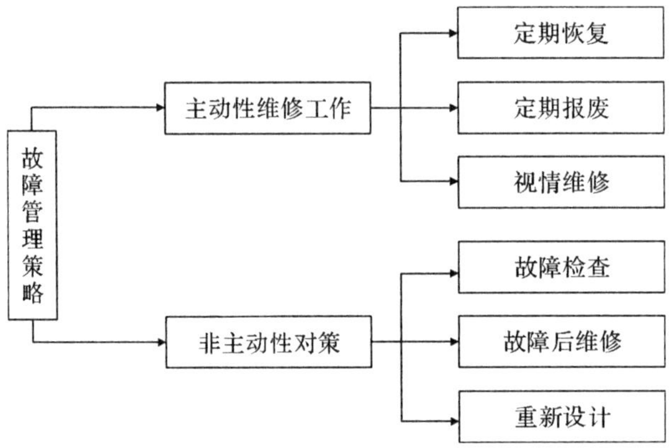

图 5.5　**故障管理策略分类**

视情维修工作，是在基于对资产状况评估的基础上，预计资产是否正在发生故障或何时可能发生故障，并选择合适的措施修复或避免故障后果。

选择视情维修，需要满足下列条件：

(1)能够确定一个明确的潜在故障状态。

(2)存在一个可以确定的 P-F 间隔或故障的发展期。

(3)维修间隔应小于最短的 P-F 间隔。

(4)以小于 P-F 间隔的时间间隔来检测潜在故障的发展，是切实可行的。

(5)净剩的 P-F 间隔必须足够长，以便预先采取某些措施避免、消除故障模式的后果或是故障后果最小化。

如图 5.5 所示，从可以探测到故障征兆的起始点 P，到潜在故障发展为功能故障的点 F，之间所经历的时间或应力循环次数称为 P-F 间隔。P-F 间隔的长短不仅仅与故障模式的特征有关，还与点 P 的监控手段有关。同时，P-F 间隔决定了视情维修工作的频度。为在功能故障发生之前探测出潜在故障，视情维修间隔必须小于 P-F 间隔。从发现潜在故障到潜在故障发展为功能故障，可能经历的最小时间间隔，称为净剩的 P-F 间隔。如 P-F 间隔为 9 个月，检查间隔期为 1 个月，则净剩 P-F 间隔为 8 个月。净剩 P-F 间隔决定了可采取措施减少或消除故障后果的有效维修工作时间。一般情况下，检查间隔时间不低于 P-F 间隔的 1/3，且最好采用多种手段进行检查。

定期恢复工作就是定期采取措施将资产恢复到原有状态(具有固有可靠性的状态)。选择定期恢复工作，应满足如下条件：

(1)所应对的故障模式应存在可以辨别的工龄，到工龄时，资产发生故障的条件概率会迅速增加。

(2)一般情况下，如果资产用户或所有者接受早期故障发生的概率，部件能生存到该工龄。

(3)通过定期恢复工作，可以将产品的抗故障能力恢复到资产用户或所有者可以接受的水平。

定期报废就是按固定的时间间隔，用新资产更换旧资产。选择定期报废工作，应满足如下条件：

(1)所应对的故障模式应存在可以辨别的工龄；到工龄时，资产发生故障的条件概率会迅速增加。

(2)一般情况下，如果资产用户或所有者接受早期故障发生的概率，部件能生存到该工龄。

定期恢复和定期报废工作适用于安全寿命极限和经济寿命极限。安全寿命极限仅适用于具有安全性和环境性后果的故障模式，不适用产品投入使用时故障率较高的故障模式。安全寿命极限一般是资产开始发生故障时的工龄的$\frac{1}{3}\sim\frac{1}{4}$。

经济寿命极限是指定期修复或定期报废的时间间隔。

最后，非主动性维修工作。当找不到合适的主动维修工作时，则可以采取的维修策略有故障检查、纠正性维修和重新设计。

故障检查工作不适用于明显的故障模式。选择故障检查工作应满足如下条件：

(1)故障检查的工作间隔，应保证将相关被保护系统多重故障发生的概率降低到资产的用户或所有者可接受的水平。

(2)通过故障检查工作，能确定被检查的功能是否正常。

(3)当出现隐蔽功能故障时，在选择故障检查工作及间隔时，应考虑检查工作本身不能发现故障的概率。

(4)按规定间隔确定的维修工作是否切实可行。

此外，故障检查工作允许产品在故障状态下保持一段时间，因此对具有安全性与环境性后果的隐蔽故障模式，主动性维修比故障检查更安全，只有在找不到有效的主动维修性工作时，才迫不得已采用故障检查工作。对具有使用性后果的隐蔽故障模式，如果主动性维修与故障检查两种工作类型都有效时，则往往要权衡两者的经济效益；对具有非使用性后果的隐蔽故障模式，在主动性维修与故障检查之间，则往往选择后者，因为故障检查工作的成本可能更低。

通常用可用度和可靠度这两个变量来确定故障检查间隔。保护功能的不可用度U_{TIVE}、故障检查间隔 FFI 和用 MTBF 表示的保护装置的可用度 M_{TIVE}之间存在着如下关系：

$$U_{\text{TIVE}}=0.5\times\frac{\text{FFI}}{M_{\text{TIVE}}} \tag{5-1}$$

若保护装置寿命服从指数分布，则式(5-1)适用于所有不可用度低于 5%的情况。

对式(5-1)进行改写，可以得到使用可用度和可靠度计算故障检查间隔的公式：

$$\text{FFI}=2\times U_{\text{TIVE}}\times M_{\text{TIVE}} \tag{5-2}$$

重新设计是为了满足用户或所有者对资产性能的期望值而实施的一系列更改活动。应用重新设计应满足如下条件：

(1)对于具有安全性和环境性后果的隐蔽故障及其多重故障、不具有安全性和环境性后果的明显故障，必须重新设计将多重故障发生的概率降低到资产用户或所有者能接受的水平。

(2)对于不具有安全性和环境性后果的隐蔽故障及其相关的多重故障、不具有安全性和环境性后果的明显故障，必须根据资产用户或所有者的意见权衡费效比后确定是否需要重新设计。

故障后维修(run-to-failure)又称为纠正性维修、无预定维修等，是一种对特定的故障模式，不进行预防性维修的故障管理策略，即产品在使用的过程中不进行维修，一直使用到其发生故障时再进行修理或更换。采用故障后维修的条件是：

(1)对于隐蔽故障，既找不到一种合适的预防性维修工作，又不适宜于重新设计，且与隐蔽故障相关的多重故障，没有安全性和环境性后果。

(2)对于明显故障，既找不到一种合适的预防性维修工作，又不适宜于重新设计，且该故障没有安全性和环境性后果。

有了故障管理策略，就要考虑如何确定维修工作。这个过程主要依据 4 个方面来进行策略选择，见表 5.4。

表 5.4　故障管理策略的选择依据

依据	说明
工龄与可靠性的关系	工龄与可靠性相关的模型，一般适用于非常简单的设备，或者具有一个支配性故障模式的复杂设备。这些故障通常与磨损、疲劳、腐蚀、氧化和挥发等有关
技术可行性和值得做	任何定期维修工作，如果能够减轻、避免或消除故障后果，则它就是“技术可行和值得做”的。为了实现对故障后果的有效管理，任何故障管理策略必须是技术可行的
效费比	优先选择效费比最好的维修工作
基本假设	在确定故障模式的维修管理测时，应假定目前没有对资产所分析的某种故障模式进行过任何预计、预防和探测等工作，或者说对分析的故障模式没有采取任何主动性维修工作

此外，还需要仔细考虑故障后果的风险，开展相关风险评估。风险评估主要包括以下 3 个方面的内容。

(1)如果发生故障将会出现什么情况？

(2)发生故障的可能性有多大？

(3)该风险可否接受？

结合风险评估，针对不同后果，需要采取不同的处理原则，具体情况见表 5.5。

表 5.5　各类故障后果处理原则

类 型	处理原则
具有安全性或环境性后果的明显故障模式	(1)维修工作就是为了将故障模式发生的风险降低到资产的用户或所有者可接受的水平。因此,如果能够将故障模式风险降到一个可以接受的较低水平,则这项维修工作是值得做的。 (2)RCM 在处理此类故障模式时,不考虑故障模式的处理成本。 (3)如果故障模式的风险不能达到可接受的水平,则通过采取主动性维修工作、改进设计、改进使用规程等方式,将故障的风险降到可接受的水平
具有安全性或环境性后果的隐蔽故障模式	(1)维修工作就是将与之相关的隐蔽故障发生的风险降低到资产的用户或所有者可接受的水平。因此,如果能够将故障模式风险降到一个可以接受的较低水平,则这项维修工作是值得做的。 (2)只有当保护装置发生故障而被保护功能也发生故障时,多重故障才会发生。因此,多重故障的概率＝被保护功能产品的概率×保护装置的平均不可用度
具有经济性后果的明显故障模式	(1)没有安全性和环境性后果的明显故障模式,如果实施预防性维修工作时所发生的直接和间接费用低于同期故障模式发生时的直接和间接费用与修理费之和,则该工作是值得做的。 (2)预防性维修工作的直接费用,是指参与维修工作的人力工时、备件等费用;间接费用是指故障发生时所带来的相关管理等费用;这些费用不包括进行修复性维修工作(排除故障)时所发生的直接与间接费用。 (3)如果在一段时间内进行预防维修工作所发生的费用,较故障模式发生时所带来的经济损失要小(包含修理费用在内),则该项工作是值得做的;否则,该项工作不值得做
具有经济性后果的隐蔽故障模式	没有安全性和环境性后果的多重故障,如果进行维修工作时所发生的直接和间接费用低于同期故障模式发生时的直接和间接费用与故障的修理费之和,则该工作是值得做的

选择故障管理策略时,有精确方法和逻辑决断图方法两种常见方法。在实际工作中,逻辑决断图方法更为常见一些,下面主要介绍该方法。在 RCM 中,故障管理策略首先应处理具有安全性和环境性后果的故障模式,然后再处理具有经济性的后果(使用性和非使用性)的故障模式。逻辑决断图一般分为故障后果和故障管理策略两个层次,上层考虑故障后果,下层则根据故障影响采取相应的维修策略。

为便于介绍,可以将 RCM 逻辑决断图进行简化,如图 5.6 所示。首先,确定故障后果。故障后果分为四类:明显的安全和环境性后果、明显的经济性(非安全和环境性)后果、隐蔽的安全和环境性后果、隐蔽的经济性(非安全和环境性)后果。针对这四类不同故障后果,采取不同的故障管理策略。下面结合维修策略的特点,对故障管理策略选择的顺序的原因做简要介绍。

在维修工作类型中首先选择定期视情工作，主要原因如下：

(1)视情维修基本上能够实现原位维修，并在资产运行状态下进行，很少影响使用。

(2)易于组织。

(3)由于该项工作确定的是潜在故障，因此，在工作一开始，就可以确定正确的修复措施。一方面减少了大量的维修工作，另一方面易于快速实施。

(4)通过确定资产的潜在故障点，能使资产在使用寿命内得到充分利用。

对特定的故障模式，如果找不到合适的定期视情维修工作，那么接下来的选择就是定期恢复和定期报废工作。此类工作的不足如下：

(1)绝大多数情况下，只有当产品停止运行并拆送到车间时才能实施维修工作，对产品的使用有较大影响。

(2)工龄上限是针对所有同型号产品提出的，因此，许多产品或部件在翻修或报废之前还有较长的剩余寿命。

(3)恢复工作只能在车间进行，比视情维修工作量要大。

主动性维修(定期视情、定期恢复和定期报废)相对于故障检查工作更加保守，但更加安全。对于隐蔽故障，当找不到一种比较有效的主动性维修工作时，一般需要开展定期故障检查。

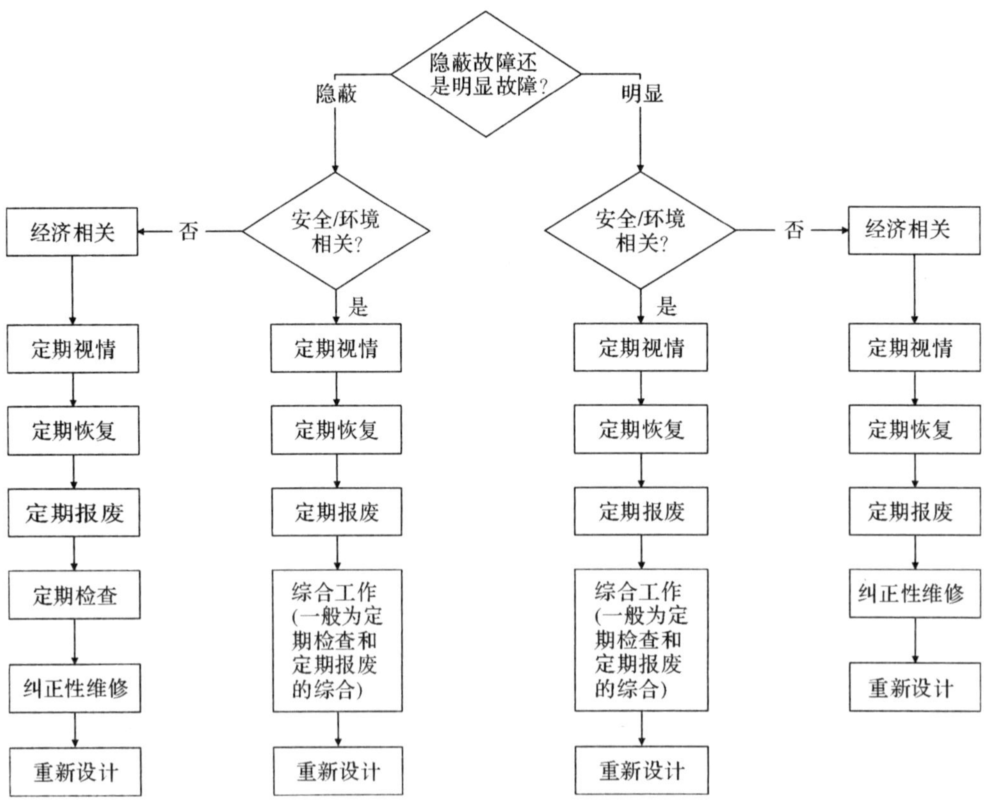

图 5.6　简化的 RCM 逻辑决断图

当找不到某种工作将故障风险降低到一个可以接受的水平时，就需要考虑采用工作的组合。这种方式的主要缺点时费效比不佳。

处理具有经济性后果的故障模式时，需要考虑主动性维修工作的经济效果。当维修工作费用低于故障发生所带来的经济损失时，可以采用该维修工作。当找不到合适的维修工作时，对于明显故障，若允许故障发生所带来的费用不大，应选择纠正性维修工作；如费用较高，可权衡是否重新设计；对于隐蔽故障，还可以尝试采用故障检查工作。纠正性维修工作不适用于具有安全性和环境性后果的故障模式。

重新设计放在所有维修工作最后，主要原因如下：

(1)改装一般需要 6 个月到 3 年的时间。此外，从管理角度看，当班的维修人员必须按照设备当天的状态进行维修，而未来某一天的设备和当班人员无关，即在重新设计之前，当前的问题必须得到处理。

(2)RCM 通过将精力放在故障后果上，通过一套合理的项目优选次序来确定哪些期望设计改进的项目应该执行，这种优先次序只有通过评审才能完成。

(3)重新设计，一般费用高昂。

(4)重新设计是否能够解决问题，存在一定风险。

近年来，随着研究和应用不断深入，RCM 维修思想也发生了一些新的变化。如 2018 年 Marius Basson 出版了专著 *RCM3: Risk - Based Reliability Centered Maintenance*，在 RCM2 的基础上，提出了将风险划分为“可接受”和“不可接受”两类，并据此对决策过程进行了调整和优化。类似的变化，表明 RCM 仍然具有十分强大、旺盛的生命力。同时，RCM 和 MSG 维修思想既有区别，又有联系。双方在近年来不断相互借鉴，实现了共同发展。

5.3　MSG 维修思想

自 1968 年 7 月《维修评审和大纲的制定》发布以来，MSG 维修思想已经发展到 MSG - 3。目前商业航空器维修大纲大都基于 MSG 维修思想。我国民航法规明确要求使用 MSG - 3 制定飞机维修大纲。

5.3.1　MSG - 2

1970 年 3 月 25 日，MSG - 2 颁布。MSG - 2 将部件看作是设备故障的最可能原因，对飞机上的每一个组件(系统、部件或设备)进行分析，并从三种维修方法——定时、视情或状态监控中选择一种维修方式，这是一种自下向上的分析方法。MSG - 2 使用了二元逻辑决断方法。如果组件的故障与安全有关，并且能够通过维修检查检测出抵抗故障的能力降低，则该项目属于视情维修项目；否则为定时维修项目。那些不适合实施预防性维修工作的项目，则采用状态监控。简化后的 MSG - 2 流程如图 5.7 所示。

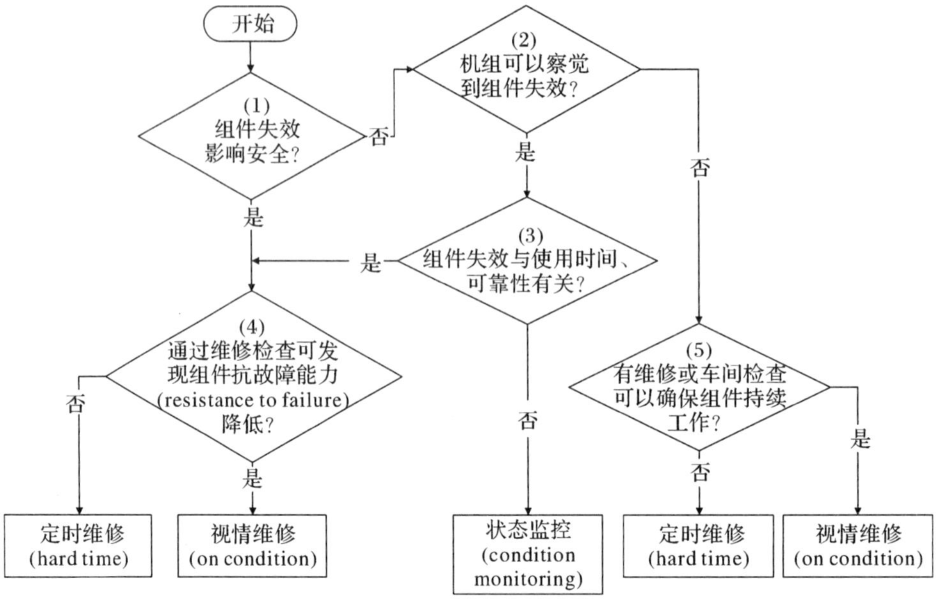

图 5.7 简化的 MSG-2 流程图

MSG-2 的逻辑决断图涉及系统与部件、结构、发动机三方面的内容，具体的分析过程略有差异。考虑到 MSG-2 已经停止使用，这里就不多介绍了。

5.3.2 MSG-3

1980 年，在 MSG-2 基础上，发展为 MSG-3。MSG-3 是目前世界各国民用航空界公认的制定维修大纲的指导思想。和 MSG-2 相比，MSG-3 具有如下特点：

(1)采用了与 MSG-2 分析逻辑完全不同的方法。这是一种“从上往下”的分析方法，其分析过程是从系统开始，然后到分系统，接着到零部件，最后到组件。

(2)MSG-3 注重故障结果，是一种面向任务的分析方法。它采用故障模式影响分析(Failure Mode Effect Analysis，FMEA)方法，自顶层系统开始逐层向下进行故障模式分析。MSG-3 将功能故障的后果分为两类：安全性和经济性。在此基础上的一层分类依据则是故障是否明显，即对操作人员来说是明显的还是隐蔽的。

(3)分析内容有所增加，新增加了增强区域分析、腐蚀防护与控制(Corrosion Prevention and Control Program，CPCP)、闪电/高强度辐射场分析(Lightning/High Intensity Radiated Field，L/H IRF)。MSG-3 包含了 4 个部分：系统和动力(Systems and Powerplant)、结构(Aircraft Structures)、区域检查(Zonal Inspections)、闪电和高强度辐射场。

(4)MSG-3 分析的出发点发生了变化，在指定维修工作时，适用性不再是唯一标准，同时考虑指定的维修工作的有效性。

(5)维修要求发生了变化。MSG-2 维修大纲规定的维修要求主要针对航空器系统单独项目的维修方式，包括定时、视情和状态监控三种。MSG-3 维修大纲规定的维修要求是针对航空器系统或分系统的维修工作。

下面对不同类型的维修任务进行简单介绍。MSG-3 方法规定了 8 种航空器系统的维修任务类型，分别是润滑(Lubrication)、养护(Servicing)、检查(Inspection)、功能检查

(Functional check)、使用检查(Operational check)、目视检查(Visual check)、修复(Restoration)和报废(Discard)。其中:①润滑是对系统或部件添加润滑油、润滑脂等物质,以便减少摩擦或热损耗,从而保持其固有可靠性;②养护是指对部件和系统进行基本的护理和保养,以便保持其固有可靠性;③检查是对一个项目进行检查,并对照相应的标准进行比较;④功能检查是一种量化检查,用于检查项目的全部功能在规定的条件下是否正常工作,功能检查可能会需要使用额外的设备;⑤使用检查是一种故障发现工作,不需要使用量化容限或额外设备,其目的是确定项目是否满足其既定目标正常工作;⑥目视检查是查看一个项目是否按要求正常运转,它也是一种故障发现工作,不需要使用量化容限或额外设备;⑦修复的工作范围包括组件清洗、更换单个零件、彻底的大修等;⑧报废是指零部件到寿、经过技术鉴定或送修评议后不能使用且不可修理或没有修理价值,通过一定的审批程序进行隔离或销毁处理。

航空器产生结构性能衰退的原因主要有三种,分别是环境原因(Environmental Deterioration, ED)、事故损伤(Accidental Damage, AD)和疲劳损伤(Fatigue Damage, FD)。为应对上述结构性能衰退,MSG-3 方法规定了三种类型的结构检查技术:一般目视检查(General visual inspection, GVI)、详细检查(Detailed Inspection, DET)、特别详细检查(Special detailed inspection, SDI)。一般目视检查是通过目视,看看有没有明显的不合格状态或偏差。为了接近被检查项目,可能会需要工作台和梯子、打开口盖等。详细检查是对特定的零件、组件或装置进行精细的目视检查,通常需要充足的照明和必要的检查工具,如放大镜等,来寻找缺陷,也可能需要表面清洗或详细的检测程序。特别详细检查是对特定部位进行的仔细检查,往往在详细检查的基础上需要一些专用技术和设备,如无损检测,同时,也会根据需要对某些组件进行分解。

区域检查大纲确保飞机上指定区域内的所有系统、线路、机械控制、部件及装置等得到了足够监督,以确定安装的安全性和总体状况。该大纲把系统维修大纲提出的许多一般目视检查任务归纳为一个或多个区域检查任务。区域检查维修任务包括一般目视检查和详细目视检查两种类型。

在民航维修领域,维修大纲(Maintenance Review Board Report, MRBR)是在 MSG-3 维修思想的指导下制定的。维修大纲是适航技术标准,航空器制造商的维修计划文件(Maintenance Planning Document, MPD)、航空器营运人的维修方案(Aircraft Maintenance Program, AMP),都是依据维修大纲来制定的。根据规定,维修大纲中规定的维修工作是保障飞行器可靠性的最低要求,因此,航空器营运人的维修方案中维修工作的要求,不得低于维修大纲要求。从图 5.8 中可以看出 MSG-3 维修思想在航空维修领域的基础地位。另外从图 5.8 中也可以看出维修大纲等维修文件之间的相互关系。

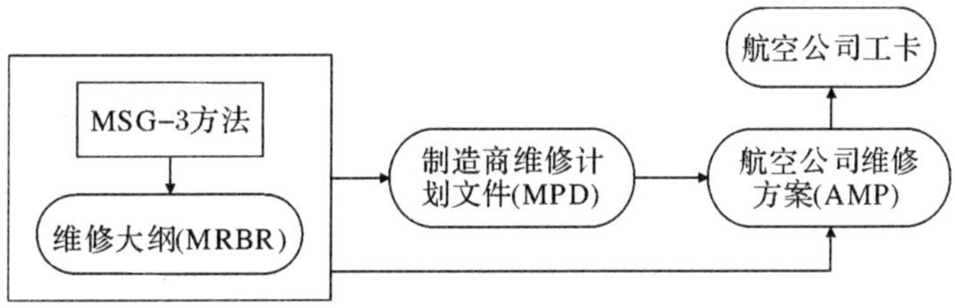

图 5.8　使用 MSG-3 维修思想指导制定主要的维修文件

MSG-3 用来指导制定维修大纲。该大纲包括四个部分:系统/动力装置、结构、区域检查、闪电/高强度辐射场防护。结合飞机系统/动力装置，应用 MSG－3 维修思想制定维修大纲的流程如图 5.9 所示，更为完整的过程见第 6 章。整个过程分为 7 个步骤，下面对这 7 个步骤进行简单介绍。

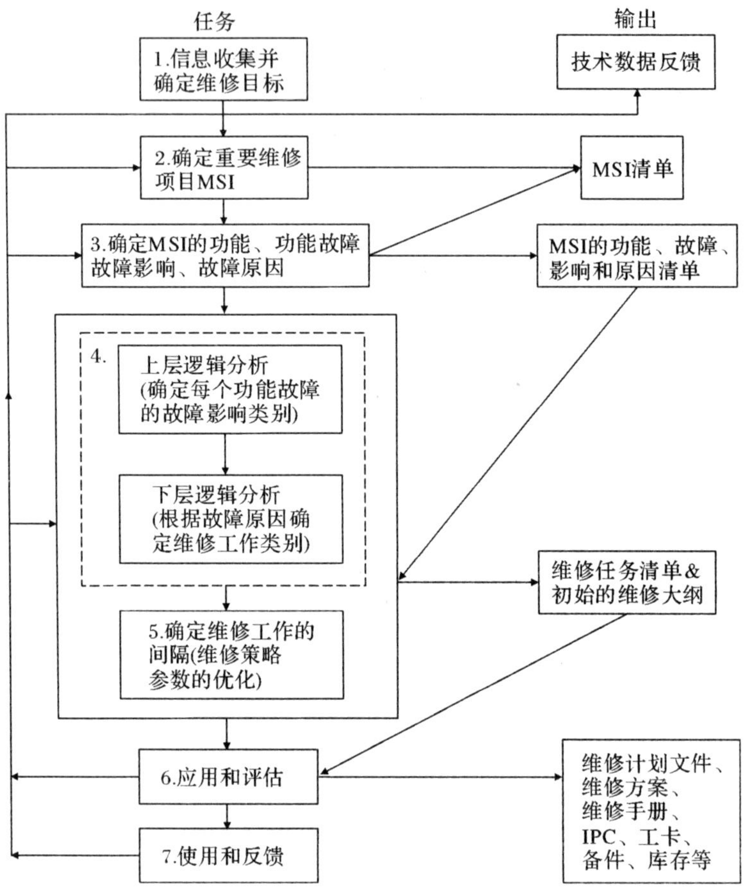

图 5.9　应用 MSG 维修思想指导维修文件制定的简要流程

（1）制定维修大纲前的准备工作，首先是编写“政策和程序手册”（PPH），用于统一指导思想、规范制定大纲的原则和程序、确定组织机构和职责，明确逻辑分析方法等。同时还要注意收集安全性、可靠性和经济性相关的资料。

（2）重要维修项目（MSI）的选择是依据预期的故障后果，从上而下用简便、保守的方法确定的，可从故障是否容易发觉、是否影响航空器的安全、是否影响航空器的使用、是否有经济性影响这 4 个方面考虑，只要影响其中一个方面的项目就是 MSI。

（3）选定 MSI 之后，需要确定 MSI 的功能、故障、故障影响和故障原因，同时要准备好与之相关的数据资料。

（4）按照 MSG－3 的逻辑分析流程来确定对应的维修工作。

（5）确定所选择的维修工作的初始工作间隔。可以参考的信息包括：①制造厂的实验数据和技术分析数据，表明预定维修工作对所分析的项目是有效的；②供应商的推荐资料；③客户的需求；④由类似或相同部件和子系统得到的使用经验。

(6)在初步确定出维修工作及其间隔后，要对其进行评审、综合归纳，如有些项目需要转移、有些维修间隔需要进行必要的调整等，然后形成飞机维修大纲建议书递交给维修审查委员会(MRB)进行评审。对有异议的内容，维修审查委员会与制造方、工业指导委员会(ISC)进行反复讨论，最后形成 MRB 报告，由 MRB 主席签字批准，报送管理当局审批之后提供给航空公司。

(7)纠正措施、维修工作和周期调整以及程序修改是可靠性管理的部分内容，也属于 MSG 维修思想的反馈环节。其中纠正措施是联系使用经验和维修控制要求的节点。反馈到第 1 步，检查开始设计的功能、性能指标是否满足要求；反馈到第 2 步，对 MSI 进行增加或删减；反馈到第 3 步，更新 MSI 的功能、故障、故障影响和故障原因；反馈到第 4 步，检查所选择的维修工作是否合适；反馈到第 5 步，则要根据实际运营数据调整维修间隔。

从上述步骤中可以看出，使用 MSG－3 来指导制定维修文件的过程，和管理学中的 PDCA (Plan、Do、Check、Action)循环类似，形成了一个闭环，可以实现维修大纲等维修文件的持续改进。

考虑到航空公司的能力和维修大纲的内容等情况，航空器制造商将维修大纲规定的维修要求以更易于操作的格式重新编排后，以维修计划文件的形式提供给航空公司，并提供咨询等技术支持，以便于航空公司结合自己的实际情况制定维修方案。维修计划文件是一种推荐性的文件，无需适航当局批准。

航空公司根据维修大纲要求，参考维修计划文件，同时结合公司机队规模、航线结构、维修能力、管理水平和使用经验等实际情况，制定维修方案，并根据维修方案固定的计划维修项目，制订维修工卡并实施。

MSG－3 在确定维修工作和间隔的同时，还要求对航空器的技术状况进行持续监督和控制。根据这个要求，航空器制造商会监控其机队的运营状况，并发布可靠性报告。航空公司一般会制定维修可靠性方案，用于监控和调整其维修方案。航空公司对维修可靠性方案的执行，就是可靠性管理。在可靠性管理中，通过收集和分析数据，然后将结果与所制定的标准进行比较，从而来判断维修方案的有效性。当维修方案的有效性不足时，则需要对其进行调整。

问题和习题

(1)什么是航空维修思想？

(2)航空维修思想发展经历了哪几个阶段？每个阶段的航空维修思想有何特点？

(3)什么是 RCM？RCM 的基本原理是什么？

(4)RCM 需要解决的 7 个问题是什么？

(5)故障管理的策略选择依据有哪些？

(6)不同故障后果的处理原则有哪些？

(7)什么是安全寿命极限和经济寿命极限?

(8)与 MSG - 2 相比,MSG - 3 维修思想有哪些特点?

(9)简要介绍使用 MSG - 3 维修思想指导制定主要的维修文件的过程。

(10)应用 MSG - 3 维修思想制定维修大纲的 7 个步骤是什么?

(11)维修可靠性方案的主要作用是什么?

参考文献

[1] 左洪福,蔡景,吴昊,等. 航空维修工程学[M]. 北京:科学出版社,2011.

[2] MOUBRAY J. Reliability-centred Maintenance[M]. 2nd ed. Oxford: Butterworth-Heinemann,1997.

[3] KINNISON H,SIDDIQUI P. Aviation Maintenance Management[M]. 2nd ed. New York City: McGraw-Hill Companies Inc. ,2013.

[4]常士基,刘延利,郭润夏. 民用航空维修工程[M]. 北京:航空工业出版社,2018.

[5] BASSON M. RCM3: Risk-Based Reliability Centered Maintenance[M]. South Norwalk: Industrial Press Inc. ,2018.

[6] SIFONTE J R,JAMES V. Reyes-Picknell. Reliability Centered Maintenance-Reengineered: Practical Optimization of the RCM Process with RCM-R[M]. Boca Raton:CRC Press,2017.

[7] 陈曦. 基于 RCM 方法的高温气冷堆核电站电气设备维修策略改进[D]. 济南:山东大学,2020.

[8] 武禹陶,贾希胜,温亮,等. 以可靠性为中心的维修(RCM)发展与应用综述 [J]. 军械工程学院学报,2016,28(4):13 - 21.

[9] 聂挺. MSG - 2 和 MSG - 3 维修思想的差异化研究[J]. 中国民航飞行学院学报,2015,26(4):36 - 38.

[10] 姜国权. MSG - 3 维修理念在维修工程管理中的应用:上[J]. 航空维修与工程,2005(2):17 - 19.

[11] 韩文军. MSG - 3 维修理念在维修工程管理中的应用:中[J]. 航空维修与工程,2005(4):19 - 22.

[12] 韩文军. MSG - 3 维修理念在维修工程管理中的应用:下[J]. 航空维修与工程,2005(5):15 - 17.

[13] 孙滨,梁刚,谈云峰. MSG - 3 在民用航空器维修大纲制定中的应用 [J]. 航空工程进展,2016,7(2):259 - 264.

[14] 何钟武,肖朝云,姬长法. 以可靠性为中心的维修[M]. 北京:中国宇航出版社,2007.

[15] 陈学楚. 维修基础理论[M]. 北京:科学出版社,1998.

[16] 孙有朝,樊蔚勋. 以可靠性为中心的维修(RCM)——维修科学的发展趋势 [J]. 机械工

程师，1997(4)：55－57.

[17] BARRERA D L. Aircraft Maintenance Programs[M]. Madrid:Springer,2022.

[18] 宋保维，王晓娟. 系统可靠性设计与分析[M]. 西安：西北工业大学出版社，2000.

[19] 曾声奎，冯强. 可靠性设计与分析[M]. 北京：国防工业出版社，2011.

[20] 周栋，耿杰，吕川，等. 维修性设计与分析[M]. 北京：北京航空航天大学出版社，2020.

[21] 闫旭东. 维修性设计在民用飞机中的应用 [J]. 中国科技信息，2015(13)：53－54.

[22] 李青英，熊重远，何先定. 民用航空维修理论及应用[M]. 北京：航空工业出版社，2019.

第6章　维修大纲、维修计划文件和维修方案

▶导学

维修大纲属于适航文件。针对不同的故障后果应采用什么样的维修措施和维修间隔等，都在维修大纲中有明确的规定。在保证飞行器安全性基础上，还会允许飞机“带伤工作”，这些许可和航空维修存在密不可分的关系。根据适航规章的要求，航空公司需要制定维修方案，并进行实施，从而保障航空器的安全性、可靠性和经济性。为降低航空公司制定维修方案的难度，航空器制造商一般情况下会对维修大纲的内容进行梳理和细化，形成维修计划文件，供航空公司制定维修方案参考。本章主要介绍维修大纲的制定过程、主要内容等。

学习重点：维修大纲的制定过程，维修大纲的形式和内容，飞机构型偏离放行的底层思想，维修方案和维修大纲的区别与联系。

▶学习目标

(1)熟悉维修大纲的定义，了解维修大纲的主要内容和制定流程。

(2)了解系统安全性评估流程定义。

(3)熟悉各类大纲的 MSG－3 逻辑分析流程。

(4)了解各类大纲的主要内容、关键点。

(5)熟悉主最低设备清单的制定流程、制定原则，掌握对照最低设备清单放行飞机的流程。

(6)熟悉构型偏离清单制定原则和流程。

(6)掌握维修方案的内容、制订过程。

根据民用航空器运行适航管理规定(CCAR－121部)，投入运营的航空器，必须保持其安全性始终不低于其型号合格审定基础对该航空器的最低要求，营运人要承担持续适航的责任。同时，也要求航空营运人必须按照民航局批准的维修大纲或技术规程的要求，制定相应的航空器维修方案，经民航局批准后执行。

6.1 维修大纲

6.1.1 维修大纲简介

维修大纲又称维修审查委员会报告(MRBR),是针对新型及其衍生的航空器、由航空器制造厂商提出、按照一定工作流程制定并最终由民航局批准的初始最低计划维修和检查要求。其内容包含了保证航空器飞行安全所需的各类维修工作及其间隔等。维修大纲只是对预定维修工作提出基本要求。在欧美等国家和地区,维修大纲也指航空公司的维修方案。

维修大纲的目标有如下五个方面的内容:

(1)保证实现航空器的固有安全性和可靠性水平。

(2)当航空器出现性能衰退时,将其安全性和可靠性恢复到固有的水平。

(3)当航空器的安全性和可靠性未能达到固有水平时,需要收集调整和优化维修大纲所需的信息。

(4)对固有可靠性不够的项目需要收集信息进行设计改进。

(5)以最低的总费用完成上述目标。

制定维修大纲应遵循的原则如下:

(1)应用 MSG 原理。在新飞机的维修大纲制定中,应采取最新的 MSG 逻辑程序。

(2)保持航空器固有安全性和可靠性,并努力降低费用。大纲中的每项工作,首先是为了保持航空器的固有安全性和可靠性水平,当航空器性能恶化时,将其安全性和可靠性恢复到固有水平,以最少费用完成所规定的维修工作。对那些影响安全性、使用性和经济性,而又没有合适的维修工作或可靠性低的产品或系统,提出重新设计或改进设计的建议。

(3)充分发挥各种优势。充分发挥设计、制造、使用、维修、科研及管理部门的经验和特长;充分吸收类似飞机的改装维修和使用的经验;充分吸收试验、试飞中的维修经验,给用户尽可能多的方便。

(4)贯彻全寿命、全机队管理的原则。维修大纲的全寿命管理,仅是在飞机设计目标之内的维修管理,不包括老龄飞机维修要求,也不包括发动机拆下后的维修工作要求。维修工作周期和产品寿命,要通过试验、领先使用、可靠性监控和抽样检查来持续进行工龄探索,不断修改和充实。大纲的内容要通过实践不断修改,在保证安全使用和预期的可靠性前提下,充分挖掘其潜力,定期修改,不断完善。

(5)确定维修大纲的适用范围。在维修大纲制定中,通常设定一个主要管理参数(如飞行小时或起落次数),其他参数与主要参数有一定直接关系,这是在飞机设计时确定的。主要参数是维修大纲诸因素相互影响的重要条件,对使用中可能发生的偏离设计目标的情况,应给予特殊说明。对平均日利用率低的机队,要求对维修大纲进行调整,或执行该机型的低利用率大纲。部分飞机维修大纲的适用范围见表 6.1。

表 6.1　部分飞机维修大纲的适用范围

机 型	维修间隔设定标准	要求调整或使用低利用率大纲的时间
B737-3/4/5	日利用率为 8 FH,每次飞行时间 1.4 FH	不符合标准的要求调整
B737-6/7/8	日利用率为 6～11 FH,每次飞行时间 1.02～2 FH	日利用率低于 6 FH,平均每次飞行时间低于 1.02 FH
A320	平均航段每次飞行时间 1.25FH,年利用率 2 000～4 550 FH(相当于日用率为 4.4～10 FH)	不符合标准的要求调整
B777	日飞行 5.3 FC(飞行循环)	低于 100FH/月的飞机,要使用低利用率大纲
冲-8-300	2 500 FH/年	低于 1 500 FH/年的飞机,要使用低利用率大纲
运 7	适用于 3 000 飞行小时,15 000 次起落,15 年内正常使用的飞机	日用率低于 2 FH,平均每次飞行时间少于 0.75 FH 的,要调整大纲
Bae-146	适用于正常利用率的机队,每 4 000 次飞行或两年完成一次 C 检,每次飞行 40 min;结构大纲适用于 4 万次飞行	低于 800 次/年或 1 600 FH/年的飞机机队应更改要求

利用率低于规定时间的用户,需要制订飞机的低利用率维修大纲(Low Utilization Maintenance Pragram,LUMP)。低利用率维修大纲是对飞机维修大纲中受日历时限影响的项目的补充维修/检查要求。LUMP 是制造商在批准的 MRBR(包括对应的维修计划文件)基础上进行评估和调整,推荐适合低利用率用户要求的计划维修大纲。营运人的维修方案除按飞行小时或起落次数控制外,还应当按照低利用率维修大纲调整计划维修/检查要求,补充与日历时间相关的项目。FAA 咨询通告 AC-121-22B 的第 10 章《MRBR 低利用率维修要求》,为工业指导委员会制订飞机的低利用率维修要求提供指导。飞机的低利用率维修大纲的通用制订原则是:日历时间影响应充分考虑停放地点的环境和条件,与日历时间有关的项目都应按照日历时间进行维修和检查,与日历时间无关的项目则按照原有的要求进行维修和检查。对于 MRBR 中按飞行小时和起落次数控制的项目,也需要按照一定原则逐项进行评审。

维修大纲是一份持续适航文件,一般由型号合格证申请人(Type Certificate applicant)、合格证管理部门(Certification Authority)、民航营运人(Air Operators)和其他相关部门人员参与,并按照专门的流程进行制定和审批。参与制定维修大纲的成员包括维修审查委员会(MRB),型号合格证持有人(TCH),工业指导委员会(ISC),维修工作组(WG),各成员的职责见表 6.2,表中的验证机构一般是指民航管理当局及其分管机构。

表 6.2　参与制定维修大纲的单位及职责

单　位	职　责
维修审查委员会 (Maintenance Review Board，MRB)	MRB 成员和观察员来自适航当局，在 MRB 主席领导下，批准维修大纲。主要职责：选定 MRB 成员和工作组顾问，评审并批准政策及程序手册(Policy and Procedures Handbook，PPH)，与 ISC 主席协调 MRB 的活动、议题和相关事宜，确保型号合格证持有人为所有 MRB 成员提供充分的培训，确保合格证管理部门工作人员参与所有的 MRB 会议和所有的 ISC 会议，邀请 ISC 主席和部分成员参加 MRB 会议，审查和讨论 ISC 建议，批准 MRBR
型号合格证持有人 (Type Certificate Holder，TCH)	负责向局方申请开展 MRB 工作。主要职责：确定 ISC 主席，编写 PPH，为所有 ISC 和工作组成员提供飞机技术、PPH 和 MSG－3 培训，基于 MSG－3 分析并向 ISC 提供主要维修项目(MSI)、重要结构项目(Structural Significant Items，SSI)和重要闪电/高强度辐射场项目候选清单，参加工作组和 ISC 会议，向 ISC、MRB 及部分工作组成员提供影响 MSG－3 分析的详细设计更改，MSG－3 分析的修订记录，确保飞机手册中包含完成 MRBR 中涉及的飞机维修任务的信息和工作程序
工业指导委员会 (Industry Steering Committee，ISC)	一般由型号合格证持有人、营运人、制造商和维修组织代表组成，负责管理工作组的活动，并在 ISC 主席的管理下编写 MRBR。主要职责：确定工作组的数量、类型并对其进行管理，审查、批准 PPH 并提请 MRB 主席同意，应邀参加 MRB 会议，邀请 MRB 主席及部分成员参加 ISC 会议，邀请验证机构(Validation Authorities，VA)参加 ISC 会议，指导工作组的活动，评审并同意工作组的分析结果
维修工作组 (Working Groups，WG)	由航空器(飞机、发动机、螺旋桨)的型号合格证持有人、供应商、运营商、维修机构和监管部门代表组成，负责审核及批准型号合格证持有人提出的 MSG－3 分析建议报告　工作组主席由工作组成员从营运人代表中选出，并经 ISC 同意。主要职责：审核型号合格证持有人提供的技术资料和 MSG－3 分析报告，使用最近批准的 PPH 程序及其引用的 MSG－3 文件，提出初始的最低计划维修任务和维修间隔要求

此外，由于航空器的复杂度不同等情况，会根据实际需求来设置工作组并进行相应分工。在二十世纪六七十年代波音公司制定飞机维修大纲时，设置了 6 个工作组，包括结构组、机械系统组、发动机与辅助动力装置组、电气与电子系统组、飞行控制与液压系统组、区域分析组。而在制定空客 A380 的维修大纲时，工作组则有 9 个，分别是液压和飞行控制组、环境组、动力装置与辅助动力装置组、航空电气与电子组、结构组、区域和辐射场组、燃油组、起落架组、内部组。常见的维修大纲制定机构如图 6.1 所示。

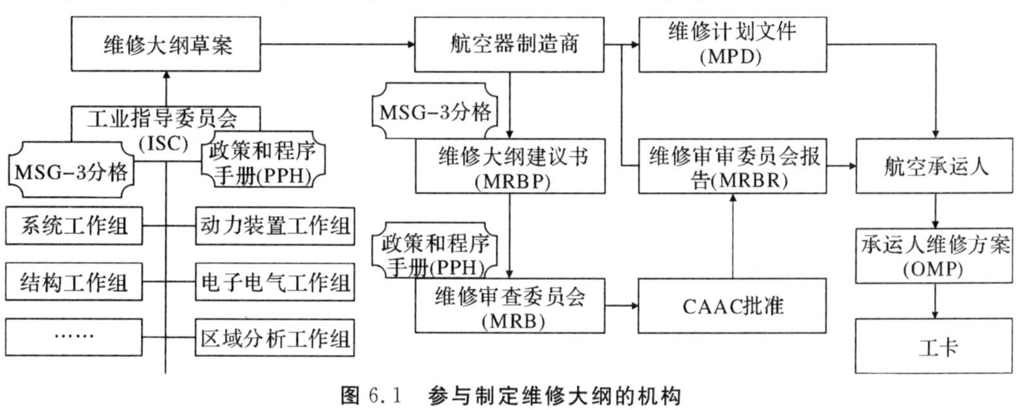

图 6.1　参与制定维修大纲的机构

正常情况下,ISC 主席和 MRB 主席还会对 MRBR 进行年度审核,并决定是否进行修订。

为了更清晰地了解维修大纲的制定过程,图 6.2 给出了简要的制定流程。可以看出,维修大纲是根据各个工作组和 ISC 所做分析工作的结果得到的。这些分析工作是基于 MSG-3 方法并按照针对特定项目制定的流程完成的。维修大纲制订之后,将进行持续的修订。

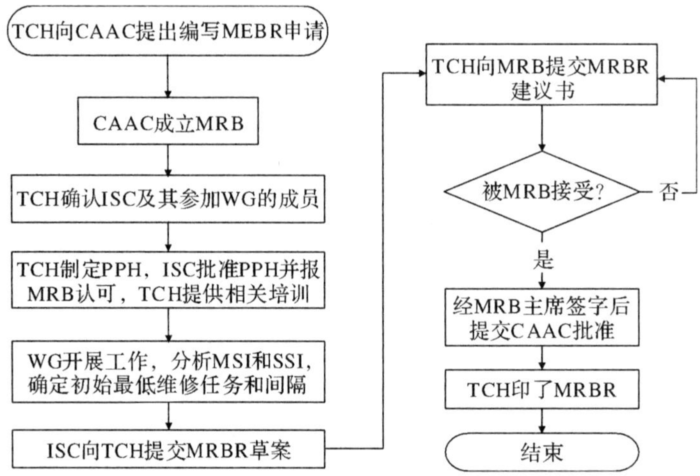

图 6.2 维修大纲的简要制定过程

维修大纲包含系统和动力装置维修大纲、结构检查大纲、区域检查大纲、闪电/高强度辐射场大纲,同时还包含飞机区域图、术语汇编、缩略词表等,如图 6.3 所示。FAA 颁发的咨询通告 AC-121-22B 和 CAAC 颁发的咨询通告 AC-121/135-67 中均对维修大纲的格式和内容有一定要求。维修大纲至少要包含的内容见表 6.3。

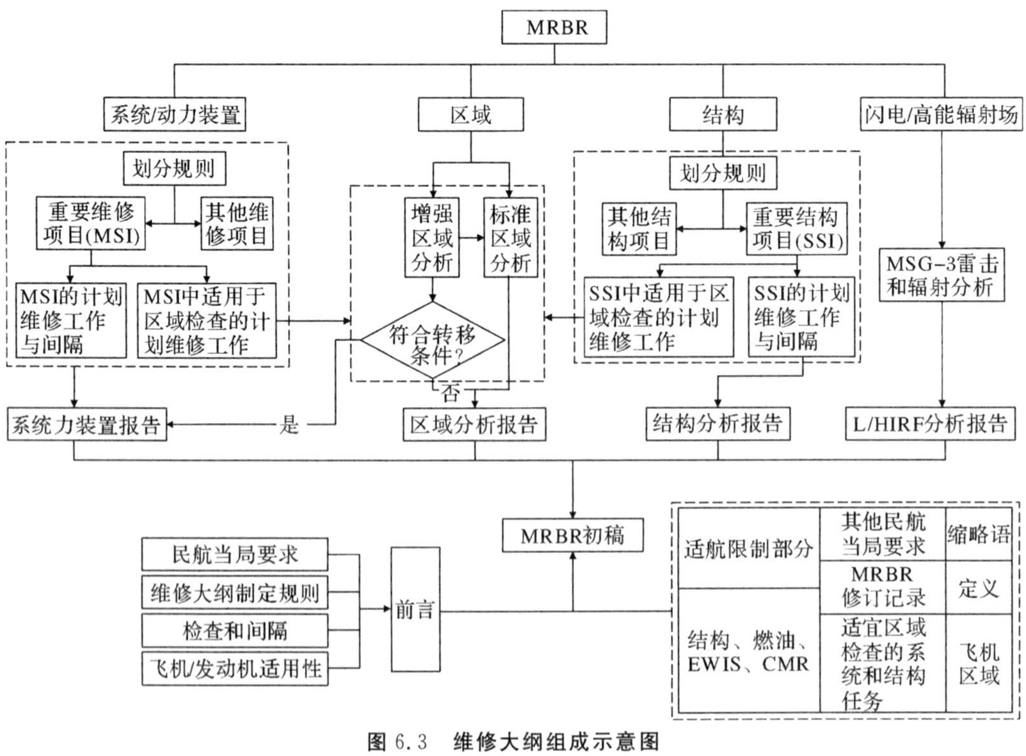

图 6.3 维修大纲组成示意图

表 6.3　维修大纲框架实例

一级目录	二级目录
有效性证明、前言和任务说明	MRBR 修改记录，MRBR 有效页清单，标题页，MRBR 目录，MRBR 批准页(含相关声明、批准人和批准时间等)；前言中应包含规定的标准内容在内；定义、缩略语和适用性；所有的维修/检查任务及其间隔频度
维修大纲的总规则	来自政策和程序手册和咨询通告中的与改型号飞机 MRBR 制订和优化有关的规则；单独的任务间隔优化；MRBR 中工作间隔和参数转化为航空营运人需要的参数和间隔的规则；使用由制造商批准的 NDI 方法替代本报告中所规定的方法的原则及要求；寿命限制项目到规定时限必须报废；ISC 或 MRB 主席修改建议相关规则；按照 MSG－3 系统/动力装置分析列入 5 类和 8 类故障影响的安全类任务，在没有获得 MRB 主席或飞机审定办公室批准之前，不能删除或延长；MRBR 中的维修检查工作应按照制造商提供的技术文件或经管理当局批准的航空公司维修手册实施；在完成任何预定维修工作之后，应确认受该工作影响区域的结构、系统和设备无偶然损伤和其他异常
系统/动力装置	机型系统/动力装置大纲规则，MSI 项目清单，项目说明，系统/动力装置部分格式说明，系统/动力装置维修检查项目及其检查要求和说明
结构	概述，检查原理，检查等级，区域检查兼容性，抽样，防腐及控制，适用于结构部分的通用原则，质量变化适用范围，结构部分格式说明，所有 SSI 维修检查要求和说明
区域	区域检查大纲规则，飞机区域图或指定的其他文件，区域检查大纲的标准页及栏目含义说明，按飞机区域划分并以列表形式给出区域名称、检查间隔和说明
附录	附录 A：适航性限制项目与审定维修要求。附录 B：由其他国家管理当局颁发的、对维修大纲的特殊要求。附录 C：飞机区域简图、编号和说明。附录 D：维修口盖及编号。附录 E：缩略语和定义。附录 F：MRB、ISC 和 MWG 成员名单(包括所在单位及职务)。附录 G：其他，如低利用率飞机的检查要求、抽样检查要求等

6.1.2　安全性、适航性限制和审定维修要求

系统安全性工作遵循系统工程理念，通过自上而下的安全性需求识别、分解传递和自下而上的设备、系统、飞机逐级验证，表明对 CCAR－25.1309 和 25.1709 条款的设计符合性。根据适航规章的要求，型号合格证申请人必须对系统进行安全性评估，通过安全性分析和评估判定飞机和系统是否符合适航标准。在飞机设计过程中需要进行多次符合性分析、验证和评估。这些分析包括功能危险性分析、故障模式和影响分析、故障树分析和区域安全性分析等。安全性工作贯穿于飞机研制的各个阶段，主要工作集中在预研和工程研制阶段，如图 6.4 所示。在飞机研制初期，根据飞机功能定义，开展飞机级功能危险评估(AFHA)，通过分析飞机功能，识别功能失效状态，评估失效影响严重程度，以进行分级控制。初步飞机安全性评估(PASA)以 AFHA 分析结果为输入，评估飞机架构并将各个功能失效指标要求分

解至系统。各系统依据分析结果，再细化开展系统级功能危险评估(SFHA)，初步系统安全性评估用于确定系统/零部件故障导致系统功能丧失的机理，评估系统架构的合理性，进而提出系统级安全性需求。共因分析(CCAs)主要通过开展区域安全性分析(ZSA)、特殊风险分析(PRA)和共模分析(CMA)，检查独立性要求在系统架构、安装中的满足情况。飞机和系统安全性评估(Aircraft/System Safety Analysis，ASA/SSA)通过综合 CCA 和故障模式影响分析/故障模式影响总结(FMEA/FMES)分析结果，验证各层级安全性需求的符合情况。为了维持飞机运营阶段安全性水平，系统安全性工作还会衍生出审定维修要求(Certification Maintenance Requirement，CMR)和主最低设备清单(MMEL)制定两项分析工作，对重大隐蔽故障探测和飞机带故障派遣提供依据。

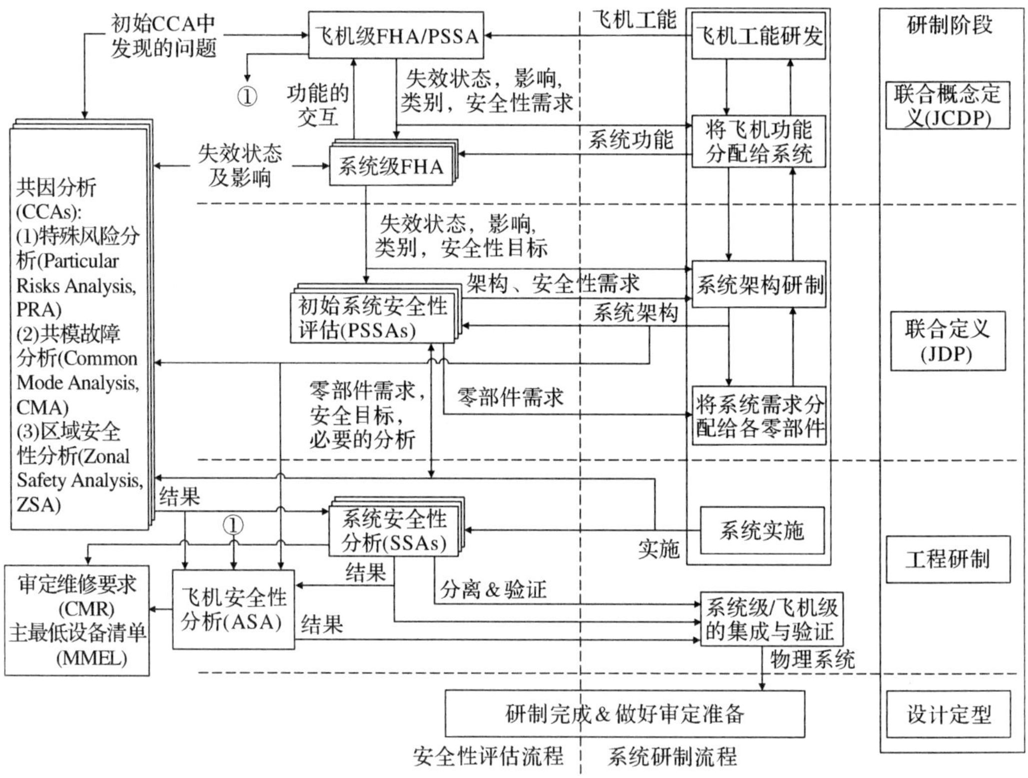

图 6.4 飞机系统安全性评估流程

适航性限制(Airworthiness Limitations，ALS)是强制执行的指令性维修要求。根据 CCAR-21 部要求，持续适航文件中必须包含适航性限制部分。适航规章 23、25、27、29、33 和 35 部的条款和附录，对持续适航文件和适航性限制提出了具体要求。适航性限制部分必须规定：

(1)每一个强制性的更换时间、结构检查时间间隔以及按照 25.571 条款批准的相关结构损伤容限检查程序。

(2)对燃油箱系统的每一个强制性的更换时间、检查间隔和相关检查程序，以及按25.981条款批准的所有关键设计构型控制限制。

(3)按照 25.1701 条定义的 EWIS 部件的强制更换时间。

(4)支持结构维修大纲的有效范围(Limit of Validity, LOV)。LOV 应具有工程资料说明,只有在飞机完成全尺寸疲劳试验后,管理当局才会批准 LOV。飞机 LOV 的累计循环次数不能大于疲劳试验表明的循环次数的 1/2。

航空器的适航性限制可以理解为在型号适航审定过程中制定并被批准,除 CMR 之外的所有强制性维修检查要求,除包含结构安全寿命、损伤容限结构检查及其程序等结构项目之外,还包含对系统的强制性维修要求。

需要注意的是,有的制造商会将 ALS 和 CMR 分别列出,但包含在同一文件中。而有的制造方,则将按照 25.1309 等条款制定的 CMR 与 ALS 合并。

审定维修要求(CMR)是在型号认证过程中确定的任务,是系统安全分析的结果,其目的是通过检查和维修找到对飞机安全有重要影响的潜在故障,这些潜在故障与一个或多个其他特定故障或事件结合起来,会导致飞机处于灾难性或危害性故障状态。在 AC25.1529-1A 中,给出了 CMR 的定义:作为型号合格证使用限制部分,CMR 是在飞机设计审定过程中确定要进行的定期工作项目,所有 CMR 项目是在型号审定过程中所验明的各项工作集合中的一个子集,它通常是正规的数值分析的结果,此种分析用于表明符合危险性和灾难性失效状态。

适航规章规定了系统故障发生的概率与危害程度之间的关系,见表 6.4。对于出现故障后可能会导致危险和灾难性事件发生的重要系统,通常需要进行一系列概率分析和计算,以证明其是否符合允许发生的概率。若系统故障概率达不到要求值,而改进设计又不可能实现或不经济,就必须缩短运行时间,即增加故障探查工作,进行必要的检查,以发现和消除已存在的危险性失效。这种为发现重大潜在失效所做的检查和维修工作就是审定维修要求。

表 6.4　失效状态和允许发生的概率

失效状态分类	各种可能状态和允许发生的概率(次/FH)
灾难性失效:妨碍继续安全飞行和着陆,机组出现死亡或丧失能力,多名乘客死亡	极不可能地失效:发生概率 $<1\times10^{-9}$;同型号全部飞机在寿命期内不会发生
危险性失效:失效极大降低功能或安全裕度,机组身体疼痛或极大的增加工作负担从而降低其完成任务的能力,少量乘员受伤或死亡	概率极小的失效:发生概率 $<1\times10^{-7}$,但 $\geqslant 1\times10^{-9}$;同型号所有飞机在使用寿命内是不大可能发生的,但要考虑有可能发生
严重的失效:失效显著降低功能或安全裕度,机组身体不适或明显增加其工作负荷,乘客身体疼痛并可能会造成伤害	微小的失效:发生概率 $<1\times10^{-5}$,但 $\geqslant 1\times10^{-7}$;一般飞机的寿命期内不可能发生,但一定数量的飞机则可能发生
大的失效:失效轻微降低功能或安全裕度,轻微增加机组工作负担,乘客身体不适	可能的失效:发生概率 $<1\times10^{-3}$,但 $\geqslant 1\times10^{-5}$;在一架飞机飞行寿命期内发生一次或多次
小的失效:对运行和安全没有影响,对机组无影响,对乘客有不方便影响	无要求

咨询通告又给出了 CMR 项目的 5 点说明：

(1)CMR 用于探查对安全有重要影响的潜在失效，该失效与一个或多个特定失效或事件结合，将造成危险性或灾难性失效状态。

(2)CMR 项目所用的分析方法与 MSC-3 的方法根本不同，CMR 项目只探查失效工作，但也可用于探查有可能失效的作业。

(3)CMR 用于证实某一失效是否发生，但并不提供任何预防性维修工作。

(4)型号审定过程中，假定飞机将被维修到处于至少与取证时相等的或经过适当改装后的适航状态。

(5)CMR 项目的制定和管理与结构检查大纲分开进行。

CMR 的输入主要来自系统安全性评估(SSA/ASA)和工程经验判断。根据 SSA 定量分析等的结果，可以确定与重大隐蔽故障相关的零部件及风险暴露时间，在此基础上形成候选审定维修要求项目(CCMR)。将 CCMR 提交给审定维修协调委员会(CMCC)，该委员会对 CCMR 和 MRBR 项目进行对比分析，将分析结果提交飞机审定办公室(ACO)批准后，最终确定 CMR 项目，并作为 MRBR 的第一个附录。其中审定协调委员会由飞机制造商、工业指导委员会、维修审查委员会以及飞机审定办公室专家组成，作为一个咨询委员会，对候选审定维修要求项目以及 MRBR 维修项目更改提出意见。CRM 形成工作流程如图 6.5 所示。

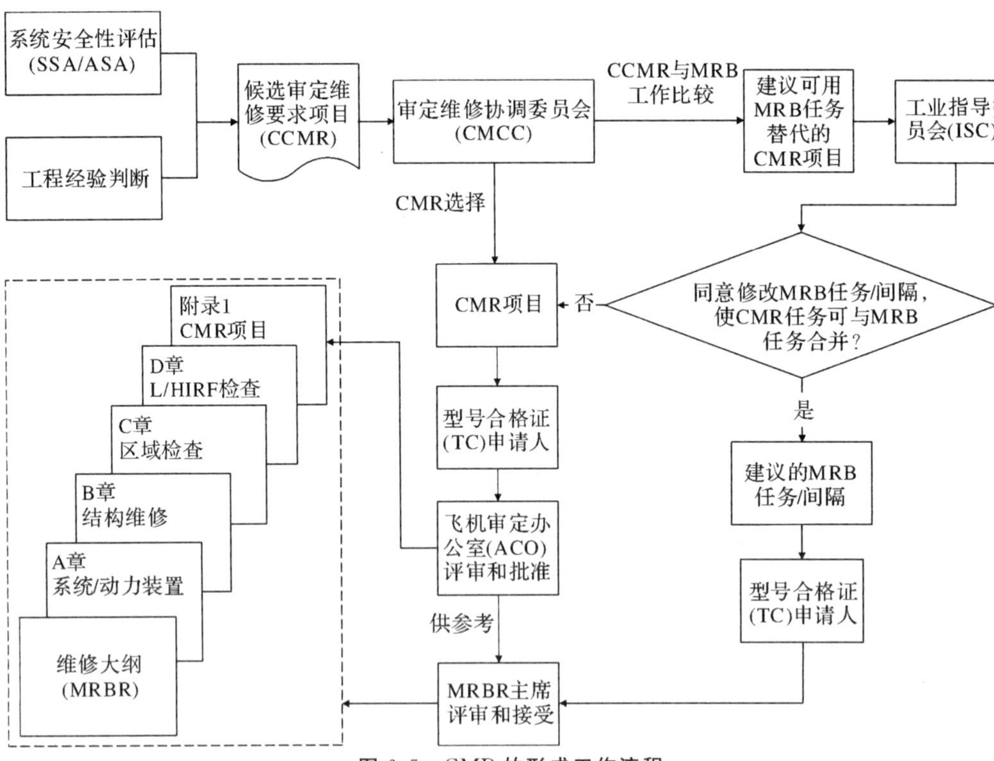

图 6.5　CMR 的形成工作流程

对 CMR 的形成过程，还需要强调以下几点：

(1)CMR 候选项目可以通过安全性分析或工程经验判断两种方法产生，其中安全性分析方法是工程中常用的方法。

(2)CMR 候选项目执行时间的最大值可以通过计算得到。提交给 CMCC 的推荐的执行时间需要型号合格证申请人综合计算结果、飞机寿命和飞机定检时间等来决定。

(3)CMCC 会议讨论得出建议用 MSG－3 工作替代的 CMR 项目，并提交 ISC 进行评估。ISC 接受的，需要在 MRBR 中进行标注；ISC 未接受的，则归入 CMR 项目。

(4)CMR 项目取证后，对 CMR 项目的任何更改都需要得到 ACO 的最终评审和批准。

(5)CMR 项目和 MSG－3 工作的区别及联系见表 6.5。

表 6.5　CMR 项目和 MSG－3 工作的区别与联系

<table>
<tr><th colspan="2">项 目</th><th>CMR 项目</th><th>MSG－3 工作</th></tr>
<tr><td rowspan="4">区别</td><td>目的</td><td>用来探查对安全性产生显著影响的、会导致灾难性或危险性事故的潜在故障，不涉及故障的预防</td><td>在考虑到可靠性、安全性、经济性、可行性的前提下，用来制订维修计划和指定时间间隔。既探查故障的发生，也提供预防故障发生的方法</td></tr>
<tr><td>分析方法</td><td>采用系统安全分析(SSA/ASA)和工程经验判断的方法；维修间隔主要来自系统安全分析的理论计算</td><td>自上而下的分析，将工作的重点从零部件转移到航空器的各个功能系统。每个部分又拥有自己的逻辑决断图，维修间隔主要来自试验结果、实践经验和判断</td></tr>
<tr><td>结果</td><td>得到对安全性具有重大影响的潜在故障以及故障的发生间隔</td><td>得到对故障维修具有成效的工作和维修间隔</td></tr>
<tr><td>地位</td><td>适航审定的主要项目，新飞机获得适航证必须进行的项目，维修间隔必须经上级 ACO 批准方能更改</td><td>通过 MSG－3 获得维修大纲，营运人可以对维修的间隔在一定范围内进行更改</td></tr>
<tr><td rowspan="2">联系</td><td>内容</td><td colspan="2">都是和安全相关的文件，都包括了潜在功能失效的工作，都要给出维修间隔(暴露时间)；CMR 是 MRBR 的组成部分</td></tr>
<tr><td>人员</td><td colspan="2">参与讨论制定最后维修工作的人员组成类似，都是由制造商、营运人、ACO 专家和 MRB 专家组成。参与 MSG－3 工作评审的人员大多也参与 CMR 项目的选取工作</td></tr>
</table>

6.1.3　系统和动力装置维修大纲

在第 5 章中，以飞机系统/动力装置为例，给出了应用 MSG－3 维修思想制定维修大纲的整个流程(见图 5.9)。这一流程从宏观角度介绍了维修大纲初次制定以及后续不断优化调整的过程。本节主要围绕初次制定系统和动力装置维修大纲展开。

系统和动力装置维修大纲的制定过程如图 6.6 所示，下面介绍这一过程。

在 MSG－3 逻辑图实际应用于一个项目之前，必须确定飞机的重要维修项目(MSI)。确定重要维修项目的过程是一个保守的应用工程判断法的评定过程，应以预计的故障后果作为评定基础。该过程是自上而下的。重要维修项目选择程序见表 6.6。

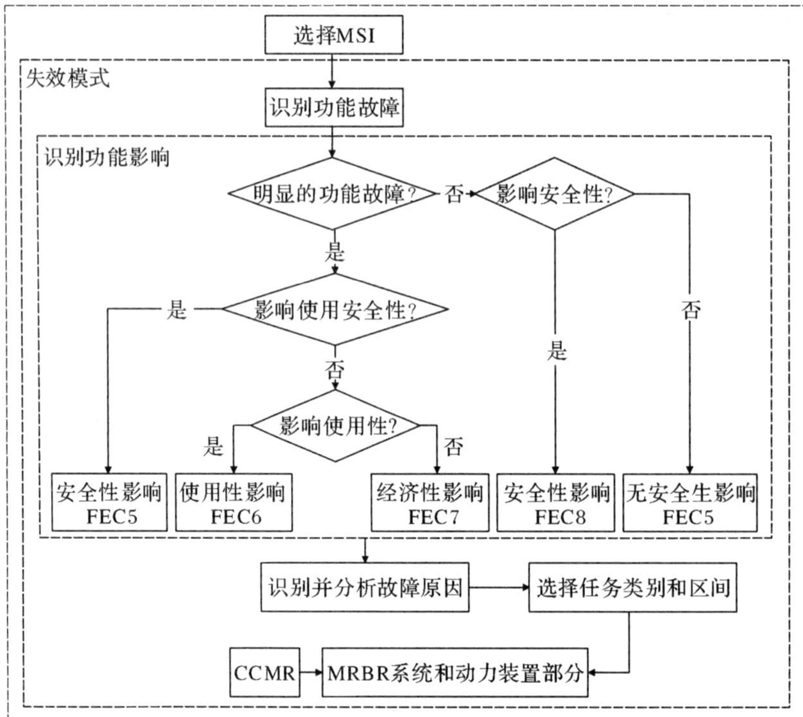

图 6.6　MSG－3 中系统和动力装置的简要制订过程

表 6.6　MSI 的选择过程

步骤	名 称	主要内容及说明
1	功能模块划分	按照 ATA－2200 文件要求，将飞机的系统、动力装置和结构区分若干章节，作为编写维修大纲分析的基础。这个过程要一直进行到确定了飞机上所有可单独更换的部件为止。MSI 通常是一个系统或一个分系统。在大多数情况下，MSI 的等级都高于可单独更换部件的等级，这种等级被认为是可管理的最高等级
2	列出项目清单	制造商按照从上而下的逻辑分析方法，制定一个包括所有需要进行是否属于重要维修项目的问题判断的项目清单
3	问题判断	确定项目是否为 MSI 的关键是故障影响。制造商对项目清单内项目按下面的问题进行判断：影响安全性（空中或地面）、具有隐蔽功能或在使用中几乎不能发现、有重大的使用性影响、有重大的经济性影响
4	判断结果处理	只要这 4 个问题有一个是肯定答案，MSG－3 分析就需要继续进行，同时也确定了最高可管理层；对于上述 4 个问题回答都是否定的，则不需要再进行 MSG－3 分析，也不需要进行更低层次的 MSI 项目分析。MSI 选择分析表见表 6.7 和表 6.8
5	形成“候选 MSI 清单”	依据最高可管理层产生的项目清单，被称为“候选 MSI 清单”，由制造商提交给 ISC，经 ISC 审阅并批准后下发给维修工作组
6	审查“候选 MSI 清单”	维修工作组对“候选 MSI 清单”进行审查，并对其进行 MSG－3 分析以验证所选择的最高管理层，或在必要时向 ISC 提出修改意见。维修工作组审查的主要目的是确保没有重要项目被忽略，并确定所选择的是合适的分析等级

需要注意的是用 MSG－3 制定大纲时，其 MSI 的选择是自上而下进行的，即由系统至分系统或组件和零件。这个选择过程是要找出“最高可管理层”，它是指项目的细致程度或高低程度，等级高到不需要再进行分析；等级低到经过适当分析就能得到该项目所有的功能、故障、后果和原因。自上而下地选择 MSI，大大减少了 MSI 的数量。

MSG－3 大纲要求将所有 MSI 项目写入维修大纲正文。用户从中可以知道哪些项目虽然列入 MSI，但没有合适的维修工作，以便进行可靠性监控。

表 6.7　系统说明

<table>
<tr><td>适用机型</td><td>系统名称</td><td>ATA</td></tr>
<tr><td colspan="3">（说明功能、组成、附系统图）</td></tr>
</table>

表 6.8　MSI 选择分析表

<table>
<tr><td rowspan="2">序号</td><td rowspan="2">MRB
编号</td><td rowspan="2">项目名称</td><td rowspan="2">型号</td><td rowspan="2">数量</td><td colspan="4">列入 MSI 原因</td><td rowspan="2">非重要
项目</td><td rowspan="2">备注</td></tr>
<tr><td>1</td><td>2</td><td>3</td><td>4</td></tr>
<tr><td></td><td></td><td></td><td></td><td></td><td colspan="4"></td><td></td><td></td></tr>
<tr><td colspan="11">①影响安全；②隐蔽功能；③影响使用；④影响经济性</td></tr>
</table>

编写组	单位	编写	批准	年　月	修改	共 页 第 页

在确定 MSI 之后，要对选出的每一项 MSI 进行功能、功能故障、故障后果和故障原因分析（FMEA）。在 FMEA 中，功能表示项目正常的作动特性，复杂项目可能需要分成几项功能进行分析；功能故障是指项目不能在规定的条件内履行其指定的功能，包括停止动作（失去功能）、作动程度下降（丧失部分功能）、不可能作动（没有功能）、失控作动（毫无准备的失去功能）4 种情况；故障后果是指功能故障对系统和飞机的影响；故障原因是指为什么发生功能故障。相关分析要记录在专用的表单中，详见表 6.9 和表 6.10。

表 6.9　重要维修项目功能故障分析表

<table>
<tr><td colspan="2">项目名称</td><td colspan="2"></td><td colspan="2">制造厂</td><td></td><td colspan="1" rowspan="3">可靠性数据</td></tr>
<tr><td colspan="2">MRB 编号</td><td colspan="2"></td><td colspan="2">装机数量</td><td></td></tr>
<tr><td colspan="2">型号（件号）</td><td colspan="2"></td><td colspan="2">区域号</td><td></td></tr>
<tr><td colspan="2">功能（F）</td><td colspan="2">功能故障（FF）</td><td colspan="2">故障影响（FFE）</td><td colspan="2">故障原因（FFC）</td></tr>
<tr><td>序号</td><td>描述</td><td>序号</td><td>描述</td><td>序号</td><td>描述</td><td>序号</td><td>描述</td></tr>
<tr><td></td><td></td><td></td><td></td><td></td><td></td><td></td><td></td></tr>
</table>

表 6.10　系统重要维修项目工作综合表

<table>
<tr><td colspan="6">系统名称</td><td colspan="4">ATA</td><td colspan="3">适用机型</td></tr>
<tr><td rowspan="4">序号</td><td rowspan="4">MRB
编号</td><td rowspan="4">名称</td><td rowspan="4">型号</td><td rowspan="4">数量</td><td rowspan="4">制造厂</td><td colspan="7">维修工作种类和时限</td></tr>
<tr><td rowspan="2">方式</td><td rowspan="2">首修</td><td rowspan="2">翻修</td><td rowspan="2">检验</td><td colspan="2">检查</td><td rowspan="2">寿命</td></tr>
<tr><td>原位</td><td>离位</td></tr>
<tr><td></td><td></td><td></td><td></td><td></td><td></td><td></td></tr>
<tr><td colspan="3">编写组</td><td colspan="2">单位</td><td colspan="2">编写</td><td colspan="2">批准</td><td>年 月</td><td>修改</td><td>共 页</td><td>第 页</td></tr>
</table>

在对每一项重要维修项目进行功能、功能故障、故障影响和故障原因分析之后，采用MSG－3逻辑分析方法进行分析（见图6.7）。该方法分上下两层分析，使用时从上层分析开始，并根据每一问题的回答情况来确定下一步分析流程的方向。上层即第一级，包含问题1～4。上层分析对每一重要维修项目的功能故障进行分析，确定其故障影响，即明显的安全性、使用性、经济性、隐蔽的安全性和非安全性这5种；在确定了故障类型后，接着根据故障类别和故障原因，按照逻辑图的下层中给出的各个问题（问题5～9的从“A”到“F”，如果适用的话）进行分析，根据每个功能故障的原因来选择适用和有效的维修工作。

根据MSG－3，维修工作包括润滑/勤务（LU/SV）、使用/目视检查（OP/VS）、检查/功能检查（IN/FC）（包括一般目视检查（GVI）、详细检查（DET）和特殊详细检查（SDET））、恢复（RS）、报废（DIS）。

在确定维修工作之后，还有一个十分重要的工作需要开展——确定维修间隔。对于满足适用性和有效性准则的维修工作，维修工作组应该确定其时间间隔。维修工作组应根据可获得数据和工程经验判断法来选择合适的维修间隔。在航空器投入使用之后，才能得到确定最优维修工作间隔所需的数据，因此，可以先依据类似系统或部件的使用经验来确定。在航空器投入使用之后，再通过运行数据收集和分析来确定维修间隔的正确性。可以看出，维修间隔的确定是一个贯穿于航空器整个使用寿命的信息收集和分析问题的过程。维修间隔的确定，包括描述参数的选择和相应的间隔时间的确定。一般来说，第1步是确定适用参数，如飞行小时、循环次数、日历时间或上述参数的组合；第2步是根据维修间隔选择准则，确定时间间隔。需要注意的是，MSG－3逻辑分析方法并没有包含维修间隔的选择的决断逻辑，也没有提供飞机服役之后如何调整用户的初始间隔。初始维修间隔必须在飞机开始服役并产生一定量的运行信息之后，才能最后确认。

维修间隔的确定和优化应参考FAA咨询通告AC－121－22B的第12章。波音公司在787飞机的PPH中介绍了该公司提出的飞机系统和附件维修间隔确定和优化工具（Maintenance Interval Determination and Optimization tool，MIDOT）。该工具使用航空公司运营商服务中的数据。维修工作组通过MSG－3分析任务的时间间隔时，若组件与使用波音飞机模型相同或相似、或使用环境类似，则可以通过可靠性分析得到该组件的故障率曲线，从而通过可靠性分析得到有效的任务间隔。MIDOT分析流程及实施步骤如图6.8所示。

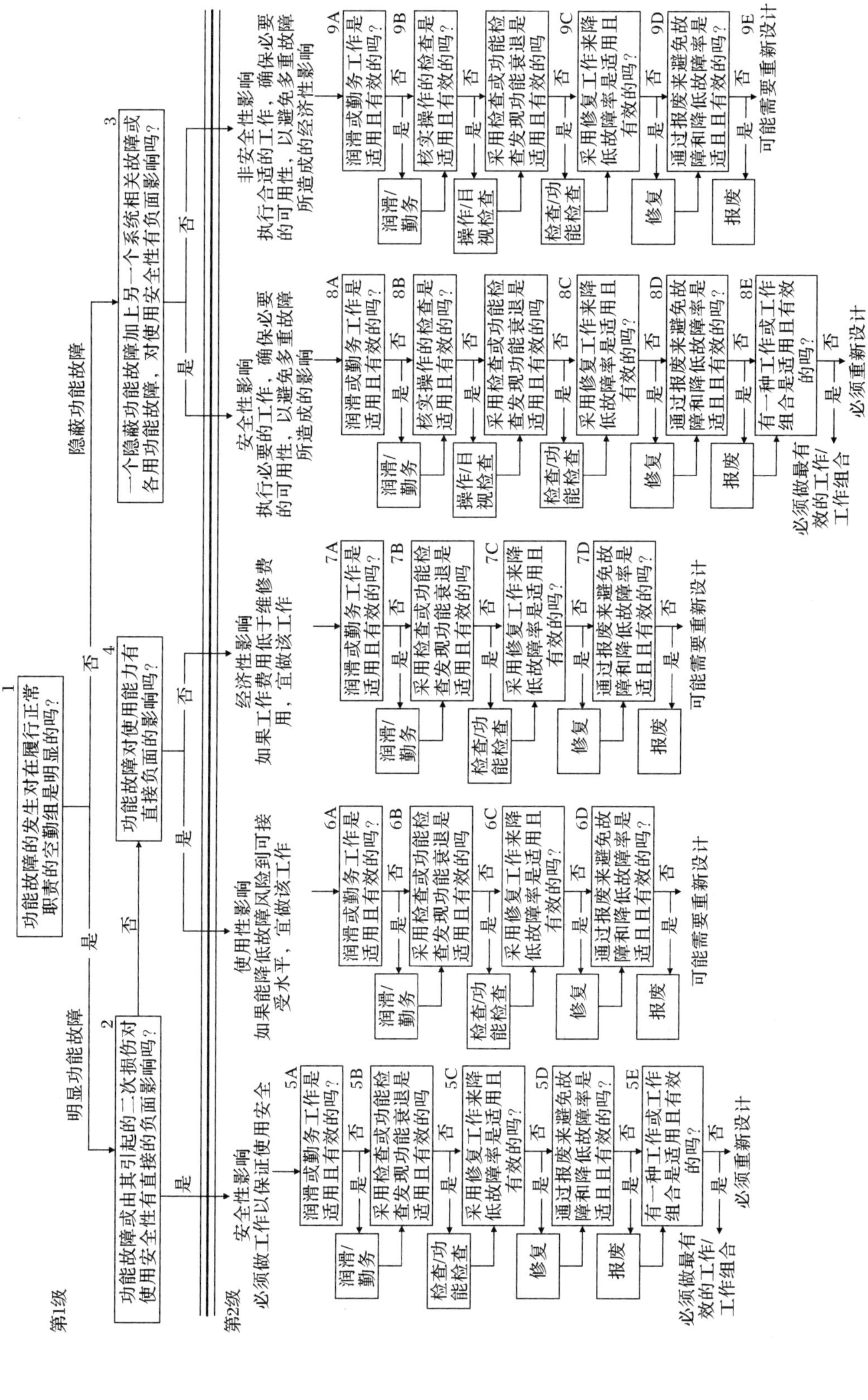

图6.7　系统/动力装置MSG-3逻辑分析图

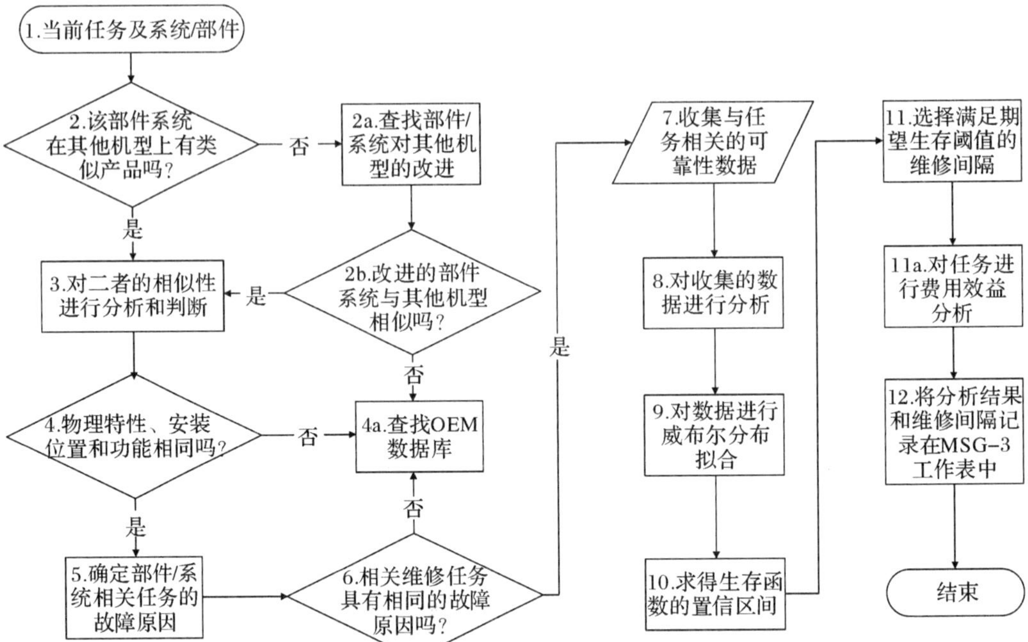

图 6.8 MIDOT 分析流程及实施步骤

需要对制定的维修检查频率间隔开展适用性和有效性评审。MSG－3 对维修工作的适用性,有效性准则见表 6.11。

表 6.11 维修任务选择适用性和有效性准则

<table>
<tr><th rowspan="3">维修任务</th><th rowspan="3">适用性准则</th><th colspan="6">有效性准则</th></tr>
<tr><th colspan="2">安全性</th><th colspan="4">非安全性</th></tr>
<tr><th colspan="2">FEC5　FEC8</th><th colspan="2">使用性(运行性)
FEC6　FEC9</th><th colspan="2">经济性
FEC7　FEC9</th></tr>
<tr><td>润滑/勤务</td><td>消耗性材料的补充必须能降低功能恶化率</td><td colspan="2">任务必须能降低故障风险</td><td colspan="2">任务必定能降低故障风险到一个可接受的水平</td><td colspan="2">任务必须符合成本-效益原则</td></tr>
<tr><td>使用(运作)检查</td><td>确认实施特定目的的项目必须是可能的(明显故障没有适用性要求)</td><td>FEC5 不适用</td><td>任务必须能保证降低隐蔽功能故障发生多重故障的风险有足够的有效性</td><td>FEC6 不适用</td><td>任务必须能保证避免隐蔽功能故障发生使用性影响的多重故障有足够的有效性</td><td>FEC7 不适用</td><td>任务必须能保证避免隐蔽功能发生经济性影响的多重故障有足够的有效性,且必须符合成本-效益准则</td></tr>
</table>

续 表

目视检查	通过目视验证，发现故障状态必须是存在的	FEC5 不适用	任务必须确定项目的一种状态，该状态显示安全运作功能必须是有用的，且可降低多重故障的风险	FEC6 不适用	任务必须确定项目的一种状态，该状态显示隐蔽功能的可用性以避免多重故障的使用性影响	FEC7 不适用	任务必须确定项目的一种状态，该状态显示隐蔽功能的可用性以避免多重故障的使用性影响，且必须符合成本-效益准则
检查/功能检查	抗故障能力的下降必须是可探测的，并在功能故障和恶化情况之间存在相当一致的间隔	任务必须降低故障风险，以保证安全运作		任务必须能降低故障风险到一个可接受的水平		任务必须符合成本-效益原则	
恢复	项目必须在某个可鉴定的使用期内显示出功能退化的特性，且大部分项目必须能生存到该使用期，它还必须能把项目恢复到抗故障能力规定的标准	任务必须降低故障风险，以保证安全运作		任务必须降低故障风险，以达到一个可接受的水平		任务必须符合成本-效益原则	
报废	项目必须在某个可鉴定的使用期显示出功能退化特性，且该项目的大部分必须能生存到该期限	任务必须降低故障风险，以保证安全运作		任务必须降低故障风险，以达到一个可接受的水平		任务必须符合成本-效益原则	

应用 MSG－3 逻辑分析方法制定维修大纲应有完整的记录。民航局飞行标准司颁发的管理文件 MD－FS－AEG003《MSG－3 应用指南》中给出了一套编写记录表，需要时应评估其适用性并优先选择。

6.1.4　结构维修大纲

飞机结构维修大纲包括对偶然损伤(AD)、环境损伤(ED)和疲劳损伤(FD)的检查，并确定腐蚀预防和控制大纲(CPCP)。按照 MSG－3 推荐，结构的评级工作由制造方进行，结构工作组审查；而结构的逻辑分析，则由结构工作组进行。MSG－3 结构逻辑分析过程如图

6.9 所示。

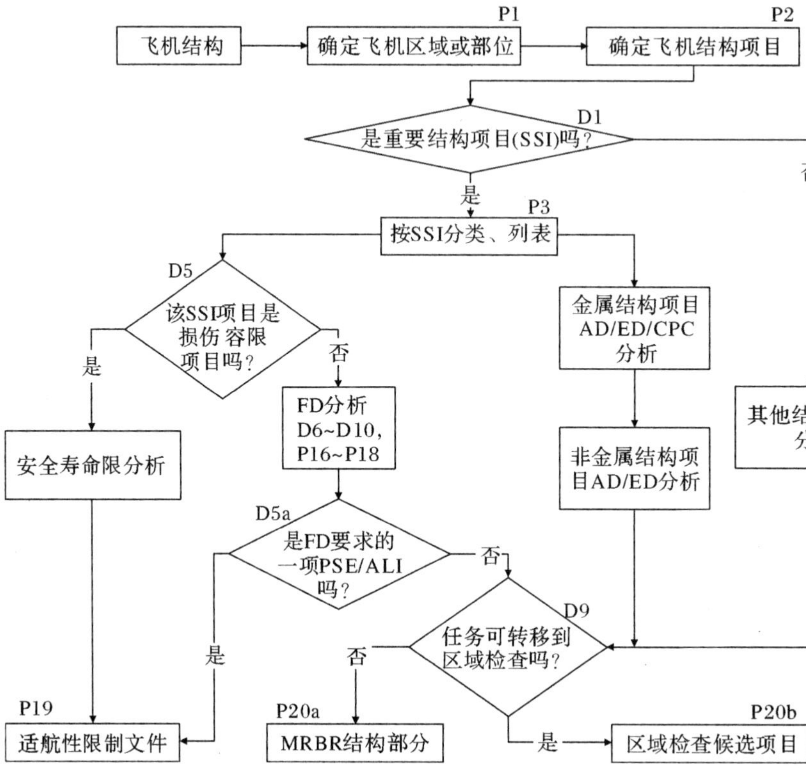

图 6.9 MSG-3 结构逻辑分析总图

飞机结构由所有承载部件组成,主要包括机翼、机身、尾翼、发动机吊架、起落架、飞机操作面和相应的连接点。

飞机结构退化的来源可以归于三大类:偶然损伤(AD)、环境损伤(ED)和疲劳损伤(FD)。偶然损伤的特点是随机发生的离散事件,它可以降低结构的固有剩余强度水平。偶然损伤的来源有地面和货物运输设备,外来物,雨水的侵蚀,冰雹,雷击,跑道的破碎、渗透、冰冻和融化,以及不包括在其他损伤来源中的在飞机制造、使用及维修过程中的人为差错。大尺寸的偶然损伤,如鸟撞,大块冰雹或可立即检测到的重大碰撞,不属于此类。

环境恶化的特点是由于不良天气或环境引起的结构强度的变化。需要对包括腐蚀、应力腐蚀和非金属材料的强度衰退进行评定。

疲劳损伤的特点是初始裂纹是由于交变载荷引起开裂及其持续扩展造成的,它是一个与飞机使用时间有关的累积过程。

结构分析首先按照 ATA2200 规范划分飞机结构项目,主要包括 51～57 章以及 32 章(起落架)的结构部分。结构项目划分为重要结构项目和非重要结构项目两类,然后按照逻辑图要求进行分析,选择适合的工作任务及其间隔。

将飞机结构项目按故障对飞行安全的影响划分为 SSI 和 NSSI 两类。重要结构项目又划分为主要结构元件(PSE)和其他结构。主要结构元件是主要结构中对承受飞行、地面和增压载荷具有重要贡献的结构元件，一旦损坏将导致飞机发生灾难性损伤事件。其他结构是指除 PSE 之外的重要结构，如客舱/货舱地板和结构，座椅滑轨，密封结构等。可能被划分为 SCI 的部分典型结构项目或区域如下：

(1)主要元件间的连接件。

(2)需要润滑与防止磨损的静态连接。

(3)疲劳敏感区，如应力集中部位、非连贯性结构部位、预应力连接件、主受力接头、蒙皮开口部位、门窗的四周结构等。

(4)有可能出现广布疲劳裂纹的结构。

(5)腐蚀敏感区域，如厨房、厕所下面的结构、下机身底部结构、客/货舱门下部区域、不会发生应力腐蚀的项目等。

(6)易受到外部原因和维修活动造成偶然损伤的项目或区域，如客舱出口或承重门附近、靠近维修频繁或腐蚀液体泄漏污染的项目或区域。

(7)安全寿命结构项目。

按照设计特征，大型民用飞机重要结构也可以划分为损伤容限项目和安全寿命项目。损伤容限是结构遭受疲劳、腐蚀、意外和离散源损伤后，在一定时间内可以保持其剩余强度的能力。损伤容限项目是指破损发生在一定范围内，结构仍具有承载能力的项目。当确定为损伤项目的结构发生破损时，在探出损坏之前，其剩余的结构能够承受合理的载荷，而不会导致整体结构损坏或过度变形。该类项目必须具有可检性，并制定指令性检查要求。

损伤的检查方法有：一般目视检查、详细检查、特殊详细检查和预定结构健康监控(S-SHM)。前三种检查方法的检查级别和灵敏度依次提高，检查门槛值依次减小，重复检查周期依次增大，检查费用也随之增大。在选择检查方法时，通常都从最简单的一般目视检查开始，逐步提高检查级别。对于那些有隐蔽损伤的项目或者选择详细检查后仍不能满足要求的项目，应考虑选择适用的无损检测方法。飞机结构的首次疲劳检查时间，又称为检查门槛值，大部分项目的检查门槛值与重复检查时间不同。

结构健康监控(SHM)用于检查或观察一个特定的结构项目，它采用专门设计的光学和电子装置，来详细检查结构安装或组件装配及变化。SHM 设备用于检查或观察偶然损伤、环境恶化和疲劳损伤，被证明是适用和有效的。预定结构健康监控(S-SHM)是检查/功能检查的一种方法，要求在固定间隔时间，使用运行阅读 SHM 设备。如果需要制定和批准 S-SHM，应制订专门的分析程序。SHM 常用传感器功能见表 6.12。

表 6.12　SHM 常用传感器功能

传感器	可监测的损伤类型	监测区域	监测对象	监测模式
光纤(FBG)	载荷、冲击和分层	整体/局部	金属/复合材料	在线
压电传感器(PZT)	裂纹、分层/脱黏和冲击	局部	金属/复合材料	在线
声一超声探头(AU)	分层、裂纹	整体	金属/复合材料	离线

续 表

传感器	可监测的损伤类型	监测区域	监测对象	监测模式
比较真空检测传感器(CVM)	裂纹、腐蚀、脱黏	局部	金属/复合材料	离线
声发射传感器(AE)	冲击、裂纹、分层/脱黏	整体	金属/复合材料	在线
敏感涂层(SC)	腐蚀、裂纹	整体	金属/复合材料	离线
环境退化监测传感器(EDMS)	腐蚀	局部	金属/复合材料	在线
微波传感器(μW)	水侵入	局部	金属/复合材料	离线
图像超声(IU)	超声可检损伤	局部	金属/复合材料	离线
箔式涡流传感器(ETFS)	裂纹、腐蚀	局部	金属	离线
阻抗片(MFC)	冲击、裂纹	局部	复合材料夹层	在线

飞机结构的检查间隔,按照不同的损伤原因选择相应的参数和间隔。在实践中常常根据总的损伤评价等级来确定检查间隔,表 6.13 给出了一个实例。AD 检查,不区分检查门槛值和重复检查周期,通常选择飞行循环次数或飞行小时。ED 检查,包括腐蚀预防与控制大纲(Corrosion Prevention and Control Program,CPCP),区分为检查门槛值和重复检查周期,通常选择日历时间。FD 检查,区分为检查门槛值和重复检查周期,通常选择飞行循环次数或飞行小时,也存在两者同时适用情况。

表 6.13 损伤评价总等级对应的检查间隔

总等级	检查间隔	
	外 部	内 部
1	500 FC 或 3 个月	1 000 FC 或 6 个月
2	1 000 FC 或 6 个月	2 000 FC 或 12 个月
3	2 000 FC 或 12 个月	4 000 FC 或 24 个月
4	4 000 FC 或 24 个月	8 000 FC 或 48 个月
5/6/7	8 000 FC 或 48 个月	16 000 FC 或 96 个月
8	≥8 000 FC 或≥48 个月	≥16 000 FC 或≥96 个月

注:鉴于不同区域可能会出现不同的间隔对应关系,本表格可根据需要进行调整。

对每个 SSI 项目的 AD 和 ED 分析都应按照损伤的易感性(损伤的概率)和可探测性(损伤探测及时性)进行评级,评级结果决定 SSI 的初始最低检查要求。对每个 SSI 项目的 FD,在制造方进行疲劳和损伤容限分析基础上,再按照 MSG-3 结构逻辑图进行分析,这是一个对损伤容限检查要求的可达性和可行性进行评价的过程,以便提高制造方确定的检查方法和检查周期的合理性。

不同制造商使用不同的方法对金属结构 AD 和 ED 进行分析,主要包括 AD 和 ED 综合分析、AD 和 ED 单独分析、简化分析等。这里就不多介绍了。环境损伤包括腐蚀和应力腐蚀,在分析时主要考虑这样几个因素:SSI 的可见性、对环境损伤的敏感性、环境保护以及暴露于不利环境的影响。ED 等级一般等于上述指标之和。

偶然损伤在分析时主要考虑这样几个因素：SSI 的可见性、对损伤的敏感性（金属材料主要考虑应力水平、断裂强度，非金属材料主要考虑应力水平、对损伤扩展的敏感性）、剩余强度、受损伤的概率。

金属结构的疲劳和损伤容限分析按照 MSG－3 结构项目逻辑决断流程图中相应的流程图（见图 6.10）进行。疲劳分析需要考虑下述几个因素：

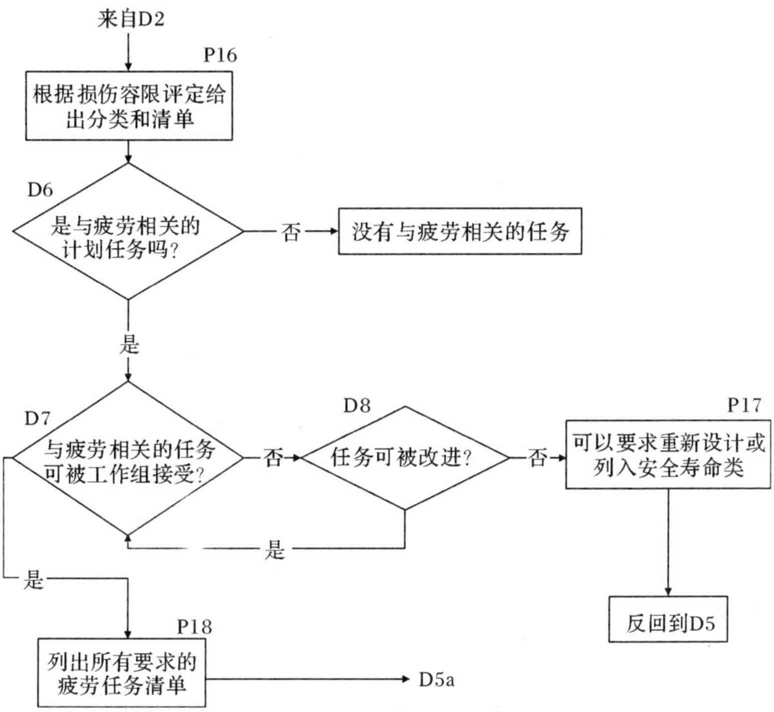

图 6.10　FD 分析逻辑图

（1）不同检查级别的可检裂纹尺寸。

（2）不同级别可检裂纹尺寸的门槛值。

（3）临界裂纹长度。

（4）裂纹增长评估。

（5）机队规模和使用情况评估。

由于复合材料的损伤特性与金属材料不同，同时为了适应新飞机大量使用复合材料结构的需要，MSG－3 中给出了非金属结构 AD 和 ED 分析逻辑图，如图 6.11 所示。该图对非金属结构分析提出了更多要求，通过分析确定的检查等级和间隔，需要通过工龄探索大纲逐步优化。

下面介绍结构腐蚀预防和控制基本大纲（CPCP）。

多年的实践表明，民用飞机发生腐蚀损伤，通常早于疲劳损伤。CPCP 是结构维修大纲的组成部分，其目的是把腐蚀控制在 1 级或更好的水平。

飞机结构的腐蚀主要有点状腐蚀、晶间腐蚀、应力腐蚀、剥蚀、电偶腐蚀、丝状腐蚀和生物腐蚀等。根据受影响区域的范围,腐蚀损伤被分为局部腐蚀和广布(广域)腐蚀两类。

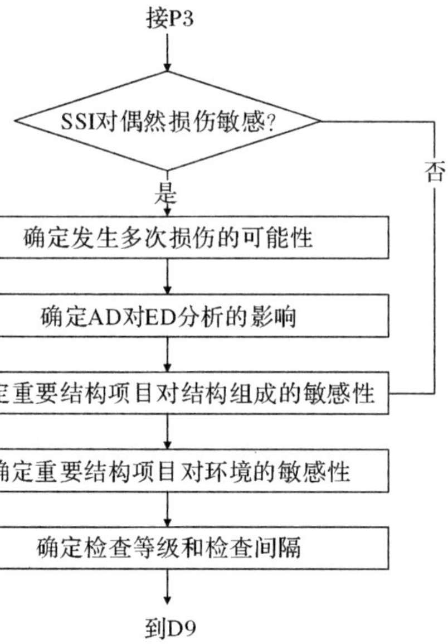

图 6.11 非金属材料的 AD/ED 分析逻辑图

根据受影响的区域和损伤程度,将腐蚀损伤分为三级。考虑到腐蚀损伤级别划分仍有争议,这里给出一种主流划分方法。1 级腐蚀包括:发生在相继两次腐蚀检查任务之间的腐蚀,是局部腐蚀,并可以在容许极限内清除;超出了容许极限的局部腐蚀,但不是营运人同机队其他航空器可能发生的典型腐蚀情况(如水银溢出引起的腐蚀);发生在相继两次腐蚀检查任务之间的腐蚀,是蔓延腐蚀,并可以通过打磨等方式清除,损伤远低于容许极限;以往相继腐蚀检查之间都只有轻微腐蚀,最近一次腐蚀检查发现的腐蚀,清除腐蚀后超出容许极限。2 级腐蚀包括:任何两次相继的腐蚀检查任务之间超出容许极限,需要进行修理、加强、全部或部分替换相应结构的腐蚀;任何两次相继的腐蚀检查任务之间出现的蔓延腐蚀,且一处接近容许极限。3 级腐蚀是在初次或后续检查中发现的大范围腐蚀损伤,并由承运人和制造商判定为需要迅速采取行动的严重影响适航性的问题。飞机结构的腐蚀等级评定流程图如图 6.12 所示。

为了及时探测机队的疲劳损伤情况,验证疲劳试验与实际飞行的符合性,需要编制疲劳抽样检查计划(机队领先计划),通过对飞机循环次数最多/使用时间最长的飞机中选出特定的飞机进行检查,发现由于疲劳损伤会造成恶化状况(初始迹象)。

为了验证飞机的抗腐蚀能力,需要制订检查计划,称为工龄探索大纲(AEP)。它在分析从使用过程中所收集到的资料的基础上,对项目进行系统评定。通过检查,探索项目随时间增长而抗恶化能力的变化情况。工龄探索大纲常用来优化腐蚀检查门槛值、非金属重要结构项目的环境损伤检查间隔和起落架翻修时限等。

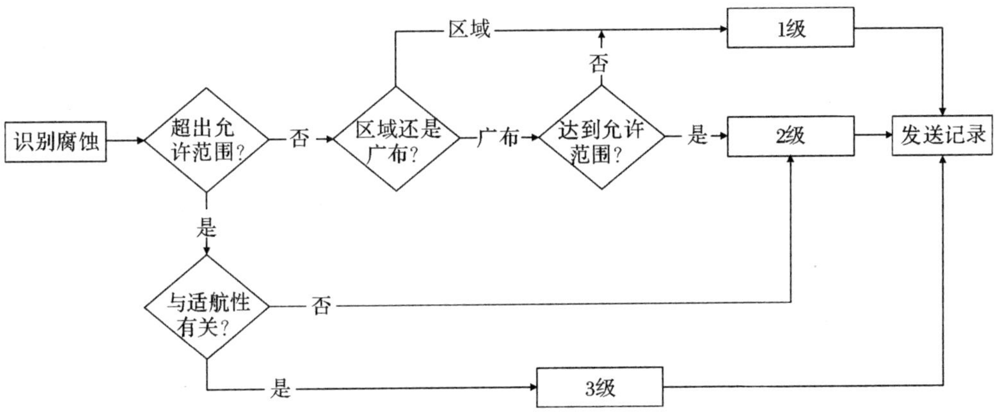

图 6.12　结构的腐蚀等级评定流程图

6.1.5　区域检查大纲

按照 MSG－3 要求对飞机每个区域的特点和工作环境进行分析，确定区域的预防性检查任务和间隔，称为区域检查大纲。在新飞机维修大纲中，去检查要求包含了 L/HIRF 一般项目的检查。制定区域检查大纲时，要进行标准区域分析和增强区域分析。标准区域分析是通过对所涉及的区域进行分析，确定 GVI 的范围和间隔。增强区域分析是通过对有电器线路互联系统 EWIS 区域可能引发火灾和系统故障的可能性进行分析，并确定对特殊项目和特定区域的维修检查任务，如单独的 GVI、DET 和清洁、恢复(RST)等。

区域检查主要发现给定区域内系统、结构、L/HIRF 防护系统和电气线路互联系统可能存在的以下明显损伤和异常：

(1)通道和电线、管路之间可能发生的摩擦。

(2)系统元件的固定、间距和锈蚀。

(3)任何种类的液体外漏。

(4)接头连接状况。

(5)金属和复合材料结构的损坏。

(6)L/HIRF 防护系统的损坏等。

区域的逻辑分析如图 6.13 所示。

下面重点对标准区域分析和增强区域分析进行介绍。

标准区域分析是以子区为单位，对每个区域从重要性、可检性(包括设备的稠密度)、安装因素(包括系统和设备数量及易检程度)、环境因素(包括温度、噪声、振动、气候、液体等)等几个方面进行分析。根据这些因素分别进行分析，给出各种因素等级号，最终评出该区域诸因素的总的等级号。建议根据标准区域分析评级矩阵图来确定区域总等级，如图 6.14 所示，并按总等级与分析机型的标准区域分析等级间隔对应关系，确定增强区域检查间隔。不同总等级的对应间隔，针对各机型的适用性和有效性来确定。

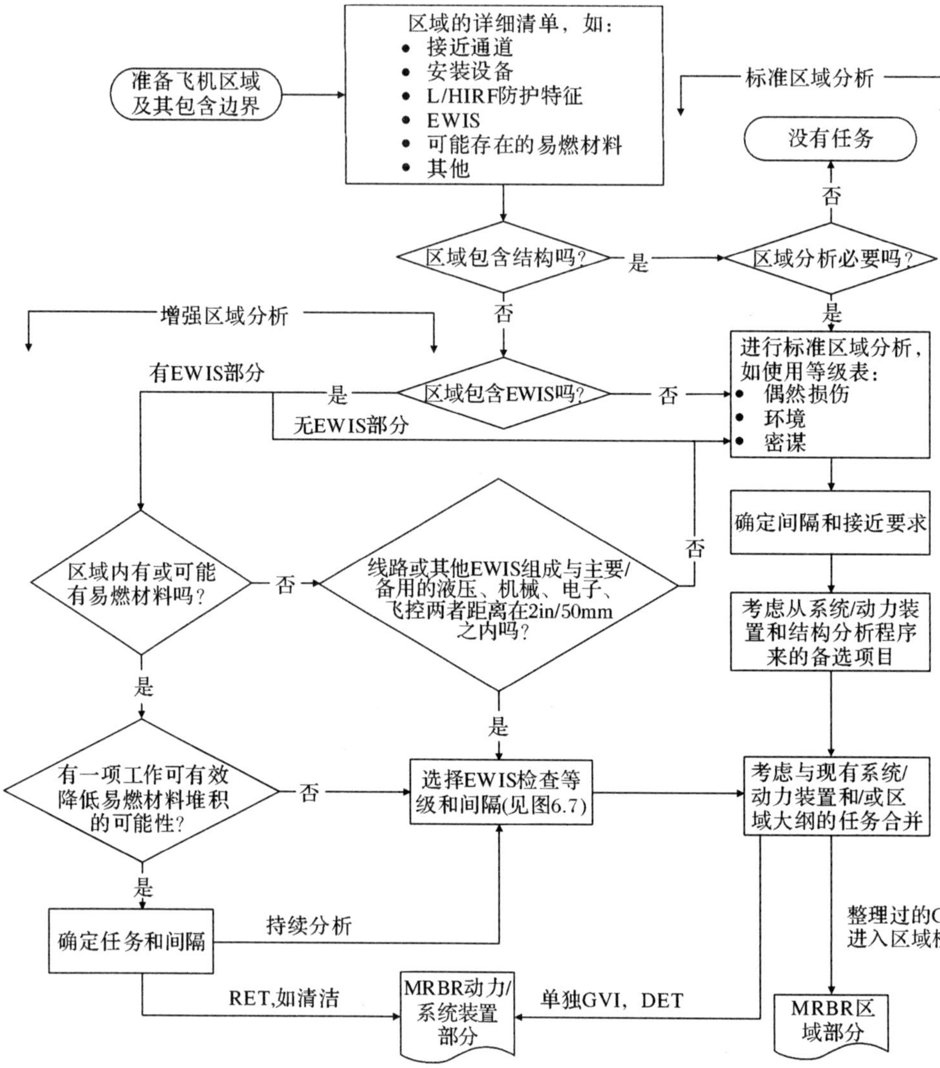

图 6.13　MSG－3 区域逻辑分析图

		重要性			
		1	2	3	4
稠密度	1	1	1	2	3
	2	1	2	3	3
	3	2	3	3	4
	4	3	3	4	4

⇨

		不良因素影响等级			
		1	2	3	4
重要性/稠密度	1	1	1	2	3
	2	1	2	3	3
	3	2	3	3	4
	4	3	3	4	4

图 6.14　标准区域分析评级矩阵图

增强区域分析，关注的是飞机线路和电气线路互联系统性能的衰退和易燃材料问题。对于包含电气线路和有可燃物聚集的区域，以及电气线路临近关键设备或部件的区域，需要进行增强区域分析。电气线路互联系统的维修检查任务决断过程，如图 6.15 所示。

在增强区域分析过程中，同样可以使用矩阵图来确定检查级别和任务间隔。

根据区域大小、安装设备的稠密度以及起火对相邻 EWIS 和系统的潜在影响三个指标因素，利用等级表来判定检查级别。检查级别可以分为对整个区域 EWIS 的 GVI、对区域内特定 EWIS 的 DET 或单独的 GVI。1 级对应“GVI 区域内的所有 EWIS”，2 级对应“GVI 区域内的所有 EWIS，并对特定的 EWIS 增加单独的 GVI 检查”，3 级对应“GVI 区域内的所有 EWIS，并对特定的 EWIS 增加单独的 GVI 和/或 DET 检查”。同样可以使用矩阵图来确定检查级别。

使用包含 ED 和 AD 的等级表确定检查工作的间隔。对各类 ED 因素（例如温度、振动、湿气、化学物质、污染物）按影响进行等级评定，同样也对 AD 因素（如地面操作设备、外来物损伤、天气、液体、维修活动、乘客活动）进行等级评定，等级评定可以按照轻微、中等和严重分别定为 1、2 和 3 级。在 ED 和 AD 等级确定后，再根据图 6.16 的矩阵关系确定总等级，并按总等级与间隔的对应关系确定增强区域检查间隔。

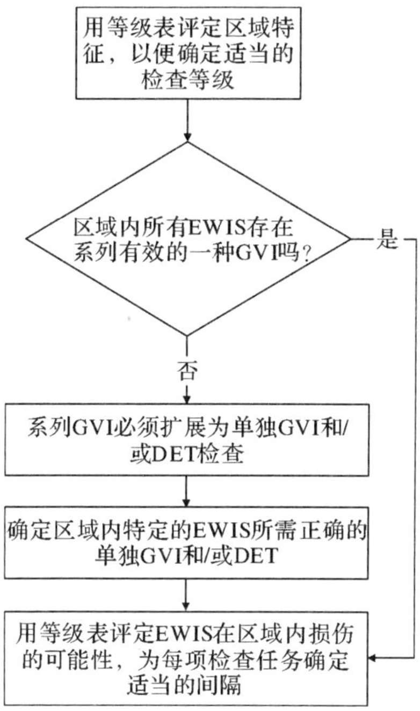

图 6.15　EWIS 检查任务决断程序

		AD等级		
		1	2	3
ED等级	1	1	2	3
	2	2	2	3
	3	2	3	3

图 6.16　增强区域分析，总等级确定矩阵图

最后，列出标准区域分析和增强区域分析产生的所有任务，对增强区域分析产生的任务进行合并或转移判定，并将满足合并条件的系统、结构、L/HIRF 部分的一般目视检查（GVI）任务合并进入区域维修大纲。增强区域分析产生的针对整个区域 EWIS 的 GVI 任务可以与标准区域分析产生的任务进行合并，合并后取两者中较短的间隔值。产生的单独的 GVI、DET 以及恢复任务要转移到 ATA20 章。

6.1.6 闪电/高强度辐射场区检查大纲

MSG－3 中闪电/高强度辐射场防护部分维修工作是为了降低闪电/高强度辐射场防护系统的故障影响，从而进一步降低防护系统故障对飞机的适航性影响。MSG－3 中闪电/高强度辐射场防护项目根据衰退的敏感性评估系统的状况，在出现防护系统故障时，根据逻辑判断法(见图 6.17)确定维修任务和维修间隔。飞机上所有系统的 L/HIRF 系统的临界值和主要系统，都是按照辐射频率(RF)敏感性的试验等级进行设计的。因此，在选用 L/HIRF防护系统时，飞机制造方必须符合适用的工业标准。

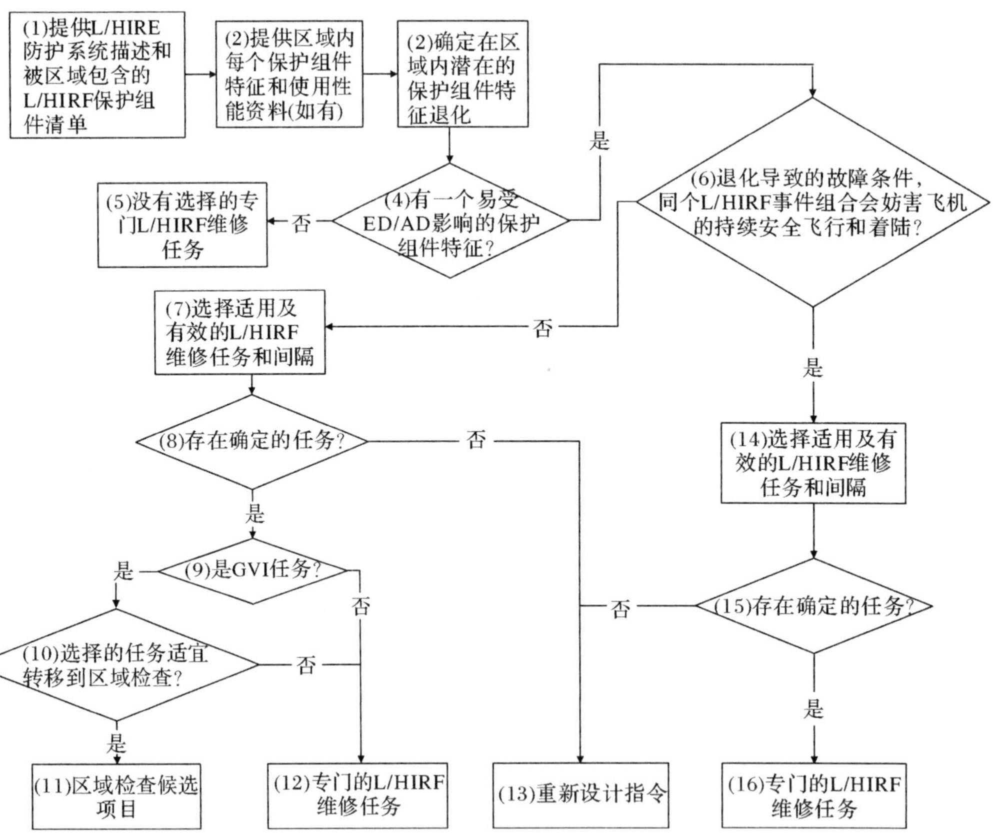

图 6.17 MSG－3 中 L/HIRF 防护逻辑图

闪电/高强度辐射场防护分析包括三部分：防护对象、防护部件分析和敏感度等级。根据 ATA 2200 标准划分的区域闪电高强度辐射场，防护对象为电气保护部件和非电气保护部件；根据防护部件的特点和性能数据分析其防护特性，包括稳定性、耐腐蚀性和抗环境影响性；根据指定区域的防护部件对环境损伤和偶然损伤的敏感程度，分析评估该区域的敏感度，敏感度等级在维修间隔制定和任务类型确定中具有关键作用。

自 2011 年以来，MSG－3 中的 L/HIRF 分析程序多次修订，目前，其分析结果有 4 种：

专门的 L/HIRF 任务、考虑重新设计或证明没有可选择的任务、决定提交单独的 L/HIRF 任务包含在 MRBR 中、没有必须的单独任务但应按照保证计划或类似的大纲进行监控，同时取消了将 L/HIRF 任务转移到区域检查的程序。

民航管理文件 MD - FS - AEG003《MSG - 3 应用指南》推荐了 L/HIRF 分析方法。该指南要求按照以下步骤进行分析：

(1)确定闪电/高能辐射防护重要项目(LHSI)清单。

(2)编写 LHSI 防护设计特性说明。

(3)防护设计特性的失效或退化模式分析。

(4)安装位置的 AD/ED 分析并确定任务间隔。

(5)任务类型和有效性判断。

(6)任务汇总。

6.2　飞机构型偏离放行要求

飞机构型偏离放行主要是指按照航空营运人的最低设备清单(MEL)、机型的外形缺损清单(CDL)和结构维修手册(SRM)允许的缺陷限制放行飞机，也称为暂缓修复控制项目放行或保留故障项目放行。

其中，闪电/高能辐射防护重要项目(LHSI)是具有防护设计特性的系统和部件，如果由于环境造成的性能退化或发生偶然损伤造成防护特性失效，可能影响飞机持续安全飞行和着陆。通常采用工程判断方法来确定 LHSI。

6.2.1　主最低设备清单(MMEL)和最低设备清单(MEL)

最低设备清单的产生基于这样的一种思想：航空器系统或设备具有不同水平的冗余度，当航空器上某些系统或设备不工作时，如果其余部分能保证航空器处于一个可接受的安全水平，则在确定时间内这些系统和设备丧失工作能力是可以接受的。在营运人的 MEL 获得管理当局批准后，飞机才可以按照 MEL 规定带有失效仪表和设备实施运行。

主最低设备清单(MMEL)是由制造商提出并经管理当局批准和认可的技术文件，规定了在特定运行条件下可以不工作，但仍能保持可接受安全水平的设备项目。在保证达到型号审定和运行规章所要求的最低安全水平前提下，MMEL 确定了可以暂时不工作的仪表、零部件或它们的某些功能，同时还给出了这些设备不工作时航空器运行的条件、限制和程序，是航空运营人制订最低设备清单的依据和最低标准。

空客在编写 MMEL 时，对每一个与失效系统、功能或者部件相关的 MMEL 条目都考虑了其对飞行安全的影响、对机组负载的影响、与其他失效条目间的影响以及对产生严重故障的影响等。通过对这些失效系统、功能或者部件的影响分析，结合飞机的设计，制定出相应的措施。这些措施通常有以下三点考虑：

(1)利用飞机的冗余设计，即使用另一套工作正常的系统来替代失效系统。

(2)从其他工作正常的设备或系统功能中获取数据，如备用仪表、备用模式等。

(3)采用适当的程序进行限制，如飞行操作限制或维护程序要求等。

依据 CCAR－121－R5 第 121.647 条，飞机所装仪表或设备失效时，必须具有经批准的最低设备清单(MEL)并满足相关规定方可起飞。因此，航空运营人如果想要其航空器保留故障继续运行，应该制定适合自身机队的 MEL，并获得局方批准。

最低设备清单是运营人在特定条件下开始飞行前发现故障后可以运行的依据，它规定了航空器在特定仪表和设备不工作或功能失效后，继续运行的程序、限制和修复时间。它由运营人依据主最低设备清单所编制，且符合各航空器的构型、运营人的运行环境和条件。

按照 MEL 保留故障放行飞机的处理程序(图 6.18 给出了典型示例)，在维修人员进行检查并证实故障后，应查阅 MEL。如果属于 MEL 项目，且没有可更换的备件、工具或没有足够的排除故障时间时，应通知签派员，由签派人员通知机长准备按照 MEL 放行飞机。同时，维修人员应按照 MEL 中的规定完成维修程序，在飞行记录本上填写详细记录，并在驾驶舱内放置明显的警示标牌，通知机组和其他维修人员该项目的故障状态。

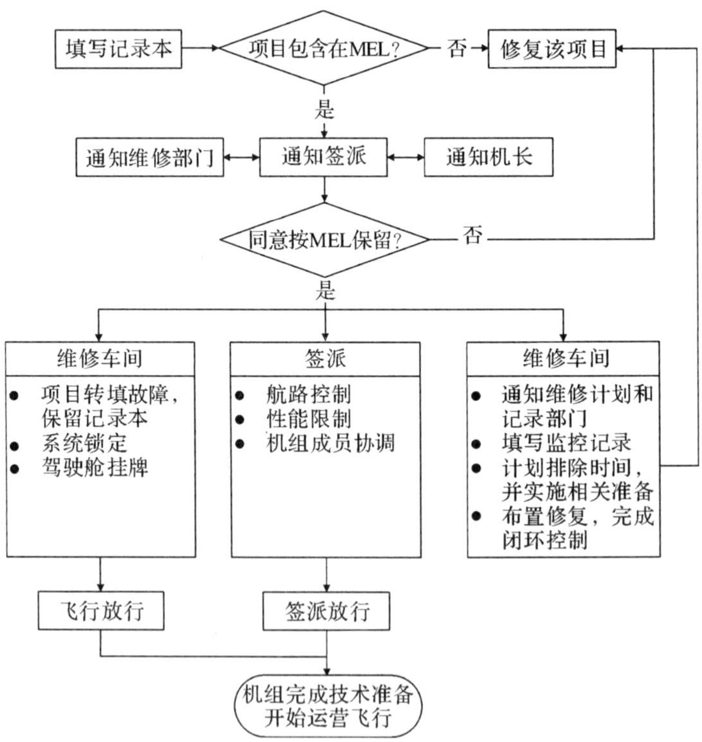

图 6.18 按照 MEL 放行飞机的典型处理程序

FAA 和 EASA 相关规章中对制订 MMEL 和 MEL 文件的流程如图 6.19 所示。

航空器制造商在设计制造一种新型号的航空器时，主最低设备清单建议书(PMMEL)的撰写工作与飞机级/系统级的设计、安全性分析同时进行。航空器制造商在起草完成PMMEL后，将提交给飞行运行评审委员会(FOEB)审查，FOEB将组织民航领域内的专家组成评估小组，对PMMEL每一个项目进行评估。FOEB在初审过后公布MMEL草案，在一定的期限内向民航界人士征求意见。FOEB根据这些意见和建议进行讨论并修订MMEL手册后，将由民航局飞行标准司发布主最低设备清单(MMEL)，航空器承运商(航空公司)则根据所发布的MMEL手册和其他关于飞机安全、结构、运行等相关规定来制订各个型号飞机的最低设备清单(MEL)。

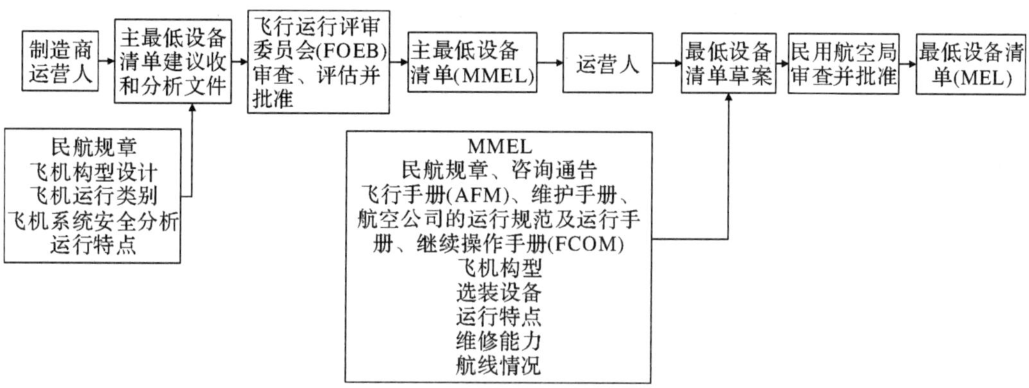

图 6.19　MMEL 和 MEL 文件的制订流程

MMEL和MEL手册制订后，航空器制造商、运营人和局方都可以提出对其进行更改。对于MMEL，航空器承运人提出的更改建议应交由主任监察员提交至AEG，并在下一次FOEB会议上讨论此建议。MMEL的修订程序与MMEL的批准程序是一致的。对MEL的修订建议需要经过主任监察员审查，通过后即可使用。

为了做好飞机从制造到运营的过渡，管理当局的飞行标准部门均设立有航空器评审组(AEG)。该机构通过对飞机运行和持续适航要求的评审和批准，帮助审定合格的飞机顺利投入运营。AEG下设维修飞行标准委员会(FSB)、飞行运行评审委员会(FOEB)和维修审查委员会(MRB)。FSB负责评审型号合格证持有人制订的飞行手册，确定飞行员的型别等级(包括飞行员等级、飞行训练大纲和训练设备要求、模拟机数据包和模拟机审定要求等)。FOEB负责评审和批准MMEL并发布相关政策。MRB负责评审维修大纲及其修改。

6.2.2　构型偏离清单(CDL)

飞机在运行的过程中，因极端气象、地面维护、外来物侵入等原因，可能导致部件脱落、缺损或蒙皮凹陷、鼓包等问题。为确保在满足运行安全的前提下飞机仍能继续运行或飞往可以提供维修的基地，一般在飞机飞行手册中给出了允许缺损的部件清单，称之为构型偏离清单(Configuration Deviation List, CDL)。

构型偏离清单也称外形偏离清单或外形缺损清单，是由飞机制造国管理当局在型号审定时批准的飞机使用文件，通常作为附录编入飞机飞行手册限制，也包含在签派偏离程序指南(DDPG或DDG)中。

考虑到飞机在缺损零部件或外形受损情况下，有可能增大飞行阻力、影响起飞和着陆性能、影响飞行速度和某些相关使用性能、增加燃油消耗等，因此构型偏离清单也要给出相应的使用限制及性能折算，主要是降低受起飞场长、起飞爬升、航路爬升和进场/着陆爬升限制的飞机质量限制。显然，制定构型偏离清单也需要经过分析和实验，并按照飞行手册批准程序审查批准。

确定飞机构型偏离清单的基本原则如下：

(1)构型偏离清单中任意项目缺失不会影响飞行安全。

(2)构型偏离清单中口盖的缺失应不能影响飞机闪电防护安全。

(3)构型偏离清单中项目不包含结构主承力零部件。

(4)构型偏离清单中任意项目缺失应能够在航前外部目视检查过程中探测到。

(5)任何系统缺失零部件数目不得超出构型偏离清单中的最大限制，同一系统缺失多个部件时，应说明这些部件所处位置有何特定要求。

(6)可以同时缺失不同系统的部件。

民用飞机构型偏离清单项目制定和分析典型流程如图 6.20 所示。在新飞机研制过程中，飞机制造商基于对现有机型数据和飞机进行专业分析，提出初始性偏离参考清单，经过专业确认并完善、计算分析等，得到进一步优化的构型偏离参考清单，然后在进行多方面专业评估和验证基础上，形成构型偏离候选项目清单。

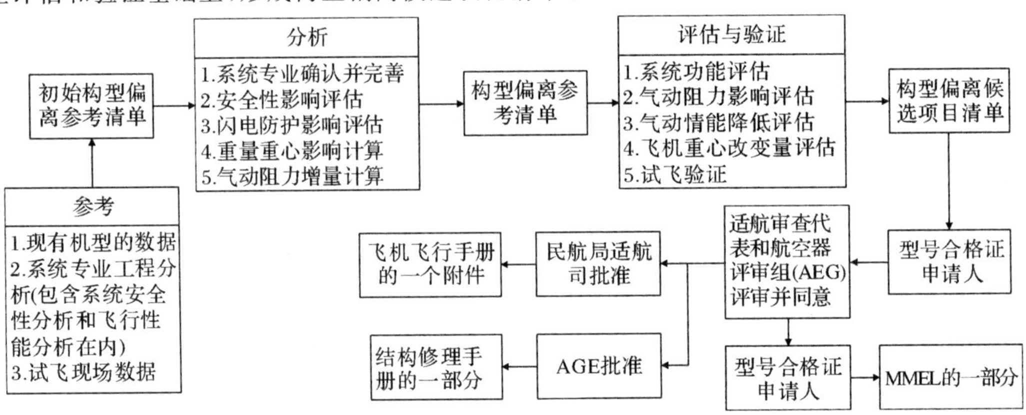

图 6.20　民用飞机构型偏离清单项目制定和分析典型流程

飞机制造商向适航审查代表递交构型偏离候选项目清单和所要求的相关资料以供评审。适航审查代表和航空器评审组(AEG)相关人员对 CDL 草案进行评审。申请人对审查方提出的问题进行修订后，可以将 CDL 作为飞机飞行手册的附件由中国民航局适航司一并批准。CDL 也可独立成册或作为结构修理手册的一部分由 AEG 进行批准。申请人还可以将经批准的 CDL 附加到 MMEL 中，以便在实际运行中使用。

需要注意的是，在制定新型号飞机 CDL 时，应结合型号设计特点进行具体分析，而不必完全照搬已有的方法。

6.2.3　结构修理手册(SRM)允许的损伤

结构修理手册是由飞机设计国的适航审定部门批准的重要技术文件。它规定了各类结构件的常见允许损伤和各种典型损伤修理的基本要求和方法，是运营人对飞机进行结构检查、修理、可允许带有损伤的结构继续运行的基本依据。

飞机结构受到损伤后，是否可以继续飞行和如何飞行，主要考虑损伤对飞机结构完整性和飞机空气动力性能的影响。SRM 中给出了飞机结构的允许损伤，包括所允许损伤的各种数据，用户能够根据这些数据判定受损伤的飞机是否可以不需要修理而继续飞行。

结构修理手册将结构损伤区分为允许的损伤、可修理的损伤和需要更换损伤件的损伤，同时对损伤的修理和更换给出了规定，航空公司应按照规定执行。民航规章指出，按照损伤容限设计的飞机结构，可以有允许的裂纹损伤，但是同时又规定飞机在有裂纹时的检查要求和允许使用的时间限制。航空公司必须在规定时间内完成检查修理或更换。

6.3　维修计划文件

维修大纲解决了什么时间做什么维修任务的问题，但并没有说明完成这些维修任务所需工时、接近方式和口盖说明、设备、工具、技能和材料等，还有一些诸如润滑等方面的要求需要确定。同时为了帮助航空公司和用户尽快制定符合规章要求的维修方案，航空器型号合格证持有人（航空器制造商）以维修大纲为框架编写了指导性维修技术文件，即维修计划文件。维修计划文件为空中客车公司称呼，在波音公司中称之为维修计划数据（Maintenance Planning Data，MPD）。需要注意的是：首先，MPD 由型号合格证持有人制定，它既不是一个管理文件，也不是一个经过局方批准的文件；其次，MPD 必须包括维修大纲中规定的维修任务和维修间隔。MPD 的主要内容见表 6.14。

表 6.14　MPD 的主要内容

序号（章）	名称
0	修改说明和有效页清单
1	概述
2	飞机尺寸
3	区域划分图解
4	接进方式和口盖
5	润滑要求（含过滤器清洗更换要求）
6	系统维修大纲（含动力装置维修大纲）
7	结构检查大纲（含图解清册）
8	区域检查大纲
9	适航性限制和审定维修要求
10	腐蚀预防和防护大纲
附录	A：外场可更换件；B：地面设备和工具；C：维修工时分析和工作组合；D：MRB/MPD/工卡号对照；E：以间隔时间分类的维修工作项目

在编制 MPD 时应遵循这样一些原则：维修大纲的内容应全部纳入 MPD 之中；其他内

容为方便用户的工程技术部门控制自己的机队，型号合格证持有人需进一步提供的信息和技术支援等也应纳入其中。

制定 MPD 的主要依据包括该机型经过批准的维修大纲(MRBR)、型号合格审定中必不可少的适航性限制项目(Airworthiness Limitations, ALS)、该机型按照 CCAR－25.1309 审定要求确立的航空器型号审定维修要求项目(Certification Maintenance Requirements, CMR)、适航指令(Airworthiness Directives, AD)、飞行要求(Operational requirements)(如最小垂直飞行间隔、区域导航、双发延程飞行、全天候飞行等)、补充结构检查文件(SSID)、延寿计划(Life Extension Program, LEP)、服务公告(Service Bulletins, SB)和服务信函(Service Letters, SL)的要求、机型改装和维修的要求、零部件制造商的建议等。

6.4 维修方案

航空公司维修方案也叫承运人维修方案，是航空公司根据制造商所编写的维修方案或者直接根据维修大纲、维修计划文件、客户化维修计划文件等，结合本航空公司的维修能力等实际情况而编写的，适合本航空公司使用的维修方案。民用航空器维修方案是民用航空器维修活动的依据和标准。根据 CCAR－121 部的规定，营运人必须按批准的维修方案完成所有规定的维修作业内容。

维修方案至少应包含以下三个部分的内容：

(1)序言部分，主要包括：维修任务和检查的定义、管理维修任务和检查的程序。

(2)计划维修任务和限制要求部分。

(3)可靠性大纲。

根据 CCAR－121 部 367 条规定，维修方案至少应包含下列基本信息：

(1)维修方案的使用说明和控制。

(2)载重平衡控制。

(3)飞机计划检查和维修工作。

(4)飞机非计划检查和维修工作。

(5)发动机、螺旋桨、设备的修理或翻修。

(6)结构检查或机体翻修。

(7)必检项目。

(8)维修资料的使用。

制定维修大纲的主要依据是适航当局批准的维修大纲(MRBR)或技术维护规程，制造商推荐的维修计划文件和其他要求，适航当局颁发的适航指令，服务通告，制造商/供应商手册，航空公司或维修单位的使用经验，营运特殊要求，地面维修能力和航材储备量，经济性评估。

维修方案的主要内容是维修计划，其执行也主要依赖维修计划，与维修计划相配套的是工卡(task card)。工卡又称工作单，是航空公司的维修工程部门维修或检查所管理的航空器的指令性文件，主要用来指导维修任务的实施。工卡是执行维修计划的作业标准。一般来说，工卡包含下面几个部分：

(1)完成维修任务所需要的信息,如设备、预定材料、接近方式、限定性条件、维修数据指令说明或引用情况标注、维修数据的修订状态。

(2)维修任务不同阶段完成情况的记录,含技术人员签字在内。

(3)所需操作的错误发现记录。

根据 CCAR-145 部要求,工卡至少应包括单位名称,维修任务标题、名称,维修任务实施依据文件及版次,机号或件号,按工作顺序和步骤编写的具体工作内容及工作记录,编写或修订日期,工时记录,完成日期。

航空公司的工程部门通过工卡向具体施工的维修车间传达计划或非计划维修的具体项目,维修车间又将施工后航空器的实际状况记录在工卡上,通过工卡进行反馈,方便进行可靠性控制。完成维修任务并正确签署的工卡,是维修质量和航空器适航性的证明文件,也是飞机历史记录的一部分。根据维修单内容的差异,例行任务的工卡,需保存一个月。由工程指令(Engineering Order,EO)、适航指令(Airworthiness Directive,AD)等改编的工卡,需保存至航空器撤销注册一年后。

在制作工卡的过程中需要注意以下情况:

(1)要根据维修方案和制造商提供的相关手册,如飞机维修手册(AMM)、部件维修手册(CMM)、无损检测手册(NDT)、结构维修手册(SRM)和通告等编写工卡,其内容应包括维修方案手册和本单位的具体情况等。

(2)与生产管理部门和车间共同评审工作施工和签署要求,工卡应符合生产组织及分工实际、符合检查者的技术等级要求,否则应进行协调修改。

(3)确定工卡或某些工序必须检查的要求,做出必检项目(RII)标志。

(4)列出维修方案和工卡编号对应表,以便制定执行计划和跟踪管理。

(5)为了便于管理和使用,要为工卡建立索引,常见的索引条件有检查间隔、用户名称、工卡编号、维修大纲和 MPD 中任务项目编号。

制定维修计划的主要步骤如下:

(1)确定机队的维修循环时间。通常将重要维修时间(如结构检查或翻修)定为循环维修时间,然后制定每次维修循环的执行计划。

(2)列出每一维修项目的维修类型或维修控制间隔。

(3)制定工作包组合表,即将不同使用时限所应完成的维修任务进行组合。

(4)制定工卡矩阵图。工卡矩阵图是工作包组合表的具体化,以矩阵图表形式来表明,每一个工卡号在哪些时限适用,即明确列出工作包项目的工卡号码,从而给出每一检修级别所需工作清单。

(5)从矩阵图提出每一检修级别的工卡目录,并配相应的工卡,形成任务卡和工卡组合。

(6)分析每一检修级别的工作量,进行工时分析,根据实际情况进行调整,并确定最后的计划维修任务项目。

(7)审查附件实现管理部门或 COSL 管理部门提供的附件更换通知单并列入计划。

(8)维修控制部门综合各项非例行维修项目,并将其列入计划。

通过上述步骤,编制每次定检的总维修项目,配以相应的工卡并下发车间执行,同时通知质检、航材、工具设备等部门，做好相应的准备工作。维修计划的制定和执行如图 6.21 所示。

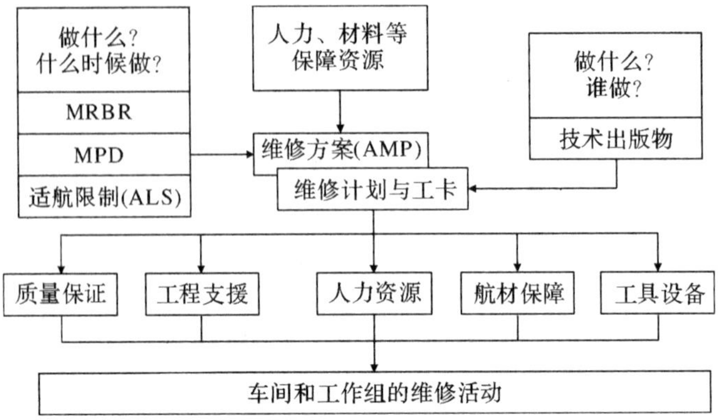

图 6.21 维修计划的制定和执行

为保证航空器维修方案的实施，航空运营人应建立航空器使用状况记录和运行性能监控的体系，以保证统计航空器的使用时间的准确性和统一性，并及时记录和处理机组报告或维修过程中发现的使用困难、故障、缺陷情况。

航空营运人按照局方发布的可靠性方案的要求，建立可靠性管理体系，以监控维修方案的有效性，并按照规定的程序对维修方案进行调整和优化。可靠性大纲及可靠性管理将在后续章节介绍。下面介绍维修方案的调整和优化。

航空营运人应当对航空器的维修方案进行必要的优化和调整。维修方案至少一年修订一次，已批准的维修方案应该定期审查。对航空器维修方案进行优化和调整的原因，包括但不仅限于如下内容：

(1)维修方案实施过程中发现问题的改正措施。

(2)民航局和型号审定当局规定的要求。

(3)航空器执行改装或服务通告后，导致维修方案中涉及部分的必要修改。

(4)航空器使用特点和利用率改变后，导致原维修方案的不适用。

(5)航空营运人建立的可靠性管理体系分析的结果。

航空运营人对维修方案的优化和调整一般包括如下内容：

(1)维修间隔调整，如维修间隔增加或减少、维修参数更改(飞行时间、飞行循环、日历时间等)。

(2)维修任务、维修方式的改变。

(3)维修工作内容和要求的更改。

(4)增加或删除维修任务、维修任务的适应性的更改。

(5)工作程序的修改。

维修方案的优化和调整与 MRBR 的相比，主要区别在于数据分析的范围。MRBR 优化和调整依据的是全球机队数据和适航认证要求；维修方案的优化和调整依据的是运营商自身的机队数据。维修方案的优化和调整过程、机构等与 MRBR 的相似，表 6.15 给出了两者的对比情况。

表 6.15　维修方案、MRBR 两者的优化和调整过程比较

	维修方案	MRBR
标准	经相关责任部门同意	IMPS 和 MSG - 3
文档资料	维修方案优化和调整程序	政策和程序手册(PPH)
	维修方案优化和调整资料汇编	MRBR 优化和调整资料汇编
	维修方案最新版	MRBR 最新版
组织机构	**主管部门** 主要职责：审核并批准维修方案优化和调整程序，确保 TCH 为所有主管部门代表提供充分的培训，参与内部的 ISC，批准维修方案	**维修审查委员会** 主要职责：审核并批准 PPH，与 ISC 协调 MRB 的工作安排，确保 TCH 为所有的 MRB 成员提供充分的培训，确保适航管理部门代表参与维修工作组和 ISC 的所有会议，审核并讨论 ISC 提案，批准 MRBR
	型号合格证持有人(TCH) 主要职责：制定 PPH 并提交给 ISC 和 MRB，培训 ISC 和维修工作组成员，评审 MSG - 3 分析报告并审查全球在役机队数据，提供 MRBR 优化和调整资料汇编，参加每次 ISC 和维修工作组会议	**型号合格证持有人(TCH)** 主要职责：培训内部 ISC 和内部维修工作组成员，审查运营人在役机队数据，提供维修方案优化和调整资料汇编，参加内部 ISC 和内部维修工作组会议
	内部 ISC 由 TCH、营运人代表(包括相关领导、计划、技术服务、维修大纲及可靠性、合规性监测等部门的代表)组成。 主要职责：评审并批准维修方案优化程序，指导内部维修工作小组，评审并接受内部维修工作小组的分析，准备任务评审报告(Task Review Report)。	**工业指导委员会(ISC)** 由 TCH、营运人、飞机/发动机/螺旋桨制造商以及维修机构代表组成。 主要职责：评审并批准 PPH，指导维修工作小组，评审并接受维修工作小组的分析，准备 MRBR
	内部维修工作小组 由营运人(技术服务)和 TCH 专家组成。 主要职责：审查维修方案优化和改进资料汇编，依据维修方案优化和改进程序、维修方案优化和改进资料汇编提出计划维修任务和维修间隔并提交给内部 ISC	**维修工作小组** 每个工作组由来自飞机/发动机/螺旋桨制造商、供应商、维修机构、局方的专家组成。维修小组主席由组员选举并经 ISC 同意。 主要职责：审查技术数据、MSG - 3 分析和 MRB 优化和改进资料汇编，依据 PPH、MSG - 3 分析、全球在役机队数据提出计划维修任务和维修间隔
	营运人 主要职责：向 TCH 提供在役经验数据，制定维修方案优化和改进程序，参与维修工作小组和 ISC，准备维修方案	**参与的营运人** 主要职责：向 TCH 提供在役经验数据，参与维修工作小组和 ISC

维修方案的优化和改进流程如图 6.22 所示。

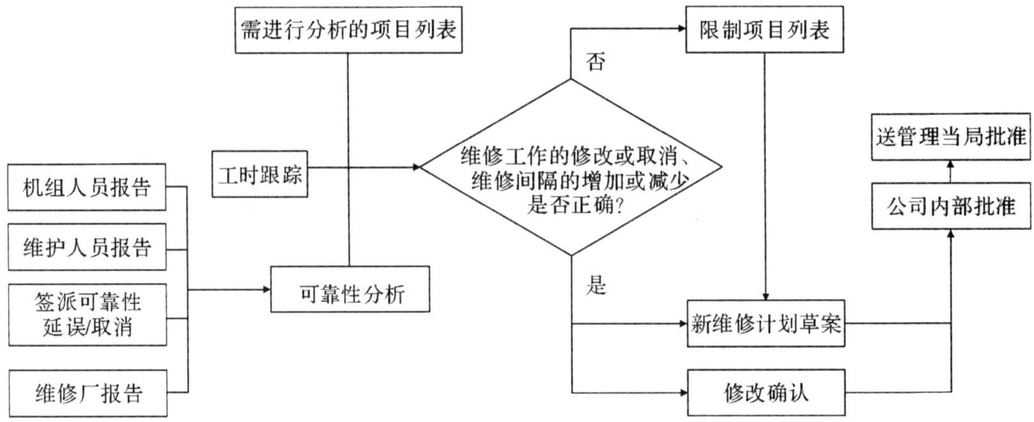

图 6.22　维修方案的更新流程

问题和习题

(1)什么是维修大纲?

(2)维修大纲主要包括哪几部分?

(3)维修大纲是如何制订的? 又是按照什么流程进行优化的?

(4)开展系统安全性评估的原因是什么? 简述系统安全性评估流程。

(5)何为航空器的适航性限制?

(6)什么是审定维修要求? 有何作用? 简述其制定流程。

(7)简述 CMR 项目和 MSG－3 工作的区别与联系。

(8)简述 MSG－3 中系统和动力装置的简要分析过程。

(9)MSI 的选择原则和过程是什么?

(10)简单介绍波音公司的飞机系统和附件维修间隔确定与优化工具。

(11)造成结构损伤的因素有哪些?

(12)简述 MSG－3 结构逻辑分析。

(13)SSI 选择的原则和过程是什么?

(14)金属疲劳分析需要考虑哪些因素?

(15)腐蚀损伤如何分类?

(16)损伤的检查方法有哪些?

(17)标准区域分析和增强区域分析有哪些区别和联系?

(18)闪电/高能辐射防护分析步骤有哪些?

(19)主最低设备清单和最低设备清单用来解决哪类问题? 这两张清单之间存在什么关系?

(20)简述按照 MEL 放行飞机的典型处理程序。

(21)飞机构型偏离清单用来解决哪类问题? 确定飞机构型偏离清单的基本原则有哪些?

(22)维修计划文件和维修大纲之间存在什么关系?

(23)维修方案包括哪些内容？维修计划是如何制订的？

(24)维修方案的优化和调整与 MRBR 的有何异同？

参 考 文 献

[1] 常士基,刘延利,郭润夏.民用航空维修工程[M].北京：航空工业出版社,2018.

[2] 李清英,熊重远,等.民用航空维修理论及应用[M].北京：航空工业出版社,2019.

[3] 颜春艳,车程.审定维修要求分析方法应用研究 [J].民航学报,2018,2(4)：72－75.

[4] ALESSANDRO L,MARK N. ARP 4754A－/ED－79A-Guidelines for Development of Civil Aircraft and Systems[M]. Sae International Journal of Aerospace,2011,4(2):871－879.

[5] 方亚杰,佟森峰,付磊,等.ARP4754A 初步解读及其在飞机 EWIS 设计中的应用 [J].飞机设计,2018,38(6)：12－17.

[6] 贾宝惠,王大蕴,谢宝良.CMR 项目与 MSG－3 工作比较研究 [J].航空维修与工程,2009(4)：73－75.

[7] 李亚男,金平.民用飞机审定维修要求的确定方法 [J].航空维修与工程,2013(1)：93－96.

[8] BARRERA D L. Aircraft Maintenance Programs[M]. Berlin:Springer,2022.

[9] KINNISON H,SIDDIQUI T. Aviation Maintenance Management[M]. 2nd ed. New York City：McGraw-Hill Companies Inc,2013.

[10] 丛昊.结构 MSG－3 分析方法介绍 [J].民用飞机设计与研究,2013(1)：81－85.

[11] 蔡禹舜,朱昊,卿新林.基于结构健康监测的飞机结构 MSG－3 分析 [J].宇航材料工艺,2015,45(6)：71－74.

[12] 熊邦.基于 MSG－3 军用飞机结构损伤评估方法研究 [D].天津:中国民航大学,2016.

[13] 马增兵.关于对航空器结构腐蚀等级定义的探讨 [J].航空维修与工程,2019(11)：57－59.

[14] 王政.应用 MSG－3 方法制定区域维修大纲研究 [J].科技视界,2015(26)：100－101.

[15] 顾海健.基于 MSG－3 计划维修大纲的闪电/高强度辐射场防护分析 [J].机电信息,2021(5)：25－26.

[16] 付尧明,李小凡,闫锋.基于法规解读的民用飞机主最低设备清单(MMEL)制订方法研究 [J].民航学报,2020,4(2)：90－95.

[17] 陈飒.空客飞机最低设备清单的客户化编写 [J].航空维修与工程,2021(1)：50－53.

[18] 包丽,韩冰冰,包健波.民用飞机初始主最低设备清单的制定 [J].科技创新导报,2013(10)：55－58.

[19] 肖平国.最低设备清单的制定 [J].航空维修与工程,2014(5)：110－112.

[20] 孙雨辰,张毓,刘镇承.民用飞机构型偏离清单(CDL)项目制定流程与分析方法 [J].国防制造技术,2016(2)：44－46.

[21] 徐骏驰.构型偏离清单(CDL)中项目的性能影响计算及验证 [J].民用飞机设计与研究,2015(1)：6－10.

第7章 维修资料

▶导学

维修资料是由持续适航管理参与者(适航当局、设计制造厂商、航空器运营单位)制定，由航空器维修单位执行或参考的以保证运营航空器持续适航能力的各类文件。适航当局方颁发的维修资料主要包括咨询通告、适航指令等，其中适航指令具有强制性，咨询通告为建议性。设计制造厂商提供的维修资料以各种相关手册为主，对航空器的保养、检查方法、检修步骤、各个组件的安装位置、实物图及修理方法等相关内容进行说明，为运营方提供维修基础依据。航空运营方的维修资料综合各方提供的法律规章及技术资料，结合自身实际情况，制订相关维修方案、工卡、维修和改装的执行文件等具体可执行文件，是维修工作所参照的直接资料。本章对整个维修资料体系进行介绍，并对相关主要文件的内容进行讲解。

学习重点:维修资料体系，局方颁布维修资料，厂家主要相关维修手册，运营人制定的维修文件。

▶学习目标

(1)掌握维修资料的各方制订者，以及各方提供文件的基本作用。

(2)了解咨询通告的作用，掌握适航指令的特点和要求。

(3)了解厂家提供的维修资料的主要类型。

(4)熟悉运营人制订的维修文件的类型及特点。

(5)熟悉维修手册的分类及各类涉及的主要内容。

(6)了解 ATA 技术规范，及与维修手册的关系。

维修的目的就是要保证飞机的持续适航，只有在飞机的维修过程中依法并严格按照各类维修资料进行维修工作才能保持飞机的持续适航。维修资料主要包括适航当局方(以下简称局方)发布的维修资料、厂家技术资料、航空运营人的维修文件和维修单位的维修手册。维修单位的维修资料基本与运营人维修资料一致。区别是维修单位在完成维修时，除了要满足适航规章的要求，还要满足航空运营人的要求，无论是维修方案、技术资料，还是维修和改装的执行，都需经由航空运营人获取维修资料和技术资料。

各维修单位使用的维修资料文件中，有些文件会由供应商为营运人加以客户化，其他文件是通用性的。

7.1　局方发布的维修资料

局方颁发和提供与维修相关的文件有适航规章(CCAR)、咨询通告(AC)、适航指令(AD)、法规制定提议通知(NPRM)等。

7.1.1　维修相关的适航规章(CCAR)

涉及航空器使用和维修的规章包括维修人员执照类、维修单位类和航空运营人维修类3类,以及这些规章相关的规范性文件。

1. 维修人员执照类

CCAR-66《民用航空器维修人员执照管理规则》。

CCAR-147《民用航空器维修培训机构合格审定规定》。

CCAR-66部适用于从事在中国登记的民用航空器的维修、部件维修和维修管理工作的中国公民与非中国公民的执照和资格证书的颁发。CCAR-145部、CCAR-121部对人员资格要求做出了明确规定,CCAR-66部规定了这些人员如何获取相应的资格,其目的主要是规范民航维修人员的执照管理,保障民用航空器持续适航和飞行安全,提出放行人员资质的最低要求。

CCAR-147部用于为取得CCAR-66部所规定的各类维修执照的人员提供培训的机构(简称维修培训机构)的合格审定及其监督检查。CCAR-147确定了培训机构的管理部门和形式,明确了机构类别,制定了受理、审查和批准的时限要求以及维修培训机构的合格审定要求。

2. 维修单位类

CCAR-43《维修和改装一般规则》。

CCAR-145《民用航空器维修单位合格审定规定》。

CCAR-43部和CCAR-145部属维修类规章,CCAR-43部提供了比CCAR-145部更简化的维修检查放行规则。

3. 航空运营人维修类

CCAR-91《一般运行和飞行规则》。

CCAR-121《大型飞机公共航空运输承运人运行合格审定规则》。

CCAR-135《小型航空器商业运输运营人运行合格审定规则》。

CCAR-91部用于管理在中华人民共和国境内(不含香港、澳门特别行政区和台湾地区)实施运行的所有民用航空器(不包括系留气球、风筝、无人火箭和无人自由气球)的飞行和运行。

CCAR-121部用于在中华人民共和国境内依法设立的航空运营人实施的公共航空运输运行,包括:使用最大起飞质量超过5 700 kg的多发飞机实施的定期载客运输飞行、使用旅客座位数超过 30 座或者最大商载超过 3 400 kg 的多发飞机实施的不定期载客运输飞行、使用最大商载超过 3 400 kg 的多发飞机实施的全货物运输飞行。

CCAR－135 部用于管理在中华人民共和国境内依法设立的航空运营人所实施的商业运输飞行，包括：

(1)使用单发飞机、旋翼机和最大起飞质量不超过 5 700 kg 的多发飞机实施的定期载客运输飞行。

(2)使用单发飞机、旋翼机和旅客座位数量(不包括机组座位)不超过 30 座，并且最大商载不超过 3 400 kg 的多发飞机实施的非定期载客运输飞行。

(3)使用单发飞机、旋翼机和最大商载不超过 3 400 kg 的多发飞机的全货机运输飞行，(1)和(2)规定的航空器在同一机场起降且半径超过 40 km 的空中游览飞行。

7.1.2 咨询通告(AC)

咨询通告是局方颁发的一种文件，用以对营运人提供帮助，以满足各项航空条例的要求。这些咨询通告不像法律那样具有约束力，而仅仅是对于如何满足要求的建议。

它是由适航部门向公众公开的对适航管理工作的政策，以及某些只有普遍性的技术问题的解释性、说明性、推荐性或指导性文件。对于适航管理工作中的某些具有普遍性的技术问题，也可以用咨询通告的形式，向公众公布适航部门可以接受的处理办法。咨询通告由各级适航部门根据分工起草、编写，由民航总局适航司司长批准发布。

咨询通告不创造或改变任何法规要求，而是为用户遵守适航条例提供指导。咨询通告提供可以接受的方法、程序和做法等指导，以帮助用户满足条例要求。咨询通告还可能包含对航空界现有条例、其他指导材料、推荐方法或信息的解释。咨询通告属于非法规性文件(不具有强制性)。

(1)与 CCAR－66 部有关的咨询通告如下：

AC－66－FS－001R4《航空器维修人员执照申请指南》。

AC－66－FS－002R1《航空器维修基础知识和实作培训规范》。

AC－66－FS－009《航空器机型维修培训和签署规范》。

AC－66－FS－010《航空维修技术英语等级测试指南》。

(2)与 CCAR－121 部有关的(部分)咨询通告如下：

AC－120－FS－049《航空器推迟维修项目的管理》。

AC－121－50《地面结冰条件下的运行》。

AC－121－51《维修工程管理手册编写指南》。

AC－121－52《航空器投入运行的申请和批准》。

AC－121/135－53《民用航空器维修方案》。

AC－121－54《可靠性方案》。

AC－121－55《航空器的修理和改装》。

AC－121－56《维修系统培训大纲》。

AC－121－57《飞机地面勤务》。

AC－121－58《合格的航材》。

AC－121－FS—2018－59《航空器维修记录和档案》。

AC－121－60《民用航空器使用困难报告和调查》。

AC－121－62《航空器租赁》。

AC－121－64《质量管理系统》。

AC－121－65《航空器结构持续完整性大纲》。

AC－121－66《维修计划和控制》。

AC－121－67《维修审查委员会和维修审查委员会报告》。

AC－121－68《航空器空重和重心控制》。

AC－121－FS—2018－69《飞机检查和记录审查》。

AC－121－FS—2018－70《机身增压边界的修理损伤容限评估要求》。

AC－121－FS—2018－71《修理和改装的损伤容限检查要求》。

AC－121－FS—2018－72《航空运营人将电气线路互联系统持续适航要求纳入维修方案的指南》。

AC－121－FS—2018－73《航空运营人将燃油箱系统持续适航要求纳入维修方案的指南》。

AC－121－FS—2018－74《航空运营人满足燃油箱可燃性降低(FTFR)要求的指南》。

AC－121－FS—2019－009R2《延程运行和极地运行》。

AC－121－FS－135《航空器重量与平衡控制规定》。

AC－121－FS—2018－130《飞行运行作风》。

AC－121－FS—2017－128《电子签名、电子记录存档系统和电子手册系统的接受与使用》。

(3)与 CCAR－145 部有关的咨询通告如下：

AC－145－01《国内维修单位申请指南》。

AC－145－02《国外、地区维修单位申请指南》。

AC－145－03《民用航空器维修单位批准清单》。

AC－145－04《维修记录与报告表格填写指南》。

AC－145－05《维修单位手册编写指南》。

AC－145－06《航空器航线维修》。

AC－145－07《航空器部件维修》。

AC－145－08《航空器及航空器部件维修技术文件》。

AC－145－09《国家标准和行业标准的采用》。

AC－145－10《维修单位的自制工具设备》。

AC－145－11《与香港民航处、澳门民航局的联合认可》。

AC－145－12《航空器机体项目维修类别限制》。

AC－145－14《维修工时管理》。

AC－145－15《维修单位的安全管理体系》。

AC－145－16《多地点维修单位与异地维修》。

AC－145－017《航空器拆解》。

(4)与 CCAR－147 部有关的咨询通告如下：

AC－147－01《民用航空器维修培训机构申请指南》。

AC－147－02《民用航空器维修基础培训大纲》。

AC－147－FS—2017－004－R2《民用航空器机型、部件修理项目培训大纲》。

AC－147－05《民用航空器维修培训机构管理手册编写指南》。

AC－147－06《民用航空器维修培训机构年度报告填写指南》。

AC－147－07《民用航空器维修培训机构培训设施设备要求》。

AC－147－FS－001R1《维修培训机构申请指南》。

AC－147－FS－002R1《航空器维修人员执照培训实施规范》。

AC－147－FS－004R3《机型、发动机型号维修培训实施规范》。

7.1.3 适航指令(AD)

适航指令是当局发现某一民用航空产品(包括航空器、航空发动机、螺旋桨及机载设备)存在不安全状态，并且这种状态很可能存在或发生于同型号设计的其他民用航空产品之中，或发现民用航空产品没有按照该产品型号合格证批准的设计标准生产，所制定的强制性检查要求、改正措施或使用限制，其内容涉及飞行安全。如果不按规定完成相关适航指令，有关航空器将不再适航。常见的适航指令通过对结构和系统的改装、拆换以消除原始设计中的缺陷，对航空器运行安全和持续适航有直接影响。

外国适航当局颁发的适航指令涉及在中国登记注册的民用航空产品。紧急情况时，以电报的形式颁发，但随后补发书面适航指令。

以 2005 年颁发的波音 737 飞机第 8 份适航指令，CCAR－39 部第 4950 号修正案为例，中国民航局发布的适航指令编号方法如图 7.1 所示。

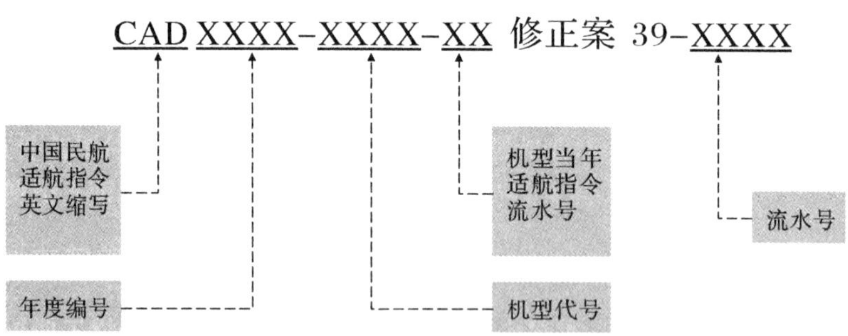

图 7.1 CAD 编号方法

当某一适航指令涉及多型民用航空器时，机型代号用 MULT 表示。

7.2 厂家技术资料

购买飞机的客户在向飞机制造商购买飞机后，飞机制造商会向客户提供一系列技术资料，用以从各个方面说明客户所购买的飞机。这些技术资料包括对飞机的保养、保护、检查方法、检修步骤，还包括飞机上各个组件的安装位置及实物图，航线可更换组件的件号，飞机系统原理图及线路图等，以及各组件的修理方法。厂家主要技术资料见表 7.1。

表 7.1　厂家主要技术资料

文件名称	英文简称	文件名称	英文简称
飞机维修手册	AMM	原理图手册	SDM
部件维修手册	CMM	线路图手册	WDM
故障隔离手册	FIM	主最低设备清单	MMEL
故障报告手册	FRM	签派偏差指南	DDG
图解零件目录	IPC	构型偏离清单	CDL
结构修理手册	SRM	工卡	TC
维修计划数据	MPD	服务通告	SB
供应商手册	VM	服务信函	SL
储存与恢复文件	SRD	维修建议	RS

对于文件的形式和内容，各制造商之间会有所不同，但基本内容一致。其中有些文件可以客户化，以便仅适用于营运人的具体构型和设备，这些文件被称为制造商“客户化的文件”，如飞机维修手册、故障隔离手册、原理图手册、线路图手册、工卡；有些文件如图解零件目录，可根据顾客要求加以客户化（一般需要付费）；其他文件为通用性文件，适用于所有型号或一个具体型号的所有飞机。

1. 飞机维修手册（Aircraft Maintenance Manual，AMM）

飞机维修手册包含有关飞机及机载设备运营和维修方面的所有基本资料。手册对每一个系统和子系统的结构、工作原理进行了解释说明，并对各种基本的维修和维护措施加以说明。例如，对航线可更换组件的拆卸和安装。还对在系统和设备上进行的各种试验分别给予叙述说明，例如，功能试验、运营试验、调试、各种油液的补充添加，以及其他养护任务。

2. 部件维修手册（Component Maintenance Manual，CMM）和供应商手册（Vendor Manual，VM）

部件维修手册是由飞机生产厂商提供的，供应商手册是由飞机生产厂商之外的供货商供给的电子、计算机和飞机上装配的其他系统或组件。这些组件不仅供给飞机生产厂商，还供给所有的营运商，营运商自行将其装配在自己公司的飞机上。两种手册的内容都是类似的，是对于该厂商在飞机上提供的所有的部件给出的详细的检测、排故、校核、机械公差等组成的技术文件。CMM 和 VM 一般与翻修手册（Overhaul Manual，OHM）放在一起，是用来在车间中对飞机各种部件进行翻修的技术参考。这种部件维修手册便于各部件从飞机上拆卸下来再在车间里进行维修。该手册为这些部件提供的资料类型与飞机维修手册为飞机及其系统规定的资料类型相同。

3. 故障隔离手册(Fault Isolation Manual,FIM)

故障隔离手册是飞机制造厂商提供的、用于故障的隔离和排除的维修出版物。该手册针对不同系统的故障代码,提供了推荐的故障隔离和排除程序,在没有故障代码的条件下,也提供了相应的故障处理方法以及排故思路。该手册通常包含一系列故障隔离逻辑分析图,以便将与飞机各系统和部件有关的故障找出来,并进行处理。这些流程图用来对各系统范围内的许多问题进行定位分析,但其并不是包含所有问题的。故障隔离手册有时与故障报告手册一起使用。

4. 故障报告手册(Fault Report Manual,FRM)

故障报告手册是为飞行机组设计制定的,由飞行机组对维修提出预先故障警告,并在飞机到达之前向机务人员提示在何处开始查找解决方案(在故障隔离手册和飞机维修手册中)。飞行机组利用一系列的提问、系统工作原理图和仪表指示来表明其问题。这样就产生了向地面站报告的八字代码。然后,维修人员用这种代码来确定适当的解决方案。这种方案既可以是故障报告手册相互参照清单中列出的"快速解决方案",也可以引导到故障隔离手册中一个具体的故障树(即分析逻辑图),以便更仔细地进行排故。

5. 图解零件目录(Illustrated Parts Catalog,IPC)

图解零件目录由飞机生产厂家提供,记载飞机上各种零、部件的件号和图示。图解零件目录按次序、归类、分解结构和机载设备的各种部件的各个剖面,从而标注出各个零、部件的件号、生产厂商、技术规范、使用数量、适用位置等信息。中间还包括飞机制造厂生产的所有组件的视图和剖面图。

6. 结构修理手册 (Structure Repair Manual,SRM)

结构修理手册包括制造厂给出的主要结构和次要结构的详细资料和特殊说明,典型的蒙皮、框架、桁条也在此手册中。它还包括材料的紧固件的代用品以及特殊修理技术。

7. 维修计划数据 (Maintenance Planning Document,MPD)

维修计划数据是航空器制造厂为了帮助航空公司和用户尽快制定符合运行规章要求的维修方案而以维修大纲(MRBR)为框架编写的指导性维修技术文件,便于航空公司参照该文件更好地执行维修大纲和相关的规章制度。该文件包含了所有制造厂家推荐的、满足制造国当局的持续适航要求的维修任务和计划。

MPD 中所有维修任务和计划来源于不同方面对该型航空器持续适航的要求。它列出了 MRBR 及适航和运行规章所要求的维修工作,给出了每项计划维修工作所需的维修工时,按照维修间隔排列的维修工作项目,不同组合形式的维修工作工时分析和维修停场时间,还给出了承运人制订维修方案和完成计划维修工作所需要的其他参考资料。航空器运营人可依据该文件制定适合自己机队情况的维修计划。

MPD 中凡注明了 MRBR 项目的则是强制性的,其他所列各项维修工作为推荐性的。同时,MPD 中所列工作并不包括用户应做的全部维修工作,厂商强调用户有责任最终决定自己机队什么时间干什么工作。

8. 储存和恢复文件(Storage & Return Document,SRD)

储存和恢复文件包含对停止运营和长期存放的飞机进行维修和养护所需要的资料。它包括某些油液的泄放程序、保持轮胎压力的飞机移动程序以及部件抗老化程序。对于较旧型号的飞机,这类资料是由飞机制造商单独制定的,而对于近期制造的飞机,这类资料包括在有关的飞机维修手册中(见 ATA 文件第 10 章)。

9. 原理图手册(Schematics Diagram Manual,SDM)

原理图手册由飞机生产厂商提供的,用以联系统一所有飞机系统的原理图示,以便理解系统原理和排除系统故障。图示展示了飞机机载系统的配置、系统功能、电路的操作以及组件的辨识和位置,并且体现了机载电气、电子、液压系统与给定系统之间的逻辑关系。

10. 线路图手册(Wiring Diagram Manual,WDM)

线路图手册由飞机制造厂商提供,列举所有安装在飞机上的电器设备及其装配线路、飞机各个系统连接线路的走向及排布,用于定位电器设备、线路的维护和排故。手册中对于所有的电器设备进行了编号,即电器设备号(Wiring Diagram Equipment Number),也对所有导线和电缆编制了导线清单(Wire List)以及其他一些清单。

11. 主最低设备清单(Master Minumum Equipment List,MMEL)

主最低设备清单由飞机制造商提出,并由适航当局批准,以表明某些设备在飞机签派放行时允许的性能降低或带故障。即这些系统在某些情况下,可同意飞行机组在其性能降低或在故障状态下飞行,但前提条件是这种带故障的系统必须在主最低设备清单规定的时间限制内得到维修。主最低设备清单包含适于该飞机型号的所有现用设备的数据资料。按照具体设备制定自己的手册应当是航空公司的责任。航空公司自己制定的这种文件为最低设备清单(MEL)。

12. 签派偏差指南(Dispatch Deviation Guide,DDG)

在主最低设备清单所列的项目中,在签派时有故障的某些项目,要求在保留故障和签派之前采取一定的维修措施。这种维修措施也许是必须把某些电路保护装置拔出来并系上标牌、断开电源、捆紧已拆卸设备的松弛电缆,以及需采取的其他各种措施,以防止对飞机和系统的误操作。对这些措施的必要说明都在签派偏差指南中给出,该指南是由制造商飞机维修手册的工作人员编写的,并且与主最低设备清单协调一致。

13. 构型偏离清单(Configuration Deviation List,CDL)

构型偏离清单与签派偏差清单类似,但是它涉及飞机构型,而不是飞机系统和设备。构型偏离清单规定了有关壁板、整流罩和在构型方面类似的不同情况,只要不影响飞行安全,这些类似的不同情况可以是非标准的。

14. 工卡(Task Card,TC)

飞机维修手册中规定的某些任务,诸如拆卸/安装、试验、养护,以及类似的维修项目,可从飞机维修手册中摘录出来并填写在不同的卡片或单子上，以便于机务人员执行该维修措施，而不需要将整个维修手册带到飞机上（波音 767 手册大约有 20 000 页）。这些工卡（也叫任务单）可以按照“当前状态”使用，也可以由营运人根据航空公司制定的文件对工卡进行更改。

15. 服务通告(Service Bulletin,SB)

每当飞机制造商或发动机制造商为了改进维护和/或养护而作出一些更改或建议时，就需要向有关的航空公司发布适当的书面文件。SB 通常对改进系统安全或运营而提出对一个系统的更改，在通告中详细规定了要做的工作和需要的零件。除非服务通告中的某些情况涉及联邦航空局颁发适航指令，在通常情况下，服务通告是非强制性的，贯彻与否可由航空公司自行决定。

紧急服务通告（ASB）是一种特殊形式的需要引起紧急关注的服务通告，其要求的措施一般需要在 ASB 颁布后几个星期或几个月内完成，一般情况下 ASB 的执行是强制性的。

16. 服务信函(Service Letter,SL)和维修建议

服务信函通常对改进维修措施提供有关资料信息，而不涉及设备更改。维修建议是对维修人员提出的，以便给予其工作上的帮助，并改进工作状态。

7.3 运营人维修文件

航空运营人的维修手册体系由维修工程管理手册规定和展示，同时也是航空运行人运行手册的一部分。与维修工作直接相关的章节主要有维修方案（独立成册）、技术资料（工卡等）、维修和改装的执行三部分。

1. 维修方案

维修方案（Maintenance Program，MP）是民用航空器运营人根据飞机构型、运行环境和维修经验，执行航空器维修大纲或技术维修规章、适航和运行规章要求及制造厂建议，结合本航空公司的机队规模、航线结构、维修能力、使用经验等实际情况而制定的适合本公司使用的计划维修检查要求。

在维修方案中规定的维修工作必须满足维修大纲的要求，并只能高出维修大纲的要求。航空器在使用过程中，适航部门根据该型号航空器使用中的问题，以适航指令的形式，对影响安全的因素规定纠正措施，这些纠正措施必须反映在维修方案中。

维修方案内容包括对 AD、SB/SL、寿命件、时限件、特殊检验、检查或测试、润滑和勤务、维修大纲、适航性限制项目、取证维修要求、补充结构检查文件、电气线路互联系统（EWIS）共 12 类信息的识别，并确定维修任务类型（来源）和任务频次，CAAC 要求将必检项目（RII）列入维修方案。

2. 技术资料

技术资料包括适航指令和维修资料。维修资料可直接采用厂家的持续适航资料（厂家

服务文件),或由航空运营人自行编制(或授权维修单位编制,运营人批准)。维修资料包括用于航空器特殊维修任务(校水平和称重、千斤顶顶升、顶起和支撑、停放和系留、封存、牵引、滑行、发动机试车、增压、冬季运行、清洗等)方面的技术资料,还包括用于航空器维修方案内的计划维修、非计划维修、动力装置/螺旋桨维修方面的技术资料。未列入维修方案的部件/设备维修通常直接采用厂家 CMM 实施。

工卡又称维修工作单(卡)(Task Card/Job Card, TC /JC),是航空营运人或维修单位编写、编译、核对和审核出版的维修工作文件,用文字、图表或其他体裁表示的,具有约束力的,规范化的工作程序和方法。其内容主要包括完成维修任务的技术指令、施工标准和注意事项,同时也包括维修、修理和改装工作所需要的工序及检验要求。简单地说,工卡主要是制订"什么时候" "做什么"及"怎么做"的问题。

工卡通常是由飞机维修单位相关的工程师或者检验人员根据具体的、经适航当局批准的维修方案(MP)或相关技术文件而编制出来的。工卡作为工艺文件,飞机维修人员应该全面理解其内容并且完全遵循工卡规定的内容进行作业。工作中,如果核照工卡施工发现问题就应及时与质量管理部门取得联系,而工作者不得擅自变动工卡的内容。

工卡通常用中英文对照的形式编写,内容至少包括以下几点:

(1)单位名称。

(2)工作单卡编号。

(3)维修工作标题或者名称。

(4)维修工作实施依据文件及版次。

(5)机号或者件号。

(6)按工作顺序或者步骤编写的具体工作内容及工作记录。

(7)工作者签名或者盖章。

(8)编写或者修订日期。

(9)工时记录。

(10)完成日期。

工卡是工作者进行维修活动的基本依据和工作完成后的证据。通常每项工作都对应一份工卡,而每做完一个工步或者一项任务,工作者都需要在工卡相应的栏目里签字,表示做完此步骤或者工作并对此负责。根据使用情况的不同,通常将工卡分为例行工卡(Routine Card,RC)和非例行工卡(Non-Routine Card ,NRC)。

例行工卡属于标准工卡,其格式基本统一,内容包括例行工卡号、机种、飞机号作指令号、工作指令日期和维修内容,还包括间隔时间、工作区域、工时、停场时间、修订和版本以及飞机适用范围等内容。

例行工卡又分为必检例行工卡和非必检例行工卡两大类。必检例行工卡中含有必检项目(RII)。每份例行工卡还附有飞机维护 N/A(Non - applicable)原因说明页,对维护工作中出现的飞机构型与工卡不相符的内容进行说明。非例行工卡通常由白、黄、红、蓝一式四联组成,分为必检非例行工卡和非必检非例行工卡两大类。判断必检非例行工卡和非必检非例行工卡的方法是观察非例行工卡的右上角 RII 和 NON－RII 方框内打"√" 的情况。如果某非例行工卡的 RII 框内被打"√"是必检非例行工卡,反之则为非必检非例行工卡。

工程指令(EO)是根据AD(适航指令)、SB(服务通告)、SL(服务信函)、AOT(电传)等经航空公司(客户)工程部门评估需要执行的工程文件,维修单位据以完成飞机/发动机/部件的改装或检查工作。这种工程指令是正式的书面文件,由工程部门颁发,由质量保证部门批准,并通常通过生产计划与调度部门贯彻实施。

由维修人员根据标准检查形式进行的任何工作——日检、每48 h检查、过站检查、"A"检、"C"检都是按照运营规范,是由维修与工程副总裁签发的"标准指令"完成的。没有包括在这些标准检查中的任何工作,必须按照工程指令的要求完成。工程指令是由工程部门制定的,在制定时充分考虑了各有关业务中心的意见,以便规定工作范围和工作进度。由于贯彻SB、SL和AD而进行的工作,以及由于对可靠性调查或质量报告规定的问题进行评估而引起的所有工作,都必须颁发工程指令。具体项目涉及的各业务中心均会在工程指令上规定清楚,例如维修(航线、机库或车间)、器材供应(零件、材料、工具)、质量控制、培训等。在取得所有有关单位(培训、器材供应、计划等)对其内容的认可后,工程部门才颁发工程指令。在颁发之后,工程部门还要对工作进展情况进行跟踪,并且在所有工作完成之后,将该工程指令结束。

3. 维修和改装的执行

维修和改装的执行包括航空器维修、部件/设备维修、重要修理和重要改装三部分的程序。航空器维修包括计划维修、非计划维修、动力装置/螺旋桨维修三方面,其中鸟击、雷击、危险品泄漏、海鲜泄漏、硬/重着陆、飞越火山灰、尾部擦地、发动机超温、飘摆下降、剧烈颠簸、空中机动过载、超速、重失速抖振等重要事件的处置(非计划维修)要求需在维修工程手册中单独规定,采用的特殊检验方法需在维修方案中规定。

部件/设备维修需航空运营人列出送修计划由维修单位执行,重要修理和重要改装需要建立单独的程序,通常经由厂家提供的技术资料,由局方批准或认可。

必检项目(RII)清单以及记录和报告也是航空运行维修手册的一部分。

7.4 维修手册

维修手册体系是指一整套用于飞机及部附件维护/维修相关的手册,手册提供了维护/维修过程中的工作程序、标准和说明等其他相关信息,通过合格的维护/维修使飞机得以持续适航。

7.4.1 手册的分类

手册通常分为以下几类:

(1)客户化手册。客户化手册包含的信息只适用于某一特定的客户或航空公司,通常在光盘或者内容上有客户代码,有效性以机队序列号(FSN)表示。常用客户化手册有MMEL、AMM、IPC等。客户化手册专用于某一客户的机队。

(2)机型手册。机型手册包含的信息适用于所有航空公司的一个或多个机型,通常在光盘或者内容上有机型，有效性以生产序列号(MSN)表示。常用机型手册有 SRM、飞机特性手册等。机型手册用于某种机型系列，同一机型不同客户都能使用。

(3)通用手册。通用手册信息适用于所有航空公司的所有机型，常用通用手册有电气标准工艺手册(ESPM)、工艺材料规范(PMS)等。手册用于所有的机型，如空客的 ESPM/PMS 可用于空客的所有飞机。

另外从用途/功能上手册分为六大类：飞行类手册、维护类手册、结构修理类手册、大修类手册、工程类手册和其他类手册。下面以空客 A320 系列飞机为例对各个类型的手册进行说明。

1. 飞行类手册

飞行手册(FM)是飞行时的参考手册，不能直接用于在飞行中操作飞机。手册反映了飞机交付时的构型，它是飞机生产的取证手册。手册的附录中包含了“构型缺损清单(CDL)”，是航空公司编写“放行标准手册”的依据之一。

机组操作手册(FCOM)为机组提供有关飞机操作、技术、程序和性能特性等所有必要信息，以便机组安全有效地操作飞机，包括在地面和空中的正常、非正常和应急状态下的操作。

主最低设备清单(MMEL)反映了飞机交付时的构型及加改装后的构型，手册列出了所有允许运营飞行时和安全有关的项目，即使在离场时有些项目不工作。手册规定了飞机的离场条件包括，要完成的维护程序(M)和操作程序(O)。航空公司必须根据主最低设备清单及根据公司的政策及飞机的状态来编写自己的“最低设备清单(MEL)”。

载重平衡手册(WBM)提供飞机的一些通用数据、载重平衡限制以及有关飞机载货量的详细信息，提供飞机交付时的载重平衡报告和载重检查单，通过手册提供的信息航空公司编写自己的载货说明和重量平衡表及称重报告。

乘务员操作手册(CCOM)提供飞机标准构型下由乘务员所操作设备的说明信息、操作使用、功能恢复指导，提供了在正常、非正常和应急飞行时的操作方法。

2. 维修类手册

飞机维护手册(AMM)提供飞机维护必要的说明和程序以满足飞机的持续适航，为系统和结构提供描述和操作及维护程序。

排故手册(TSM)提供对飞行或者地面报告的飞机警告和故障的系统识别、隔离和排除，是排故过程中的重要参考手册。

图解零部件目录(IPC)提供航线更换件(LRU)的图解清单及详细的件号信息，手册中也包括与维护任务有关的发动机部分的零部件内容。

飞机原理线路图手册(ASM)提供电子电气系统的方块图、原理图，用于理解整个系统和系统之间的连接关系，帮助排故和维护工作。

飞机线路图手册(AWM)提供详细的电路连接，给出的连接信息是排除线路故障时的重要参照手册。

飞机线路连接清单(AWL)以列表方式实际描述电气设备和导线的连接，对电气设备也给出了件号。

维修计划文件(MPD)提供维修计划信息,是航空公司(客户)编写“维修方案”的重要参考之一。

飞机恢复手册(ARM)提供用于恢复飞机的程序、计划、工具设备信息。

工具设备手册(TEM)提供用于飞机勤务、修理、排故所需特种工具和地面设备的相关信息。手册主要用于查询工具设备信息及订购工具设备。

飞机特性手册(AC)提供和飞机相关的机场计划设施及维护计划设施信息。

消耗性材料清单(CML)列出了飞机、部件维护修理时使用的消耗性材料信息。在日常维护/维修中如涉及消耗性材料则需要用到此手册来查阅相关信息。

电气标准工艺手册(ESMP)提供飞机上电插头/插钉/导线/电缆修理、更换的说明、程序和标准。在更换导线、插头、插钉时要严格按此手册中的程序进行。

3. 结构类手册

结构修理手册(SRM)提供允许损伤范围内易损结构部件的识别、典型修理相关信息,也提供替代材料和紧固件信息以及与结构修理关联的一些程序简述。

无损测试手册(NTM)提供无损测试程序和说明。

短舱结构修理手册(NSRM)提供与短舱结构修理相关的程序。

4. 大修类手册

管路修理手册(DRM),提供对空调,防火,防冰,排雨,气源管路的识别、检查、修理数据信息。

燃油管路修理手册(FPRM)提供对从飞机上拆下的燃油管路修理数据和程序。

钢索装配手册(CFM)提供更换机械操纵钢索必要的数据信息。

部件修理手册(CMM)提供与部附件修理相关程序和说明。零部件在离位翻修等修理时需要按 CMM 手册中相关程序进行修理。手册通常由零部件供应商提供,手册按规定进行控制和管理。

5. 工程类手册

工艺材料规范(PMS)提供与飞机构件有关的制作工艺、材料、材料处理指导信息。在航空公司(客户)制造自制件时会用到此手册。

电气负载分析(ELA)提供飞机各系统在飞机不同飞行阶段和构型下使用的工作/最大电气负载。在进行 STC 等加改装项目时会用到此手册。

标准手册(SM)提供标准件相关的标准信息。在查询空客标准件信息时使用此手册。

它通常包括机械图纸、工具图纸、修理图纸等在内的各类图纸都以在线使用的方式提供给航空公司(客户)。

6. 其他类手册

飞机检查报告用于查询飞机交付时的状态,以便追溯选定的装配件、主要设备以及飞机交付时的改装状态。

运输手册提供货舱门尺寸、载货量等信息用于装运空客的备件，也提供特殊集装箱的图解尺寸用于装运大备件。

供应商信息手册提供主要设备供应商的联系信息。

7.4.2　ATA 技术规范

由于制造商不一样，机型也有差别，编写的维修手册也不尽相同。在维修过程中，由于维修人员需要维修不同型号的飞机，而各飞机制造商之间相互独立，所编写的维修手册也各不相同，为了减少航线维修的混乱，航空运输协会(Air Transport Association，ATA)对维修手册的编排制定了统一的标准，以便所有飞机制造商的维修手册协调一致。

ATA 是一个航空业界的商业协会，它为航空公司制定飞行、航行运作和技术上的标准，是多个跨国航空公司共同成立的组织。ATA 规范是手册或资料编写并出版的规范性文件。

1936 年以来，ATA 便向其成员的航空公司、制造商、供应商提供技术支技和标准规范。ATA 100 是航空产品技术资料编写规范、ATA 200 是综合数据处理规范、ATA 300 是航空产品包装规范、ATA 2100 是飞机保障数字化规范、ATA 2200 是航空维修资料规范、ATA 2300是飞行操作数据交换规范等。其中 ATA 100 和 ATA 2100 于 2000 年合并形成了 ATA 2200 规范。

ATA 2200 是技术出版物的一个标准和规范，其中规定了手册的结构、内容、布局、出版及修订服务等。一些主要手册，例如 AMM、IPC、CMM、TEM、ASM、AWM、AWL、SRM、NTM 都是按规范来编写的。因此手册格式、分类、版面设计、页面印刷、编号、大小等都是标准化的。

ATA 2200 对各章进行了细分，见表 7.2。

表 7.2　ATA 标准章号

	ATA 章节号	主题	
		英文	中文
总体	0	Introduction	引言
	5	Time Limits/Maintenance Checks	时限/维护检查
	6	Dimensions And Areas	尺寸和区域
	7	Lifting & Shoring	顶升和支撑
	8	Leveling & Weighing	配平和称重
	9	Towing & Taxing	牵引和滑行
	10	Parking, Mooring, Storage & Return To Service	停放，系留，封存和恢复使用
	11	Placards And Markings	铭牌和标志
	12	Servicing	勤务

续表

	ATA章节号	主题	
		英文	中文
系统	20	Standard Practices—Airframe	标准实践——机身
	21	Air Conditioning	空调
	22	Auto Flight	自动飞行
	23	Communications	通讯
	24	Electrical Power	电源
	25	Equipment/Furnishings	设备/装饰
	26	Fire Protection	防火
	27	Flight Controls	飞行操纵
	28	Fuel	燃油
	29	Hydraulic Power	液压
	30	Ice And Rain Protection	防冰防雨
	31	Indicating/Recording Systems	指示/记录系统
	32	Landing Gear	起落架
	33	Lights	灯光
	34	Navigation	导航
	35	Oxygen	氧气
	36	Pneumatic	气源
	38	Water/Waste	水/污水
	46	Information Systems	信息系统
	49	Airborne Auxiliary Power	机载辅助动力装置
结构	51	Standard Practices And Structures—General	标准实施和结构——概述
	52	Doors	舱门
	53	Fuselage	机身
	54	Nacelles/Pylons	短舱/吊架
	55	Stabilizers	安定面
	56	Windows	窗
	57	Wings	机翼

续 表

	ATA 章节号	主　题	
		英 文	中 文
发动机	70	Standard Practices—Engines	标准实施——发动机
	71	Power Plant	动力装置
	72	Engine	发动机
	73	Engine Fuel And Control	发动机燃油和控制
	74	Ignition	点火
	75	Air	空气
	76	Engine Controls	发动机控制
	77	Engine Indicating	发动机指示
	78	Exhaust	排气
	79	Oil	滑油
	80	Starting	起动
	90	Charts	图表

表 7.2 中没有定义的章用于备用。

除了章外，对节也进行了细分。ATA 章节由三组两位数组成，如 28 - 21 - 51。其中前两位数为章(定义为系统，如 28 为燃油系统)，对于所有制造商都是相同的，并贯穿整个维修手册。第三、四位数定义为子系统，第五、六位数为部件，这些数字编号在制造商相互之间可以不同，并且对于同一个制造商，由于所适用的系统在结构上的不同，这两个编号也随着飞机型号的不同而不同。

以 ATA29 章节为例，29 为液压系统。29 - 10 为主液压系统，29 - 11 为主液压的绿系统，29 - 12 为主液压的蓝系统，29 - 13 为主液压的黄系统。29 - 11 - 17 为主液压绿系统中的发动机泵，29 - 11 - 21 为主液压绿系统中的空气储压器，29 - 11 - 32 为主液压绿系统中的释压活门。

在章节后会有一个三位数代码表示页段号，它涉及在飞机维修手册中包含的信息类型，这对于所有维修手册所代表的含义都是相同。如页段 001～099 是该系统的结构说明与工作原理，页段 101～199 为系统的故障隔离，页段 201～299 为该系统的维修措施，页段301～399 为系统的各种部件的拆卸/安装程序。

7.4.3　手册管理

维修手册体系中包含的手册必须严格按规定进行控制和管理。手册的提供通常在购买飞机的合同中有相关条款，通过合同形式获取的手册是合法的，航空公司(客户)得到手册后有责任和义务来管理相关的手册，对手册的管理在相关的程序中要有明确规定。

工作中使用的手册必须是最新有效的。ATA 2200 技术规范对手册的修订有明确要求，对常用手册要定期进行修订。飞机制造商、发动机制造商手册通常为定期修订，其他手册或定期或按需修订。在两次正常修订改版之间，如某些手册中可能影响到飞行或维护安全，或影响到飞行操作的内容需要更改，则颁发临时修订，临时修订的内容将编入下一次正常更改版当中。

因此，手册的有效性需要定期核对。通常核对的频度为每三个月一次，可以通过制造商网站上手册的版次进行在线核对或者通过制造商的出版物索引核对，并且要保存好核对记录以便备查。若发现手册失效则要及时从制造商处索要最新版手册，同时也要定期检查是否有临时修订，临时修订是手册完整性的一部分。

手册可以通过内网访问或者以直接下发的方式提供给手册的使用者，下发的手册除了最新有效外要确保手册的完整性，不能有缺页，纸张不能破损，并且要有下发清单和发放签字记录。手册要有借阅规定和审批流程以确保借出的手册得到有效控制和归还，要有借阅的签字记录，拷贝借出的手册要严格控制。

电子版手册需要定期备份以便服务器上手册丢失时的恢复，备份后的硬盘或者光盘要远离服务器存放保管。纸质手册要存放在防潮、防火等干净的房间中，有效和失效的手册要分开存放并加以标识，对存放的手册要有专人负责。

由于种种原因，使用中的手册会出现各式各样的错误信息，使用者一旦发现手册错误要立即把信息反馈给手册管理部门，手册管理部门要把手册错误问题反馈给手册制造商并跟踪手册问题的最终解决。

问题和习题

(1)维修资料的制订者包括哪些？

(2)局方颁布的维修相关文件包括哪些？是否需要维修单位强制执行？

(3)什么是适航指令？

(4)厂家维修资料主要包括哪些？它们的主要作用是什么？

(5)什么是工卡？工卡主要包括哪些内容？

(6)飞机主要维修类手册包括哪些？

(7)ATA 规范对于维修手册有什么样的影响和意义？

参考文献

[1] 金尼逊.航空维修管理[M].李建珺，李真，译.北京：航空工业出版社，2007.

[2] 徐超群，闫国华.航空维修管理[M].北京：中国民航出版社，2012.

[3] 常士基，刘延利，郭润夏.民用航空维修工程[M].北京：航空工业出版社，2018.

第8章　民用航空维修工程管理

▶导学

航空器维修活动是指对民用航空器或者民用航空器部件进行的任何检测、修理、排故、定期检修、翻修和改装等工作。为了提高航空器的维修效率，减少因为维修带来的停机问题，需要根据预计的维修任务进行分类，然后针对不同的维修活动进行科学有效的组织管理，这不仅能保证维修任务的有序进行，而且可以最大限度地发挥不同维修组织的作用。本章主要从航空公司的角度出发，介绍其相关的维修组织结构及职能，生产、计划和调度，维修培训、维修成本等。

学习重点：航空公司维修组织结构及职能，生产计划与调度，维修成本的分析与控制。

▶学习目标

(1)掌握维修与工程单位的组织机构，各组织机构的一般职责。

(2)熟悉工程部门的具体职责，掌握工程指令的制定流程。

(3)熟悉生产计划与调度部门的具体职责，熟悉生产计划涉及所有维修业务。

(4)熟悉技术资料管理部门的具体职责，了解航空维修培训的相关业务。

(5)掌握维修成本的概念、组成，影响因素的分析以及维修成本的控制措施。

以安全、可靠、经济为目标的维修，是民用航空器维修工作的总目标，它要求维修工作应达到更高的安全水平，满意的可靠性状态，良好的经济效益。而维修工程是维修工作的“源泉”和“龙头”。搞好维修工程管理，体现航空器初始适航和持续适航管理的良好衔接，是保持航空器持续适航的重要环节。

8.1　维修与工程单位的组织机构

一个有效的维修与工程单位的组织机构要随着单位的规模与类型而有所不同，并且也随着公司的管理理念不同而不同。

对于一个中等规模的航空公司来说，下面的组织机构是一个最有效益和效率的机构。大型或小型航空公司应用该机构时，必须进行改造。

图8.1所示是“典型”的中型航空公司维修与工程单位的基本组织机构图。该机构图从维修与工程副总裁这一级开始，然后按机构往下，依次是处长、经理(科级)和室主任(科级或工段长级)。有的单位可以采用各种头衔，但组织机构与图8.1类似。

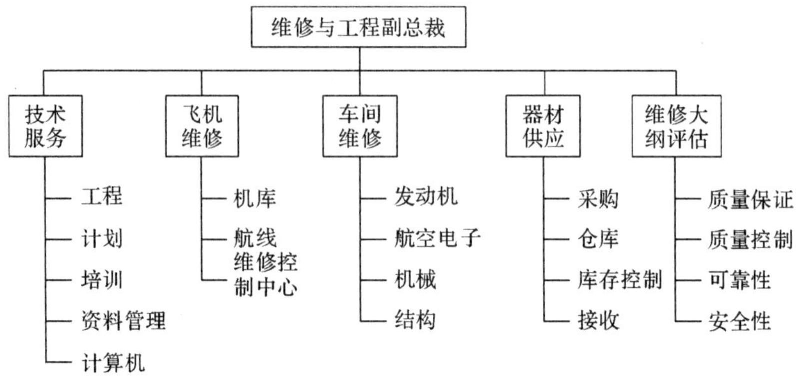

图 8.1 典型的中型航空公司维修与工程单位组织机构图

8.2 一般职责划分

1. 维修与工程副总裁

在航空公司范围内负责整个维修与工程的领导应当在航空公司的组织机构的比较高的级别上。维修与工程副总裁应当与飞行航务的领导(飞行运营副总裁)平级。飞行运营与维修的关系是业务上互补,承担同样重任。

飞行航务部门负责从事航空运输业务,即飞行业务。而维修与工程部门负责向航务部门交付具有适航性的航空器,以便完成飞行计划。维修与工程部门负责在航空器上按照规定的维修进度进行所有计划维修、改装等,并且仍然还要满足航务部门的飞行计划。如果没有维修,飞行运营在其业务中就会受到相当大的限制,同理,如果没有飞行运营,维修在设备维护方面也就失去了意义。它们二者之间互相需要,而对于航空公司来说缺一不可。

2. 五大职能处

按照图 8.1 所示,有五个大的职能处,在本书中依次是技术服务(包括工程、计划、培训、技术资料和计算机维修管理)、飞机维修(飞行航线、机库、外站以及维修控制中心)、大修车间管理处(部件或系统从飞机上拆下来进行的维修、修理和大修)、器材供应(负责采购订货、保障供应、处理质保索赔,以及通过系统将可修理件和消耗件送达)和维修大纲评估(对单位、职工和供应商进行监督)。

3. 经理和室主任(或工段长)

在每一个处,设有几个经理,每一个经理在全处的职能范围内都有一个专门负责的区域。在每个经理负责的区域内的具体业务都要求专家型的职员来做,并由专业的人员监督。在一些大的单位,室主任一级的职责或义务可以进一步细分,并且他可以指定一些“领头”或者“非正式的领头”,以便减少其可工作规模的控制幅度。但是,对于多数营运人来说,在这一级别上,控制幅度可以更宽些。

8.3　技术服务处

技术服务部门负责为维修与工程单位提供技术帮助和支持。工程是技术服务的主要部分，有时候它还包括一些或所有的其他支持功能，起码在小的航空公司是这样。工程部门的主要任务是制定维修大纲和相应的计划，并向维修与工程单位内的其他部门提供工程专业技能和技术方面的帮助。

生产计划与调度是推动日常维修工作的主要力量，它负责为航空公司的所有维护业务安排计划和进度。技术服务部门的其他职责还有：技术资料管理，负责文件的更新和分发；技术培训，负责维修与工程单位的所有培训业务，包括维修、管理、检查和人员监督等方面的培训；计算机支持，负责维修与工程单位的主要计算机系统的开发和升级，包括在计算机操作与使用方面对人员的培训。技术服务部门的组织机构图如图 8.2 所示。

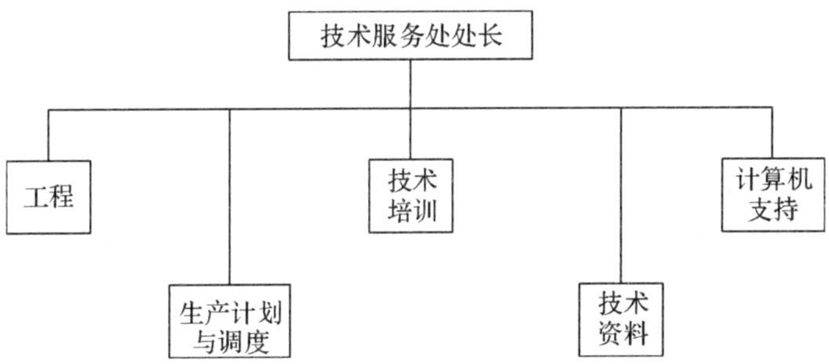

图 8.2　技术服务处组织机构图

8.3.1　技术服务处经理一级的职责

技术服务处有很多业务和服务项目，用以支持维修与检查功能。在图 8.1 所示的典型设置中，已经分别表明了每个处的各种职责业务。每一项业务都在一个经理的指导下完成。还可以有进一步的管理等级，例如，必要时还有室主任（或工段长）和领头（即领班）。

1. 工程

工程经理负责维修与工程单位范围内的所有工程职能，主要包括制定初始维修大纲（含任务、维修间隔、进度和计划等）；服务通告和服务信函评估，看是否涉及本航空公司的设备；监督贯彻认为有利的那些服务通告和服务信函；监督适航指令的贯彻执行，因为这些更改是规章制定当局要求的；评估由可靠性大纲发现的维修问题和维修检查发现的问题（如果有的话）；负责制定维修与工程单位的政策和程序。工程部门拥有一批工程专家，具有高水平的专业技能，这支队伍应涵盖飞机技术领域的任何专业，如动力装置、结构、航空电子、飞机性能以及各系统（液压系统、冷气系统等）。涉及这些专业的各个岗位属于室主任一级，根据需要，每个组有几个工程师，他们都有各自的专业。

工程部门还涉及航空公司厂房设施的筹划（如新机库、维修车间、储藏设施和建筑物等），这些设施都将供维修与工程单位使用。虽然该工程部门通常不做实际上的设计与工程工作，但是，他们将与负责有关项目的工程咨询公司或与承包商携手合作，以便保证最终结果满足航空公司的要求。

2. 生产计划与调度

生产计划与调度经理负责维修进度与计划。其职责是：对于所有维修或改装业务，必须计划并安排所需要的人力、零件、设施、工具以及任何专用设备。生产计划与调度的职责包括：与维修和工程有关的所有计划工作(有短期的、中期的和长期的)；规定工时、器材、设施、工具及设备标准；工作进度；机库控制；在飞机上的维修；监控各支持车间的工作进展。

3. 培训

对于维修与工程单位的职工参加的所有正式培训，技术培训经理负责课程安排、教材制定、行政管理和培训记录，还负责本部门对外单位要求的培训进行协调(如设备销售方的培训)，并且与航线和机库维修人员协调，以便开展在职培训及补习培训或旧课的培训活动。培训部门必须能够设置新的和专门的培训课程，以便满足航空公司的需要。这些课程要求往往是根据对某些方面问题的调查结果而提出的，诸如可靠性、新设备使用或更改贯彻，或者机群增加航空器型号等方面。

4. 技术资料

技术资料管理的经理负责维修与工程单位使用的所有技术资料。技术资料管理部门保存制造商和设备销售方提供的所有最新文件清单以及航空公司自己制定的那些最新文件清单。同时，对于每一个业务中心应该收到的文件份数要有正式记录，不管是书面形式的文件还是微缩文件或软盘形式的文件。技术资料部门还负责保证把有关的文件和修正单分发到各业务中心。各业务中心负责保存其文件的现行有效，但是技术资料部门通常进行定期检查，看是否按规定做了。技术资料部门的责任范围还包括主技术资料室及其航空公司系统范围内的各个分室，以及外站的那些资料分室。

5. 计算机服务(即计算机维修管理)

计算机服务经理负责规定维修与工程单位的计算机管理要求，包括：选择要用的软件和硬件，这些软件和硬件附有各个单位输入的用法说明和要求；对维修、检查及管理人员进行关于计算机使用方面的培训；以及对使用单位提供持续支持。

8.3.2 工程部门

航空公司的工程部门的设置千差万别。作为一个整体，工程部门为航空公司，尤其是为维修与工程单位履行许多职责。在一些航空公司，工程是公司的一个单独部门，它与维修与工程单位分开，而在另一些航空公司，它是维修与工程单位的一个组成部分，至于是否与其分开，常常取决于航空公司的规模大小。在工程部门独立于维修与工程单位的那些航空公司，其职责通常针对大的工程型业务，例如，发展和支持厂房建筑和其他设施、大的航空器更改设计和维修问题及其他航空公司的技术问题的详细工程研究。

然而，在多数航空公司，工程是维修与工程单位的一个组成部分，其主要职责是支持维修。工程部门还负责制定航空公司的维修大纲，为维修部门提供分析帮助，并负责为航线、机库和车间维修人员提供针对困难问题的排故帮助。

8.3.2.1 工程部门的组成

航空公司工程部门是由维修单位内比较有经验的人组成的。这些人必须对整个维修运作非常在行，还要通晓航空公司和规章制定当局的要求。理想的组合应当是：航空公司在工程部门既有取得学位的工程师，也有资深的取得执照的机务人员。对于每一种类型的设备，应当有相应的工程人员，如航空电子、电气、液压、冷气、动力装置（发动机和辅助动力装置）、结构及机械系统等。

航空电子设备可以分为通信和导航系统，而机械系统可分为飞行控制、液压系统等。有些航空公司对于每一种型号的飞机和/或发动机，把工程师分别划分成不同的小组。

然而，对于大部分航空公司，这种专业的分配是按照航空公司的规模确定的。对于规模小的营运人，工程部门可以仅有一个或两个人。这些人通常是资深机务人员，但是他们仍然应当对所有类型的设备提供上述内容同样的帮助。总而言之，航空公司规模越大，其工程部门就越大、越复杂。

8.3.2.2 工程部门的职责

工程部门对维修运作的各个方面提供准备、研究和分析。他们评估维修要求，并为航空公司制定维修大纲。他们还对有可能贯彻到机队去的飞机系统更改建议进行评估，并对维修提供技术帮助。工程部门帮助各单位解决新设备和设施，并且在必要时，对维修中所有其他方面提供帮助。这些职责在下面分别给予讨论。

1. 维修大纲制定

每一个飞机型号有一个由制造工业工作组制定的初始维修大纲，并在制造商提供的文件中予以规定。对于新的营运人和设备来说，这仅仅是一个建议的维修大纲。一旦飞机交付使用，营运人可以对该大纲进行调整，以便适应自己的需要和运营环境。

这种初始大纲是一种通用性大纲，必须从开始就按照各个营运人的情况进行取舍剪裁。经民用航空局批准的维修审查委员会报告和维修计划文件都是制造商提出和制定的。航空公司工程部门的职责是：根据诸如时间、空间、人员、机群安排以及整个航空公司的能力等因素，把这些任务分别纳入可行性计划。机群大的航空公司，需要安排好人力和设施进行持续检查，例如，每星期或每月检查一架飞机。对于一些小型航空公司，没有那么多的飞机允许这种持续的 C 检计划。由于 C 检具有较高的人力要求，所以对于小型航空公司来说，必须调整计划，以便工作进展顺利。

对于多数营运人，A 检每月一次，C 检差不多每年一次（每 12 个月到 18 个月），并且要求人力集中，需要 3～7 天完成。对于小型航空公司，在人力上安排这种“一年一次”的检查是有困难的，对此的补救措施是：把 C 检分为几个部分，称为阶段检查，每一个部分分开进行。例如，可以把 C 检分为四个阶段（Cl, C2, C3 和 C4），每 3 个月进行一个阶段的检查，直到全部 C 检完成。航空公司也可以把 C 检划分为 12 个阶段检查，这样，每月除了计划的 A 检外，还要进行一次 C 阶段性检查。无论上述哪种情况，人力的利用在一年中应是稳定的，各个检查都在规定的时间限制内完成，并且航空公司的工作负荷也应是稳定的。

工程部门责无旁贷的职责是：选择要完成的各项任务、把这些任务纳入可行性计划并保证满足任务的各种限制(时间、周期等)。对单架飞机各项检查的实际安排则是生产计划与调度部门的职责。

对于这些检查，通过维修完成的各项任务可以安排得相当详细。为了保证任务的正确执行，把有关工卡(即任务卡)分别发给有关的机务人员。许多航空公司使用飞机制造商制定的工卡，而有些航空公司则编写自己的工卡，不过还有其他一些航空公司把二者合而为一。无论采用哪种方法，这些都是工程部门的责任：制定工卡并将其纳入有关计划，以及保证其现行有效。

2. 维修与工程单位的技术政策与程序手册的制定

本文件包含了有关维修与工程单位及其职责的所有必要的信息资料。它表明了该单位的组织架构，规定了关键人员和关键部门的义务和职责，并对航空公司的厂房、设施提供了一系列的位置图和布置图。它还详细说明工作如何进行、谁来完成，以及如何管理、检查和放行(如果适用的话)。工程部门根据维修与工程单位其他部门提供的信息，负责制定该文件。

3. 维修大纲更改评估

随着维修大纲的实施，时时会有问题出现。个别的任务可以不予实施，或者不适于实施。从原始大纲取消的一些维修任务，可能需要按照追溯重新恢复。在某些情况下，有必要缩短或延长重复性任务之间的间隔，以便改进总体性能或减少系统或部件在使用中的故障。对维修大纲的这种调整是工程人员的工作。可靠性部门的数据采集与工程部门的问题分析都是执行这项职责所必需的。

4. 飞机或系统构型更改的评估

飞机、发动机和部件制造商经常对其有关的系统提出更改和改进，其目的是改进运营、可靠性和/或维修工艺。这些更改均按服务通告或服务信函形式颁发。如果更改涉及安全或适航性问题，民用航空局则对该更改颁发适航指令。

既然服务通告和服务信函不是民用航空局要求的，航空公司就有权选择贯彻还是不贯彻该更改。但是，对于大多数营运人来说，其工程部门将对更改贯彻的可行性进行评估。他们将根据减少的维修、改进的性能或乘客的舒适性(或任何这些因素的综合)，考虑贯彻更改的费用和收益，并根据对费用与效益的分析，作出贯彻还是不贯彻的决定。

适航指令是强制性的，因此不需要工程部门对更改进行评估。但是，不管是适航指令还是服务通告或服务信函，要完成更改，都会要求工程部门提供维修需要的资料。这种更改是通过工程部门颁发的工程指令来完成的，因为该指令规定了更改实施细则。

5. 对机群增加新飞机的评估

工程部门的主要职责之一是对航空公司的新设备进行评估。当航空公司的经营人员决定扩大运营业务时，首要问题之一就是：应当购买什么样的飞机/发动机组合？该决策的一部分取决于要飞的航线、目的地城市、预计的市场份额，当然还有设备费用与预计的年利率比较。这些都是根据市场状态及航空公司的目标和目的作出的业务与经营决策。

然而,该决策的另一个重要部分就是:从维修与工程的角度,要买的最好设备是什么?这两个决策——经营上的与技术上的,都必须服从于整个航空公司的目标。

假定在两个新型号之间作出选择——这两个都是双发飞机,波音 767 和空客 A330。对于维修而言,有许多问题需要回答。

(1)对于这两种型号的飞机,有哪些适用的发动机?它们与航空公司当前机群使用的发动机是相同还是类似?这一条非常重要,因为对于新发动机来说,可能会涉及是否需要增加维修和试验设施。其费用和可行性是非常重要的。还要考虑到发动机机务人员和增加的人员(若需要的话)的培训需要。

(2)这些飞机的航程怎么样?航空公司是否需要在外站安排自己的航线人员或者在当地安排转包人员,以便对这种新型号飞机的维修和周转给予支持。现有的外站人员能否处理这些新飞机?经过附加培训或没有附加培训,他们是否能够做到这样?或者是否有最低的升级培训?

(3)在这些新型号飞机中包含哪些新技术?就当前的维修与工程人员的技能来说,能否足以维护这些飞机或他们是否需要附加培训?是否需要增加人力?这是否仅仅需要扩大培训或"差异培训"?

(4)根据对这两种飞机型号维修大纲的当前情况的了解,判定计划检查是否与现有机群的当前检查进度(即检查周期)相融合?为了适应新的型号,对现行的维修业务(机库空间、生产计划、飞行航线、维修控制中心)还需要进行哪些更改?

(5)对于这些新飞机,是否需要增加地面支持设备?如果需要,增加哪些设备?

(6)现有的机库是否适用于这些飞机?机库是否需要改造或者是否需要新的机库?这可能需要与外部建筑商或承包商联系。

(7)为了支持新飞机,总部基地零件和零件仓库还需要增加什么?这会涉及对与现有机群不共用的零件的财务投资。

(8)与这两种型号的维修支持(即零件适用性、零件发送、故障率、拆卸率和需要的维修量)有关的行业经历是什么?

关于买哪种飞机的决定作出之前,工程部门根据维修与工程单位范围内其他各部门提供的信息,必须对上述问题和其他一些问题给予考虑和分析。这种初步分析必须包括各种费用情况,以及培训要求和设施与人员升级的时间框架。对要买哪种飞机和发动机的问题一旦作出决定,工程部门必须对新型号飞机总体的各个方面作出更详细的估计,并制定实施计划,以便纳入维修计划。这些工作还必须包括有关要采购的飞机数量的数据和交付的时间进度。

6. 对机群增加旧飞机的评估

如果航空公司打算从另一家航空公司或租赁单位购买或租用旧飞机,除了上述各项目外,还必须考虑其他一些情况。如飞机当前的构型(包括发动机型别)、当前营运人正在使用的维修大纲、检查计划以及更改状态(适航指令和服务通告)。这些要求与该航空公司的设备是相同还是类似或不相同?这对培训、维修支持、器材供应、外站业务等会有怎样的影响?

如果飞机要租赁，营运人必须满足什么样的更改和构型标准？出租方必须满足什么标准？租赁期结束时，飞机应当是什么样的技术状态(即构型)？

在租赁结束并将飞机退还给出租方时，飞机的状态应当在签订租赁合同时就明确规定。什么状态(涉及的适航指令、服务通告、构型)以及由谁负责完成需要的调整——是出租方还是租赁方，这些问题必须在开始时就规定清楚。

7. 新地面支持设备的评估

在更小规模的航空公司，还要求工程部门评估为支持机群增加的飞机是否需要新的设备，包括工具、试验设备、工作台、电动车和冷气车、加热器、拖曳杆、拖车等。有些现有设备对新飞机型号(买的或租赁的)来说，可能用得上，也可能用不上。在某些情况下，虽然现有的地面设备仍然可以用，只是由于机群的扩大，在数量上不够用。在这种情况下，增加采购是必要的。

8. 维修与工程单位对新设施的研制

对于航空公司来说，有时需要制造新的设施或者扩大现有的设施，以便支持新设备、航空公司拓展或现代化。这将包括一些项目工程，例如，机库、发动机试验设施、部件车间、各种设备的储存设施以及专用零件仓库。工程部门通常会参与对这些新设施的设计与制造。这些项目将会外包给更适合的公司。但是，工程部门将会按照要求，对设计提出相当重要的建议。机库、工程车间或任何其他设施必须设计得方便于航空公司的维修与工程各部门的使用，因为他们是最终用户。因此，工程部门将在用户与设计者和制造者之间起到联络的作用，以保证完成的产品是合格的。

9. 工程指令的颁发

由维修人员根据标准检查形式进行的任何工作——日检、每 48 h 检查、过站检查、A 检、C 检都是按照运营规范中维修一节所示的，由维修与工程副总裁签发的“标准指令”完成的。没有包括在这些标准检查中的任何工作，必须按照工程指令的要求完成。有些航空公司对工程指令可以有别的叫法，例如，工作指令、技术指令或工程授权。工程指令是由工程部门制定的，在制定时充分考虑了各有关业务中心的意见，以便规定工作范围和工作进度。由于贯彻服务通告、服务信函和适航指令而进行的工作，以及由于对可靠性调查或质量报告规定的问题进行评估而引起的所有工作，都必须颁发工程指令。具体项目涉及的各业务中心均会在工程指令上规定清楚，例如，维修(航线、机库或车间，按需要)、器材供应(零件、材料、工具)、质量控制(必要时，工作检查)、培训(补习、升级或新课程)等。在取得所有有关单位(培训、器材供应、计划等)对其内容的认可后，工程部门才颁发工程指令。在工程指令颁发之后，工程部门还要对工作进展情况进行跟踪，并且在所有工作完成之后，将该工程指令了结。在某些情况下，航空公司对于机群变动，既可以通过指令完成，也可以通过航空公司自己的动议完成。这种“机群变动”也要通过工程指令来控制。这类工程指令直到全部机群正常运作才能了结。

10. 对疑难问题排故提供帮助

机务人员在航线、机库和车间遇到的日常问题常常是常规的需要明确答复的。有时候，有些问题比较难以捉摸，机务人员不得不使出全部的排故解数来解决这类问题。当单靠机务人员的专业技能对该问题无能为力时，就得从工程部门得到帮助，以便把问题彻底解决。这种帮助可以是对于航线、机库和车间人员的，也可以是对于处理销售方质保索赔和外委维修人员的。修理转动部件的零件供应商和第三方维修承包商也可以需要工程部门的帮助。应当指出的是，这种工程帮助并非是工程部门的主要职责，因而应当只在迫不得已的时候才用。工程不能代替或取代维修。

11. 其他工程职责

工程部门还能够向培训、器材供应、技术资料或需要技术帮助的任何其他维修与工程单位的部门提供专业知识帮助。工程人员被认为是本单位的技术专家，并随时向航空公司内需要帮助的任何人提供技术帮助。

8.3.2.3　工程指令的制定

工程部门可以对按照运营规范制定的维修大纲中没有包括的任一工作制定一个工程指令。但是，对工程指令的需要是由各个部门提出的，其实施也需要采取不同的渠道，取决于所涉及工作的类型和复杂程度。例如，与维修更改和其他指令（适航指令、服务通告、服务信函等）有关的工程指令，将由计划部门安排进度（生产计划与调度部门）。其他问题可能需要对维修大纲作一些更改（周期、任务等），在工艺方面、零件采购方面，也需要一定更改，或者需要一定的培训（知识更新或升级，脱产或在职培训等）。在这些情况下，工程指令也许会直接颁发到维修与工程单位或有关各部门。下面讲的八个步骤就概括了工程指令的制定过程。

(1)根据下列情况之一决定要做的工作：可靠性大纲警示、劳力要求（质量保证、质量控制、维修经理或机务人员）、适航指令、服务通告、服务信函或机群变动。

(2)工程部门分析工作要求（问题和解决办法）：排故或调查问题，以便确定范围和需要；分析适航指令、服务通告、服务信函等，看时间、人力等要求是否适用。

(3)确定要遵循的方法：把工作纳入生产计划与调度部门的检查或是纳入其他计划的或非计划的业务中；必要时安排其他纠正措施；按照要求颁发工程指令。

(4)确定进度要求和工作性质：工程研究、计划等；如果有的话，需要的专业技能（在本公司或转包）；需要的零件和材料（现货或订购，考虑订货至交货间的时间）；确定对专用工具和/或试验设备的需要以及准备情况。

(5)明确必要的工作：人力（维修、工程、转包等）、设施（机库空间、地面支持设备等）、对要完成的工作的时间要求。

(6)召开协调会议落实工程指令（若需要的话）：工作涉及的各个部门；协调并解决困难问题。

(7)颁发工程指令：生产计划与调度部门做好计划工作并监督执行情况；或者必要时，工程指令直接下达到器材供应、培训等部门。

(8)在所有工作完成后，工程部门对工程指令了结：通知具体工程指令涉及的每一个业务中心；对于机群变动，若适航指令等涉及全部机群，工程指令仍然要开放着，生产计划与调度部门安排每一架飞机贯彻工程指令，当机群完全贯彻时，工程部门才将工程指令了结。

8.3.3 生产计划与调度部门

生产计划与调度是维修与工程单位中的关键部门之一，是维修单位的心脏。生产计划与调度部门主要负责计划，并安排航空公司内的所有飞机的维修活动。

生产计划与调度这种叫法是有点误导，它似乎意味着两个职责：计划与调度，而它实际上有三项职责：预报、计划和调度。预报业务包括长期的和短期的估计的维修工作负荷，它是根据现有机群、经营计划以及对预报期间有关这些方面的任何已知的改变预计出来的。计划涉及对临时出现的维修的安排，并包括对诸如低于A检项目的检查、日检、每48 h检查、过站检查和字母标识的检查(A检，B检，C检等)的这类维修的所有有关人力、零件、设施以及时间框架要求的计划和安排。这些计划包括贯彻服务通告、服务信函和适航指令，还包括航空公司认为必要的其他一些更改。然而，这种计划某种程度上是理想化的。在实际进行维修期间，还会发生很多事情，要求更改计划。调度职责允许调整计划，并保持(或企图保持)检查按进度完成。有几种调整计划的方法，包括推迟维修、增加完成工作的人员或者把工作向外转包给承包商。通过检查反馈，使生产计划与调度部门调整未来检查的计划。生产计划与调度在生产计划方面，就是安排计划，这是完成手头工作的第一步，并且必须总是要先于行动。如果没有事先的计划安排，行动就会是盲目的，就会产生不可预料的结果。生产计划与调度部门在调度(即控制)方面，就是意在“办成该计划”。调度阶段是在计划落实之前以召开各个业务单位的碰头会开始。在业务进行期间并紧接着业务开始之后，调度工作继续进行，这就保证尽可能紧密跟上计划的贯彻实施，并且必要时采取措施，以便按照出现的偏差及工作中经常发生的情况对计划进行调整。

在制定了适当计划和没有制定适当计划的情况下，是如何把工作花费在一个典型的项目上的，如图8.3所示。初始计划包括维修大纲的制定及其工程部门的进度安排，还包括生产计划和调度部门的各项检查计划工作。一旦检查开始，工作就顺利进行，这种正确的方法是用虚线表示的。如果没有生产计划与调度部门的初始计划，计划的实施情况用实线表示，随着工作的进展，曲线呈膨胀的鼓包形，这多数是由于未预料到的事件和延迟引起的。

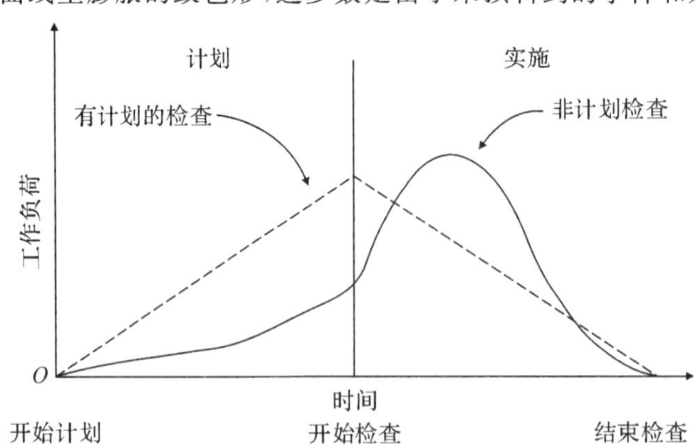

图8.3 计划和非计划检查对比图

为了说明问题，首先以C检为例，假定由一家新营运人在双发喷气飞机上进行C检，这种检查通常需要4～5天的时间，取决于分几班倒进行工作。一家无名公司用下列方式进行这项工作。在检查的前一个星期，管理人员从文件架上取下该飞机的维修计划数据文件，看 C 检需要做些什么工作。他们发现，由于没有充分的预先计划，他们不能够在 5 天时间内完成该项检查，而用了 4 个星期的时间来进行这项检查。在那段时间里他们获得了宝贵的经验教训："计划好你的工作并完成好你的计划。"

生产计划与调度的目标是：使维修与工程单位对航空公司作出最大贡献；在实施之前做好计划与组织工作；以及调整计划和进度，以满足更改要求。下面将依次讨论预测、计划和调度职责，然后再考虑生产计划与调度的各种组织方案的优点和缺点。

8.3.3.1　预测

预测工作关系到维修与工程单位将来的工作负荷，必须考虑到日常维修要求，还要考虑到与维修有关的未来运营方面的所有计划的更改。在机群规模和组成方面的任何更改，航线结构上的更改，以及设施、人力和技能要求方面的一些更改，都必须予以跟踪。将来的计划也必须考虑到设备的老化和更换，增加新设备和有计划地贯彻适航指令和服务通告等问题。维修与工程单位的业务将随着这些设备和要求的改变而改变。预测功能就保证了维修与工程单位跟上这些更改，并相应地随时调整其工艺和程序。

通常有长期预测和短期预测，但是经常也有介于二者之间的中期预测。长期预测可达 5～10 年。在长期预测中，航空公司要作出的各项计划更改将会影响到维修和工程方面的业务，因为这些更改将会对维修与工程单位内的工作进度、财务预算、培训、人力和设施产生影响。维修与工程单位必须在所有这些领域作出相应调整，因此，制定计划必须提前，以便适应航空公司的扩大(或缩小)。这种长期预测某种意义上讲本质上是通用的，并根据每年的情况进行修正。

短期预测一般更详细具体，通常可达 1～2 年的时间。由于注意到实际的人力和预算数据，这些预测包含更明确的计划。各项检查进度和已知的更改均在短期预测计划中确定下来。更大一些的航空公司也可以有中期预测，时间为 2～5 年。这样，有了这三个时间段的预测，就为维修与工程单位提供了一个要执行的持续计划，以便努力跟上运营环境的更改，并随时相应地更改其业务。

8.3.3.2　生产计划

相对而言，预测是长期而全面的，并且是概括的，而计划则涉及维修与工程单位的日常业务。维修与工程单位的目标是按时向飞行部门交付具有适航性的飞机，以便满足飞行计划，要达到这一目标，必须完成各种维修业务，或者根据具体情况正当地保留某些故障项目。用专业术语讲，就是我们"创造"的作品——经过各种正确维修而具有适航性的飞机。这样，航线、机库和车间维修的各项业务就构成了维修与工程单位的生产范畴。那么，生产计划就是按照规定的目标对该业务的安排。

工程部门根据维修审查委员会文件或者运营规范文件已经制定了维修计划，并把工作适当地分为几块，从而表明要完成的各项任务、任务完成的周期以及每项任务的人力要求。对于一个典型的中型航空公司，检查工作进度见表 8.1。现在计划安排必须把工程这一块的工作考虑进去，并且对每一项检查和对每一架飞机必要时增加的任何附加任务，都必须对工作作出计划、安排和调整。对于中型航空公司，估计的维修工时均在表 8.2 中示出。

生产计划涉及所有维修业务的安排：日检、每 48 h 检查和过站检查、字母标识的检查，以及由于适航指令、服务通告、服务信函及工程指令引起的改装，它还涉及对这些检查的各个方面的计划和安排，包括工时、零件、器材供应和设施。该项计划工作还包括与飞行业务及地面支持业务的协调。

日检、每 48 h 检查以及过站检查通常都是标准化的，因此，生产计划与调度部门除了安排进度外，需要做很少，甚至不需要做什么工作。有关的工作计划是工程部门制定的，并且按规定检查的需要发布。航线维修通常负责这些检查，而日常任务则由维修控制中心负责实施。生产计划与调度部门仅仅对这种活动进行监督。短于 A 检周期的附加任务，通常都加到这些检查项目上，或者由一个单独的维修机组同时进行。偶尔也有这种情况：服务通告和其他改装，如果很简单且需要的时间很少，则可通过工程指令的形式，包含在航线检查内。这种计划与进度安排应当由生产计划与调度部门完成，当然要与维修控制中心及航线维修人员协调，以便于贯彻实施。

表 8.1　飞机维修检查进度表

	波音 747－400	波音 747－200/300	DC－10－30	A300B4	F50
过站检查	凡是过站飞机，每次停时检查				
日期	有第一次飞行前或每当飞机停飞 4 h 以上				
A 检	每 600 飞行小时	每 500 飞行小时或 7 个星期	分为 3 个部分：A1，A2，A3，每 465 飞行小时或 9 个星期	分为 4 个部分：A1，A2，A3，A4，每 385 飞行小时或 11 个星期	每 650 飞行小时或 4 个月
B 检	分为两个部分：B1，B2，每 1 200 飞行小时	分为两个部分：B1，B2，每 1 000 飞行小时	无	无	每 13 000 飞行小时或 8 个月
C 检	分为两个部分：C1，C2，每 5 000 飞行小时或 18 个月	每 4 650 飞行小时或 24 个月	分为两个部分：C1，C2，每 4 500 飞行小时或 20 个月	分为两个部分：C1，C2，每 3 000 飞行小时或 18 个月	分为两个部分：C1，C2，每 4 000 飞行小时或 25 个月
D 检/重大维修“审查”检查	第一次检查在 25 000～27 000 飞行小时完成，后续检查每 25 000 飞行小时或 6 年	第一次检查在 25 000 飞行小时或 6 年，后续检查每 20 000 小时或 5 年	每 20 000 飞行小时或 4 年	每 12 000 飞行小时或 4 年	分两个部分：H1，H2，每 12 000 飞行小时或 6 年

注:①制造商提供的某些维修计划文件没有规定 B 检,但是航空公司可以用自己选择的任何名称或字母来表明他们自己的检查或现有的检查。②上述计划自拥有 30～40 架飞机机群的一家国际航空公司,为了便于说明问题,已略有变动。③当飞行小时和日历时间均已给出时,进行检查的时间应以先到者为准。如果各检查分为几个部分,例如,"B1,B2,每 1 000 飞行小时",B1 将在 1 000 飞行小时上做,B2 则在 2 000 飞行小时上做。重复这种方式,以便于每个部分在 2 000 飞行小时的间隔内完成。

所有 A 检和更高级别的检查均须做好计划、安排好进度并由生产计划与调度部门进行协调,而其内容随着检查的不同而变化。这要比每 48 h 检查和过站检查涉及更多的业务,因此应比实际检查提前开始做好计划。对于 A 检,应在计划检查前,1～2 个星期开始做好计划。对于 C 检,大约提前 4 个星期开始计划。在某些情况下,例如,贯彻服务通告或适航指令,考虑到零件的订货周期,要求对那些项目的计划安排更要提前。随着这些项目的出现,我们还将对其予以讨论。首先看一下短于 A 检周期的那些规定任务的计划安排,并在应付 A 检和 C 检本身之前讲一讲有关多项检查。

表 8.2　平均检查计划工时(人・小时)

飞机型号	检查类别	日 常	可变日常	非日常	总 计
波音 747 - 400	A	100	—	—	100
	B	300	300	600	1 200
	C	900	810	1 700	3 420
	D(HMV)	4 000	20 000	36 000	60 000
波音 747 - 200/300	A	300	150	450	900
DC - 10 - 30	A	410	369	467	1 246
	C	1 800	1 260	2 142	5 202
	HMV				65 000
A300B4	A	550	220	539	1 309
	C	1 600	1 120	2 176	4 896
	D(HMV)				
F50	A	71	71	142	284
	B	300	90	234	624
	C	930	465	1 116	2 511
	D(HMV)	2 119	1 060	2 861	6 039

注:①有些检查不是由航空公司完成的。有些检查是转包出去,或是由于飞机租赁出去了而由其拥有人进行检查。还有的飞行还相当新,此时还未到"D"检或"重大维修审查"检查的时间;②各个检查要求的时间不同,按照本文讨论,这要取决于诸多因素。③HMV——重大维修审查。

1. 短于 A 检周期的维修任务

在维修审查委员会的报告中指定了一些维修项目,其维修时间和周期短于 A 检周期。生产计划与调度部门负责向航线维修部门发布这些项目的每周、每两周或每天的进度安排,以便按时完成任务。这些任务可以安排在有关过夜检查的具体时间段上;如果时间允许,也可以安排在某些周转时间段上;或者如果时间允许,也可以包括在A检中。这些项目可由指定的航线维修人员来完成,以便满足飞机正常周转要求,或者可以从航线维修人员中指派一个与周转机组分开的专门机组来完成。该方法取决于航空公司,并且通常是由当地的条件和现有的人力确定的。不管这些任务是如何完成的,对这些任务的安排并执行计划则是生产计划与调度部门的责任,以便保证各项任务在规定的周期内完成。有一个问题,就是航空公司有时候关心那些短于A检任务的项目。这是由于受周转机组的工作压力的影响,将这些任务日复一日地向后推迟。如果这些任务按照惯常的做法推迟到更为方便的时间,那么完成任务的限定日期就会越来越近。最后为了完成该维修任务,航空公司不得不使飞机停止运营几个小时,以便不超过民用航空局规定的时间限制。这种推迟是有代价的。

2. 多项检查

有些MRB项目按照这样的间隔去做,即把它们安排在每隔一次、每隔两次等检查上,不仅对于C检,而且对于A检都是如此。这就是说,每次根据飞机所处的维修周期进行A检或者C检时,都会有不同的任务加进去,而这样就会要求不同的时间、工时等。这正是生产计划与调度部门的另一项职责:在检查计划变化时,保证零件和材料、工时、设施以及时间到位。多项A检的典型方式见表8.3。这些周期要进行下去,直到经民用航空局批准进行更改。

还应当指出的是,每次C检包括了表中规定的所有A检项目。在某些情况下,这意味着工卡可以合并。例如,一项A检可要求一个系统的运营试验,而C检则要求同一系统进行功能试验。维修手册(和后来的工卡)对每一个单独试验分别给出了完整的试验说明。然而,如果这两项试验都进行,就会涉及重复某些不必要的步骤。因此,这些工卡就必须由工程部门或通过颁发标准指令予以更改,以避免不必要的行动。C检项目也可以开始就按照更长的间隔,指定为“2C”检(每隔一次)、“3C”检(每隔两次)等。对于多项C检,可以绘制出与表8.3类似的图表,以便有助于计划员做计划。

表8.3 典型的飞机A检和C检计划

Check	300	600	900	1 200	1 500	1 800	2 100	2 400	2 700	3 000	3 300
1A	×	×	×	×	×	×	×	×	×	×	×
2A		×		×		×		×		×	
3A			×			×			×		
4A				×				×			
4A					×					×	

注:①A检=300 h;②C检=3 000h。

3. 分阶段检查

分阶段检查不同于多项检查,因此有不同的编号(但差别也不太大)。一项A检可以划分为两个阶段,每一个阶段可以在连续的夜班上进行,以便尽量减少对维修机组的需要和停机时间。第一个阶段检查飞机的右侧,称为“A1”检,第二个阶段检查飞机的左侧,称为

“A2”检。一项C检可以分为四个部分(C1,C2,C3和C4),并且大约每3个月进行一部分,取决于全C检周期。这种检查也可以分为12个部分,每月进行一部分(C1, C2, …,C12)。

4. A检计划

A检通常是日常检查。所需任务都是由工程部门用维修审查委员会文件或运营规范文件进行规定。所需要的时间、人力以及零件和材料一般都是固定的。但是,有一些变动情况还是需要重视的。当在飞机维修履历本上写明:该任务不能在飞机周转或日检或过夜检查时完成,则可以将其推迟到以后的时间完成。造成推迟的原因可能是由于缺少零件、临时缺少有专业技能的劳力,或者缺少所需要的时间(在发生的时候),从而影响了问题的解决。在这些情况下,推迟的任务应当由生产计划与调度部门安排在下一次A检。需要的零件、材料以及人员必须在那个时间到位。

受时间和零备件的限制,进行A检时也可以包括某些“短于A检”的项目(100 h、250个循环等)。因为这些项目接近A检时间或周期间隔,所以为了方便起见,把它们安排在A检。如果有服务通告或服务信函,完成维护不需要大量的时间或零件,这些也可以安排在A检。这样,即使A检相对比较简单、易做,但是仍然需要作一些计划安排。

既然生产计划与调度部门负责计划和进度安排,他们就应制定工作计划,并在计划的检查日期的前几天将该计划送交有关业务中心审查。这样就允许对某些情况进行更改或调整。(这就是生产计划与调度部门的“调度”职责的开始。)

B检与A检类似,但是涉及的任务不同,通常发生在连续的两次A检之间。对于这些任务的计划安排在本质上与A检相同。

5. C检计划

C检通常大约一年一次(对更新型号的飞机12～18个月一次),取决于航空公司飞行计划。C检计划要比A检计划详尽而复杂。正常情况下,一次C检需4～7天完成,取决于不同的飞机型号和情况。该任务的轮班次数、现有的人力和零备件,以及技能要求,都会影响到完成任务的时间长短。

该检查包含三种类型的任务:日常的、可变日常的和非日常的任务。日常任务是指MRB文件标识的那些任务,这些任务是指在规定的周期必须进行的项目。既然这些项目中有一些是在每次C检时进行的,而其他一些项目是每隔一次C检、每隔两次C检或者每隔三次C检(2C,3C或4C)进行的,进行每次计划检查需要的时间长短就会各不相同。这种进度安排和时间要求上的不同就是生产计划与调度部门所关心的地方。

可变日常任务是指在检查与检查、飞机与飞机之间经常发生变化的那些任务。这些任务包括贯彻服务通告和适航指令,也包括机群变动、先前维修检查保留的故障项目以及具体飞机要求的任何其他一次性维修措施。完成这些任务需要的时间一般是固定的,因此,对于制定计划的目的来说,这些项目与日常任务是类似的。

非日常任务是指在完成其他日常任务时发生的那些工作项目。例如,如果一项日常任务规定要检查轮舱区域,看是否有液压油渗漏,这项任务一定会花费一定时间(计划的)。如果检查发现漏油,就必须解决漏油问题,这就构成了非日常维修任务,接着就是颁发非日常工卡。既然非日常任务的数目只能靠估计，并且完成非日常项目需要的时间随着诸多因素变化，因此，对于生产计划与调度部门来说，正确地估计完成这些非日常项目和全部检查需要的时间，就成为一项有意思的任务。

下面列出可包括在C检中的各个项目，但是每一次不是所有项目都包括。

(1)批准的维修大纲规定的C检项目(日常的)。

(2)由航线或其他检查工作保留的维修(可变日常)。

(3)贯彻服务通告、服务信函、适航指令(可变日常的)。

(4)贯彻航空公司改装和机群变动(可变日常)。

(5)飞机清洗、喷漆(可变日常)。

(6)由于检查和日常项目而产生的任务(非日常)。

通过准确地估计日常和可变日常项目需要的时间，并通过预计非日常项目和其他延迟的合理时间，汇总并计划安排这些项目是生产计划与调度部门的职责。一旦工作计划确定，并且时间也估算出来了，生产计划与调度部门就必须对所需要的一切方面做好安排，以便正确实施该工作计划。这将包括下列方面。

(1)安排并确定持续检查的机库空间。

(2)为了维修的目的，从运营部门接收飞机(这可以由维修控制中心完成)。

(3)安排飞机清洗进度。

(4)确定移动飞机至清洗区，然后到机库所需要的拖车和人力。

(5)保证准备好进行检查需要的零件和器材。

(6)保证在需要的时候把哪些零件和器材交付机库。

(7)明确检查需要的人力和技能。

典型的航空公司在空客A300B4飞机上进行C检时计划工时的估算方法见表8.4。

表8.4 飞机检查计划工时一览表

工作类型	在飞机上作业														脱离飞机作业工作对外转包	总计
	机库										车间					
	机体	发动机	电气/电子装置	仪表	无线电	飞机信息管理系统	润滑系统	公用设备	合计	%	无损探伤	组装	通电/功能试验	合计		
日常	71	28	19	3	3	62	7	115	308	37.71						308
可变日常																
按标准检查程序	18	18	2		14		15		67	7.99						67
重大结构项目																
部件更改	3					6			9	1.07						9
发动机更改																

续表

工作类型	在飞机上作业														脱离飞机作业工作对外转包	总计
	机库										车间					
	机体	发动机	电气/电子装置	仪表	无线电	飞机信息管理系统	润滑系统	公用设备	合计	%	无损探伤	组装	通电/功能试验	合计		
辅助动力装置更改																
起落架更改																
结构检查	33	48	6	9	9	6			111	13.23	5			5		116
改装	23	7	32			2			64	7.63		15		15		79
按工程通知	10	15		2					27	3.22	5			5		32
明显故障																
其他	20	11	5	6	10	1	10	8	71	8.46						71
非日常	51	25	17	3	3	46	2	35	182	21.69		14	12	26		208
合计	229	152	81	23	39	123	34	158	839	100	10	29	12	51		890
现有人力																
工作变动																

注:①日常——由维修审查委员会或运营规范文件规定的任务;可变日常——随着飞机变化的日常项目、检查和其他计划决定;③非日常——由其他任务产生的任务。

与 A 检一样,必须制定 C 检工作计划,并在工作开始之前将该计划分发到各有关业务中心。工作计划应当在计划的检查日期前 1～2 个星期发出去,然后,应举行所有涉及单位的碰头会,以便对其进行讨论并落实到可行的计划中去。这就把由于生产计划与调度部门在计划安排时未察觉的情况而需要的任何最后时刻的更改考虑进去。这种未察觉的情况可能是:有些项目需要完成的时间比计划的时间长;最近保留的项目可有优先权;需要的零件没有收到;或者由于生病、度假等原因,人力可能不齐。检查计划必要时应当调整。在偶然情况下,检查时间会延长一天或必要时延长一个班次。当然,这需要与运营和业务办公室协调,以便考虑重新安排飞机的飞行计划。

生产计划与调度部门的最后工作就是根据计算机数据(或手写数据)制定出检查计划,并颁发工卡,供机务人员和质量检查人员在检查期间使用。按照进度清洗飞机,飞机进入机库,检查开始。

8.3.3.3　生产调度

根据过去完成工作的经验以及下面的前提条件:零件、器材、人力和设施均已齐备,随时需要随时有,生产计划与调度部门制定的计划应留出完成工作的一定的时间余量。该计划还有一个前提,即在工作流程中没有变化。生产计划与调度部门对非日常项目需要的工作量仅仅能够估算,因此,还不能做到非常准确。例如一项日常任务,该任务规定“检查液压线路有否漏油”。如果没有漏,这项检查任务应当花费一个具体的时间,但是,对于该计划员来说既然没有办法确定是否漏油或者没有办法知道所发现的任何渗漏的渗漏程度,那么对他或她来说就没有办法准确地估算出进行这项修漏非日常任务需要的时间。但是仍然必须进行估算和安排进度。

然而,利用先前检查的类似任务反馈的信息,对于哪些事情可以预料,计划员能得到一些启发。重要的是:进行工作和控制检查的那些人向计划员提供反馈信息,以便帮助他们在做下次的检查计划时估算得更准确。这常常可在上述计划碰头会期间进行调整。

对一项定时维修项目进行拆卸和安装的日常任务,在正常情况下可需要 2 h。在特殊情况下,假定在安装期间有一个螺栓折断了,这就需要增加工作,以便把断了的螺栓取出来。做这一工作的工具在现场可能没有准备,而拆卸该螺栓并重新车螺纹可能会花费相当长的时间,还可能要进行一定检查或调查,找出为什么会发生这个问题(机务人员使用工具不当、零件本身脆弱、定力扳手缺乏校验等)的原因。这样浪费的时间就相当多,由于工作的所在位置,也可能会造成在同一区域执行另外任务的另一名机务人员延误工作。

所有这一切就是现实维修领域的“日常事务”。那么,对于维修来说,重要的是要跟踪每一项任务花费的时间。尽管机务人员及其工会组织不喜欢这种定时管理理念,但是,对于进度和计划安排的目的来说,知道一项规定的工作要花多少时间、知道在进行该项工作时哪种事情可能会出错以及解决发生的问题所需要的时间,这些都是非常重要的。管理人员和机务人员同样都要理解:干同一件工作,有的人可能会比别人花的时间长,而同一个人干同样的工作有时候花的时间长,有时候花的时间短。虽然这是不正常的,但这是现实,跟踪完成一项任务花费的时间,不是用于约束的,而是为了实际安排计划。经理、工程师和机务人员经常都出于诸多充分理由需要对计划安排进行调整,而对此必须予以重视。

8.3.3.4 计划反馈

飞机停在地面上是无收益的,因此,不能把时间都花在维修上。对于维修人员和计划人员来说,重要的是知道完成一项任务和全面检查需要花多少时间,以便于能够准确地安排计划,从而使检查能够在一个合理的时间范围内完成。字母检查的原始计划都是根据所掌握的最可靠的信息制定出来的。然后,该计划经各有关业务中心的审查,以便把那些明显问题解决。当计划开始实施时,要求更改的一些其他因素就出现了。重要的是把这些更改反馈到生产计划与调度部门的计划人员那里,以便于在下一次做计划时能把这些因素考虑进去。

为了调整未来的计划,计划员需要了解的问题如下。

(1)进行每项任务需要的时间。

(2)等待零件和器材所耽误的时间。

(3)非正常情况的停工时间。

(4)对于非日常发现的问题需要增加的时间。

(5)人力可用率的变化。

(6)由于从其他工作(或检查中的其他飞机)上挪用零件而耽误的时间。

这些信息有多种用途。如果知道了实际时间要求,而不是凭着维修计划数据估计或计算时间要求,各任务安排进度就能够更准确。如果由于零件或器材没有按需要时间到位而耽误了时间，那么对于下一次的计划检查，必须把交付时间定得更准。如果下一次检查在人员提供上可能有改变(由于度假等原因)，这也可能会影响到任务的完成，因而应当在计划中考虑进去。

在航空公司，零件挪用是一个老生常谈的问题。在飞行航线工作的那些人有义务尽快使飞机返回使用。如果飞机返回需要零件，并且该零件库存没有现货，最可能的零件来源就是当前尚未安排飞行的任一架飞机，这就使得停在机库C检的那架飞机成为一个主要的来源。按照推测，该零件能够订货并在C检完成之前有望到货。但是，遗憾的是，对于做C检的那些人，这就会常常要求同一工作需做两次，结果所用的时间就比完成该检查需要的时间更长。

尽管零件挪用对计划检查有不良影响，但是，它不仅仅是安排计划的问题，实际上它是整个维修与工程的问题。这个问题应当由维修与工程单位之外的人解决。然而，在做检查计划的时候，必须仍然把这种影响考虑进去，直到该问题解决为止。

8.3.3.5　生产计划与调度部门的职责安排

生产计划与调度部门的职责安排工作可由一个集中的或分散的生产计划与调度组来完成。在集中的组，所有的职责——预测、计划和调度，在工作实际执行期间，通过与各业务中心的联系可在本单位完成。在一个部分分散的组织中，预测和计划职责可由生产计划与调度部门完成，而调度功能是由机库或其他业务中心的人员完成的，但是这两部分之间必须有反馈信息和工作上的协调，以便生产计划与调度部门制定出未来可以使用的计划。

在某些航空公司，生产计划与调度部门的职责全部是分散的。这就是说，所有的计划安排与调度工作都是由每一个业务中心完成的。这种安排遇到的问题是：在各业务中心之间可能会缺少或没有协调。如果该航空公司的组织结构和规模是这样的：计划工作必须是由各个业务中心完成的，而不是由一个综合小组完成的，那么在维修与工程单位这一级别上必须仍然有一些协调和调度管理。然而，按照通常情况，全部分散的方法还是不可取的。

8.3.4　技术资料管理

由于指导现代商用航空公司维修活动需要许多文件，制定、分发和更新这些文件是一项相当重要的任务。为此，在典型的中型航空公司的技术服务部门，可成立技术资料管理部门。在一些小的航空公司，技术资料管理部门可以是工程部门的一部分，或者可能是属于质量保证部门。更大的航空公司可能需要一个扩大的资料管理部门。

1. 技术资料管理部门的职责

技术资料管理部门主要有以下三项职责。

(1)在航空公司范围内，接收并分发所有外来的资料文件。

(2)印刷并分发航空公司内部各单位制定的资料文件。

(3)按照维修与工程单位的运作需要，对所有这类文件建立并保持一个完整的、随时更新的资料管理系统。

外部文件来源应包括飞机和发动机制造商、安装在飞机上的设备销售方和制造商以及用于维修工作的专用工具和试验设备制造商。这些文件可以包括初始版的维修手册和其他这类文件，以及这类手册的定期或不定期修正版；而且，还应包括服务通告、服务信函或者这些制造商或销售方颁发的维修建议；同时，还应当包括联邦航空条例、适航指令、咨询通告，以及航空公司的规章制定当局颁发的其他正式文件。

航空公司内部文件包括航空公司技术政策和程序手册、可靠性大纲手册以及航空公司自己制定的任何其他维修与检查文件。由维修与工程单位其他部门制定的文件，如工程部门、质保部门等制定的文件，有许多是由主管单位发起的，但是通常可由技术资料管理部门复制并分发，这仅仅因为该部门这样做，有现成的一套处理工艺和设施。诸如此类文件可包括可靠性月报、工程指令、航线或机库维修检查的工作计划、工具与试验设备的校验计划以及其他这类文件。

2. 航空公司资料室

成立技术资料管理部门的主要理由就是保证与航空公司运营有关的所有适用的资料文件能够供用户使用，并保持最新的更改版次。达到此项目的最普遍的方法就是为维修与工程单位建立一个主资料室。如果维修与工程单位具有一定的规模，对于诸多用户来说，仅有一个资料室是很不方便的，并且每个文件的份数也会受到限制。为此，在多数航空公司，除了主资料室外，技术资料管理部门还要拥有按计划分布的一个或多个卫星资料室，以便尽量减少为提取需要的资料而耽误在路上的时间。维修与工程的主资料室包括与维修、工程和检查活动有关的所有资料文件，而在任何卫星资料室保管的资料文件通常仅限于与具体用途有关的那些文件。每一个资料室，不管是主资料室还是卫星资料室，都必须配备必要的桌子、椅子、书架、微缩胶卷阅读机，以及打印机、计算机终端和复印机，以满足用户需要，并且还能提供各种形式文件（书面文件、微缩胶卷文件、电子文件）。表 8.5 列出了卫星资料室的一些可能分布的位置。

表 8.5　卫星资料室分布位置

维修控制中心（飞行航线）
航站（一个或多个）
机库平台
机库大修车间
工程部门
维修培训部门
生产计划部门
质量保证部门
可靠性部门（可能与工程或质保部门合用）
器材供应部门

3. 资料管理

与维修有关的文件分为非控制文件和控制文件。非控制文件仅仅是作为一般资料颁发的，并且不用于适航审定，也不需要控制文件要求的任何跟踪系统，该系统的要求将在下面谈到控制文件时讨论。

控制文件是指用于飞机、发动机和部件的适航审定的那些文件。每一个控制文件应包括一份有效页清单和文件的修正记录，以表明该修正版次的修正单编号或字母标志和日期。有效页清单也反映出最新修正单有效页号码。表 8.6 是一个典型的控制文件清单。

表 8.6　控制文件清单

运营规范
技术政策与程序手册①
制造商和销售方手册
规章制定当局文件
有关的适航指令
有关航空器型号数据单
有关航空器补充型号合格证

注：①如果航空公司决定从技术政策与程序手册中分出来单独出版检查和可靠性大纲手册，那么单独出版的这些文件也是控制文件。

每一个控制文件的正本都必须在维修与工程单位的主资料室存档，不管是书面形式还是微缩胶卷形式。每一份控制文件（包括正本），除了文件号，还应当加上资料室的控制号码，如“共 14 份，第 6 份”。资料管理员对分发的每一个文件都保持记录，表明文件名称、文件编号、资料室控制号码、分发至的部门名称以及该部门负责文件的人的姓名。

制造商的文件通常都有一个标准的修正周期（例如，每 3 个月，每 4 个月，每年等），也有一些是按照需要进行修订。规章制定当局的文件也是一样，有些有固定的修正周期，有些没有固定的修正周期。尽管航空公司可以按照自己的需要对其内部文件规定一些修正周期，但是常常需要按照其他文件（制造商的、民用航空局的等）的更改对这些内部文件进行修正，因此，局部的修正周期应当与这些更改一致。

尽快地处理这些更改应当是航空公司的责任。技术资料管理部门一旦收到各种修正单——不管是单独页的还是整个文件的，就负责分发到各有关的业务中心。因此，他们需要确定需要多少份数和用什么形式（书面的、微缩胶卷还是电子版的），以便于保证分发效率，而不至于需要复制或增加订购的份数。这种资料可以书面形式保存在档案卡上或者储存在计算机系统里。

4. 文件分发

技术资料管理部门对文件和修正单进行包装，并通过最合适的手段（如手提、通过公司邮递、用公司飞机发送或用商务信使服务递送等）发送到各级使用单位。这种包装应由技术资料管理部门附上一份信函或其他表格，以使用文件号、资料室控制号码和修正单日期将正在发送的资料加以标示，同时还应当表明发送给谁及发送的日期，而且，还应当有一个签字栏，由收到资料的人在上面签字（或草签），证明文件已收到。文件接收人还应检查所收到的文件包，看其内容和适用性如何，并将签过字的回执返回到技术资料管理部门。这种收据应当以最方便的方式返回到技术资料管理办公室。

通过这种手续可以保证这些文件事实上已经从发送到接收得到控制。对文件进行实际的更改贯彻，并随时保持其更新应当是接收单位的职责。技术资料管理人员、质量控制检查员甚至维修管理人员可以定期检查,看是否这样做了。可以肯定地说,这是质量保证人员或规章制定当局的审核项目。

8.3.5 技术培训

航空公司有责任对其所有的员工进行适当培训,这些人员包括飞行机组、客舱乘务组、地勤机组、维修机务人员和技术员、检查员、监督员、经理、计算机操作员以及行政人员。其培训的重要部分通常在其受雇进入航空公司之前就应完成,对于飞行机组、客舱乘务组和维修人员来说尤其是这样。这会涉及民用航空局批准的正式的专业培训及颁发民用航空局的专业执照。

为了有资格获得机务人员执照(民用航空条例 CCAR66),一个人必须具备下面的条件:年满 21 周岁;能正确读、写申请专业相关技术文件和管理程序;已通过了所有规定的考试科目;满足了适于其执照等级的民用航空条例的有关要求;等等。

这些项目就是一个人取得飞机和发动机维修资格的必要条件。然而,有了飞机和发动机执照并不意味着一个机务人员或航空维修技术员能对某一航空公司的具体设备或系统进行维修。飞机与发动机执照仅仅说明该机务人员或航空维修技术员已经接受过航空维修的基本培训,但是他或她还必须再经过培训,以便在航空公司的具体设备上进行维修和养护工作,而且这种培训必须有文件证明。万一发生航空事故或事件,事故调查人员往往会问起“该机务人员是否接受过适当培训?”对这个问题的回答必须靠文件证明,文件上不仅应表明培训等级,而且还应表明在何时和何地培训的。

对于一个机务人员来说,在得到飞机和发动机执照,并已被航空公司正式录用后,对其要求的培训课目和等级在整个行业是不同的。这种差异取决于很多方面。

航空公司按照自己的需要选择了经过适当培训和有一定经验的一些人,再对这些新雇员进行公司的入门培训,即对其进行有关航空公司的具体政策、程序、文件和设备等方面的培训。随着时间的推移,对各种人员还必须提供附加培训,这种培训或者在本航空公司,或者在外单位,如在制造商或销售方的厂房、在另一家航空公司或在专业培训学校。每一个雇员接受到的培训必须在其培训记录(或人事档案)上做好记录,并且对有关的培训等级执照必须进行监督和相应的更新。

8.3.5.1 组织机构

既然所有航空公司人员需要这样或那样的培训,就必须有一个培训机构,以便满足各种培训需要。该机构可以采取不同的形式,它可以是一个公司一级的培训单位或者学校,负责对所有航空公司的人员进行培训,或者是一个独立的单位,负责维修培训、飞行机组培训、客舱乘务组培训,以及必要时对管理和行政人员的培训。

对于上述任何形式的安排,总是有很多分歧,有赞成的,也有反对的,很大程度上取决于航空公司的规模、培训的实际要求以及航空公司自己的管理结构和理念。然而,对于中等规模或更大的航空公司来说,对于维修与工程的所有业务,要有一个独立的培训单位。这样,效率会更高。对于有充分的人员周转余地的大型航空公司,或者对于在机群规模或组成上正在进行改革的航空公司,将会有相当多的培训业务。有一些航空公司,其维修机组多是由新的、缺乏经验的人组成。提供所需要的培训，是技术培训部门的职责，这种培训要么使用现有的航空公司的培训课程，要么重新安排新的或一次性的培训课程，以便适应不同的需要。教员既可以是全职的培训教员，也可以是从其他维修与工程部门（如工程、维修、质保、质控、安全、计划等部门）抽调的专家。

对于其人员已经过全面培训并富有经验的那些航空公司、以及机群和人员没有重大变化的那些航空公司，对持续培训的需要非常少，因而可以不需要全职的维修与工程培训部门。然而，对于这类航空公司的维修与工程单位，必须配备一个培训协调员，以便应对有关的培训需要，这种培训需要可能在质量监督、可靠性大纲贯彻、雇用新人员或使用新设备的时候产生。

培训协调员的职责是：按照质量保证、质量控制、可靠性或维修管理部门的意见，对机务人员、技术员、监督员和检查员的执照和附加培训要求进行监督，并且按照需要安排培训。这种培训可由在维修与工程单位工作的航空公司人员，或者由航空公司的培训部门（如果有的话），或者由任何有关的外部单位来完成。

培训协调员可以是维修工段长或是维修与工程单位（维修、质量保证、质量控制、工程等部门）范围内的工程师。在这种情况下，培训协调员是兼职的，他或她还有自己的本职工作。然而，由于要求质量保证部门保证培训按标准进行，培训协调员在执行其培训职责时必须向质量保证部门汇报工作。

8.3.5.2　航空维修培训

对于维修人员来说，有这样几种不同的经常需要培训的业务：正规培训、单位的培训、制造商的培训、质量培训、在职培训、晋级培训、知识更新培训。下面对每一种培训分别进行讨论。

1. 正规培训

该培训通常是在机务人员受雇之前完成的。飞机和发动机维修机务人员和技术员可来自于民用航空局批准的飞机与发动机学校、设有适当的航空课程的技术/专业学校，或者从部队退役的。民用航空局批准的学校毕业的学生通常都获取了有关专业的执照（飞机/动力装置或航空电子）。其他两种培训机制要求申请人与民用航空局协调，安排必要的考试，以便获得需要的执照。有些航空公司有专门的培训大纲，按照该大纲，他们从职业学校或其他同等课程学历的人中招收机务学员，并按飞机机务人员的要求对他们进行培训，培训地点可以在本航空公司，也可以在外委航空公司，或在规章制定当局批准的专门学校，这些学员都是作为航空公司的雇员参加培训的。

2. 单位培训

这种培训是由航空公司本单位组织和实施的，内容包括航空公司的基本政策、程序和文件，以及在本公司使用的具体航空系统和设备。这些内容可包括具体飞机及其系统的全部课程，或者只涉及航空公司的设备与该机务人员现已经历的设备之间的差异。所有的培训课程都应涉及有关的安全和人为因素问题。

3. 制造商或销售方的培训

飞机、发动机和飞机设备制造商经常对其产品或与产品有关的专门业务提供专业化的培训，培训地点既可以在制造商，也可以在航空公司。航空公司的培训部门负责所有培训安排，并监督其活动。

4. 质量培训

质量保证监督员需要在监督程序和技术方面，以及在有关规章条例和航空公司政策的更新方面进行培训，质量控制检查员也需要进行有关检查技术和工具与设备检验方面的培训。授权进行必检项目的机务人员，在检查技术方面和其负责的有关装置的其他细节方面，必须由航空公司或外单位进行专门培训。

5. 在职培训(OJT)

在职培训涉及了一些专门程序，这些程序课堂教学不能完全包括或有效实施，并且还涉及只能在工作现场用手把手传授经验的方法完成的那些培训方式。在某些专业方面，在职培训也许是唯一需要的培训。对于经过审定的机务人员来说，在职培训可以专用于晋级或知识更新培训(见下面讨论)，或者与课堂培训结合进行。手把手的培训通常是由业务中心完成的，但是应当与更新雇员培训记录的培训部门协调。

6. 晋级培训

当本单位的飞机或机群使用新的设备或者当新的程序在维修业务中贯彻实施时，就需要这种培训。也可以举办其他晋级培训班，以便使机务人员提高其执照等级或者工作地位。

7. 知识更新培训

每当提出某一机务人员或技术员水平退步了并需要审查或重新验证某些技能时，就需要这种培训。之所以可能发生这种情况，是因为该机务人员太长时间没有从事关于设备或维修的业务。

后两种培训，即晋级和知识更新培训，通常都是由本单位举办的，并且根据需要举行。

8.3.5.3　飞机制造商的培训课程

当航空公司从飞机制造商(如波音、洛克希德、空中客车等公司)那里购买一架或多架飞机时，作为采购费用的一部分，他们通常会得到制造商提供的有关该型号的培训教材。培训课程包括飞机、发动机以及安装的航空电子设备。对于航空公司来说，哪些人参加这些培训，营运人与营运人之间也各不相同，这往往取决于航空公司的规模和管理。对于小型航空公司，从事飞机系统维修的机务人员或者其工段长将会参加制造商提供的这些培训，经常的情况是，这些机务人员和其工段长都参加。在较大规模的航空公司，这些培训教材的某些或全部要交给航空公司培训部门的维修培训教员。当然，教材的选择就由航空公司处理了。如果航空公司的培训教员参加了培训，那么他们回来后就负责编制适合航空公司的培训课程，并用来对航空公司的机务人员进行培训。

在有些情况下，新设备仅仅部分与现用的设备有差异，例如，波音 767－300 飞机，销售到已经在飞波音 767－200 飞机的航空公司，在这种情况下，只针对两种型号之间的不同之处对航空公司人员进行培训即可。该航空公司可能已经有了波音 767－200 的培训课程，机务人员只需要学习波音 767－300 的不同之处即可。同时，航空公司的现有培训课程可进行一定的更改，以便包括这些不同之处，而航空公司的后续学员可得到任一机型的培训，或者按照需要两种机型都要培训。

在很多情况下，制造商在其工厂或在航空公司所在地提供有关具体设备的专门培训课程。各发动机制造商都会提供有关发动机状态监控的培训课程，以便培训航空公司的人员学会使用监控发动机状态的专门的计算机程序。既然每一家航空公司只有几个人需要这种培训，所以通常不需要现场培训。从几个航空公司来的机务人员、经理、检查员或者教员，可以在发动机制造商的厂房设施里或其他方便的地方，集中在一个培训班进行培训。

飞机、发动机和设备制造商可以在航空公司的培训场所提供各种"一次性"的培训项目。这种"一次性"培训项目可以包括这样一些培训课目：双发飞机延程运营、防腐保护与控制大纲、维修差错检测辅助程序（MEDA）、无损探伤与检测技术、航空安全、可靠性大纲以及类似的题目。虽然这些培训课程都是外单位提供的，但是仍然与航空公司培训办公室有关系，因为他们还必须提供培训用的教室和其他必要的帮助，并且必须对参加培训的那些学员的培训记录给予更新。

8.3.5.4　航空公司的其他培训课程

由培训单位提供的其他培训课程常常是"一次性"实施的培训课程，以便于处理维修与工程业务范围内检测的偏差问题。质量保证监督员或者质量控制检查员可以确定某些程序需要改进或者没有被一个或多个机务人员正确地执行，而且还可以指出，某些机务人员在某些领域工作不得力。对于类似这些情况，有必要举办一些"充电"式（即知识更新）培训班，以便解决这类问题。这些培训可以在课堂、实验室或工作岗位进行，或者必要时在这些场地中的某几个地方进行。对设有维修与工程培训部门的航空公司，这种培训可以由现有的培训教员，或者由来自维修与工程单位内的有资格的机务人员、经理、工程师或检查员来安排并执行。如果没有设置维修与工程培训机构，培训协调员则必须与其他有关单位协调并安排这类培训；如果设置有这种培训机构，但是没有能力进行这种培训（不管是什么原因），该培训部门应当安排外单位协助培训。

注意，在经过合格审定的机务人员和技术员中进行这种针对缺陷方面的培训，可能会影响其审定资格和航空公司颁发的上岗合格证。航空公司管理层必须时刻关注任何培训需要，并且在进行和审查完成的所有维修工作时，必须保证使用合格的人员。

在航空公司还有一些附加的培训要求，这些培训经常需要，并且可以在公司内，也可以不在公司内进行。但是培训部门应负责安排、实施这些培训。这些培训包括对质量保证监督员、质量控制检查员、必检项目检查员、无损探伤/无损检查程序、发动机检查（试车、窥镜检查等），以及飞机滑行和拖曳等有所需求的专业化培训。培训部门或者自己举办这些培训，或者通过与其他合格的培训单位协调安排这些培训，以满足航空公司的需要。

这里应当指出的是：对于维修与工程人员培训的任何要求，不管其能否由航空公司职员自己完成，负主要责任的应当是培训协调员、维修与工程培训部门，或航空公司培训学校，无论哪一个，都要按有关航空公司的现有机构设置。要记住的重要一点就是：不管航空公司的组织机构或管理理念如何，维修与工程单位对自己的人员培训必须随时注意控制，并对影响机务人员和航空公司的合格审定和能力的这类培训，必须保证足够的记录。

8.3.6 计算机支持

8.3.6.1 计算机在航空公司的应用

航空公司对计算机的需要是动态的，正如其他人的需要一样，总是在不断变化的。我们靠计算机的能力得到的越多，我们对计算机的需求就越大，诸如：更多的内存，更快的速度，更高的灵活性，等等。随着我们使用计算机技能的提高，我们发现越来越需要使用这种神奇的工具。即使是小的航空公司，对优良的计算机系统处理业务的能力的需求也相当高。大型航空公司，例如，联合航空公司、三角航空公司(Delta)或英国航空公司，如果没有计算机，就不能有效率地运营，也许根本就不能运营。在下面各段，我们将表明计算机在维修与工程中的一些应用情况。

1. 维修任务

维修审查委员会报告列出的所有任务，经过航空公司工程部筛选，再加上工程部门确定的任何附加任务，均由工程部门输入到计算机系统。字母检查的每一个项目通过项目表明的检查和周期加以识别，包括指定为多项检查的那些任务，即 1A，2A，3A，1C，2C，4C 等。这些数据以后会由生产计划与调度部门从计算机中提取，用于为航线或机库维修进行的各个检查制定工作计划。

在这些检查计划中，对于要完成的具体检查，应包括工卡。举例来说，如果尾号为 318 的波音 757 飞机第 4 个 A 检到期，那么由生产计划与调度部门制定的检查计划应当包括在维修大纲中表明为 1A，2A 和 4A 的那些任务，还包括在该检查期间规定要完成的任何适航指令、服务通告或其他试验和改装任务。

另一架飞机，例如尾号为 319 的波音 757 飞机，可能更新一些，要在前一架 318 飞机离开机库后进行第 3 个 A 检。对于这项检查，生产计划与调度部门会从计算机内选择标识为 1A 和 3A 的那些任务，以便制定检查计划。

生产计划与调度部门要求计算机有这样的功能：能从计算机上摘选这些数据并且制定出所有工作需要的标准工卡。此外，由日常检查或功能试验引起的任何非日常工作，以及由质量控制检查员引起的非日常工作，也需要计算机制定工卡，以便完成该工作计划。

当所有工作已经完成时，飞机经质量控制部门检查后放行，必须对全部工作加以总结并记入计算机，以供今后参考。这样，可靠性部门、工程部门、维修部门或任何人，在需要这种数据时，可以从计算机中提取有关信息。这样利用计算机的信息，有助于将来排故、可靠性报告的数据统计，并为维修周期调整提供依据，或者还有其他许多用途。

生产计划与调度部门还需要定期扫描计算机的维修任务数据库，以便确定少于 A 检周期的所有未来的任务，从而在其最大的时间或周期限制之前正确地安排计划进度。

2. 飞机和发动机数据

服役中的每一架飞机都要累计飞行时间和飞行周期，这些数据由飞行运营部门或者航线维修人员记录入计算机，对于诸多部门都有许多方面的用途。维修部门需要这些数据，用以确定维修任务和检查何时到期。器材供应部门需要这些数据，以便知道某些序列号的和有时间限制的零件已累计用了多少小时和/或周期，还为了了解上述这类零件所处的位置，即安装在哪一架飞机上、在哪一个车间、哪一个货架上、是转到维修还是由维修转来，尽管这些零件可能会从一个地方转到另一个地方，计算机程序还必须能够把它们的时间和/或周期计算清楚。

3. 器材供应

计算机重要的用途之一就是能够对维修与工程工作需要的成千上万的零件进行识别、定位和处理。除了靠零件号和销售方来识别每一个零件外，器材供应部门还需要知道手头有多少零件、它们处于什么地方、是否可修或者还在质保期内、其“正常”的使用率是什么、什么时候需要重新订货(这涉及零件到货的提前时间)，以及在规定的时间内可修理的零件现在何处(在飞机、车间、销售方还是仓库)。

计算机系统在航空公司的用途确实多得不胜枚举。各个部门(例如质量保证、质量控制、可靠性和培训等部门)都有各自的需要，并且许多数据都是共享的。一些单位负责向计算机输入数据，其他单位以不同形式加以利用。

8.3.6.2　计算机程序模块

满足维修与工程要求需要的软件可以是相当复杂的。如果航空公司打算由手动运作转变为计算机化的运作，要安装这种系统并培训每个人正确使用该系统，可能是一个相当大、相当复杂的工程。为了简化问题，多数软件包都是以模块形式提供的。这就允许用户每次执行一个或几个模块。各软件开发商提供的计算机模块清单见表 8.7。每个模块都有自己的输入要求，但是每一个供应商的软件系统设计得与所有自己的模块兼容。通常不能将不同软件包的各个模块混合使用。

表 8.7　计算机软件模块(示例)

飞机维修模块
时间记录模块
部件维修模块
更改管理模块
数据分析与监控模块
车间计划模块
器材供应管理模块
飞机性能模块
商务活动的附加模块(机票、航班计划等)

通常建议航空公司建立计算机系统从航材模块开始。首先,处理好有关的零件和器材供应是一项大的技术,下一步可以是工程和维修模块。通过工程模块可以得到维修任务和已安排的计划进度。按常规基础,通过维修模块,可以使飞机维修履历本的信息输入计算机(通常由维修控制中心输入)。利用这些数据维修机组对以后的故障进行排除,可靠性部门为可靠性月报进行数据采集与分析。当然,这种可靠性月报还要从计算机提取其他更多的信息,例如,本月完成的飞行时间和周期、服役飞机的编号和型号,以及停飞飞机的编号和型号。

8.3.6.3 选择计算机系统

为航空公司维修或为任何其他用途选择计算机系统,包括下面三个步骤。

(1)确定需要计算机做什么。

(2)找出何种软件能做这些工作。

(3)确定软件运作需要的平台。

这三个步骤的具体过程见表 8.8。

表 8.8 购买新的计算机系统

步骤 1.1:要计算机做什么事?	
输出	原始数据、报告、图表、记录、控制、计算
共享数据	其他航空公司和其他维修与工程单位
灵活性	增、删、更改需要
步骤 1.2:如何获取需要的输出?	
输入	什么信息、谁输入、怎样输入、什么格式
软件	处理、计算、图表、记录、报告要求
步骤 2:何种软件将适合输入、输出和处理要求?	
现流行的	预包装的,可能有限制
现流行的	按需要剪裁了,更灵活些
客户化的软件	为航空公司编写的软件,更灵活
客户化的软件	为航空公司编写的软件,最灵活
步骤 3:运作选择的软件需要何种平台?	
主机	
小型计算机	
微型计算机(台式)	
综合类型	

8.4　维修成本控制

8.4.1　维修成本概述

航空器的维修成本指的是航空公司为保证航空器的持续适航性，对航空器进行维护、修理和改装等工作所消耗的成本，即航空公司维修与工程部门的成本消耗。维修成本是飞机直接运营成本(Direct Operating Cost，DOC)的一个重要组成部分。直接运营成本一般包括购机成本、折旧成本、空勤组成本、燃油成本、着陆导航成本和维修成本六个部分。其中，维修成本所占的比例相当大。尽管该比例受飞机类型、航段长短和飞机服役时间的影响是变化的，典型的维修成本所占比例应该是DOC的10%～20%。

8.4.1.1　维修成本的组成

从机队的角度来分析，飞机维修成本可分为直接维修成本(Direct Maintenance Cost，DMC)和间接维修成本(Indirect Maintenance Cost，IMC)。

直接维修成本是针对机身、发动机和部件维修所需的人力成本和材料成本。

间接维修成本是与行政管理、工程系统管理、质量控制等相关的管理成本，以及与工具、设备和厂房相关的成本。直接维修成本的高低可以反映出维修技术与能力的高低，而间接维修成本的高低可以反映出航空公司管理水平的高低。

而DMC可以再细分，依据不同的标准，有三种划分方法。

1. 按照维修级别划分

按照维修级别来划分，DMC可以分为原位维修成本和离位维修成本。原位维修(On-aircraft Maintenance)是指计划性维修中的一般目视检查、详细目视检查以及对时控件和发生故障的零部件所进行的测试、拆卸、更换和修理等维修工作。原位维修成本包括航线维修成本、A检维修成本、C检维修成本、结构检修维修成本和其他定检维修成本。离位维修(Off-aircraft Maintenance)是指在车间内，对零部件或发动机进行的测试、修理和翻修工作。离位维修成本包括部附件修理成本和发动机修理成本。习惯上将原位维修成本和部附件修理成本的和称为机体维修成本，进而将DMC分为机体维修成本和发动机维修成本两部分。值得注意的是，维修过程中产生的商业性清洁和喷漆(Commercial Cleaning and Painting)费用、执行客户化的改装和服务通告(Customer MOD/SB)费用、地面支持设备(Ground Support Equipment，GSE)费用、运输费用和备件存储(spares holding)费用等都归为IMC，而不算在DMC之中。

2. 按照飞机ATA系统划分

DMC还可以按照飞机系统(ATA章节)来划分，其中与第5章、第21～57章节有关的维修成本归为机体系统维修成本(Airframe Maintenance Costs)，与第71～80章节有关的维修成本归为动力装置系统维修成本(Powerplant Maintenance Costs)。每个ATA章节维修成本包括与本章节有关的原位维修成本和离位维修成本,这些成本又分别由人工费和材料费组成。值得注意的是,第5章节维修检查的费用主要包括与机体航线维修相关的费用;第50章节标准施工的费用主要包括结构检查中无法归集到某个章节的维修费用。以上两种方法是从不同角度划分DMC的,相互之间存在一定的联系。

3.按照飞机的维修深度划分

(1)航线维修成本。航线维修是最低级别也是最基础的维修活动,也可以说是日常维护和勤务。航线维修的工作单内容比较简单,主要包括检查和补加滑油与检查轮胎气压等工作。我国的航空公司航线维护一般都采用航前检查、短停(过站)检查、航后检查和周检。航线维修的任务是完成航线工作单中规定的检查工作,并及时排除飞机所发生的故障与偏差,提高航班的正点率。从工作内容来看,航线维修的主要成本就是人力成本。图8.4是空客A320飞机的大致成本组成和比例分配。从图中可以看出航线维修成本是总维修成本的13%。

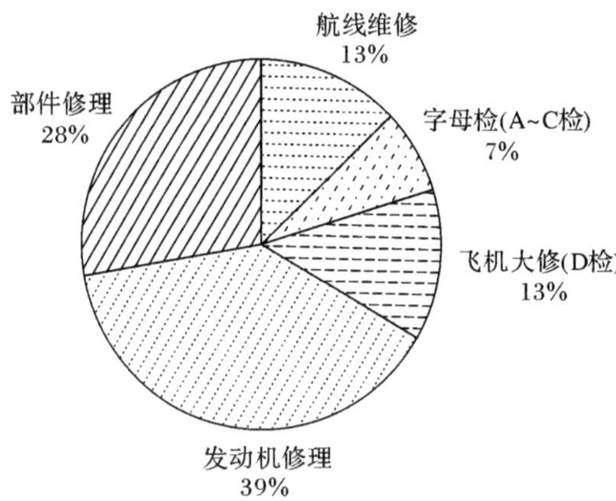

图8.4　空客A320飞机维修成本分布

(2)定期检查成本。从图8.4中可以看出,字母检(波音公司和空客公司已将字母检的概念从MRB和MPD中取消)所占维修总成本的比例比较小,但是字母检的执行频率非常高。例如,某航空公司的空客A320飞机A检周期为600 FH,C检为日历18个月,也就是说每飞行600 FH就要执行一次A检,每飞行18个月就要执行一次C检。东航6月份79架空客A320飞机的营运飞行时间是18 482 h,所以6月份平均要执行30.8个A检。整个空客A320机队平均每年要执行52.7个C检,而东航目前的水平完成一个C检平均需要5～7个工作日。这些数字可以说明字母检不但影响直接维修成本,还对飞机的利用率和航班编排有非常大的影响。

(3)飞机结构检查(大修)成本。飞机的结构检查(或称为大修或D检)是飞机机身最高级别的检修,其目的是保持飞机结构的持续适航状态,并将飞机结构的腐蚀控制在1级水平或更好的状态。由于飞机在运行中要受到不断起飞和降落以及增压和减压等因素的影响,飞机结构会出现疲劳损伤,此外,环境的影响使之受到腐蚀损伤,并有可能受到外来损伤,例如,受到鸟击或地面设备的碰撞。所以结构检查的项目可分为疲劳检查项目和腐蚀检查项目两大类,疲劳项目以飞行循环或飞行起落(FC 或 FL)为周期单位,而腐蚀检查项目的周期是日历时限(YE 或 MO)。通常来说飞机大修的平均周期为 4 年。目前一架飞机平均每年的大修成本是 25 万美元。而一架飞机的大修时间平均为 40 天。

(4)发动机维修成本。航空发动机的维修成本通常分为直接维修成本和间接维修成本,其中直接维修成本是指发动机在每次维护和修理过程中可以直接计算的维修费用,包括机上维修(外场维修)成本和机外维修(内场维修)成本,也就是我们俗称的航线维修成本和送修成本。航线维修是指在发现发动机故障后,航空公司能够在航线直接处理的维修。目前,国内的航线维修通常只进行单元体的更换。航线维修成本主要由单元体更换所需要的航材费用以及进行这些工作所需要的人工费用构成。这里的单元体更换包括故障件更换和时控件更换。

(5)部件修理费用。因为装机部件数量数以万计,且高价部件众多,修理费用也较高,部件航材储备数量众多,另外,部件维修周期较机身和发动机等较短,所以,部件修理的总费用占用比例较大。

8.4.1.2 维修成本的产生

维修成本与维修活动是密不可分的。有维修活动必然产生维修成本,并且维修活动安排是否合理、实施是否有效都直接决定了维修成本的高低。维修活动分为两类:计划维修 Scheduled Maintenance)和非计划维修(Unscheduled Maintenance)。计划维修是指在产品寿命周期中按预定的安排所进行的预防性维修,通过对产品的系统检查、测试,发现故障征兆,安排预防性维修以防止故障发生、使产品保持在规定状态。工作内容包括调整、润滑、定期检查和必要的修理。预防性维修又可分为两类:一类是例行维修,其维修时机与项目使用时间(或次数)无直接关系、如航前、航后、过站(短停)等;另一类是维修时机与项目使用的时间(或次数)有直接关系,如定期检查(A 检、C 检、结构检查)、翻修、大修、改装等。非计划维修是指不按预定安排,而是根据产品的某些异常状态或某种需要而进行的修复性维修。计划维修取决于预先定好的维修方案,而非计划维修是在没有预定安排时,对计划维修的有利补充,二者互相依存、不可分割。

维修活动的有效性在特性上决定了维修成本的高低。维修活动的有效性是指能否在有限的条件下、有限的时间内完成了维修工作,这主要取决于维修管理水平。不同航空公司具有不同的维修技术人员、维修设施条件和航站维修能力。即使在同样使用条件下,同样的飞机、同样的维修方案,不同人员来修,效果也是不一样的,有的可能时间很长、有的可能时间很短,这必然引起维修成本的差异。同样,有的航空公司没有足够的维修条件和维修能力,只能进行转包维修,在转包过程中,哪些项目转包,转包给谁,都会产生不同的维修成本。

维修活动的合理性是在飞机投入使用之前决定的,并在投入使用之后逐渐得到改进,而维修活动的有效性则与不同航空公司在使用飞机中的维修管理直接相关。有研究表明,当选定一种机型后,70%的维修成本已经确定。

8.4.2 影响维修成本的因素

8.4.2.1 航空公司对维修成本的影响

1. 维修能力与资源利用

飞机维修是一个非常复杂的系统工程，航空公司对维修成本的影响主要反映在公司本身的能力上。目前我国航空公司飞机维修的主体模式是合资与自主维修共存，三大航空集团都有合资维修公司，加上航空公司的联合重组，使得我国航空公司的维修系统较为复杂，这将直接导致资源浪费、重复投资等情况的出现。例如，信息不能共享、工具设备不能共享、航材不能共享和维修基地过多等。

2. 维修机队的组织优化

从维修计划的角度来看，分散的机队运行模式会直接导致一些制订维修方案所需的基本数据失真，例如，飞机的利用率、机队的平均航程等，使得同一机队的维修方案得不到统一，维修计划在执行上得不到统筹安排，反而严重影响整个机队的利用率，导致维修成本的增加。所以航空公司维修系统的组织结构要得到高度的集中和统一才能使维修的人力、财力和物力降低到最小。

3. 维修模式

目前还有一些航空公司将整个维修业进行全委托，和其他航空公司或独立的维修企业签订长期飞机维修协议，这样可以避免航空公司大量的固定投资，并能使航空公司的管理简单化。

8.4.2.2 飞机本身对维修成本的影响

1. 飞机研制技术对维修成本的影响

有研究表明，民用飞机 70%的维修成本是在研制阶段决定的。研制过程中，不同的飞机制造者具有不同的技术背景，优秀的飞机制造者往往根据先前的经验和教训在新型飞机中采用新材料、新工艺和新技术，这必然带来不同飞机之间维修成本的不同。

2. 飞行故障监控与零件通用性

随着飞机设计技术的发展，飞机固有可靠性和可维护性的提高，将直接导致维修成本的降低。先进的飞机可直接通过自身的故障监控系统探测飞机的故障和完成自我系统的测试，从而避免部件被拆下检测、降低部件的误拆率，并大大缩短维修人员的排故时间。同一系列的飞机具有相同的技术标准和部件的通用性，也是降低维修成本的主要途径。这一点在欧美地区的低成本航空公司中表现得非常突出，使用同一种机型或同系列的飞机是这些低成本航空的核心战略。

3. 机体老化及维护方案优化

随着飞机的老龄化，飞机的维修成本也是在不断上升的，主要表现在例行维修项目的增加和飞机故障的增加以及飞机大修费用的增加。飞机故障的增加不仅直接造成维修成本的增加，而且会影响飞机的可用率和航空公司的服务质量，如图 8.5 所示。随着飞机的老龄化，结构的疲劳损伤和腐蚀损伤也会增加，使得飞机在大修时产生大量的非例行工作，导致大修费用的增加。但是一个良好的飞机维修方案可以控制和减少大修费用的增加，例如，每次航后对货舱的清洁和检查，避免海水等液体的渗漏和地板的损伤，以及在平时的区域检查中对结构的检查和清洁，可以抑制腐蚀的发生。

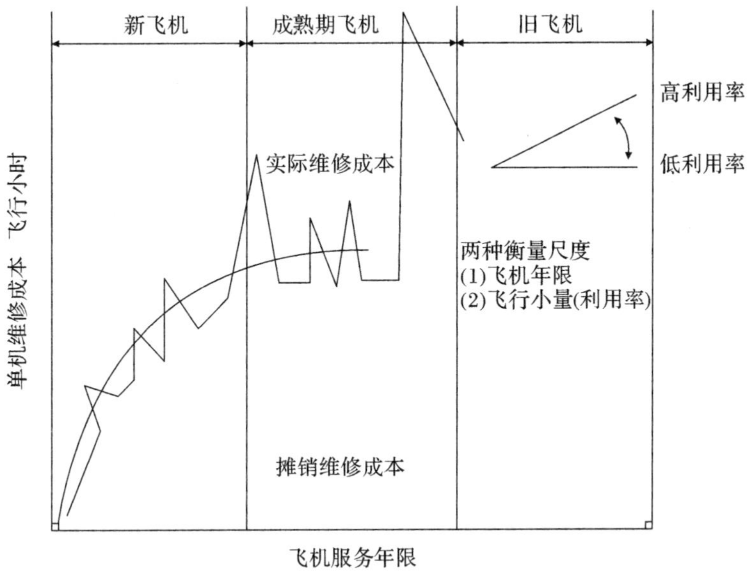

图 8.5　**维修成本变化趋势**

8.4.2.3　航线网络和运行对维修成本的影响

1. 航程长短的影响及飞机起降费

在所有的影响因素中，航线网络对飞机维修成本的影响最大，航线网络结构在很大程度上决定着机队的利用率水平。如果使用同一种机型经营，短航程航空公司的维修成本要高于长航程航空公司的维修成本。平均航程的长短是影响航空公司运行成本的关键因素之一，在其他条件相同的情况下，航程越长其单位成本就越低，并且单位成本将随着航程的增加而急剧下降。

造成这种状况的主要原因是大部分运行成本都发生在飞机的起飞、降落、爬升和下降过程中，在这些过程中由于飞机需要足够的马力而造成燃油消耗最大。由于高频率的飞机起降和过站时间，相对来说短航线(或支线)航空公司的飞机地面时间要高于干线航空或远程航空公司的飞机地面时间，还有短航线航空公司具有高比例的飞机起降费，并且较多的起降次数使得飞机的架次和发动机循环增加很快，导致维修成本不断上升。

2. 飞行架次的影响

从维修方案的内容来看，以飞机的飞行架次和飞行循环为单位的维修项目在整个维修项目中所占比例较大，而且维修费用也是比较高的，例如，发动机大修、起落架大修、飞机结构的疲劳检查、操纵系统检查项目都是以飞行循环或架次为周期单位的，所以在相同的飞行小时或相同的日历时间内，飞行架次越高就意味着维修成本越高。所以航空公司在制定和实施飞机维修方案时，平均航程长度、飞机的利用率、飞行小时和飞行架次的比值都是最重要的经济性因素。

8.4.2.4 地理位置对飞机维修成本的影响

航空公司飞机维修基地的位置也是影响维修成本的因素之一。一般来说维修基地的位置要和航空公司的航线网络结构相适应，主要维修基地应该位于航线网络的主要枢纽机场，并且要考虑到供货方因素，这样不仅可以避免航材运输的额外费用，而且大量的飞机可以就地被检修，便于航班编排，提高飞机的利用率，也可以避免调机飞行。所以制订维修方案和实施维修方案时也要综合考虑航空公司维修基地的分布特点。

同时，地理环境也会对维修成本造成一定的影响。以发动机为例，长期处于潮湿环境会使铝合金叶片韧性降低，改变间隙特性并使金属颗粒与基体之间的界面变脆，扩大裂纹增长率，从而降低寿命，增加维修成本；空气中的盐颗粒、灰尘及污染物都能降低发动机性能，缩短发动机的在役时间。

8.4.3 维修成本控制途径

航空器的维修成本在航空公司的运营成本中占有较大的份额，如何在保证维修质量和完成商业飞行的条件下降低维修成本是各航空公司面临的问题。影响航空器维修成本的因素很多，可以从以下几个方面进行研究。

1. 加强可靠性管理，优化维修方案

科学地制订和执行维修方案是提高航空公司维修系统工作效率的重要途径之一。航空公司作为航空器适航性的责任者，在航空器投入运营之日起，就应当按照本公司的维修方案实施航空器的维修工作。航空器的维修方案是具体地对某一架航空器实施维修工作的指导性技术文件，是维修保障设计的一项重要内容。维修方案作为指导航空器维修的工程文件，在航空公司的实际运营过程中应当不断优化、改进，合理地设置维修项目和维修间隔，在保证航空器适航性的同时，最大限度地降低维修成本。

现代民航维修工作是以可靠性为中心的维修。航空公司制订的维修方案是建立在综合分析航空器固有可靠性基础上的，根据不同零部件的不同故障模式和后果，而采取不同维修任务和维修间隔，即采取最经济有效的维修，对航空器的可靠性实施最优控制。

航空公司在实际运营过程中，通过实施可靠性管理，对航空器各个系统的性能进行监控，及时调整某些系统的维修项目和维修间隔，使得航空器维修工作既能够保证飞行安全，又能最大限度地降低维修成本。

2.加强维修管理,通过缩短维修周期、提高零部件可靠性来降低库存成本

航空器维修单位的生产效率指的是单位时间圆满完成维修任务的能力。维修单位提高生产效率、缩短维修周期对于降低维修成本有着重要作用。对航空器进行维修,缩短维修周期主要体现在飞机大修、部件翻修和减少人力消耗方面。航空公司维修工程部门承担的维修工作除了飞机的航线维修和高级检修之外,还要承担大量周转件、可修理件的维修工作。加强对这些维修工作的管理对于提高部件的周转速度、降低库存成本有着重要作用。一般一个部件在一个维修周期的过程如图8.6所示。

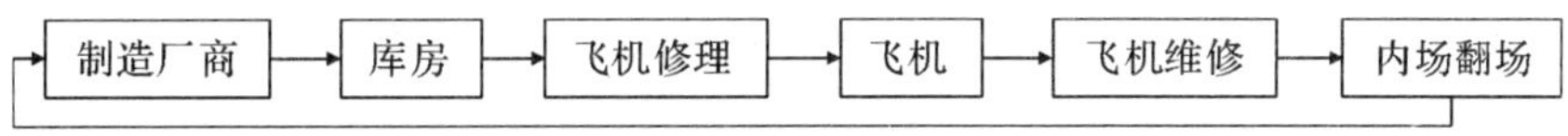

图8.6 部件的维修周期

从上面整个部件的流动过程可以看出,航空器零部件在整个维修周期中,通过提高飞机可靠性、延长部件的使用时间就可以达到降低周转件数量的目的,从而减少航材的资金占用,同样地,通过缩短内场翻修时间,加快航材的周转也可以减少航材储备,从而降低维修成本。另外,航材零部件使用寿命的提高相对减少了维修工作量,这样可以为维修工程部门节省大量的人力及设备成本。

3.航空公司间实施合作维修

航空运输业是一个资金高度密集的行业,世界各航空公司在民航维修方面的投资规模巨大,投资范围包括维修人员的培训、建设大量的维修设施、占用大量资金的航材备件等,解决这些问题的途径之一是各航空公司进行航空器的联合维修。航空器合作维修指的是某些航空公司结成联盟,共同承担某型号航空器的维修工作,每个航空公司承担特定的维修项目,实现一定程度上的航材共享,达到互利互惠的目的。

各航空公司之间或者航空公司与厂家之间的器材联网和共享,最大限度地减少器材储备,加快器材资金的周转,改变过去片面追求95%以上器材发付率服务水平或保障率的高储备状况,特别是各航空公司相同机型的器材供应更应考虑这个问题。同时也应随着航空器使用年限的增长而与器材的处理与费用分摊同步,以避免航空器退役或转卖时,库存器材无法处理,造成不应有的损失。

4.加强航空器外包维修管理,控制维修成本和维修质量

航空器及其部件的外包维修(Outsourcing Maintenance)或外委维修(Subcontract)指的是航空公司将航空器的全部或者部分维修工作承包给其他有资质的航空公司或者维修企业的维修方式。实施外包维修,可以为航空公司在维修方面节省大量的设备和人员投入,为更加高效地完成现有维修工作创造条件,是现代航空运输业十分普遍的一种维修方式。在实施维修工作的过程中,应当根据实际维修任务指派相应的技术人员和质量控制人员参加维修工作,以便及时发现维修中的各种潜在问题,同时保证维修工作以最经济的成本按期优质完成。

加强外包项目监控评估和索赔管理是航空公司避免损失的一种重要方法。目前,各维

修单位在某些项目的维修合同中可能有某些保修承诺，特别是制造人维修单位在这方面的承诺更多。航空公司应当充分利用这些权利，对于一些在承诺范围内的重复故障、系统失效等问题以及造成的不良影响，应当加强理赔工作，降低本公司的损失。

5. 转变维修观念，科学维修

器材的储备不仅要保证飞行安全和正常，而且在此基础上还必须考虑经济性，二者是统一的，不能对立起来。20 世纪 60—70 年代，维修飞机以“四无”（无故障、无缺陷、无渗漏、无外来物）来衡量维修标准的观念，之后随着飞机以可靠性为中心的理论的建立而发生了很大的变化。直接影响飞机安全的重要系统由单一增加为双套，至三套系统，这样在个别系统失效或缺少个别零部件的情况下或者由于排故停场时间长而不能马上排除时，只要能确保满足最低设备放行清单（MEL），飞机就可以放飞，也就是说允许带故障或者缺陷飞行。因此，各航空公司制定了自己的最低放行清单，但是对机务人员来说在各级维修中发现故障或缺陷时，不能首先查对是否符合 MEL，而不去认真排除。要知道航空公司是在不得已的情况下，为了航空公司的声誉和利益，同时，也为了保证旅客的利益才允许最低放行。

6. 加强航材管理

从航空运输企业的生产经营过程来看，航材管理处于生产循环的最基础位置，航材供应是民航运输生产过程的首要环节。同时，航材在飞机维修成本中占用资金最大，在航空公司生产经营中生产投入和流动资金占用也是最大的。如何在保证安全的前提下，追求最大的经济效益，是摆在飞机维修单位面前的一个重要问题。在诸多因素中，飞机维修单位要想降低维修成本首先要控制航材成本。众所周知，航材是指航空公司维护、维修飞机及附件时，需要更换的零备件，是保障航班正常飞行的关键所在。从成本管理的角度来看，加强航材的管理对于控制营运成本具有十分重要的作用。因此，在目前航空市场竞争激烈的形势下，要想战胜竞争对手，获得更多的经济效益，就必须加强成本控制，提高航材管理水平。

7. 加强维修管理，合理控制人力和器材的消耗

飞机维修管理包括维修技术管理、维修质量管理、维修生产管理、维修费用管理及器材管理等等。它的具体含义是在进行每一项维修活动时（即各级维修对其进行计划、组织、指挥、监督、控制、协调的全过程），使维修工作达到高质量、短停场、低成本的管理目标，最大限度地提高飞机的可用率。

8. 加强服务通知评估，有选择地执行加、改装

每个机型在使用中所反映出的一些问题会导致厂家不断发出一些通告、要求各航空公司来改进航空器在设计或制造中的缺陷。有些项目费用是由厂家支付的但是大部分项目费用是由航空公司自己支付。因此：

（1）对于厂家发来的这些改进的通告，各航空公司在研究其内容的基础上，根据本航空公司使用该机型的实际情况，加以选择，以减少不必要的费用支出。

（2）选择实施的通告，必须在其规定的时间内完成，否则不但对安全造成威胁，而且还可

能会造成航空公司不必要的费用支出。

(3)更换下来的器材要及时处理，不要积压在仓库，以免造成浪费。

9. 最小化飞机的非服务时间

飞机的非服务时间也可以说是飞机的地面时间，是和飞机的飞行时间相对的，通常用飞机的利用率或飞机的可用率来衡量。要想使飞机的地面维修时间最小化，需要一个非常完善和高标准的飞机维修体系。从维修方案的角度来看，影响飞机利用率和可用率的主要因素是维修项目间隔与工作包的大小和周期。维修周期长，需要执行的频率就小，工作包中工作项目多，需要的完成时间就长。不同的航空公司可根据自身条件和维修能力采取制订不同工作包的方法，也可以不用字母检(A、C 和 D 检)的形式进行维修，运力紧张的航空公司可以制订更灵活更小的工作包，将大量的维修项目分解和细化到航后飞机过夜工作包中完成，以便减少飞机的停场时间，但这需要航空公司有相当的工程管理能力。例如，目前某航空公司完成一个 A 检的平均工时为 160 h、而 C 检需要飞机停场 5～7 天。

10. 使用飞机及部件维修周期的最大值

维修方案中的每一项工作任务都有一个维修周期或间隔要求，维修单位必须按照给定的周期控制执行。一个维修项目的周期越长说明执行的频率越低，所需的人力成本和材料成本相对来说也低。当然维修周期不是随便可以缩短和延长的，而必须要有可靠性数据来支持。目前我国的航空公司在制订客户化维修方案时基本上是遵照飞机制造厂推荐的 MPD 中的周期来确定维修项目的周期，自主分析能力还有限，对周期的更改也只是为了控制方便而对 MPD 周期进行缩短。

11. 优化维修人力资源管理

随着机队的增加和航线网络的扩张，航空公司的维修人力资源缺乏矛盾已凸显出来。人力资源是我国航空公司面对的最主要的挑战之一。尤其对于实施枢纽型航线网络战略的航空公司来说，这种矛盾将更加突出，特别是在枢纽港每天要面对几个航班波峰，在一个波峰里有上百架的飞机在很短的时间内要完成规定的维修检查，对人力资源提出了更高的要求，当然也包括维修人员的技术能力。从图 8.4 中可以看出，发动机修理成本和部件修理成本占了超过 50%的维修总成本，而对于我国的航空公司来说，发动机和部件修理的维修能力是比较低的，所以为了能够降低和控制成本，航空公司应对发动机和部件修理给予高度的重视。尤其是对于部件修理，航空公司要充分利用人力资源并统筹规划，在整个维修系统中不同的维修基地建立互补共享式的部件维修站，避免人力资源的浪费和工具设备的重复投资。

12. 最大化工具设备及机库的利用率

在飞机维修方案中，各类级别不同的维修工作(如 A、C、D 检)所需的工具设备是不同的，一般来说随着维修级别的递增，所需的工具设备数量、人员数量及能力、航材数量也是递增的，但随着维修级别的递增其维修间隔是递减的，所以根据这个特性，航空公司应该建立一个维修级别与基地数量成反比并要有合适比例的维修系统，并使不同级别的基地位于航线网络的不同节点上。这样不仅能够满足飞机维修的需要，还可以提高工具设备的利用率，并可以优化人力资源、减少所需航材的数量。

除以上措施可以控制维修成本外，还可以通过采用新的维修技术，实施科学的发动机管理技术，加强人员培训，减少误判和误换件的数量，减少地面 APU 的使用时间，以及采用高效的计算机技术实施维修工程管理等措施来控制维修成本。

问题和习题

(1)简述维修与工程单位的组织机构。

(2)描述工程部门、生产计划与调度、技术资料管理、技术培训、计算机支持的主要任务。

(3)简述航空器维修成本的定义及组成。

(4)按照飞机的维修深度划分，直接维修成本包括哪些?

(5)简述影响航空器维修成本的因素。

(6)论述维修成本控制途径。

参考文献

[1] 金尼逊. 民航维修管理[M]. 李建瑂，李真，译. 北京：航空工业出版社，2007.

[2] 闫峰，付尧明，尚永锋. 民航维修管理基础[M]. 2 版. 北京：中国民航出版社，2020.

[3] 左洪福，蔡景，吴昊，等. 航空维修工程学[M]. 北京：科学技术出版社，2011.

[4] 常士基，刘延利，郭润夏. 民用航空维修工程[M]. 北京：航空工业出版社，2018.

[5] 常士基. 现代民用航空维修工程管理[M]. 太原：山西科学技术出版社，2002.

[6] 康锐. 可靠性维修性保障性工程基础[M]. 北京：国防工业出版社，2012.

[7] 付尧明，闫锋，尚永锋. 民航维修管理基础[M]. 北京：中国民航出版社，2015.

[8] 莫布雷. 以可靠性为中心的维修 RCMII[M]. 石磊，谷宁昌，译. 北京：机械工业出版社，1995.

[9] 徐超群，闫国华. 民航维修管理[M]. 北京：中国民航出版社，2012.

[10] 中国民用航空局. 民航器维修方案(AC－121/135－53Rl)[Z]. 北京：中国民用航空局，2017.

[11] 何钟武，肖朝云，姬长法. 以可靠性为中心的维修[M]. 北京：中国宇航出版社，2007.

第9章 维修作业

▶导学

民航维修活动从工程管理角度可划分为计划维修和非计划维修，且民航维修活动大部分为计划维修活动。而当实施维修活动时，常常分为内场维修和外场维修。随着时代的发展，维修活动呈现出专业化和立体化特点，这种内外场之分的界限也越来越模糊，甚至出现交叉。总的来说，民航维修活动大概分为两个大的类别，即在飞机上实施维修和不在飞机上实施维修。本章按照维修深度和等级，主要介绍四类维修活动，即航线维修、定期检修、车间大修和特殊维修及其相关的组织机构。

学习重点：航线维修定义、作用以及作业流程，定期检修分类、特点及基本流程，故障保留，车间大修的特点及类型。

▶学习目标

(1)掌握航线维护的定义、作用、分类和特点；熟悉航线维修作业流程。

(2)了解飞机记录本、串件拼修的相关概念；熟悉航线放行标准以及故障保留的基本原则。

(3)熟悉维修控制中心的主要职能；掌握故障保留的相关概念以及故障保留的基本原则。

(4)了解定期检修的基本流程，熟悉定检分类、专业分工以及定期检修的特点。

(5)了解机库维修的组织机构及相关维修活动。

(6)熟悉车间大修的特点和车间类型。

(7)了解特殊维修；熟悉器材供应管理处的组织机构及职能。

9.1 维修与器材保障处

鉴于运营的原因，维修工作分为在飞机上维修和不在飞机上维修两种类型。把在飞机上的维修又进一步分为航线维修和机库维修两种。在飞机上维修的唯一特点就是维修工作是在飞机上或飞机周围进行的。部件和系统的故障排除、修理和试验都在飞机里进行，并且把有故障的组件从飞机上卸下来，再换上好的组件，然后，飞机返回使用。所卸下的组件或者报废，或者送到有关车间修理。该车间的职责就是完成大量的不在飞机上的维修业务。

为了支持在飞机上和不在飞机上的两种维修业务，维修与器材保障处应满足如下两个方面的需要:①对零件和器材的需要,这是由器材供应部门负责的;②(在某些情况)对专用工具和设备的需要,这是由各工具库负责处理的,为了工作上的方便,这些工具库可以安置在不同的地点(航线和机库中)。同时还需要工作台、动力装置、热力装置以及通称为地面支持设备的其他各种设备。虽然航线和机库人员常常共用其中的某些设备,但是这类设备通常是由单独的地面支持设备部门管理的,该部门还负责对地面支持设备进行维修和养护。

这些部门的组织机构图如图 9.1 所示。

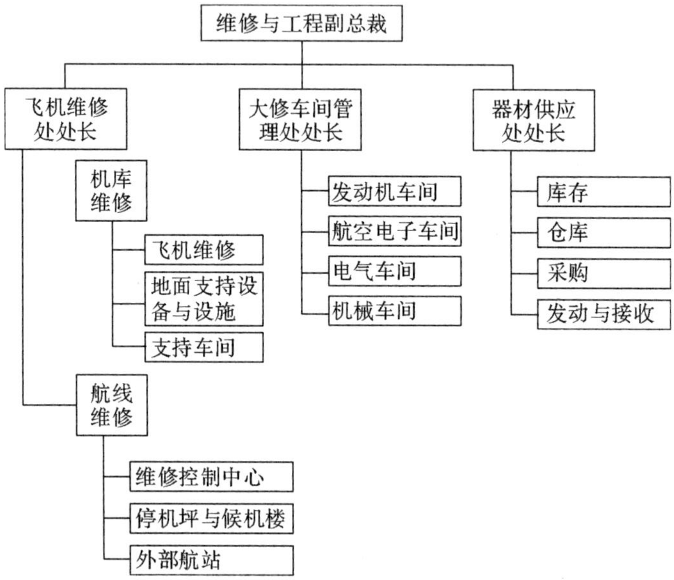

图 9.1　维修与器材供应组织机构图

9.2　航线维修

航线维修是指按照航空运营人提供的工作单对航空器进行的例行检查和按照相应飞机、发动机维护手册等在航线进行的故障和缺陷的处理,包括换件和按照航空运营人机型最低设备清单(Minimum Equipment List,MEL)、外形缺损清单(Configuration Deviation List,CDL)保留故障和缺陷。航线维修也被称为低级维修。

下列的一般勤务工作不作为航线维护项目。

(1)航空器进出港指挥、停放、推、拖、挡轮挡、拿取和堵放各种堵盖。

(2)为航空器提供电源、气源、加(放)水、加(放)油料、充气、充氧。

(3)必要的清洁和除冰、雪、霜。

(4)航线腐蚀预防与维修工作等其他必要的勤务工作。

而在实际维修活动中一般勤务工作也被认为是航线维护的一部分。这是因为大部分地面勤务工作涉及直接接触飞机,并且其管理也同飞机维修工作的管理直接关联,有的甚至直接由维修人员进行操作。航空运营人可将部分或全部飞机地面勤务工作委托航空运营人或者航空运营人的维修单位以外的单位进行,但应当与外委单位直接签订明确的飞机地面勤务协议。

航空器故障的反映形式有以下几种：

(1)机组口头向维修人员反映。

(2)机组在飞行技术记录本(FLB)或客舱记录本(CLB)上书面反映。

(3)维修人员在维修检查过程中发现故障。

9.2.1　航线维护种类

9.2.1.1　例行日检

目前采用的航线维护例行工作模式分为以下三种。

1. 航前检查(PreHight,PF)

航前检查通常是指在营运的飞机在完成航后检查工作后的第一个航班飞行前需要完成的检查工作。航前检查在始发站的停机坪上进行，按航前维护工作单绕机一周(见图 9.2)，按航前检查单执行，对飞机进行目视检查，检查内部和外部是否有明显的缺陷，按需做勤务工作。

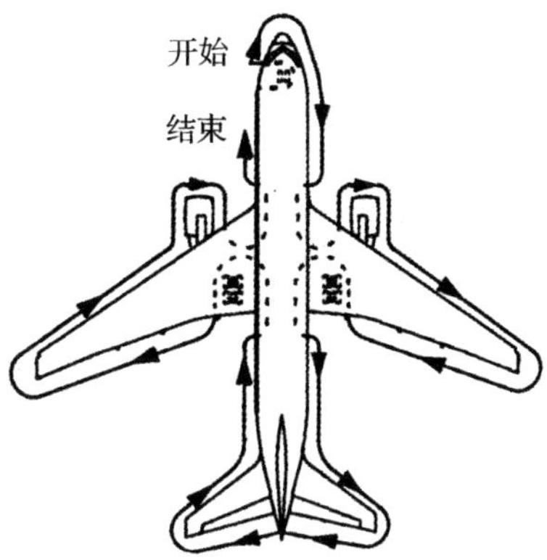

图 9.2　绕机检查线路图

航前检查范围比过站内容更广泛，包括目视检查飞机内部和外部是否有明显损伤、渗漏设备是否正常工作，附件是否牢固，按需做勤务工作。如果执行完航前检查后飞机因为流控或排故等原因导致停留时间超过 12 h，则在起飞前需要再执行一次航前检查工作。

2. 过站检查(Transit Check,TC)

过站检查是对短停的飞机进行的基本的围绕飞机检查，以确保飞机的连续可用性。即在中途短停时检查飞机的内部和外部是否有明显的损坏或故障，并按需进行勤务和清洁，排除影响飞机放行的故障。此工作在停机坪进行，过站检查适用于飞机停用时间不超过 12 h 且没有过夜的情况。

过站检查为标准绕飞机检查，包括目视检查飞机内部和外部是否有明显损伤、渗漏设备是否正常工作、附件连接是否牢固，按需做勤务工作、机内清洁工作、排除空中/地面故障。这些工作都是在航线上每一航站进行，以保证飞机连续飞行而进行的检查。

3. 航后检查(After Flight,AF)

航后检查项目比航前/过站检查复杂,通常是飞机完成了全部计划航班任务后停留在停机坪上立即要进行的维修项目。航后检查工作按航后维护工作单进行,完成比航前、过站更全面的检查工作,并进行飞机内外清洁,排除空/地勤人员提出或发现的故障,完成规定的勤务工作。此工作可以在停机坪进行,也可以在其他符合要求的维修场所进行。航后检查适用于飞机停留时间超过 12 h 的情况。日检项目可以安排在航后检查中执行,航后检查时间间隔一般不超过 24 h。即使在特殊情况下,航后检查间隔也不允许超出 48 日历小时,且 MRB/CMR 项目不允许超过 24 日历小时执行。

维修人员按相关机型专业航线维护工作单对飞机进行维护检查,确认正常后逐条签字。航前、短停维护工作单中所涉及飞机关闭舱门以后的工作内容、可在飞机滑出以后起飞前签署。航前、短停维修后,维修人员要确认飞机外表所配置的警告标志(旗)、销子已全部取消、轮挡撤除后,指挥飞机滑出港(注意拖把使用的要求和规范),飞机起飞 5min 后,离开现场航后工作结束后,检查确认飞机外表完好,舱门、口盖关闭,对飞机铅封或粘贴带有编号的封条,并记录所用铅封/封条的数量和编号,与警卫办理飞机交接手续。

9.2.1.2 周检

周检为每 7~10 天所做的定期维护工作,维修深度比日检要深。其主要涉及的内容有外部检查、驾驶舱检查、客舱检查、货舱检查、厨房检查、前起落架和轮舱检查、左/右发动机检查、左/右主起落架和轮舱检查、APU 舱检查、燃油箱防水验查等项目。

9.2.1.3 非例行检查项目

非例行检查项目是在航线维护、定检维修工作中产生的,因缺少航材、工装设备或时间不足,无法按照保留故障的相关规定办理保留故障且不影响飞机适航和飞行安全的缺陷项目。非例行检查项目管理如下:

(1)对于在航线维护中发生因缺少航材、工装设备或时间不足,无法按照保留故障的相关规定办理保留故障且不影响飞机适航和飞行安全的缺陷项目,放行人员要填写航线非例行工作单并提交生产技术部门维修控制中心(Maintenance Control Center, MCC)。

(2)对于在航线维护中发生的不影响飞机适航的故障和飞行安全的缺陷项目,且在当时完成恢复工作后,由放行人员在飞行记录本签署排故记录和所用工时。

(3)按照生产指令完成维修工作并按照维修记录的填写规定完成相应的签署工作后,将生产指令及工作单提交生产技术部门 MCC。

(4)如果完成工作后没有排除存在的缺陷或故障,放行人员重新确认缺陷或故障现象及特征,进行必要的测试,制定下一步的处理措施和填报新的非例行工作单,并提交生产技术部门 MCC。

9.2.1.4 跟机维护

航空运营人维修单位采取跟机的方式进行航线维修和飞机放行工作(全自理)或航空运营人仅委托独立维修单位进行航线维修工作,由运营人维修单位的跟机人员进行飞机检查放行工作，委托维修单位提供人员、设备等方面的协助。

9.2.2　航线维修机构的组成

根据航空公司的规模，航线维修机构可以采取不同的结构形式。但是典型的中等规模的航空公司，有一个维修控制中心（MCC），负责协调航空公司在本部航站和飞机要着陆的各外部航站的所有航线维修业务有一个停机坪和终端维修主任（工段长级），负责管理当地和本部基地的维修业务还有一个负责各外部航站的主任，协调在其他各航站的所有维修业务，不管航空公司在那些航站是否安排人员。在某些情况下，协调在其他各航站的所有维修业务的职责是由维修控制中心承担的，并且外部航站主任将属于该中心领导。

9.2.3　MCC 的职责

为保证维修计划的准确性和可控性，维修计划和控制部门应当建立相应的维修控制中心或者等效机构，以及时获得相关信息、提供快速联络并与其他运行控制部门进行必要的协调。航空运营人可根据其规模、运行基地的分布和管理方法设立统一的或者分散的维修控制中心。维修控制中心的基本职能应当至少包括以下几个方面。

（1）航空器调配：包括航线调配、停机位调配和飞机地面移动调配。

（2）使用困难的排除和非例行检查指令。

（3）航空器保留故障控制。

（4）维修人员、工具设备和器材的调度：包括但不限于接机人员调度、勤务车辆调度、外站维修点支援调度和技术支援调度等。

（5）应急处置。

（6）外委维修事宜。

（7）维修数据的收集。

维修控制中心应当至少具有或及时获得其控制范围内的下述有关信息，以便进行航空器使用调配和发布相应的维修指令：

（1）航空器的构型和状态信息。

（2）航空器进出港信息。

（3）航空器停机位/停场信息。

（4）气象信息。

（5）航空器使用困难报告信息。

（6）维修资源信息。

（7）航空器放行信息。

（8）危险品、活物等特殊载运信息。

（9）应急事件信息。

为保证上述信息的及时传递和航空器调配、维修指令的下达，维修控制中心应当具备相应的信息传递和通信设备，并具备防止水、火等灾害和非授权人员接近的安全控制设备。维修控制中心应当建立相应的值班制度和快速联络计划，以保证能及时联络到下述部门或者人员：

(1)航空运营人的运行控制中心。

(2)航空运营人维修系统的各级主要管理人员和部门。

(3)空中交通管制部门。

(4)机场管理部门。

(5)油料供应部门。

(6)气象部门。

(7)民航地区管理局或者地方安全监督办公室。

(8)外站协议单位。

为保证各种应急情况下的安全以及尽可能地减少损失，维修控制中心还应当至少制订下述情况下的应急预案：

(1)空中紧急技术援助。

(2)地面紧急事件处理，包括发动机着火、地面溢油和飞机在跑道抛锚等。

(3)飞行/地面事故援助。

维修控制中心的人员有相当多的任务要完成。在进行这些工作时，他们需要有适当设施协助。

(1)在靠近主要飞行航线业务的地方，需要有一个位于中央的办公房间，以便维修控制中心的人员与所有活动保持密切联系。

(2)维修控制中心应当对所有飞机(按飞机型号和尾号)设置有充分数据统计的显示牌或计算机显示屏，以便表明飞行航班进度、飞行时间、飞机当前位置以及维修需要(如有的话)。

(3)维修控制中心必须配备足够的通信联络设施，以便贯彻上述各项要求。

一个规范航班的典型的航线飞行活动如图 9.3 所示。

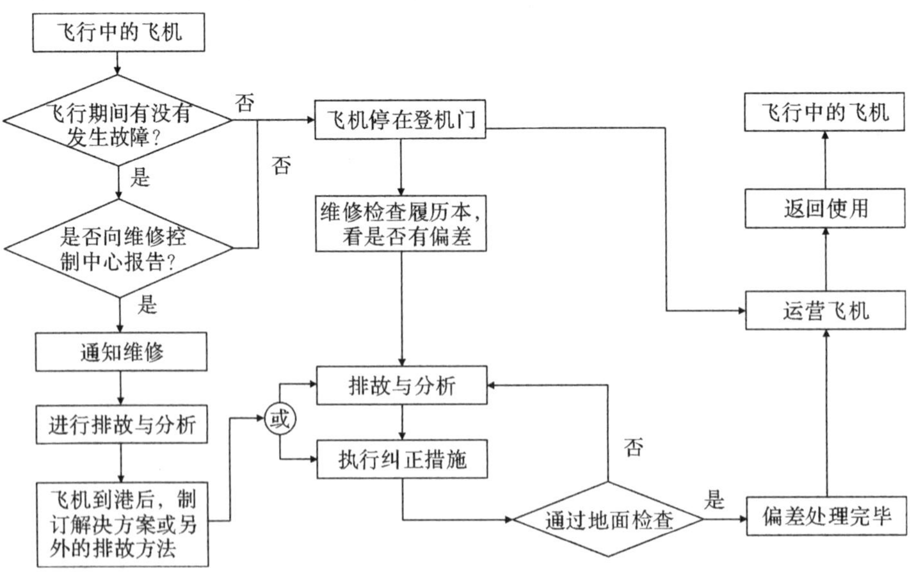

图 9.3　航线维修作业流程

9.2.4　飞机记录本

在每一架飞机上，飞机机组都有一个履历本，用于记录与每个飞机航段有关的具体信息。这种履历本包括的基本内容有飞行机组人员的姓名、航班号、航线以及飞行次数（到港和离港，以及总的飞行小时和周期）。它还有一栏专门留给机组填写飞行期间遇到的偏差问题。一旦飞机着陆并停靠在登机门，维修人员就应处理这些偏差问题，要么把问题解决，要么将问题保留到另外一个时间解决。一旦这种维修措施完成，维修人员就把有关的信息记录在履历本的相关栏目内，然后放行飞机。

飞机记录本由飞行记录本(FLB)、技术记录本(TLB)和客舱记录本(CLB)组成。

1. 飞行记录本(Flight Logbook,FLB)

飞行记录本记录飞机飞行数据和资料等与飞行时间有关的使用信息，包括飞行任务、航线、机组成员、飞行运行数据、燃油消耗、飞行时间、起落、热循环次数和发动机监控数据等。该文件是航空公司营运状态统计工作的重要文件，也是实施飞行前/过站和其他维修工作后提供适航性放行签证的文件，由机组填写。FLB 中还有飞机技术放行栏，必须由具有资质的放行人员填写。飞行记录本的内芯为无碳纸复写式四联单，每 50 联装订成一本。四联分别为：第一联为白色纸，用于数据采集部门录入数据后存单机档案；第二联为粉红色纸，数据采集部门使用；第三联为黄色纸，留存在记录本上；第四联为蓝色纸，提供给过夜的航站。

2. 技术记录本(Technical Logbook,TLB)

技术记录本也被称为故障记录本。记载飞机飞行的适航性真实现状的文件，也是实施飞行前过站和其他维修工作后进行记录的文件。故障记录本至少应包括以下两个方面的内容。

(1)飞机故障记录，记录飞机、发动机、机载设备的使用情况和不正常情况。

(2)故障处理记录，记录维修过程中发现的故障和对发现故障的处理以及对飞行机组反映和记录故障的处理。一般由乘务人员或者机务人员填写。

TLB 中的故障描述一栏由机组人员或者机务人员填写，技术处理一般由机务人员填写，或者一般航后或者定检对飞机所做的工作都填写在 TLB 上。一些航空公司把 TLB 也整合到 FLB 中，统一称为 FLB，放在驾驶舱内。

3. 客舱记录本(Cabin Logbook,CLB)

客舱记录本是乘务员记录的客舱服务设施的不正常情况、地面维修人员对乘务员反映和记录的故障处理情况以及地面维护人员对发现故障的处理记录，是飞机客舱内服务设施、设备使用状况真实记录的文件。CLB 一般由乘务人员或者机务人员填写，通常都放在客舱右边的第一个行李架上。

9.2.5 串件拼修

1. 串件拼修的定义及分类

串件拼修(Cannibalization),简称为小件,是指将飞机不同位置处相同或不同但可以互换的部件相互交换安装位置的过程,它是飞机维护工作中最常见的维修行为。有人将其称之为民航维修活动中的一种“必要陋习”。

串件从不同的角度可以分为不同的类别。

(1)从维修控制上可划分为两类:计划性串件和非计划性串件。

1)计划性串件:备用发动机/APU 附件因指令性的工作安排需要对备用发动机/APU 进行附件的更换工作。计划性串件的生产指令由生产计划与控制(Production Planning and Control,PPC)部门负责下发。

2)非计划性串件:在航材供应不能满足航班飞行需要的紧急情况下,从飞机、发动机/APU(装机和备用)拆下部件,安装到需要执行航班任务的飞机、发动机/APU 上以满足航材供应需要。非计划性串件的生产指令由维修控制中心负责签发。

(2)从维修活动目的上可划分为三类:判断类串件、放行类串件和其他类串件。

1)判断类串件:在未知飞机故障源的情况下为判断、分析飞机故障进行的串件。

2)放行类串件:在已知飞机故障源后涉及飞机放行情况的串件。

3)其他情况下的串件均可归于其他类串件。

(3)按件源可分为两类:内部串件和外部中件。

1)内部串件:在同一架飞机或同一架发动机内部进行串件维修活动。

2)外部串件:在不同飞机之间或不同发动机之间进行的串件维修活动。

串件的作用是可以有效地判断、识别飞机故障或有目的地转移飞机故障,提高了航班的正点率和飞行安全,但串件增加了维修费用和维修工时。

2. 串件的目的

飞机日常维护工作中的串件一般可以归于以下四种情况。

(1)根据机组反映的故障情况,维护人员为确定故障源而进行串件。

(2)飞机某一部件出现故障后,根据最低设备清单(MEL)飞机不能放行,如果航材没有可更换件或飞机停场时间不足,为保证飞机的正常营运可采取将故障部件串至本架飞机另一套失效后可以放行的系统中,如果当时有停场检修飞机,将故障部件与停场检修飞机的正常部件对串。

(3)机组成员的特殊要求。

(4)地面维修部门的航材调配安排。

9.2.6 故障保留

由于在航空器运营过程中不可避免地出现一些故障或者缺陷,在计划的维修工作过程中也会遇到一些意想不到的情况，为避免这些情况对经济性和航空运行成本的过多影响，航空运营人多采用保留这些故障/缺陷来提高航班的正常性和计划性。

1. 相关概念和定义

(1)保留故障是航空器在飞行后和/或维修检查中发现的故障、缺陷，因工具设备、器材短缺或停场时间不足等原因，不能在起飞前排除的故障项目。

(2)主最低设备清单(MMEL)是指经适航当局批准的在特定运行条件下可以不工作仍能保持可接受的安全水平的设备项目清单。MMEL 包含这些设备项目不工作时航空器运行的条件、限制和程序，是运营人制订各自最低设备清单的依据。MMEL 由飞机制造商制订，并由适航当局批准。

(3)最低设备清单(MEL)是运营人依据 MMEL 并考虑到各航空器的构型、运行程序和条件为其运行所编制的设备清单(见图 9.4)。MEL 经局方批准后，允许航空器在规定条件下所列设备项目不工作时继续运行。MEL 应当遵守相应航空器型号 MMEL 的限制，或者比其更为严格。

××航空公司最低设备清单(MEL)

机型：BOEING747-400	修订版次：8 修订日期：11/01/2007			页码：22-1
系统号 0 次序号　项目	1.修复期限	2.安装数量	3.放行数量	4.故障放飞例外规定
22　自动飞行				
-10-1　自动驾驶系统	C	3	2	(M)(O)可以有一个不工作，但要求： a)相关的FCC伺服开关应断开关套要求：开环， b)每次离港前，确认自动驾驶飞行指引系统不是单信号源设置，并且 c)进近最低标准不需要使用它

图 9.4　最低设备清单样例

故障项目处理的时间周期是按照适航当局和飞机制造商的主最低设备清单(MMEL)中的规定执行。运营人按照其飞机构型制订自己的最低设备清单(MEL)。

MEL 包含三类项目：①MMEL 项目；②旅客便利项目，是指有些可以为旅客提供方便、舒适或娱乐的设备项目部件(例如厨房设备、电影设备、烟灰缸、立体声播音设备、旅客头顶照明阅读灯等)；③管理控制项目，是指运营人为了完成跟踪监控和提供信息的目的所列出的一个设备项目。

MMEL 和 MEL 制订的目的是在保持可接受的安全水平下，提高计划可靠性和航空器利用率，在限定的范围内对航空器型号设计进行修改，而不需要重新进行型号合格审定。

(4)构型偏离清单(Configuration Deviation List，CDL)是对型号合格证的一种修正文件，它列出了一些飞机和发动机零部件，只要它们与安全无关，这些零部件可以缺件签派，并且按照CDL的规定，对于这种偏离，飞机签派要有一定的限制规定。MEL和CDL合起来总称为DDG(Dispatch Deviation Guide，放行偏差指南)。

(5)"M"程序表示在设备清单中相应项目失效时，在飞行前必须完成的某项特定的维护程序规定内容。通常情况下，这些维护程序由维护人员完成。但其他人员也可以经合格批准来执行某些工作，对于有些维护程序需要具有特定技巧知识或需要使用工作或测试设备，应该由维护人员完成。"O"程序表示设备清单中相应项目失效时，在做飞行计划和/或飞行操作中必须完成的特定操作程序。通常情况下，这些程序应由飞行组完成，但是，其他人员也可以经合格批准来执行某些工作。

(6)日历日是指基于世界时间或当地时间(由运营人选定其一)，从午夜到次日午夜的24小时时间段。

2.保留故障的基本原则

(1)保留故障应当以按照航空器持续适航文件确认航空器故障/缺陷或故障/缺陷件为前提，对于没有确定故障/缺陷或者故障/缺陷件的航空器不得投入运行。

(2)保留故障一般应当以飞机最低设备清单(MEL)和构型缺损清单(CDL)为依据。如不能在MEL和CDL中找到明确依据，对于明显影响航空器的适航性和飞行安全的故障/缺陷则不能保留。

(3)对于以MEL和CDL为依据的保留故障，其修复期限应当符合MEL和CDL或适航当局相关文件的规定。

(4)对于以MEL和CDL为依据的保留故障，在投入运行前应当完成其规定的维修(M)任务并在飞行记录本中明确记录，在运行中应当遵守其规定的操作(O)和运行限制对于不是以MEL和CDL为依据的保留故障，也应当视情对影响使用的项目进行必要的使用限制。

(5)保留故障的信息应当在航空器投入运行前以保留故障控制单的形式通报飞行机组和有关的维修人员，并按照MEL和CDL的规定对不工作、禁止或限制使用的设备以明显的标志挂牌警告，但这些标志挂牌不应当影响飞行机组的正常操作。涉及运行限制的保留故障，还应当在投入运行前以书面的方式通报运行控制部门。

(6)对于按照MEL和CDL的规定可以保留，但会造成飞行机组不适当的工作负荷的多个保留故障，应当在投入运行前修复保留故障至适当的数量。

(7)对于MEL和CDL允许申请再次保留的故障/缺陷，因在修复期限内无法修复的，需经相应的民航地区管理局批准后方可再次保留，再次保留后仍无法在修复期限内修复的应当停止运行。不允许以飞机之间串件的形式延长保留故障的修复期限。

(8)航空运营人应当在维修工程管理手册及相关的工作程序中明确符合适航规定的保留故障管理要求、批准和控制程序，并在实际工作中遵守这些要求和程序。其中，保留故障的首次批准必须至少要经过总工程师或其授权的质量部门人员的审核或批准。

3. 故障/缺陷保留程序

(1)由适航放行人员确认故障/缺陷。

(2)对于超出 MEL 要求的故障必须由至少一名持双照的维修人员处理直到满足 MEL 的要求。

(3)按照 MEL 进行保留时应由适航放行人员和值班主控人员共同完成 MEL 的故障保留工作。

(4)由持双照维修人员根据 MEL 保留要求完成 M 项维护工作和贴/挂相关警示标志。

(5)由适航放行人员严格根据 MEL 填写相关故障的保留单[DD(Deferred Defect)单，在符合 MEL/CDL、厂家手册、厂家建议及适航文件要求的前提下，飞机有故障或外形缺损且无法在起飞前排除，为保证航班生产而签署办理的保留单，与适航有关]。

(6)由适航放行人员在飞行记录本(FLB)上进行维修记录的填写和签署。

(7)由适航放行人员在飞行技术记录本上进行签署放行。

(8)由适航放行人员与机长进行交接，告知机组存在故障，提醒机组按照规定程序进行操纵。

(9)办理后的 DD/FC 单[FC(Fault Control)单，飞机零/部件存在缺陷，但不影响系统正常工作，不影响飞机在运行中的持续安全和适航性的项目，因客观条件无法及时纠正而签署办理的保留单，与适航无关]由 MCC 主控工程师留底并监控。图 9.5 为故障/缺陷保留流程。

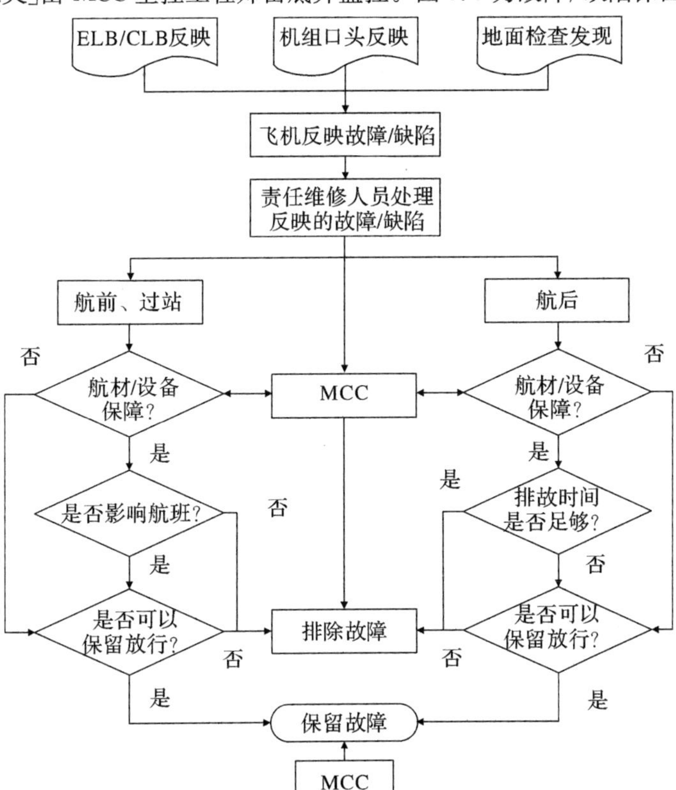

(a)

图 9.5　故障缺陷保留流程和保留故障单样例

(a)故障/缺陷保留流程

故障保留单 DEFERRED DEFECT SHEET							
飞机 A/C REG	B.	章节号 ATA	72-23	航站 STA	成都	FROM	FIB10434158

故障描述及临时措施DEEECT DESCRIPTION & TEMP ACTION:	□ 标牌PLACARD
左发10点钟方向-OGV叶片前缘凹坑,长5mm,宽3mm,深0.5mm,没有撕裂,因需更新发动机叶片损伤记录,依据AMMA72-23-00-210-003-C办理OT壳保留,超级100Y,无M项无O项. A DENT ON THE LEADING EDGE OF THE OGV ON THE L/H ENG 10O'CLOCK EIRECTIONG,LENGTH:SMM,WIDTH:3MM,DEPTH:0.5mm,NOT TORN DUE TO NEED TO UPDATE THE ENGINE BLADE DAMAGE RECORO REFER TO AMM72-23-00-210-003-C RAISED DD CAT OT,DEADLINE 10DY,NO MITEM NO OITEM.	

保留依据 REF.	修理期限 REPAIR INTERVAL	保留时限 DEADUINE	所需工时 ManHrs	保留原因 REASON: □ LS/航材无料 □ SG/停塔时间不足 □ SP/需特殊支援
AMM72-23-00-210-003-C	OT	10DY (从2020-12-16 00时起始)	3H	□ OI/观察项目 ■ OTHER/其他

运行限制FLT LIMITED: □ 是/YES ■ 否/NO	机组操作项目 CREW O ITEM
□ 限制/VERY HIGH ALTITUDE LIMITED □ RNP限制/RNP LIMITED □ RVSM限制/RVSM LIMIIED □ STOPS限制/ETOPS LIMITED □ 其他OTHER	N/A

所需航材PARTS REQUIRE							
名称NAME	件号P/N	数量QTY	件号来源P/N FROM	名称NAME	件号P/N	数量QTY	件号来源P/N FROM

办理人 TECH.		办理日期 DATE		批准人 APPROVED BY TBA	郑伟	批准日期 DATE	

纠正措施CORRECTIVE ACTION:	再次保留信息REDEFERRED IMFKRMATIONS		
依据AMM72-23-00,更新发动机叶片损伤记录，结果正常，关闭 DD-20201216-0001	再次保留原因 REDEFERRED REASON		总工或授权的质量分部经理批复APPROVAL DESCRIPTION
	再次保留期限 DEADLINE		
	MCC/PPC办理人/日期 MCC/PCC/DATE		批准人/日期 APPROVED BY CAAC/DATE
	批准人/日期 APPROVED BY TBA/OATE		

维修人员/日期 MECHANIC/DATE		检验员/日期 INSPECTOR/DATE		关闭人/日期 MCC/DATE	

(b)

F-ME-221R3/2020-05-29

续图 9.5　故障/缺陷保留流程和保留故障单样例

(b)故障/缺陷保留故障单

4.保留故障的修复

(1)尽管以 MEL 和 CDL 为依据的保留故障有明确的修复期限,但任何保留故障的修复时间应当以首次出现的修复时机为准。如首次修复的时机超出了 MEL 和 CDL 规定的修复期限,在投入运行前应当向主管民航地区管理局申请再次保留并获得批准。

(2)为确保在首次修复时机能修复保留故障,因工具设备、器材不足造成保留故障的情况,应当在保留后立即进行相应的修理或订货。如遇保留故障修复期限较短或工具设备、器材的修理或订货周期较长的情况,还应当申请紧急订货(如 Aircraft on Ground,AOG)。

(3)如遇停场时间不足的情况,一般应当在保留航空器的首次过夜基地完成保留故障的修复,如主基地以外的过夜基地不具备相应的工具设备、器材,则应当在首次返回主基地完成保留故障的修复,但最迟不得超过规定的修复期限。

(4)除因不具备设备、器材原因外,航空器在经过 A 检或相当级别定期检修以上的维修工作后,应当完成依据 MEL 保留故障的修复。除因不具备工具设备、器材原因外,航空器在经过 C 检或相当级别以上维修工作后,应当完成所有的保留故障的修复。航空器在经过 D 检或翻修或相当级别后,应当完成所有的保留故障的修复。

保留故障的修复期限分为四类。

A 类,该类项目应当在 MMEL 备注和例外栏中规定的间隔时间内完成维修。如果 MMEL 备注和例外栏限制性条款中规定的是循环数或飞行时间,则间隔时间是从下一个航班开始算起。如果规定的时间间隔为飞行日，则间隔时间是从发现故障之日起的下一个飞行日开始算起，不包括在飞机维护记录/履历本上进行故障记录的那天。

B类，该类项目应该在发现日之后3个连续的日历日(72 h)内进行维修，但这不包括在飞机技术记录本/飞行记录本上进行故障记录的那一天。例如，如果故障是在1月26日上午10点进行的记录，则所谓3天期限，应从26日的午夜开始计算，到29日的午夜为止。

C类，该类项目应在10个连续日历日(240 h)以内完成修复工作，不包括在飞机技术记录本/飞行记录本上进行故障记录的那一天。

D类，该类项目应在120个连续日历日(2 800 h)限定期限内完成修复，但这不包括在飞机技术记录本/飞行记录上进行故障记录的那一天。列到D类中的设备项目应当是具有选装特征的设备项目，或者是根据判断可以断开、拆除或安装在航空器上的额外设备项目。

5.保留故障的控制

(1)航空运营人应当以建立保留控制单的形式记录、控制和通报保留故障。保留故障控制单的格式可由航空运营人自定。

(2)保留故障控制单的填写应当字迹清晰、内容明确，专用名词术语应当易于理解并不会产生歧义。保留故障的申请人应当具备相应机型的维修放行资格，审核和批准人员应当在确认所有内容填写清楚、准确后才能签署审核和批准意见。

(3)当航空器在主基地以外的航站发生保留故障的情况时，可以在飞行记录本上记录保留故障，但在航空器返回基地时或最迟不超过24 h完成保留故障控制单(保留故障已修复的除外)。

(4)所有保留故障单及其修复的信息应当及时通报或反馈到航空运营人的维修控制中心和质量部门。质量部门应当根据这些信息建立保留故障控制清单，在达到保留故障的首次修复时机时应当确认是否已修复保留故障，在接近保留故障的修复期限时应当以书面形式给生产计划和控制部门发出预警通知。

6.再次保留的申请和批准

(1)只有因工具设备、器材原因造成的保留故障才能申请再次保留，但也应当满足保留故障的基本原则，并且是因非航空运营人可控制的原因无法在首次保留的修复期限内具备该工具设备、器材。

(2)再次保留的申请应当以航空运营人总工程师或其授权质量部门负责人签署的书面形式提出，并说明已完成的工作和无法具备工具设备、器材的理由，首次保留故障控制单及无法具备工具设备、器材的理由。首次保留故障控制单及工具设备、器材的订货和修理合同应当作为申请资料的附件一同提交。

(3)再次保留应当向航空运营人相应的民航地区管理局提出，相应的民航地区管理局在确认符合上述原则和要求后，将以书面的形式批准再次保留。

9.2.7 航线放行标准

以下航线放行标准仅为放行参考内容：

(1)所有飞机航线例行检查工作已正确完成，相关工作单卡已由工作者签署、检查者确认。

(2)执行的适航指令(AD)、工程指令(EO)已全部完成。

(3)时控项目的附加工作单的内容已完成。

(4)保留故障项目符合最低设备清单(MEL)的要求。

(5)工作中所检查出的和机组报告的故障、缺陷已排除，正确记录在飞机飞行记录本、客舱记录本上。

(6)保留项目、代用器材、超寿件已按有关程序办妥审批手续。

(7)所有必检的项目已完成。

(8)航空器上必须配备的技术文件、证件完好并齐全有效。

(9)飞机应急设备技术性能良好，应急标记清晰、完整。

(10)按照规定签署了有关的技术文件。

(11)航线维修和结合其完成的改装工作完成后由放行人员在飞行记录本上签署放行。

9.2.8 交接班制度

信息沟通是航空器维修中最重要的人为因素问题之一，因为在维修领域，必须产生、传输、吸收、使用和记录大量信息以保证飞机的适航性。在航空器日益先进，机队不断扩大的同时，机务维修人员的工作也日趋复杂化，许多工作已超出某一个人的能力之所及。在有限时间内，基于有限信息的个体决策，已经无法满足需要。为确保工作的有效进行，需要更多、更有效的群体协调与配合，准确而及时的信息，以及有效的信息沟通，使所有与整个航空器维修工作相关的信息为全体人员所共享。与此同时，航材或设备的局限性，对飞机运力的追求，决定了某些维修工作不能一直由一个或一组维修人员完成，这就对工作者之间的交接班质量提出了很高的要求，交接班中产生的差错可能导致非常严重的后果。

对于航线维修活动的轮班(倒班)制度，如果正在进行的维修工作需要连续两班(或更多)才能完成，在两个班之间交接工作时必须有一个书面程序，以保证工作正确完成。书面的交接班制度能够很好地达到上述质量要求，它的持续性、可追溯性，以及有效抵抗外界环境影响的特点是其他方式所无法比拟的。

工作交接类型分为：

(1)日常维修工作交接，指每日航前、过站、航后一般维护维修工作信息的交流和传递，交接的内容包括已完成和未完成的工作以及相关需要注意的事项。

(2)特定维修工作交接，指需要先后两个不同工作组进行具体某一项维修工作时，不同组之间进行具体工作信息的交流和传递。

航线特定维修工作的交接原则和内容如下所述：

(1)对于某一特定重大维修项目，在可能的条件下应尽量由固定的人员/小组完成，避免工作交接。

(2)当客观条件所限不得不进行工作交接时，交接工作应以书面形式在工作现场由交接双方该工作负责人面对面进行交接。

(3)航线特定维修工作交接时由原工作负责人详细填写“航线特定维修工作交接单”，并在交接过程中由接手工作一方负责人逐一确认并签字认可。

(4)工作交班人员/小组需详尽地在航空器上所有工作过未完成/未恢复的部件上悬挂明显的提示警告标志。

(5)交接过程中应尽量避免工具设备交接。若客观条件所限不得不进行工作交接时，需要工具管理人员在现场，交接过程中逐件确认并重新进行工具领用签署。

(6)特定维修工作交接时，原工作一方负责人应向接手一方工作负责人详细传达以下维修信息：①已完成工作；②未完成工作；③未恢复项目；④注意事项；⑤航材工具设备；⑥拆下的航空器零部件状态、数目。

(7)涉及故障/缺陷处理的交接，在完成以上交接后，原工作一方负责人还应向接手工作一方负责人传递以下维修信息：①相关故障/缺陷现象；②排故工作思路及排故方案；③可能故障原因；④排故进度等。

(8)MCC 当班主控工程师负责跟进特定维修工作的状态。

9.2.9　机务与机组的交接

在影响飞机返航、备降以及航班不正常事件的因素中，维修人员与机组之间的关于飞机技术状态的有效交接至关重要，因此维修单位应强化维修人员与机组之间的技术交接。飞机技术交接应关注以下内容：

(1)技术交接人员的资质要求。

(2)技术交接的内容。

(3)交接质量的评估。

另外，为规范交接人员和机组之间的有效沟通，维修单位对交接人员的交接语言也可以进行固化的格式要求。

9.3　定期检修

定期检修也被称为高级维修，在飞机发动机机载设备经过一段时间的飞行后，可能发生磨损、松动、断裂或腐蚀等现象，航空油料、油脂可能发生变质或出现短缺，需要更换或添加。每隔一段时间后要进行检查和修理，不包括翻修。同时，这种检查和修理还可以对飞机各系统进行必要的检查和测试，使飞机恢复其原有的可靠性。

9.3.1 定检分类及专业分工

定期检查的周期划分，一般有两种分类：

一种是苏联飞机的定检周期，一般按每 50 h、100 h、200 h、1 000 h、2 000 h 等来划分。国产飞机、发动机和机载设备一般也是按此方法划分定检周期。

另一种是欧美飞机定检，分为两类：①块检——Block Check（分组检查）或 Letter Check（字母检查）；②阶段检——Phase Check（分段检查）（简称 P 检）。

9.3.1.1 字母检

一般航空公司按飞行小时或起落架次划分为 A 检、B 检、C 检和 D 检等字母检查，有的航空公司还规定其他字母符号检查等级。惯用做法是随着字母的增大，维修的深度也就越大。A 检级别最低；D 检，又叫大修或翻修，是最高级别的检修等级，对飞机的各个系统进行全面检查和维修。C、D 检需要占用专门的停场时间。此处的定期检修不包括 D 检。需要说明的是，欧美飞机制造商的维修文件中已经不用字母代号作为检查间隔，取而代之的是具体的检查间隔（FC/FH/YE/MO/DY 等），这样做的主要目的是给承运人留有足够大的工程管理空间，但字母检查的这种说法航空公司和维修单位还在使用。定期检查的时间间隔因机型而定（见表 9.1），即使同一种机型甚至同一架飞机，定检间隔也可能不一样，该间隔是动态调整的。

表 9.1 波音 737、757、空客 A320 和 A330 的定检间隔

	波音 737CL	波音 757	波音 737NG	空客 A320	空客 A330
A 检	250 FH	500 FH	500 FH	600 FH	600 FH
C 检	4 000 FH	3 000 FH	4 000 FH	4 800 FH	4 800 FH
D 检	32 000 FH	24 000 FH	32 000 FH	40 000 FH	40 000 FH
结构检查	10 YE	10 YE	10 YE	10 YE	10 YE

注：FH——飞行小时，YE——日历年。

字母检查（Letter Check）类别主要有 A 检、B 检、C 检和 D 检。

1. A 检

A 检（A check）是用英文字母 A 标记的一种定检检查，是最简单的定期检查，由一级维修机构实施。其主要工作内容是按最短的定期检查间隔期进行规定的预防性维修工作，包括润滑养护、使用检查、功能测试、定时拆修、定时报废等维修措施，以及排除检查中所发现的故障。定期检查是成套的预防性维修工作。用英文字母 A、B、C 和 D 来标记大小，不同的成套飞机的定期检查是各国民航界的惯例。这些字母标记的飞机定期检查的间隔期以飞机的飞行循环(FC)和/或起落架次(FL)和/或日历时间(YE/MO/DY)数和/或发动机/APU 的热力循环(CYC)来表示。有些预防性维修工作,其最佳工作间隔长于 A 检而短于 C 检的,可按 A 检间隔期的倍数进行,如按 4 倍 A 隔期进行,检查间隔记为 4A,其他字母检查以此类推。字母检查的关系一般为 4A=B,4B=C,8C=D。A 检内的各项预防性维修工作也可按 A 检的间隔期分散进行,以缩短飞机因 A 检的停场时间。图 9.6 是一个航空公司的 A 检现场。

图 9.6　飞机 A 检现场

2. B 检

B 检(B check),航空公司一般将 B 检的工作项目,经过评估划入 A 检工作和 C 检工作中,不保留 B 检,以减少飞机不必要的停场维修时间。B 检项目划分时的主要考虑因素是检查间隔和工作项目。

3. C 检

C 检(C check)是飞机基础结构检修,包含 A 检、B 检和主要零件更换。有些航空公司做大修 C 检而非 D 检。C 检要占用专门的停场时间,从航空器工程管理上来说具有一定的里程碑意义。C 检的时间间隔同样因机型和技术状态等原因而不断调整。例如,空客 A320 的维修大纲(MRBR 9 版 2005)中推荐 C 检的时间间隔为 20 个日历月(20 MO)/6 000 飞行小时(6 000 FH)/4500 飞行起落(4 500 FC),先到者为准。图 9.7 为波音 747 飞机 C 检现场。

图 9.7　波音 747 飞机 C 检现场

4. D 检

D 检(D check)，又叫大修、翻修，是飞机机身的最高级别的检修，其目的是保持飞机结构的持续适航状态，并将飞机结构的腐蚀控制在 1 级水平或更好的状态。D 检是飞机检修中时间间隔最长、检查范围最为全面(不包括发动机)的一种。由于飞机在运行中要受到不断的起飞和降落以及增压和减压等因素的影响，飞机结构会出现疲劳损伤，还会受到环境的影响而出现腐蚀损伤，并有可能受到外来损伤，例如受鸟击或受地面设备的碰撞。所以，结构检查的项目被划分为疲劳检查项目和腐蚀检查项目两大类。

疲劳检查项目以飞行循环或飞行起落架次(FC 或 FL)为周期单位，而腐蚀检查项目的周期是日历时限(YE 或 MO)。理论上，经过 D 检的飞机将完全恢复到飞机原有的可靠性，飞机的各类检查将从“0”开始重新统计。如果飞机是租赁的而且要退租时，一般结合 D 检进行退租检。

在航空公司的维修方案或飞机制造厂推荐的维修计划文件(MPD)中给出了一系列针对飞机各系统和部件以及飞机区域的维修项目，以保证飞机各系统及部件能安全可靠地工作，并确保在特定飞机区域内的导线、管路、机械操作机构和结构无损伤。所有规定的维修项目及任务都有一个明确的执行周期或间隔，周期单位通常用飞行循环(FC)或飞行起落架次(FL)、日历时间年或月(YE/MO)和飞行小时(FH)来表示，时间以先到者为准。为了执行方便，通常将同周期的维修项目组合在一起同时执行，形成一系列的工作包，并用字母编好，就是字母检 A 检、B 检、C 检和 D 检。同一基础工作包中的项目周期都是相同的，所以 A 检、B 检、C 检和 D 检分别有一个执行周期。图 9.8 是一个传统的字母检示意图，其中飞机的 D 检(大修)间隔是 6 年，C 检间隔是 18 个月，A 检间隔是 3 个月，并可以看出在一个大修周期(6 年)内需要完成 4 个 C 检和 24 个 A 检。

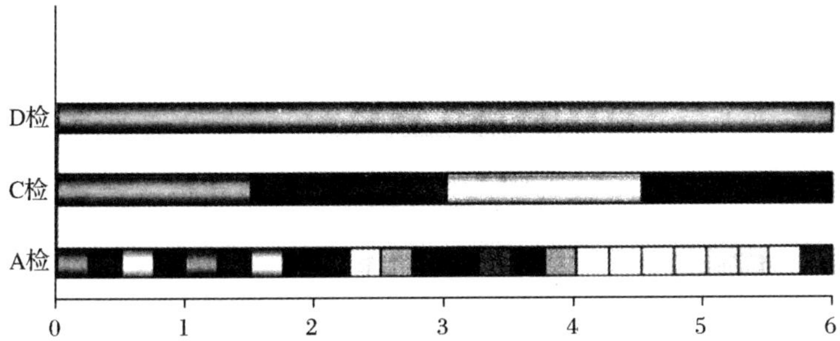

图 9.8 传统的维修方案中所规定的字母检查

9.3.1.2 阶段检

阶段检修的组包方式最基本的逻辑就是保证飞机的最大可用率，将字母检的停场工作分成小部分结合在航线工作中进行，每次维修的工作量相等。其优点十分明显，可以提供有计划的飞机停场，降低飞机停场时间，提高飞机可用率和航线运行可靠性，避免对航班安排的影响。阶段检修无长时间的工作停场，因此更适合小的机队，但是也存在许多弊端。在航线进行相应的阶段检时，每个阶段检中例行检查所产生的非例行工作很可能对第二天的航班产生影响，且因为是重复工作，还会造成工时和人员的浪费。

块检的方式在一定程度上减小飞机可用率，而且众多项目的组包有时会减小工作条目的间隔，但在停场期间有足够时间进行结构项目和非例行工作，保证了适航性。阶段检的方式最大限度地保证了飞机的可用率，减少了 C 检停场时间，同时将工作包打散可以实现每个条目按照不同的间隔进行控制，减少了维修成本。但会出现重复性工作，并且随着机队的增加和机龄的老化，阶段检的组包方式无法实现大的结构项目按照规定时间进行的要求，会增加后期的维护成本甚至影响飞行安全。

目前国内各航空公司以块检组包为主要方式，将相近间隔的工作统一集中在一个停场中进行。其优点是具有稳定的工作人员和排班，降低重复工作；可以保证飞机长时间可用，同时，因为具有较长的停场时间，可以进行相应的扩展性工作，如改装和客舱翻新工作。缺点在于对小型机队而言，飞机长期停场会造成很大的周转困难，无法满足航班的运营需求。同时在较长的维修周期内，会造成人员负荷的剧烈波动，人员会有闲置或者集中加班的情况。因此，块检的组包方式适用于相对成熟、较大的机队，不适用于小机队。

综合生产控制模式的优缺点，为解决以上问题，采取航线工作＋阶段检＋C 检的模式，可以最大限度地发挥各种方式的优点，避免缺点。

9.3.2 定检工作流程

1. 定检一般工作流程

定检维修车间和航线部门对飞机进行交接。执行 C 检任务时，组织进行进厂检查以确定该飞机的修理情况、保留故障、TLB 和 CLB 上遗留的项目，以及系统或油箱渗漏情况，检查人员填写和签署定检表格。飞机定检生产管理工作流程如图 9.9 所示。

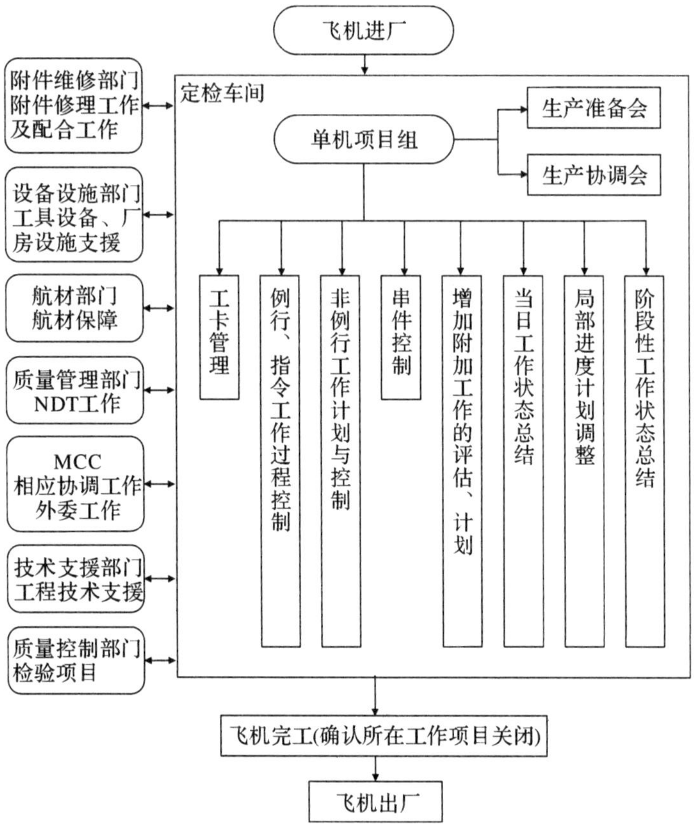

图 9.9　飞机定检生产管理工作流程

2. 定检实施阶段工作

定检维修车间对定检工作进度计划进行控制和安排,必要时与生产计划和控制部门协商,对工作进度计划进行调整。定检维修车间召集相关部门于当天生产任务开始前召开生产准备会,生产任务结束前召开生产协调会。生产准备会明确当天生产任务的现场负责人,落实生产准备情况,依据工作进度计划进行人员分工,安排生产任务,并提出安全和质量要求。生产协调会组织相关部门对飞机定检维修情况进行综合协调,依据工作进度计划汇报完成情况,落实未完成项目的处理,决定是否加班,对当日工作进行总结和讲评,安排后续工作计划并对相关项目进行交接。定检维修车间根据工作包准备工作单卡,保证其完整性,完成每日工卡的发放、登记、回收和录入工作,统计例行工卡、非例行工卡、附加工卡及工程指令的完成情况,并及时将有关信息录入维修基地生产管理系统。定检维修车间检查定检工作单卡的清洁性与完整性,发现问题及时进行处理,进行过程审核,确保维修记录的签署及时有效,满足适航要求。飞机定检期间其他部门按生产指令执行维修工作时,应服从定检维修车间的统一指挥。定检维修车间完成定检生产任务后将飞机交予航线维修车间。

9.3.3 机库维修

1. 机库维修的作用

机库维修是指在停止运营的飞机上进行的维修活动，包括对临时从飞行航班上撤出来的飞机进行的任何大的修理和改装。机库容积往往作为维修机构维修能力的一种标志。

机库维修涉及的业务类型包括：高于 A 检的计划检查(即 C 检、D 检、重大维修检查)；按照服务通告(SB)、适航指令(AD)或工程指令(EO)对飞机或飞机系统的改装机群变动，由航空公司、适航管理当局或其他运营状态要求的特殊检查；飞机喷漆；飞机内饰改造等。

2. 机库维修的组织机构

机库维修单位是经理级别的组织机构，在飞机维修处处长的领导下开展工作。在一个典型的组织机构中，在机库维修经理的领导下，有三个室主任一级的设置飞机维修、地面支持设备与设施(Ground Support Equipment，GSE)以及支持车间。飞机维修主任负责所有的机库维修业务，针对机库中的飞机，控制飞机检查的流程和从事检查的各维修机组，还要与下列单位进行业务上的协调大修与支持车间、器材供应、生产计划与调度、飞行航线维修以及飞行航务部门。地面支持设备与设施主任负责提供支持机库和航线维修业务所使用的地面支持设备，还负责维修使用的厂房和设施。支持车间主任负责飞机养护与维修(不管大修车间的维修)需要的所有支持业务，包括焊接、复合材料、钣金、座椅罩、座椅以及内部装饰等方面的支持。

3. 典型的机库维修活动——C 检

C 检的内容，在航空公司之间、飞机与飞机之间，甚至对于同一架飞机或同一种型号的飞机来说，这次检查与另一次检查都各不相同。下面讨论的都是典型情况，并且为了方便，分为几个阶段来讨论，实际上，这些阶段是可以重叠甚至融合在一起的。为了便于说明，把典型的 C 检分为下面五个阶段：①准备；②初始工作；③进行检查；④完成与结束；⑤返回使用。

9.3.4 保留工作项目

保留工作项目是在航空器计划维修工作中，因工具设备、器材、工作条件等原因不能正常地按计划完成的维修工作项目。

1. 保留工作项目的基本原则

办理保留工作项目应遵循的基本原则如下：

(1)保留工作项目应当是在按照航空运营人维修方案实施维修的过程中非计划可控制的原因造成的。计划的维修工作项目推迟按照咨询通告《民用航空器维修方案》(AC-121/135-53Rl)中维修方案的偏离申请批准。

(2)保留工作项目所涉及的系统、设备、零部件的技术性能符合规定要求，工作正常，并且符合如下限制：

1)涉及发动机、起落架和飞行操纵系统的维修工作项目不能保留。

2)涉及审定维修要求(CMR)、适航限制项目(ALI)的维修项目不能保留。

3)涉及影响飞行机组正常操作或增加其工作负荷的维修工作项目不能保留。

4)在保留期限内，如果不存在使保留工作的完成具备可接近性的其他计划维修工作，那么该类工作项目是不能办理保留的。

(3)保留工作项目的保留期限不能超过 AC-121/135-53R1 中维修方案偏离的限制，并且不能再次保留。

(4)保留工作项目应当在具备工具设备、器材或工作条件后及时完成，但最迟不得超过本段(3)规定的保留期限。

(5)航空运营人应当在维修工程管理手册及相关的工作程序中明确符合相关要求的保留工作项目的管理要求、批准和控制程序，并在实际工作中遵守这些要求和程序。

2. 保留工作项目的记录和控制

(1)航空运营人应当建立保留项目单，记录、控制和通报保留工作项目。

(2)在航空运营人维修基地进行维修时发生的保留工作项目应当由维修计划人员填写保留项目单，在航空运营人维修基地以外进行维修时发生的保留工作项目应当由承修单位提出申请，由维修计划和控制部门填写保留项目单。

(3)维修计划和控制部门应当建立保留工作项目控制清单，并将保留工作项目列入维修计划项目，涉及工作设备、器材的应当及时送修或采购。

(4)保留工作项目应当经过工程技术部门评审，并由技术部门主管或其授权人员批准，保留工作项目的信息应当及时通报质量部门。

(5)质量部门应当在保留工作项目的保留期限到期时对其完成情况进行审核。

(6)保留工作项目单和保留工作项目的完成记录应当同上述计划维修工作记录一同保存。

9.4 大修车间管理处

对于需要从飞机上卸下来进行维修的那些部件和设备，大修车间负责全面的管理和实施。这种维修包括的项目可以很全面，从简单的清洗和调整，到必要的全面大修。车间维修通常都是在停止使用的项目上完成的，也就是说要维修的设备或装置，由航线或机库维修人员从飞机上卸下来，并换上可以用的设备或装置。

9.4.1 大修车间管理处

大修车间管理处包括对从飞机上拆卸下来的项目进行维修的那些维修车间。这些车间细分为发动机车间、电气车间、电子(或航空电子)车间以及各种机械车间。这些可以是单独的车间，或者为了方便，某些车间可以合并，是分还是合取决于运作上的需要。其中的某些车间也可以承担其他航空公司的转包工作。

1. 发动机车间

发动机大修车间负责本单位的发动机和辅助动力装置的所有维修和修理。如果使用的发动机型号在一个以上，进行维修的每一种型号的发动机可以有一个单独的车间，但是，这些车间通常要由一个资深经理来领导，每一个发动机型号配备一个室主任（或工长）负责。发动机的综合业务一般要由发动机车间经理领导。

2. 电气与电子（航空电子）车间

电气与电子车间负责从飞机上拆卸下来的电气和电子部件及系统的所有项目的维修。因为涉及的部件和系统种类繁多，所以需要的设备和维修技能千变万化。其中有几个车间（无线电、导航、通信、计算机、电动机驱动部件等）配备单独的工段长（室主任一级）。但是，各车间经常进行结合作业，以便充分利用劳力和空间，并减少试验设备的库存。

3. 机械部件车间

机械部件车间的职责与航空电子车间的职责类似。当然也有差别，唯一的差别就是这些车间致力于解决机械部件问题，这些部件有作动筒、液压系统和部件、飞机操纵面（襟翼、缝翼、扰流板）、燃油系统、氧气系统和冷气系统等。

9.4.2　车间修理

9.4.2.1　车间类型和作用

航空公司的维修单位有两种类型的车间维修业务。一种类型的车间就是支持车间，包括焊接、钣金、复合材料、飞机内饰等类的专业技能和业务，这些车间通常是机库维修部门的一部分。他们所做的工作尽管有些是对航线维修业务的必要支持，但是主要是支持停飞飞机的维修业务。另一种类型的维修车间就是大修车间，其维修业务主要是针对飞机上的专业化设备，例如发动机、航空电子设备、液压和气动系统、结构件和附件等。这些车间的业务是对在航线或机库维修期间从飞机上拆卸下来的设备或装置进行维修。一个典型的中型航空公司的维修机构如图 8.1 所示。

1. 发动机车间

发动机车间是占用空间最大的车间。在车间里除了在工作台上对小零件进行作业的区域以及对业务进行管理与实施要求的办公区域外，发动机车间还需要发动机装配区域（Engine Build Up，EBU），在该区域，按照规定型号飞机对发动机的构型要求，把某些部件装配到基本型发动机上，或者装配到飞机上某一具体位置（即左边、右边或中央，或者机翼位置 1、2、3 或 4）。发动机车间还需要一个发动机试车区域，主要是因为噪声的干扰，该区域应远离主要厂房设施，以便允许在维修前或维修后对安装在飞机上的发动机进行地面试车，在发动机试车区域，应当有大的隔音设施。对于拥有固定机群的航空公司，不同型号的发动机可以有单独的发动机车间，但是有些设施可以综合使用。

2.航空电子车间

航空电子是指用于航空的各式各样的系统，该系统包括电气系统和电子系统。由于诸多因素，这类航空电子车间可以采取各种各样的结构形式，可以有一个单独的电气车间，专门解决电气系统的部件问题，例如电动机、发电机、配电系统、电源汇流条等，可以有一个单独的蓄电瓶车间，用于对飞机蓄电瓶进行修理、保管和充电。在大型航空公司，电子系统可以按照不同专业分为不同车间，这些专业包括无线电、导航系统、计算机、各种类型的控制装置等，但是，对于较小的运营人来说，可以合并为一个单独的航空电子车间。

3.机械车间

机械车间既可以按照不同的部件类型划分为不同的单独车间，也可以划归为一个综合车间，这主要取决于航空公司的规模和要求。这些车间应包括液压系统和部件、气动系统和部件(冷热气体)、氧气系统、飞行控制舵面等，机轮、轮胎和刹车系统车间负责与飞机有关的下列各种业务：对飞机机轮进行修理、装配和分解；对飞机轮胎进行修理、养护和更换调整以及更换飞机刹车装置。这些业务可以在一个车间进行，也可以在几个车间进行，这主要取决于工作量和机群的复杂程度。

9.4.2.2 部附件车间修理流程

1.民用航空器部件的分类

(1)按修理特性分：可以分为可修理的部件(即周转件)和不可修理的部件(称为消耗件)。

(2)按修理状况分：主要分为新件、大修件和修理件。还没有进行过任何修理的新部件称为新件，刚完成大修的功能部件称为大修件，而刚完成修理的功能部件称为修理件。

(3)按改装状况分：主要分为改装件和未改装件。其中执行了特定改装项目的部件称为改装件，而尚未执行特性改装项目的部件称为未改装件。

(4)按其是否存在序号划分：可以分为序号件和无序号件。有序号的部件称为序号件，无序号标记的部件称为无序号件。

(5)按部件的使用特性划分：分为寿控件和非寿控件。其中有寿命规定的部件称为寿控件，无寿命规定的部件称为非寿控件。

(6)按部件的控制方式分：分为 HT 件(hard time maintenance part，也叫硬时件)、OC 件(on-condition maintenance part，视情件)和 CM 件(corrective maintenance part，修复件)等。

(7)按修理单位分：可分为自修件和外修件。其中航空公司自行修理的部件称为自修件，送外修理的部件称为外修件。

(8)按部件来历分：分为原装机件和随机件，其中新飞机出厂时所安装的部件称为原装机件，装在飞机上(不管是新飞机还是旧飞机)与飞机一起加入机队的部件称为随机件。

(9)按照部件的价值划分：可分为高价件和低值件。高价值的部件称为高价件，低价值的部件称为低值件。

2. 部附件维修中常见的故障类型

(1)硬故障。

(2)无故障发现(No Fault Found,NFF)。

(3)间歇性故障/隐性故障。

3. 部附件修理等级

(1)Level1 就是按照 CMM 手册完成台架测试(Bench Test)。

(2)Level2 通常是指将故障隔离到板级或组件级。

(3)Level3 要求将故障隔离到元器件级别,将换件成本控制在最低水平。

4. 部附件修理依据

(1)CMM。CMM 手册是指部件生产厂家 OEM 发布的维修指导手册。CMM 手册包含原理描述测试和故障隔离、分解/清洁/检查/修理/组装过程描述等内容。有些 CMM 将图解零件目录也包括在其中。

(2)工卡。工卡是指部件维修单位自己编制的执行文件,用于指导整个维修过程和数据的记录。部件维修工卡和外场维修工卡有明显区别。

5. 部附件车间维修流程

(1)进场初检——外观和通电检查,确认故障范围。

(2)分解——分解外壳和电路板卡组件。

(3)清洁——使用化工品清洁灰尘和油污。

(4)检查——目视检查拆下的板卡和器件有无异常。

(5)排故/修理——找到故障元器件并用合格件更换。

(6)组装——重新组装,贯彻手册上的间隙和力矩要求。

(7)测试——执行台架测试,通过则放行,不通过重复以上过程。

(8)放行——签发放行标签(CAAC AAC-038、FAA-8130-03 和 EASA FORM1)。

(9)包装发运——按 ATA300 进行包装,发运给客户。

9.4.3　大修车间的管理

各个项目的养护、修理或大修,通常是由有关型号设备或系统的专家来处理的。在基本故障诊断完成之后,若装置是坏的,则必须予以更换。这些完成之后,机务人员把有故障的项目转送到器材供应部门,并从器材供应部门领回一个可使用的,以便安装到飞机上。然后,器材供应部门把收到的组件挂上适当的识别标签,再将其送到有关车间。接着车间机务人员或技术员利用其标准的工作台检查程序确定问题所在,进行一些必要修理,并进行一定的检查,以便保证该任务已成功完成。一旦维修完成,应填写适当表格并附在装置上,然后将该可使用的装置送回到器材供应部门，放在仓库保管，以便需要时再重新发放。

9.4.4 车间数据收集

航空公司的维修可靠性大纲涉及许多数据采集任务，这些任务贯穿于维修与工程单位的所有业务。这类数据的最重要来源之一就是大修车间。尽管飞行航线和机库报告提供了有关系统和部件的一些信息，但是车间数据提供了导致飞机出现故障的有关设备与子系统内部部件的有用信息和记录。这些车间数据采集文件通过车间明细报告呈交，该报告表明了所采取的养护、修理和大修措施，还表明了维修工作使用的零件和器材。可靠性部门对涉及的这些部件都予以跟踪，以便确定部件的故障率水平。

9.5 特殊维修

特殊维修包括特殊运行维修和特殊事件维修。

9.5.1 特殊运行维修

特殊运行维修是为保持航空运营人已取得的特殊运行资质而开展的维修工作。下面列举几种特殊运行情况。

(1)ETOPS(双发延伸航程运行)，即延程运行，指飞机在单发失效的情况下，以经批准的单发巡航速度(在标准条件下静止大气中)飞往航路备降机场超过 60 min 的飞行。通常有 120 min ETOPS 运行、180 min ETOPS 运行等。比如，获得 180 min ETOPS 运行批准就是指飞机单发失效的情况下，已经批准的单发巡航速度(在标准条件下静止大气中)飞往航路备降机场所规定的时间不能超过 180 min。

(2)RVSM(缩小垂直间隔标准运行)是将 FL290～FIATO 空域之间飞行的最小垂直间隔由原 600 m(2 000 ft)缩减到 300 m(1 000 ft)的运行。

(3)RNP(所需导航性能)是飞机在一个确定的航路、空域或区域内运行时，所需的导航性能精度。这是一种精密导航技术，与传统导航技术相比，飞行员不必依赖地面导航设施即能沿着精准定位的航迹飞行，使飞机能够按照预定航径精确飞行。RNP 通过持续监控以及在位置不确定时提供报警，确保精确的导航性能。应用 RNP 能够优化航径设计以缩短飞行距离。RNP 还可精确用于进近程序和离场程序。

(4)RNAV(区域导航)是一种导航方式，它可以使航空器在导航信号覆盖范围内或在机载导航设备的能力范围内，或通过二者的组合，沿任意期望的航径飞行，脱离了传统向台与背台飞行方法。RNAV 程序可以采用的导航源包括 INS/IRS、VOR/DME、DME/DME、GNSS。RNAV 要求在 95%的飞行时间内必须满足规定的精度。

(5)CPDLC(管制员-飞行员数据通信)指管制员与飞行员之间利用数据传送、接收手段代替话音通信的空中交通管制手段，其传输数据可以包括标准格式的放行、申请、报告等。CPDLC 的应用可以弥补话音通信的信道拥挤、误解、信号听错、信号失真等缺点，同时可以大大降低飞行机组和管制员的工作负荷。

(6)ADS－B(广播式自动相关监视)指航空器通过数据链不间断地以广播的形式播报航空器自身的当前矢量信息(水平/垂直位置、水平/垂直速率及其他数据)的功能。一般情况下,ADS－B 功能基于机载电子设备(GPS 接收机、数据链收发机及其天线等)即可实现,不需要任何地面辅助设备的介入。ADS－B 监测信息通过数据链播发到信息有效范围内的任何人(航空器或地面接收者),可为交通管制员提供一个非常有效和精确的方式,从而保证交通管制员对雷达探测范围以外的航空器进行交通管制服务。

(7)CAT I(I 类运行)是 DH 不低于 60 m(200 ft),VIS(能见度)不小于 800 m(2 625 ft)或者 RVR(跑道视程)不小于 550 m(1 805 ft)的精密进近着陆。

(8)CAT Ⅱ(Ⅱ类运行)是 DH 低于 60 m(200 ft)但不低于 30 m(100 ft),RVR(跑道视程)不小于 30 m(1 000 ft)的精密进近着陆。

(9)极地飞行是指在飞机计划运行的航路上至少存在一点属于北极区域或南极区域的运行。北极区域是指北纬 78°以北的整个区域,南极区域是指南纬 60°以南的整个区域。对于极地飞行,应同时遵守对 RNP－10 飞行、RVSM 航路飞行及 180 min ETOPS 飞行的放行限制。

(10)延伸跨水运行是指飞机距最近海岸线的水平距离超过 93 km (50 NM)的跨水运行。

(11)高高原机场运行是指航空运营人实施的目的地或起飞地机场为高高原机场的运行。海拔高度在 2 438 m 或 8 000 ft 及以上的机场称之为高高原机场。海拔高度在1 500 m 及以上的机场称之为高原机场。

(12)湿跑道和污染跑道运行。湿跑道是指当跑道表面覆盖有厚度等于或小于 3 mm (0.118 in)的水,或者当量厚度等于或小于 3 mm(0.118 in)深的融雪、湿雪、干雪,或者跑道表面有湿气但并没有积水的跑道。污染跑道是指飞机起降需用距离的表面可用部分的长和宽内超过 25%的面积(单块或多块区域之和)被超过 3 mm(0.118 in)深的积水覆盖,或当量厚度超过 3 mm (0.118 in)深的融雪、湿雪、干雪或压紧的雪和冰等污染物污染的跑道。

9.5.2　特殊事件维修

特殊事件维修是由于某种特殊原因而进行的维修,也被称为非预定维修,包括以下几种情况。

(1)经过雷击、重着陆或颠簸飞行后对某些设备、飞机结构的特定部位进行的特别检查和修理。

(2)受到外来物撞击、碰伤后的修理。

(3)发现飞机某部位不正常发生腐蚀后的除锈、防腐处理。

(4)按适航部门或制造厂家的要求对飞机进行加、改装工作。

(5)因特殊原因而导致的航空器长时间停场开展维修工作,如疫情防控等导致的飞机停飞。

(6)因特殊原因而临时执行的改装工作,如疫情防控而临时执行的客改货工作。

(7)两次 D 检中加做的中检(Intermediate Look-over,IL)或进行客舱翻新。

(8)中断起飞后的地面检查。由于机组实施了中断起飞操作程序,飞机维修人员需要做中断起飞后的地面检查。又因中断起飞一般都伴随着高能刹车,飞机起落架部分受力严重,同时伴随着局部高温,机轮可能磨损严重,所以要重点检查飞机起落架、轮胎和刹车等的状态。

(9)过桥检。飞机转手时,涉及不同的监管环境(比如 FAA 转 CAAC)、不同的运营环境(比如国航和南航的维修大纲、MEL 等文件不同)和不同的使用环境(客机改装成货机)等,需要做一个特别修理项目包。形象地说,就像过桥一样,从一个环境转到另一个环境后,为保证飞机的初始适航和持续适航而做的工作。

退租检是过桥检中具有代表性的一类特殊维修。退租检,即飞机在退出某一航空公司运营并移交下一运营商前,根据有关合同要求所要执行的大修检查工作,其交付条件往往是在相关国家民航局规定的适航条件基础上增加各式附加条件而成,即退租检的要求远高于正常大修任务。

(10)机会检。利用发动机、APU 起落架等重要部件拆装的机会做的检查工作。

9.6 器材供应处

器材供应部门是航空公司的维修与工程单位的关键部门之一,它是花钱最多的部门,因此,受到航空公司的更高管理层及维修与工程单位一级管理层的高度重视。

9.6.1 器材供应处的职责

器材供应处负责维修与工程单位的所有零备件和材料的供应,包括采购、储存与发放、库存控制以及维修与工程单位使用的零件和材料的发运与接收。这不仅包括飞机维修、养护和工程中使用的零件和材料,而且还包括维修与工程单位需要的办公和管理用品(即办公用品、工作服等)。

1. 采购管理

采购经理负责购买零备件和材料,并通过一定的系统负责跟踪这些采购订单。当机群中增加了新的飞机,采购过程就从初始的备件采购开始,并在以后根据使用情况不断地补购这些零件。采购单位还负责处理质保索赔问题及外委修理事宜。

2. 仓库管理

仓库经理负责维修人员在航线、机库及车间维修作业中使用的零件和材料的储存、搬运和发放。仓库区域或零件发放点应安排在靠近各作业中心的地方,以便让机务人员能够很快接近零件和材料,缩短领料时间。

3. 库存控制

库存控制经理的职责是保证现有的零件和材料足以满足正常预计的使用率，而不要把过多的资金花在固定项目的紧急采购上，并且控制普通使用的项目，保证不要太快用完库存或者太经常用完库存。

4. 发运与接收

发运与接收经理负责发运材料的包装、运单填写、保险、海关等事宜，同时负责入厂材料的海关报关、开包装箱、入厂检验、挂标签等事宜，包括所有零件运进和运出航空公司。

9.6.2　器材供应管理处组织机构

典型的中等航空公司器材供应管理处有四个管理岗位：库存控制、仓库、采购以及发运与接收。

1. 库存控制

库存控制部门负责保证在维修与工程单位指定的区域，一切需要的零件和器材都能随时供应。其作用是通过在仓库保持适当的库存量，并在适当的时候提出重新订货来支持所有的维修业务。他们还根据使用和机群组合方面的改变，负责调整库存量。

2. 仓库

仓库管理负责向机务人员发放或与其交换维修需要的零件，还负责按需要把零件送到业务中心，并保证需要专门储存和搬运的零件和器材的妥善管理。仓库还负责把可修理的装置送到适当的维修车间修理。

3. 采购

采购部门负责采购维修与工程单位使用的所有零件和器材。涉及诸如材料规范、费用、交付等问题，他们主要与供应商和制造商打交道。实际上，采购部门负责控制器材供应的主要预算，并在费用支付和预算项目上与财务部门密切合作。

4. 发运与接收

发运与接收部门负责对运入和运出航空公司的所有零件和器材进行包装和开箱。该部门还保持质量控制能力，以便处理与货物发运或接收有关的可能需要的任何检查。

当然，器材供应部门的机构如何设置，取决于航空公司的规模、现有的合格人员以及航空公司的业务管理与实施理念。上述有些业务为了方便可进行合并。

9.6.3　器材供应管理处职能

器材供应部门对维修与工程的支持职能可以简要地描述为订货、储存、发料、控制以及零件与器材的处理。前四项职责主要涉及零件和器材，而最后一项职责(处理)涉及现有的各单位设施之间零件的传送。

1. 零件订货

零件订货包括初始供应的零件订购，这往往在新的设备和系统成为机群的一部分时实施。还包括重新订货，这往往在现有库存低到一定数量时发生。初始供应的订货是在开始的时候按照飞机制造商推荐的备件清单确定。该清单是根据制造商的建议和已经使用该设备的那些航空公司机群在类似运营中的广泛经验制定出来的。根据初始供应的情况和航空公司在该型号设备投入运营后不断取得的经验，在原来保持的库存数量上必然要作一定的调整。

2. 零件储存

零件储存是器材供应部门第二个要考虑的职能。所谓零件储存，有以下两个概念：

(1)把每个零件放在便于查找和发放的位置。

(2)某些零件按照规定的条件储存。

后一种类型包括对下列材料的适当储存：燃油、润滑剂、漆料、滑油以及易燃或易变质的材料。氧气瓶以及在氧气系统上使用的工具需要专门的搬运和储存。满足所有这些正确储存要求是器材供应部门的职责。

基本的或标准的储存布置是传统的储存架或储存柜系列，并按照一定的坐标系统进行识别标记，保证每一个零件都有一个位置，每个位置都能容易地找到。在这方面，营运人经常选用的是“排—架—柜”定位坐标方格。例如，零件号为 1234 - 5678 - C 的零件可以放在 D—2—14，也就是在 D 排，第 2 层，第 14 号柜。在这里，排数用大写字母“A，B，C，…”表示，架子的第几层，从上往下数，用阿拉伯数字“1，2，3，…”表示，最后，每一个货柜(在每一层架子上)按从左到右的顺序连续编码，用“1，2，3，…”表示。也可以用任何类似的坐标系统。

这种定位系统可以进一步按照飞机型号划分层次。尽管有许多部件、分组件和装置可以用于几个型号的飞机，但是，仍然有很多只适用于一种型号的飞机。

拥有混合机群的多数航空公司对于每一种型号的飞机都有单独的零件仓库，以便允许按照飞机型号单独核算费用情况。如果需要从一个飞机型号的仓库里领取零件用在另一型号的飞机上，其借用手续必须由器材供应部门的人员通过文件程序处理。这包括表明零件库存及其位置的计算机记录。

对于具体运营，还需要一些额外的储存设施，例如，为了便于维修并尽量减少维修人员寻找零件耽误的时间，在航线航站也要储存一定的零备件，以便于除了正常的周转业务外，还支持其他一些有限的维修业务。航线维修部门应当有一些专用的储存架和储存柜，以便于满足日检、48 h 检查、过站检查或 A 检等维修业务对零件和器材的需要。同样，在机库也应设立储存柜和储存架，以便满足 C 检和其他机库业务对零件和器材的需要。

3. 零件发放

向机务人员发放零件是器材供应部门的另一职能。有些项目，例如，螺栓、螺母和其他普通的标准件，最好存放在靠近工作区域的易接近的开口箱内，这样机务人员容易拿到。对于其他一些项目，例如，黑匣子、组件和其他一些大项目，最好有一个统一的“发料窗口”或其他设施，在这里，由器材供应部门的人员按照需要向机务人员发料，并正确处理零件标签和其他重要文件及计算机业务。

当然，这些零件中有一些是可修理的，因此，常常要求机务人员在器材供应部门进行零件交换，即把从飞机上拆卸下的故障零件交来，然后领走可用的零件。这种交换是由器材供应部门的器材控制人员处理的，该控制人员还负责保证在两个组件上的维修标签均由机务人员正确填写，并保证交来的装置送到适当的修理单位修理。对于不可修理的那些项目，器材供应部门负责将其报废。

这种发料窗口应当尽量靠近业务中心，以便尽量减少机务人员寻找零件的时间。在有些航空公司，需要的零件可以在工作现场通过计算机终端订到，并由器材供应部门发送到机务人员手中(见下面的零件控制一节)。不管使用什么样的发料(或领料)方法，在每次零件发放或交换的时候，更新计算机“现有零件数量”的信息则是器材供应部门的责任。对于可修理零件，器材供应部门(通过计算机系统)也必须对零件随时进行跟踪，以便随时掌握零件的位置(在车间、在仓库、在传送中，还是在飞机上)。

器材供应部门提供的另一项有用的服务就是为某些维修作业提供一揽子配套供应。为了拆卸并更换某些项目，除了需要主要装置及其附件，还需要某些标准件。拆下的标准件、O 形环、垫片以及类似的零件往往不能再使用。对于某些服务通告或适航指令要求的纠正措施，还需要一些额外的器材，如装束夹具、托架、标准件等，用以完成维修任务。器材供应部门能够对所有这些必要的零件制定一个配套供应计划，并将所需的所有零件以一个零件包的形式一起发放给机务人员，这对维修部门来说非常重要。这些配套供应计划可以在维修人员或工程人员的协助下制定。无独有偶，航空公司贯彻服务通告和适航指令要求的改装，所需零件常常由飞机制造商或部件销售商以一揽子配套形式提供。

有些航空公司坚持在飞行航班上以携带随机维修配件(FAKs)的办法支持其航线航站的维修业务。随机维修配件包括的项目是航站周转维修和养护有可能需要的项目，因为在这些航站有维修机组，但没有这类器材。这类项目可包括飞机轮胎、发动机滑油以及其他常用的普通器件。

随机维修配件的用途是在需要的时候提供这类项目。但是，对于携带多少，加在飞机上的额外重量可能是一种限制因素。随机维修配件中携带的装置应当根据该飞机在该航路上以往的经验决定，随机维修配件的项目应当大约每六个月重新修正一次，以避免把不需要的项目装上而把经常需要的项目漏掉。这就是需要器材供应部门监督的原因。除了监督随机维修配件的包装内容外，器材供应部门必须把使用过的项目换掉，以保证配件的完整性。随机配件项目的责任应当属于维修部门，每当其中一个零件从随机配件项目中取走，机务人员应通知器材供应部门再补上一个。如果随机配件项目中的装置是可以修理的，则必须先对其进行相应的处理，不能使该装置以不可使用的状态返回到随机配件项目中。应当建立一套有关随机维修配件的履历本，以便随时跟踪随机配件项目的内容和使用情况。

有些航空公司坚持使用随机维修配件，而有些航空公司则不坚持使用，当然，这属于各航空公司的选择。不过，航空公司经常在双发飞机延程运营(ETOPS)的时候，使用随机维修配件的方法支持维修业务，以避免 ETOPS 飞行降级到一个更低的延程时间(180 min 降到 120 min)，甚至降到非 ETOPS 飞行。

这种降级通常意味着乘客要经历更长的飞行时间，结果产生了转机的麻烦。在这些情况下，随机配件就变得相当重要。

4. 零件控制

零件控制有各种各样的方法。我们已经讲过各种零件储存位置的识别标记，以及对某些部件需要的跟踪，例如，对可修部件的全部处理过程的跟踪，需要器材供应部门将零件和器材发送到各维修业务中心，以便尽量减少或消除维修人员寻找零件花费的时间。因此，在器材供应部门适当增加一些人员对维修工作是有很大帮助的。

同时，对那些指定为“有时间限制”的零件，还必须跟踪其飞行小时、飞行周期、日历时间以及所处位置。这些都是有序列编号的零件，要求在规定的周期到期之前从使用的飞机上取下来。这些零件仅仅在使用中积累时间或循环数。因此，必须知道这些零件安装在哪个飞机上，并且其时间和/或循环数必须对照零件核实清楚。如果部件在时间限制之前拆下来，它就可以按照需要进行修理、修复或彻底大修。如果在上述作业完成之后，该项目放在仓库保管，以备以后重新用在另一架飞机上，那么，一旦它安装到另一架飞机上，其时间或循环数应再次开始累计(在先前的水平上或者从零开始)。器材供应部门将通过计算机系统负责跟踪有时间限制的零件。

这种往返于内部维修单位、设备销售商、外部修理承包商及质量保修单位的零件管理，是器材供应部门的主要职责。但是还有另外一项管理要求，为了便于航线或机库的维修工作，有时候要从更大的组件上把一些零件拆卸下来(正式授权或没授权)，以便使飞机很快返回航线使用。尽管这样加快了维修并尽量减少了对飞行计划的影响，但是对维修以及器材供应的费用和工作都会产生持续的负面影响。

这种零件串用的结果会使被串用的大组件处于不能使用状态或者需要维修。如果器材供应部门批准这种串用，以便加快航线或机库维修，它必须对被串用的组件进行重新订货和随后的修理。如果这种串用没有经过器材供应部门的批准，那么维修部门应对这种串用负责，并负责由此引起的被串用组件的重新订货和随后的维修。

许多航空公司采用的零件管理办法之一就是“零件隔离”区。该区域用来将从飞机上拆卸下来的零件隔离开，直到能够确定其是否需要修理或者是否返回仓库重新发放。如果通过更换部件解决故障问题，这就说明隔离区的零件(即卸下的零件)需要修理，并由器材供应部门将其送到有关的修理单位。如果通过更换组件没能解决故障问题，这说明隔离的零件是好的，并将其送回仓库保管。然而，不能说这总是最好的方法。有些航空公司在将被隔离的零件送回仓库之前先将其送到车间进行彻底检查，以保证其可使用性。

这种隔离手段是整个排故过程的一部分，并且应当由质量保证部门和可靠性部门监督，以确定维修人员的排故技能是否有问题。

5.零件处理

零件与器材的处理有时称为“发运与接收”，但是术语的后半部分“接收”的意思表达不确切。用“处理”这一术语，能确切地表达过程的内涵。

从零件和器材接收开始，在某些情况下还包括质量控制部门的入厂检验，看是否有下列标志，以确保收到的零件是正确的：零件号、序列号（如果适用的话）、更改状态、可使用性、到期日期（如果有时限要求的话）等，还要检查物理状态，看有没有损伤。这些都是由质量控制部门或由质量控制部门从器材供应部门指定某人去完成的。在接收和入厂检验完成之后，各零件分发到适当的地方——仓库、机库、航线、车间等，并且对计算机记录进行相应的更新。

按照日常的业务运作，器材供应部门负责把零件发给机务人员，并且在某些情况下，负责接受交换件。对于这种零件交换，要求器材供应部门在检查机务人员有没有适当挂标签之后，把零件送到有关的车间、销售商或承包商处修理。经过修理的零件返回之后，器材供应部门应检查识别标签是否正确、修正计算机记录并将该零件送到仓库保管。

采用“零件处理”这个题目，还有另一层含义，就是处理质保件的修理，这会涉及相当重要的财务问题，这一点有时候却被航空公司忽略。事实上，飞机部件是非常昂贵的，因此其维修费用也是相当高的。对于航空公司来说，充分利用质保索赔条款是非常重要的，这样会避免一些不必要的费用。

每当一个故障零件送到器材供应部门来换领一个可用件时，器材供应部门的首要责任就是检查送入零件的质保状态。如果该零件仍然在质保期内，就应经过处理，发运到保修单位（或者指定的修理部门）修理。如果该零件已经超过质保期，那么则应送到内部或第三方维修单位修理。

零件发运到质量保修单位修理，有时在返回到仓库前要有一个很长的提前时间。在这种情况下，航空公司有两个选择：通常的选择是增加库存量或增加重新订货的起始点，以便克服保修耽误的时间；另一个选择是在某些情况下，有能力进行该项修理的航空公司，可与保修单位签订一个承包协议，以便他们自己进行该项修理，这样，不仅减少了处理这项修理的时间，而且由于这项承包业务还会给航空公司增加额外收入。

6.库存调整

航空公司有关库存方面的初始规定，与为新飞机和新营运人制定的初始维修大纲类似，随着时间的推移，营运人的经验就会表明需要更改这一“起始点”。需要的零件、需要的库存数量以及重新订货起始点，都是由实际的维修活动确定的，并且，这些在航空公司与航空公司之间，以及航空公司内部航线与航线之间都是不同的，同时，还随着季节的不同而不同，随着现有维修质量的不同而变化。在这些变量中，没有任何一项通过管理可以完全控制，但是对它们必须进行定期监控，并适当解决。因此，必须对零件的使用进行持续的监督，并且必要时进行调整。这需要维修部门和器材供应部门的共同努力,并与费用控制和预算业务协调一致。

7.预算业务

现代化管理方法要求每一个人和每一个经理意识到其掌管部门的费用要求。如果维修与工程单位按照我们在本章开始时所建议的对器材供应实行全面控制,那么他们就必须对发生的所有费用和整个业务的预算全面负责,这就是器材供应管理处处长的主要责任。但是,他或她还会把一些具体业务的责任委任给负责具体业务的各个经理。当然,在最终分析的时候,公司一级的会计与财务部门会坚持对该业务的监督,并对预算分配作出最终决定。确立库存水平的主要问题之一就是各库存项目的费用。有些航空公司采用过多库存的方法,以便防止某一项目在极度需要的时候用完。这种过多库存的结果,也许会减少维修停飞时间及相应的航班延误和取消,但是为此付出的代价是把太多的钱花在了不用的、不需要的器材上,或者,在某些情况下,有些材料放在货架上白白过期作废。

有些航空公司建立库存的另一个极端情况是对零备件的投资很少,这样固然减少了航空公司开业与运营需要的资金,但是,这样下去,维修停飞时间以及航班延误和取消就会趋于增长,结果影响飞行计划,引起乘客投诉,甚至降低维修质量。

鉴于航空公司企业中的诸多因素,预算和库存水平两者都是动态活动,要把它们解决好,就需要负责部分人员专业技能、灵活性比较强。

问题和习题

(1)概述航线维护的定义、作用、分类和特点。

(2)维修控制中心的主要职能是什么?

(3)简述保留故障的基本原则。

(4)如何正确使用 MEL?

(5)概述保留工作项目的概念。

(6)定期检修的特点是什么?

(7)概述串件的定义及注意事项。

(8)概述车间大修的特点和车间类型。

参考文献

[1] 金尼逊.民航维修管理[M].李建瑂,李真,译.北京:航空工业出版社,2007.

[2] 闫峰,付尧明,尚永锋.民航维修管理基础[M].2版.北京:中国民航出版社,2020.

[3] 左洪福,蔡景,吴昊,等.航空维修工程学[M].北京:科学技术出版社,2011.

[4] 常士基,刘延利,郭润夏.民用航空维修工程[M].北京:航空工业出版社,2018.

[5] 常士基. 现代民用航空维修工程管理[M]. 太原：山西科学技术出版社，2002.
[6] 王再兴. 民用航空器外场维修[M]. 北京：中国民航出版社，2000.
[7] Air Transport Association of American. ATA MSG－3 Operator/Manufacturer Scheduled Maintenance Development[Z]. 2015.
[8] 虞浩清，姜泽锋. 飞机结构图纸识读与常用维修手册使用[M]. 北京：清华大学出版社，2009.
[9] 陈德龙. 正确理解和使用 MEL[J]. 江苏航空，1999(S1)：24－26.
[10] 张维龙. 浅论飞机维修生产计划与控制优化[J]. 航空维修与工程，2014(6)：63－65.
[11] 中国民用航空局. 延程运行和极地运行(AC－121－FS－2019－009R2)[Z]. 北京：中国民用航空局，2019.
[12] 中国民用航空局. 航空器推迟维修项目的管理(AC－120－FS－049Rl)[Z]. 北京：中国民用航空局，2019.
[13] 中国民用航空局. 航空器维修记录和档案(AC－121－FS－2018－59－R1)[Z]. 北京：中国民用航空局，2018.

第10章 维修保障

▶导学

无论完成何种维修工作，都需要一定资源。维修保障系统是由实施装备维修的所有维修保障要素经过综合和优化的总体，是装备维修所需的物质资源、人力资源、信息资源及管理手段等要素组成的系统。

维修保障系统属于综合保障系统的一个分系统。综合保障系统，军用飞机把这称之为“综合后勤保障”，民用飞机则称为“产品支援”，我国俗称为“售后服务”。“产品支援”是所有关于飞机的备件支援、工程服务、技术出版物、用户支援、用户培训的总称，它包括五大方面的工作。维修保障系统只是其中的一部分，但基本也是由上述各大部分构成的一个维修支援体系。

备件支援是指保证飞机正常运行所必须提供的外场维护所需要的备件及原材料(包括飞机结构件、标准件、系统件和成品附件)的供应，其工作内容包括制定备件计划，采购备件，建立科学、合理的备件库，随时处理飞机紧急订货，迅速、准确地提供给用户所需要的各种资料、部件、设备。它是产品支援中最重要的组成部分之一。本章主要从备件支援的角度出发，介绍其相关的备件计划、备件采购、备件储存、备件服务、工具设备管理等。

学习重点：备件支援管理，备件库存管理，工具设备管理。

▶学习目标

(1)了解维修保障基本功能与民用飞机的产品支援概念，军、民用飞机维修保障异同点。

(2)熟悉备件支援的定义、内容和作用；掌握备件的不同分类方法。

(3)熟悉消耗类备件库存管理，可修类备件库存管理。

(4)了解备件的来源及合法证明；掌握备件供应与采购的流程。

(5)熟悉工具设备术语，熟悉工具设备管理的主要环节。

10.1 维修保障系统总体介绍

10.1.1 维修保障基本功能与民用飞机的产品支援概念

维修保障系统主要由维修器材、维修人员、维修设备、技术出版物、工程技术支援及协同服务网络构成。

维修器材是指用于维修活动的一切器件和材料，如备件、工具等。随着设备冗余度的提高，备件的品种和数量的确定与优化问题也越来越重要，备件费用在使用保障费用中所占比例也呈现上升趋势。因此备件是维修器材中的主要组成部分，对于保障设备完好性有重要影响。

维修人员是维修保障活动的组织者和实施者，维修人员的培训及资质要求是确保保障活动进行的先决条件。

维修设备与技术出版物是对维修人员维修能力的一种拓展和延伸，没有相应的保障设备及完备的技术出版物支持，飞机不可能持续正常使用。

工程技术支援是对维修保障能力的加强，通过飞机制造商等相关单位的支援，可提高保障设备的效率，而协同服务网络是实现这种支援的基础条件。

维修保障系统的主要内容如图 10.1 所示。

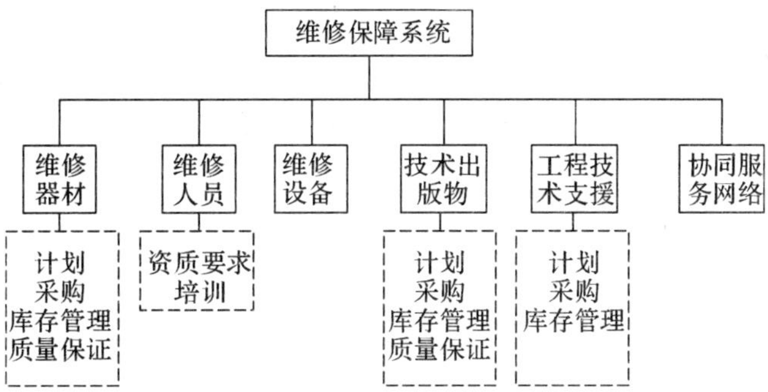

图 10.1　维修保障系统

产品支援这一概念在我国是随着可靠性、维修性概念的引入而出现的，以前只注重飞机的性能，不注重飞机的全寿命效能。随着实践的深入，人们开始认识到可靠性与性能同等重要。为了提高和实现飞机的全寿命综合效能，飞机的设计制造部门应该与用户协同，真正地按全寿命、全系统、全效益的管理要求，对飞机全寿命的各个阶段的工作统筹规划和安排，特别是航空飞机制造商，要把用户以可靠性为基础的接收、使用、维修等工作作为重点加以规划、设计、研究，协助用户建立民用飞机的产品支援体系。

产品支援是一个体系，而不是孤立的、阶段性的工作。它贯穿于飞机研制、销售和使用等全过程。它与设计、制造、管理部门有着密切的联系。它的管理是一项全局性的工作，制造商应根据飞机的销售数量、机队分布情况及技术水平和经验等建立一套行之有效的集中的管理机构，根据飞机的市场预测、机队规模、航线结构、维修体制、维修能力等合理地安排人力及费用，为飞机用户提供各种支援服务，如维修、备件供应，并提供各种技术数据、资料和培训等。维修要树立以可靠性为中心的维修思想。备件供应要树立以可靠性为中心的航材控制新思路，将可靠性预测技术与先进的库存管理 MRP 技术结合起来，实现以可靠性为中心的航材控制，使用户的飞机保持最佳的运行状态。制造商要建立质量与可靠性信息中心，专门收集、分析用户反馈的质量信息，为工程设计人员提供改进飞机可靠性、维修性的建议，促使制造和设计部门不断改进飞机的有关性能，最大限度地减少飞机的停机时间，减少飞机的营运成本和维修成本，确保飞机正常运行。制造商在寿命周期服务过程中，必须尽心尽责地完成各类用户支援服务工作，要把产品支援部门的“维修审查”(会签)(其形式类似于国内现行的工艺审查)作为促进飞机可靠性、维修性提高的管理措施之一。产品支援工作既然是一个体系,它的工作从计划管理、信息处理、发送指令都必须按一定的程序,实施现代化的管理,与设计、制造、采购、试飞等部门保持密切联系,共同解决和处理用户遇到的各种问题。

民用飞机产品支援主要包括以下内容:

(1)维修工程。维修工程是联系飞机安全性和经济性的桥梁和纽带,包括维修大纲、飞机运营数据的采集和分析、基本维修计划的更新、特殊维修大纲、客户化的维修支持方案。

(2)备件支援。备件支援是产品支援的重要内容,包括备件计划、备件采购、备件储存、备件服务、备件商务和质量保证。

(3)技术出版物。为确保飞机正常营运和维修工作的顺利进行,必须向用户提供完整的技术出版物,它应符合有关部门颁发的标准和参照美国航空协会《航空产品技术资料编写规范》(ATA100)的有关规定和适航当局的要求编制出版。制造商根据销售合同把技术出版物提供给航空公司,根据适航要求提供给适航管理部门,根据设计、生产、使用需要分发给各有关部门。

(4)培训。为使用户熟悉飞机,正确使用和维修飞机,充分发挥飞机的性能,延长飞机使用寿命,根据销售合同规定,制造商要对用户提供全方位培训和协助。制造商对用户的培训水平是至关重要的,与其出现问题后再去支援和服务,不如教会用户"方法",使其少出问题或出现问题后能自行解决。如果能通过高水平的培训使用户的受训人员系统准确、全面地掌握飞机性能特点、维护规范、工作程序和管理方法,那么后面的支援和服务就会轻松得多。用户培训分为飞行培训、机务培训、签派培训和乘务培训。

(5)工程与技术支援。为保证飞机寿命周期内能进行安全和经济的维修,制造商要向用户提供有关飞机使用的技术工程支援,包括维修工程、使用检测、更改和服务通报、技术支援和地面支援设备等。产品支援的一个重要职能就是对飞机营运中有关运营、管理、维修、可靠性和成本数据的监测和分析,并将有关数据提供给设计部门作为现在和将来的飞机最优化设计参考,根据历史数据和有关营运数据确定维修成本、可靠性数据、备件、地面支援的内容,并把它们移交给设计部门,作为技术说明书的一项内容,在飞机使用过程中,对飞机营运中的可靠性、维修性数据、成本等进行监测、分析,主要包括营运可靠性分析、维修性数据和成本分析,并将分析得到的相关数据反馈给客户,指导其使用、维护及提供外场技术支援。要建立以可靠性为基础的工程服务,就要把此项工作贯穿于整个飞机的方案论证阶段、型号研制阶段和售后服务阶段。

(6)供应商管理。供应商管理包括一般规定和技术服务,其中技术服务中又进一步包括技术咨询援助、技术性能报告、使用问题的纠正措施、使用问题的改进方案和外场服务。

10.1.2 军、民用飞机维修保障异同点

10.1.2.1 军、民用飞机维修保障系统的共性

产品支援和综合后勤保障,前者是针对民用飞机,后者是针对军用飞机提出,是一个问

题的不同提法。产品支援是民用飞机的术语，是用户购买飞机，以盈利为目的，并取得用户对飞机制造公司的信任。它是保证飞机正常营运的一个极其重要的环节，同时此项工作开展好坏直接影响市场，它是市场开发的一个重要组成部分。

产品支援主要工作内容为备件服务、外场服务、飞机修理和大修、技术出版物、用户支援、供应商管理等几个工作要素。

综合后勤保障是军用飞机的术语，其目的是向订购方提供一整套后勤保障项目，在完成飞机主体工程的同时应相应完成，以满足系统的使用与维护需要，因此它的工作好坏直接影响飞机战备完好率和寿命周期费用，它的工作内容与民机的产品支援相仿。

1. 组织管理

综合后勤保障工作涉及范围广，要使得工作全面展开，而且各个单位之间能相互协调，因此有一个强有力的保证机构。与军用飞机类似，民用飞机的产品支援组织受民用飞机项目的产品支援部部长领导，下设项目计划管理、维护工程、备件支援、技术及外场服务、用户支援服务及技术出版物等部门。

2. 工作程序

军用飞机综合后勤保障大纲应在型号立项期间进行考虑，随着型号工作的逐步展开和细化而逐步发展并细化。民用飞机产品支援工作也是从型号立项时开始，贯穿于飞机整个系统寿命服务周期的始终。

3. 维修工程

维修工程是产品综合保障的基本要素之一，通过维修工程，确保保障系统各要素间的相互协调。军用飞机维修规划工程实质上是进行装备保障性分析的过程，即执行 GJB1371 中规定的 200 系列工作项目和 300 系列工作项目。安全性和经济性是民用飞机维修的基本要求，保证飞机持续适航是民用飞机维修追求的目标之一。实施民用飞机维修工程既是确保飞机飞行安全和航线营运经济效益的重要手段，又是保证飞机持续适航的重要保证。

军用飞机维修级别采用 3 级维修体制，即基层级、中继级和基地级。军用飞机的 3 级维修都是在空军体系内进行作业，只有在自身不能修理的情况下，才向承制方请求协助。维修过程中的各类信息在使用方和承制方之间不能共享。军用飞机的维修还包括战伤修复。与此类似，民用飞机维修等级也分为航线维修、车间维修和基地维修。

4. 技术资料

军用飞机技术资料根据维修级别和用途的特殊性分为 3 类，即一类技术资料、二类技术资料和三类技术资料，共有 28 项。军用飞机用户技术资料的编写是按照中国航空工业总公司军机局和《军用飞机用户技术资料编制规定》执行。民用飞机技术出版物根据销售合同提供给用户，根据适航要求提供给适航管理局，根据设计、生产、试飞的需要分发给各有关部门。

5. 备件支援

军方实行的是3级维修体制，每一级维修部门，均需储存适量的备件，以更换其所承修产品的故障部分，因此任何一级维修点都有自己的备件库。另外，为了保证备件的持续供应，使用部门还设立了相对独立的备件供应机构(航材部门)，主要包括外场航材库和军区航材库，负责备件的采购和发放。

同军用飞机的备件支援相对应，民用飞机备件支援分为飞机公司的备件支援、航空公司的备件支援及AOG备件支援。飞机公司为保证所生产飞机的备件需要，在各地建立备件中心库和备件分库。

6. 培训

军用飞机的使用人员、维修人员和管理人员都需要培训，培训可分为两个阶段，即初始培训阶段与后续培训阶段。

民用飞机用户培训是飞机制造公司产品支援的内容之一，也是飞机公司的责任。通过培训使用户从飞机的营运中获利，这是飞机制造公司和用户的共同愿望，也是飞机制造公司对用户培训的最终目的。

7. 外场技术服务

外场技术服务包括新机首飞、科研试飞、定型试飞而进行的技术服务、试飞大纲的编制、外场信息的反馈等。

在军用飞机、发动机和机载设备的设计与生产单位，都应该设置承办外场服务工作的机构，配备有经验的技术人员，制定相应的规章制度，沟通承制方与订购方之间的联系渠道。从新型飞机方案阶段开始，外场技术人员就应该参加研制活动，以文件或口头说明的方式向飞机设计人员反映外场信息，提出改进设计的建议，同时通过参与研制活动了解飞机和保障系统的设计特点，为以后做好外场服务工作积累信息。在飞机投入试飞前，外场工程师应负责编写试飞大纲，组织准备首飞评审文件，保证科研试飞与定型试飞正常进行。

一般民用产品厂家从提高信誉、改进质量、争取用户等因素考虑，都十分重视用户保障工作，加强售后服务已成为商品竞争的重要手段。其外场技术服务包括用户服务、机场服务、维修更改及停产飞机的技术服务。

10.1.2.2 军用飞机与民用飞机维修保障系统的差异

军用飞机与民用飞机综合保障工作的基本内容与要求是一致的，但在管理方法、组织机构、工作程序、名词术语等方面存在不少差别。这里仅就民用飞机与军用飞机之间的主要不同的特点分述如下。

(1)民用飞机是一种商品，是一种进入市场竞争的商品。民用飞机的采购者可能是企业，也可能是专业机构或消费者个人。而军用飞机可视为一种特殊的商品，由政府或军方采购、定价、订货。

(2)新型飞机的目标与要求的来源不同。军用飞机来源于政府或军事部门对新型飞机作战效能与费用的要求，而民用飞机的发展目标与要求来源于市场，企业要跟着市场走，根据现在市场与潜在市场的需要，提出并确定新型飞机发展的目标及要求。

(3)全寿命费用的划分存在不同。

1)民用飞机制造厂商付出的研制费将按计划生产架数分摊到各架飞机的价格中，靠用户的购机费逐步予以回收。军用飞机是政府投资搞研制，不存在企业投资回收问题。

2)民用飞机采购费用中，含生产成本、研制费的摊销、销售及售后服务费、税金等，航空公司购机前，通常需进行投资分析与决策。军用飞机的采购费用包括生产成本和地面保障设备的费用及作战期间的备件费用。而民用飞机的这部分设备与备件通常是分开购买的。

3)航空公司的使用费用分为直接使用费用与间接使用费用。以飞机买价(含一定数量的备件及备用发动机)为基础的飞机的折旧费及地面设施的折旧费(或使用费)，以及保险费都是使用费用的一部分。航空公司不仅要控制单机使用费用，还要改善经营管理，研究机队构成、航班表、进行航线分析等，以求得较好的营运效益。

4)对于军用飞机，通常还需付出数额不大的处置费，处置费用在民用飞机是个残值，因为它们在销售市场上还有些价值(一般是买价的 10%)。

(4)飞机技术方案的特点。民用飞机对安全性、经济性、舒适性有较高的要求。

10.2　备件支援

备件支援是指为保证飞机正常运行所必须提供的外场维护所需要的备件及原材料(包括飞机结构件、标准件、系统件和成品附件)的供应，其工作内容包括制订备件计划，采购备件，建立科学、合理的备件库，随时处理飞机紧急订货，迅速、准确地提供给用户所需要的各种资料、部件、设备。它是产品支援中最重要的组成部分之一。

10.2.1　民用飞机备件的分类

民用飞机备件是指为保持和恢复飞机主机、机载设备、地面保障设备设计性能所必需的零、部件及修理更换用的成品替换件等，包括飞机维护修理中所需的零、部件及耗材。通常包括发动机、起落架、襟缝翼、APU 等高价值的部件，也包括活门、密封圈、螺钉螺帽等装机零件，以及滑油滑脂、油漆、清洗剂等非装机耗材。

对于航空公司来说，备件通常又称为航材。

备件按不同角度有不同的分类方法。

10.2.1.1　按维修性分类

依据该标准将航材分为以下四类。

1. 周转件(Components)

周转件是因某种原因必须被跟踪和(或)从技术与经济上看是可修的零部件。周转件是航空公司有能力和有资格转换的部件。周转件是飞机的一个零件或组件，它们可以连续修理，恢复到可以使用的状态，该类航材有 CMM 或 OHM 手册。事实上周转件的使用周期是无限的或者至少和该机型的寿命一样长。由于周转件的周转期长于更高级组件的大修时间，所以有备用库存。

2. 消耗件(Expendable Part)

消耗件是指飞机上的某些零件，只能单次使用，失效或拆下后不能再修理重新使用的零件。实际上，飞机上几乎每个消耗件的使用都会在飞机维护手册中详细规定使用办法，有的一经拆下无论情况好坏都要重新使用新件，如绝大部分的密封圈等；有的则可以视情使用，如某些固定用的螺栓等。但无论是哪种情况，这些零件是不能进行修理的，它们没有CMM，基本没有或不需要使用序号监控。有一部分消耗件有库存寿命，此部分零件则需要根据其生产日期加入到库寿件清单中加以监控，如果出现多次订货，则要分批次监控。

3. 可修件(Repairable Part)

可修件是指不能归类为周转件，但其价值较高不能归为消耗件的航材。可修件无下级零件，通常寿命短于飞机或发动机，技术上可以修理至可用状态的飞机航材，可修件的单价较高，不能像消耗件那样拆下后就报废，能在某些专业修理厂进行修理后恢复其的可用性。可修件在各个不同的航空公司中有不同的定义方法。

4. 化工品及其他

化工品是指供飞机上使用的特殊的化工产品，主要包括各种特殊油品、专用胶、胶带、涂料、溶剂、各种除冰剂、各种清洗剂等。化工品一般都具有一定的危险性，如有毒、易燃易爆、易挥发等，需要专门的库房存放，有特殊而严格的存放要求。而且化工品一般都有库存寿命，所以应归入特殊库寿件。化工品可以视同为消耗件，是一种特殊的消耗件。

10.2.1.2 ABC 分类法

ABC 分类法是将库存物品依其价值大小分为 A、B、C 三大类。所谓 A 类航材就是数量只占库存总量的 10%左右，而其价值占库存航材总价值的 70%；B 类航材则是占库存总量的 20%，其价值约占总价值 20%的航材；C 类航材占库存总量的 70%，其价值只占总价值的 10%不到。采用 ABC 分类法对航材进行分类，对不同类型的航材采用不同的管理方法。可以看出，A 类航材是影响库存总价值的关键，因而对其需求严格加以控制，尽可能降低订购量，减少库存量，科学预测其需求尤为重要。B 类航材的管理可适当放宽一些，可用选择补充库存控制法进行管理。C 类航材可适当加大订购批量，提高保险储备量，采用定量库存控制法进行控制，如库存量低于或等于再订购点时补充订购，以减少日常的管理工作。由于飞机日常维护的特殊性，依照民航运输业管理，将 A 类与 B 类航材一并定义为周转件，C 类航材一般定义为消耗件。

10.2.1.3 综合分类法

上面论述的两种航材分类方法是航材分类的基本手段，在现阶段航空公司绝大部分都不直接采用这两种分类方法，而是采用二者结合和细化的分类方法。比如，有些航空公司主要采用第一种方法，但也结合第二种方法，并且将分类再细分。具体的实例就是空客 A320

飞机的碳刹车片，此件没有 CMM，也没有序号，按照第一种分类法应该是消耗件，但是它可以和厂家做交换修理，而且它的采购价约为 4 万欧元、交换修理费是 1.8 万欧元，所以许多航空公司把它放在特殊周转件中管理口还可以把消耗件细分为消耗件、标准件、化工品、装饰件等，这样做的好处就是可以根据航空公司自身的规模、人力配置、管理模式、维修水平、财务制度等因素制订出最适合自己的航材管理分类法。

10.2.2　备件支援的内容和作用

备件支援与管理是一个非常复杂的技术性和管理性的工作。整个工作贯穿于飞机的设计、试飞、使用直到报废的全过程，在各个过程中备件支援工作的内容又各有侧重。但是从备件支援和管理技术而言，却有许多共性的技术，涉及系统工程、管理科学、库存理论、供应链管理、物流学、预测学、计算机与信息科学、商务管理等多学科领域，因此，可以说备件支援管理是一个复杂的系统工程，涉及的内容非常广泛。

概括起来，备件支援管理主要包括以下内容。

1.备件支援策略、程序与方案

在备件支援管理上，策略是一个非常重要的工作，对备件支援与管理工作具有指导作用，是一个战略性的问题，因此研究备件支援策略是备件支援与管理工作的前提。

制定备件支援计划和方案，对飞机制造商来说，是向客户提供备件支援的基础和工作实施的依据，其中包括备件支援资料和备件支援方案。

备件服务程序的制定是规范备件服务工作标准化、制度化的重要工作，主要包括以下内容：

(1)初始备件服务方案与程序。

1)新飞机交付期间，备件服务计划(里程碑计划)，提供资料、培训服务计划。

2)备件投资预测程序。

3)培训程序。

4)第一次备件会议程序、资料。

5)订单确定程序。

(2)持续备件服务程序。

(3)一般备件服务程序，包括订单管理程序、结算程序、发票程序等。

(4)AOG 备件服务程序。

(5)担保与索赔程序。

(6)备件修理程序。

(7)供应商备件管理程序。

(8)回购程序。

(9)备件推荐清单(RSPL)更新程序。

2.备件计划

为了在提高民用飞机备件保障率的同时，最大限度地降低备件库存成本，必须确定准确的备件类型及需求量，因此，有必要对备件计划方法进行科学研究。根据飞机使用要求以及可靠性、维修性、寿命、供货周期、经济性等要求，建立适当的备件计划预测模型，给出一定时间范围的备件需求量，使航空公司的备件采购有科学的依据，就可以达到以合理的资金投入满足较高保障率的目标。同时，依靠备件计划预测模型，并在应用中进行调整、优化，可以在备件成本和保障率之间达到平衡，减少备件积压造成的浪费，增强民机制造业的市场竞争力。

对制造商而言，为应对其全球机队的备件需求，应对其机队未来一段时间的备件需求进行预测，以指导初始备件供应。

对飞机客户(航空公司)而言，应根据自己的机队现状、维修计划、资金计划，预测并计划未来一段时间的备件需求，使备件保障达到既定的保障率。

3. 备件库存

无论是制造商还是航空公司都存在备件库存问题，备件库存涉及备件中心库和备件分库的选址规划、库房空间规划、仓储管理、备件采购、库存控制等方面的内容，其中库存控制包括了初始库存计划和持续的库存量控制等工作。备件采购应包括飞机制造商自身库存备件的采购。飞机制造商自身库存备件的采购是根据备件规划人员确定的库存备件的品种和数量，由备件管理人员进行。

对于新研制飞机，初始库存计划是建立持续库存的起点和基础，初始库存的种类和数量的确定是一项重要的工作。持续库存控制计划是解决库存补货的重要途径，解决备件库存问题的关键是实现在库存成本和保障率之间的合理权衡。

4. 备件服务

备件服务通常包括备件定价、供应商的选择与评估、备件订单管理、备件包装、出入关、备件发运、异议备件处理、备件交付、备件寄售、供应商备件支援、备件商务等内容，是备件物流和信息流的具体实现工作。通常，备件服务必须一天 24 h，一周 7 天，一年 365 天不间断地工作，以保证备件订货和供应活动的不间断快速运转，因此，采用数字化服务成为现代飞机备件服务的重要发展趋势。

10.3 备件库存管理

民航备件库存管理具有其特殊性，与一般的生成企业的库存管理有所不同，具体表现如下。

(1)航空公司不同于一般的生产企业，备件所囊括的零、部件的种类繁多，是以万计的。

(2)生产企业对那些原材料、零部件的需求是比较稳定的，需求量也可以根据其年生产计划或月生产计划来确定，一般情况下很少有变动。而航材发生故障的时间是随机的，因而对其需求也是不确定的。

(3)对生产企业来说，一旦发生缺货，其生产进度受到影响，会带来一定的经济损失。航空公司一旦发生航材缺货，就会造成飞机的延误，航班的取消，不但会造成巨大的经济损失，对其声誉也有很大的影响，间接的经济损失同样巨大，其缺货成本可能大于一般的大中型企业。

(4)某些航材，如周转件，其使用过程不是购买—库存—使用—购买，而是购买—库存—使用—送修—库存。对这类航材的库存控制要区别于一般的库存控制方法。

10.3.1　消耗类备件库存管理

消耗件也称为不可修件，主要是非循环件，具有使用—报废高这样的特点。不可修复和虽然可以修复但修理费用相对备件价格较高，修理成本超过新购备件费用的 70%，消耗件具有使用到出现故障为止、占有的资金少、使用量比较大等特点。消耗件占库存数量的 60%～65%，金额只占总价值的 5%～10%。

消耗件订货是备件计划中较为困难的一个方面。消耗件一般采取粗放式管理，其库存原则是不允许库存为零，杜绝积压。影响消耗件库存量的因素主要有机队规模大小、预计飞行小时、航段、维修点位置、交货提前期等。由于消耗件消耗量比较大，各备件在同一飞机上的装机数量较大。尽管消耗件一般价值低，但在飞机各个系统分布相当广泛，对保障飞行安全同样具有不可忽视的作用，消耗件的缺货同样会导致飞机不符合最低放行清单，从而导致航班取消。

消耗类备件库存控制相关参数如下。

1. 备件消耗

备件计划所依赖的重要的信息是库存备件的消耗，这需要及时、准确的管理体系。各备件每次需求都要保留记录，然后汇总。至少需要半年的消耗数据，计划人员才能对某种备件的消耗模型作出合理的概括。数据积累的周期越长，模型就越可靠。

对于某些消耗不规则的备件，得出的模型可能和实际出入很大，因此，有时应用平均消耗来描述备件的消耗。平均消耗经常被用于决定供货周期内的消耗预测和经济订货批量。

2. 总交货周期

总交货周期分为 3 个部分或更细。

图 10.2 清楚地表示了总交货期不同时间段的意义，这不仅适用于消耗件，对周转件来说也是一样的。

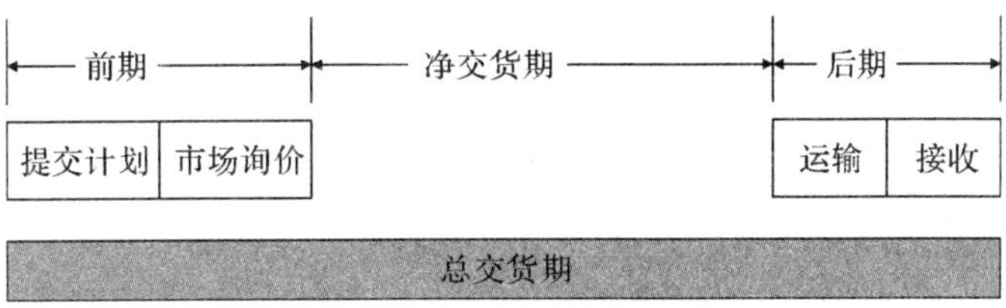

图 10.2　交货期的构成

前期——交货前期指从航线/车间提出航材需求的时刻到该需求送达到供应商的时刻。其中包含了：

(1)内部需求的提交，或称为订货准备。

(2)市场询价,寻找价格、交货期、质量最符合的供应商。

(3)订货信息送达至供应商。

净交货期——净交货期是供应商真正从接到航空公司的订单,到生产交付所需要的时间。它起始于供应商接到订单,结束于货物付运。

后期——交货后期指从供应商交付航材到该航材成为库存的时段。其中包含了:

(1)从发货地点到用户所在地的运输时间。

(2)入库前的手续,包括海关报关进关、验收等。

总交货期——包括了以上3个时段,指从航材需求的提出到获得可用的库存航材的整个时间段。

对库存中的每一个件号的航材来说,总交货期都有重要的影响。因为在这个总交货期期间,消耗在持续,航材管理人员需要据此来确定补充订货时的库存值。所以总交货期直接关系到什么时候需要订货,同时与库存量也有着间接的关系。

不准确的交货期可以导致航材的缺货,也可以导致库存过多而造成航材费用过高。

3.订货周期的备件消耗

在订货周期内,仓库的备件继续消耗,因此,必须在正确的时间订购备件。在订货周期内应该有足够的备件满足消耗需求。理想状态下,当从供应商处收到备件时总库存恰好降至零为最佳。

4.安全库存量

一般在消耗性航材的消耗中,规律性不是很强,除了定检的航材消耗是可控的外,航线维护或排故的消耗是很难预测的,无论是通用的标准件还是非常用的消耗件。而有时,交货期可能比预定的要长很多,那么库存断货的危险就很大了。这就是安全库存计算入动态库存的原因,安全库存又称为缓冲库存,不难想象安全库存对于航材管理的重要性。安全库存的多少是航材管理部门设定的,每一种消耗件根据它的消耗数量和速度应该设定不同的安全库存值,但是这势必造成很大的工作量和库存管理的混乱。

因此,可以把使用数量、频率近似的消耗件设一个安全库存值,这样整个消耗件分为几类,可以减少工作量,包括管理工作和订货工作的难度,但同时能达到管理目的。

5.重新订货量

备件不但要提前订购以满足订货周期内的消耗,而且还应保持安全库存以确保库存不受不规则消耗模型或订货周期的影响。这样就可以确定重新订货量,即重新订货量等于安全库存加上订货周期内的消耗预测。当库存达到或低于重新订货量时,应向供应商发出订单,以避免库存水平过低或缺货的发生。

10.3.2 可修类备件库存管理

周转件一般指高价值、可修理,且修理后能多次重复使用的部件,主要是指修理次数不受限制的复杂部件,一般无报废率。鉴于周转件的重要地位,这里所指的可修类备件主要限于周转件。

周转件还有一种比较恰当的定义,即周转件是某种原因必须被跟踪和技术上与经济上看是可修的零、部件。周转件或为航线可拆换件(LRU),或为车间可拆换件(SRU)。为把周转件同其他库存备件区别开来,每个周转件都有一个件号和序号。

航空公司内部,对于周转件的跟踪和计划是由以下功能来完成的:

(1)对于周转件的控制管理,包括数量管理、库存控制、维修记录管理、航站与协作单位供应管理和 AOG 订货等。

(2)周转件的计划管理,包括首批订货、再订货、合同管理等。

由于周转件占用库存资金较多,因而库存保证原则是严格控制库存。影响周转件库存量的主要因素是修理周期。降低其库存量的方法包括从供应商或修理厂家争取缩短修理周期,以及改进内部工作程序,如报关、提货、验收和入库等。

在已知拆换次数和周转时间的情况下即可确定平均库存量,但在制定周转件库存计划时还需考虑其他方面的因素,如不定期拆换的可能性周转时间等。

1. 年度拆换率

确定年度拆换率所需的基本数据包括:

(1)飞机架数和每架飞机上的该周转件的安装数量。

(2)计划飞行小时和实际飞行小时数。

(3)非计划拆换率。

为计算出将来的非计划拆换次数,需要有关零件的预计寿命方面的数据。每 1 000 装机小时非计划拆换率(URR)可用于航材计划的制定。非计划拆换率是由工程部门给出的经验数据。如果这一数据由生产厂家给出,则称为平均非计划拆换间隔时间(MTBUR)有关的平均非计划故障间隔时间。平均非计划拆换间隔时间总是低于平均非计划故障间隔时间,因为平均非计划故障间隔时间包括了误排故障的情况。

平均非计划拆换间隔时间(MTBUR)=飞机数×每架飞机周转件数×每架飞机每年实际飞行小时/年度总拆换次数

2. 周转时间(TAT)

周转时间是循环库存量计算的另一主要参数。周转时间是指从周转件自从飞机上拆下到重新入库成为可用件之间的时间。

周转时间内的工作步骤包括拆换、入库、送入车间、车间修理、离开车间、存储、得到可用件。

以上工作步骤中,每步等待时间都会延长总周转时间。总周转时间比实际修理时间长很多,一般说来,有几倍之多。

运输时间是将备件从一地运到另外一地的时间。包括:外部运输,指公司航站与维修厂家之间的运输;内部运输,即在基地车间与库房之间的运输。

周转件有的可由航空公司自己进行大修和修理,也可以送到其他承修商修理。很多情况下,承修商在国外,这直接影响了总周转时间。

以上几种情况下的周转时间各组成分别为：

(1)只在内部修理：包括车间大修时间、车间与库房间的运输时间。

(2)只在基地拆换：周转时间为基地维修和在基地维修车间维修时间的平均值。在基地外维修的周转时间还包括基地外和基地内的运输时间。

(3)在基地和航站拆换：周转时间为在基地外修理和基地维修车间修理时间的平均值。

(4)如果备件在航站使用，还需考虑额外的运输时间。

3.周转时间内平均拆换次数的确定

年度拆换率(R)和周转时间(TAT)的乘积即为周转时间内的平均拆换次数。在消耗件计划制定中，该数值对应为订货至交货时间内的消耗数量。对周转件而言，该数值称为“过程平均”(AIP)。

10.4 备件供应与采购管理

在民用飞机领域内，备件的采购与供应链主要表现为民用飞机制造商、原始设备制造商、代理商等在飞机全生命周期内，为给航空公司提供各种修理所需备件，最终保障飞机正常营运而与航空公司等用户组建的备件供应渠道。

10.4.1 备件的来源及合法证明

10.4.1.1 备件的来源

1.民航局批准的生产制造系统

民航局批准的生产制造系统指根据 CCAR－21 部批准的生产系统，其包括：

(1)零部件制造人批准书(PMA)持有人。

(2)技术标准规定项目批准书(Chinese Technical Standard Order Approval，CTSOA)持有人。

(3)仅依据型号合格证生产的型号合格证持有人。

(4)生产许可证(Production Certificate，PC)持有人。

2.民航局批准的部件

民航局批准的部件是指根据 CCAR－21 部或 CCAR－145 部，在民航局批准的生产系统制造的或在民航局批准的维修单位维修的，并符合民航局批准或认可的型号设计数据的部件。

3.民航局认可的部件

民航局认可的部件是指下述认可的装于型号审定产品的零部件。

(1)根据 CCAR－21 部及双边适航协议，装于经型号认可的外国航空产品上的零部件。

(2)根据 CCAR－145 部及有关维修合作安排或协议认可的维修单位维修的零部件。

(3)按照航空器及其部件制造厂家指定方式进行的因设计或制造原因导致的索赔修理或执行强制性改装的零部件。

(4)航空器制造厂家确定的标准件(如螺母和螺栓)。

(5)航空公司根据民航局批准的程序制造的用于自身维修目的的零部件。

(6)由民航局授权的人员确定符合批准的型号设计数据的零部件。

(7)其他民航局规定的情况。

4. 获取合格航材的渠道

(1)航空公司、维修单位在维修过程中使用和准备使用的新件、标准件或原材料应当能追溯到民航局批准或认可的生产系统证明文件持有人,包括:

1)持有生产许可证、生产检验系统批准书的航空器或航空器部件制造厂家。

2)持有零部件制造人批准书(PMA)或技术标准规定项目批准书(CTSOA)的航空器部件制造厂家。

3)符合航空器或航空器部件制造厂家指定规范的标准件或原材料制造厂家。

(2)航空公司、维修单位在维修过程中使用和准备使用的使用过的航空器部件应当能追溯到民航局批准或认可的维修单位。

(3)可向经过本单位质量部门评估的航材经销商采购。

10.4.1.2 航材的合格证件和文件

(1)除标准件和原材料以外,民航局批准的新件应当具备民航局批准的生产系统批准书持有人对单个或一组航空器部件颁发的适航批准标签/批准放行证书(CAAC AAC-038)。

对于在 CCAR-21 部发布前已经定型并生产的航空器部件,可采用民航局适航审定部门认可的其他证书方式。

(2)除标准件和原材料以外,对于民航局认可的外国制造的新件,应当具有由所在国民航当局批准的生产系统批准书持有人对单个或一组航空器部件颁发的适航批准标签/批准放行证书(包括其他等效方式,如俄制航空器的履历本)。

美国民用航空局(FAA)规定的适航批准标签/批准放行证书(Form 8130-3)一般用于出口适航批准的证明,相同的产品如没有 Form 8130-3,意味着仅能在美国国内使用。

(3)标准件和原材料应提供制造厂家出示的符合性声明,表明其符合航空器或其部件制造厂家的持续适航性资料中明确的标准或规范。

注意:装箱单或发货单不能作为符合性声明。

(4)对于新件以外的任何用于更换的部件,除按照有关的运行规章另有规定外,应当具有按照 CCAR-145 部批准或认可的维修单位颁发的维修放行证明(因设计或制造原因导致的索赔修理或执行强制性改装的零部件可仅具有航空器及其部件制造厂家指定方式的维修放行证明),并且满足:

1)该部件自上一次从运行中的航空器拆下后的所有维修工作是由 CCAR-145 部批准或认可的维修单位进行的;

2)所进行的维修在其批准的范围,并且符合 CCAR-145 部的维修工作准则;

3)该部件具有本段中规定的适用信息记录。

如果运行规章中规定可以按照 CCAR－43 部有关要求由航空器部件制造厂家实施的维修,可以具有制造厂家的维修放行合格证件。

航空器部件还必须具有有助于使用人最终确定其适航性的如下适用信息:

(1)适航指令状况。

(2)服务通告的执行状态。

(3)时限/循环寿命(如使用过的航空器部件还应当包括使用时间,翻修后的使用时间、循环,及能证实其历史状况的记录文件)。

(4)库存寿命数据限制,包括制造日期等。

(5)保存期间按照相应持续适航文件中存放要求进行的必要工作的状况。

(6)组件或器材包的缺件状况。

(7)以往出现过的不正常情况,如过载、意外终止使用、过热、重大的故障或事故。

对于只有一个合格证件的一批航材,航材分销商可以在保存原始合格证件的情况下提供原始合格证件的复印件加盖航材分销商的分销章,说明是真实的复印件。

10.4.2　备件供应与采购的流程

航空公司采购备件时,可通过传真、电报、网络等向飞机制造商、OEM、其他备件供应商发出备件订单。每一订单最终都要由航空公司以书面形式加以确认。订单的主要内容包括零件号、订单号、订货数量、交付日期、订单日期和使用类别等。

接到航空公司订单后,备件供应商将订单输入计算机,并通过查询程序确定备件库是否有此备件及该备件对航空公司机队的有效性。如果可以满足航空公司需求,则按规定程序包装发运备件,并通知航空公司有关备件发运的详细信息。如果库存无此备件,则供应商应及时通知航空公司,并通过多方协调,如 OEM 紧急生产制造、生产线调拨等方式共同保障航空公司的需求。

为了高效率地满足航空公司对备件采购的要求,飞机制造商的采购部门应制订一套符合国际标准的内部管理的运行机制,包括合同管理、订单管理、担保管理及商务管理等。

10.4.2.1　备件订货类型

一架飞机由数百万个零件组成,种类也有十几万种,在其整个寿命期内要更换的零备件种类可达两万种之多,而且绝大多数是视情件(定时更换的时寿件不过二三百种)。

即使较常用的零件也有几千种。伴随飞机整个营运过程的是不间断的维护检修工作,以保证飞机的适航及舒适性。由于零件损坏是随机事件,检查时如果发现则需要更换。

许多零件影响飞机适航和安全,造成缺件停飞。航空公司经济效益型的航材管理是建立合理的库存,保障率控制在一定的水平,这必然导致紧急订货方式的出现,因此民机备件应考虑多种订货类型。现在民航领域主要包括以下几种订货类型。

(1)一般订货。一般订货属于航空公司正常补充库存备件,一般表现为航空公司的年度航材计划。

(2)加急订货。飞机制造商及备件供应商(如波音)对于这种加急(EXPEDITE)订单将在 7 天内答复用户。空客公司的交付期是在收到加急订单后 5 天。

(3)紧急订货。紧急订货指航空公司库存备件处于临界状态下的订货。飞机制造商等备件供应商如波音、空客对于这种紧急(RUSH 或 CRITICAL)订单将在 24 h 内答复用户。

(4)AOG 订货。AOG 订货指航空公司停机待件的急需航空器材的订货。按照国际惯例,AOG 系特急货物,要求在 24 h 内运到目的地。民机备件领域,对于 AOG 订货,飞机制造商等备件供应商如波音、空客在 4 h 内答复用户 AOG 订单,并且在 3 个工作日内将备件送到用户手中。

10.4.2.2　订货管理

订货管理包括询价管理、报价管理、订货合同管理、订购分析和订单管理等。其工作内容如下:

(1)航材采购计划。航材采购计划是进行航材采购的首要任务,其主要信息来源包括车间缺料单、质控科缺陷单、时控件备料单、定检清单、最低库存报警、随机需求和时控件出库单等。

(2)询价。对一个供货商可以同时询多个航材的价格,也可以对一件航材进行多家供货商的询价。

(3)报价。供货商会根据询价单的询价返回报价单,报价单是供应商依据询价单,根据有关询价内容后给出具体价格及其他信息。报价单的进一步处理过程为:订货员权衡不同厂家的报价后,作出订货决定。这也是订货合同的信息来源。一般说来,没有经过询价、报价的航材是不能订货的。

(4)订货合同管理。由订货员依据供应商管理的有关规定,决定选择供货厂家,从报价中决定订货的件号,并附带其他信息,如订货日期、订货合同录入人、合同编号等以保证系统严密性。同时,对订货随时进行查询,对合同的执行情况进行跟踪查询,包括查询已到货的合同、未到货的合同、到货日期、到货数量、收料单号和付款情况等。

(5)订购分析和订单管理。对航材采购前的分析、航材采购、租借和交换进行有效的管理和监控。通过数学模型对库存情况进行分析,采用经济的订货方式降低库存成本和采购成本。同时控制、跟踪合同的执行情况,使合同顺利执行。

10.4.2.3　备件的包装与运输

备件包装、运输管理具体参照 ATA-300 相关内容。民用航空局在 1977 年和 1983 年颁发的《航空器材供应管理规章制度(草案)》和《航空器材供应管理规章制度》中,均对航材运输作出明确规定,要求航材运输工作必须贯彻迅速、安全、准确、节约的原则。其中对“提运”或“发运”航材(包括飞机发动机),均要求作好详细的运输记录,内容包括发货和收货单位、发运或收货日期、运输方式、运输号码、航材名称、包装方式、件数、重量、箱号、运费支票号、经办人交接等,运输记录应妥善保存。对发往各地的航材,要求根据缓急程度,制订运输计划,急件在 24 h 内要交运,一般航材及航空发动机在 3 天内提出运输计划。

10.4.2.4 备件报关储运管理

1.正常备件报关程序

对国外或地区的订货和送修，备件采购部门将采购合同送修索赔部门，将送修合同递交报关部门进行报关。报关部门可根据需要，在货源相对集中的区域选择运输或报关代理，向有关货代公司和报关行进行询价，本着节约成本、保证质量的原则，与其进行谈判并签订代理运输或代理报关协议，指定报关口岸及被通知人。

备件到达指定的进口口岸后，相应的被通知人通知报关部门，报关部门查看每天的到货情况，并作好记录，给报关行转去合同、品名及 AOG 情况通报，安排备件报关，特殊情况另行通知。

根据到货情况，分析并初步确定税率及监管条件。

报关部门及时跟踪备件的报关及报检情况，特别是 AOG 备件的通关情况，遇到特殊情况，要与海关或出入境检验检疫局联系，并在需要时向其提供书面说明或报告。

备件完税放行后，由报关行将备件送至备件库房，库房管理员通知质量控制处对备件验收。

备件报关结束后，根据报关行转来的税单与其结算，税单、报关单复印并录入微机存档，报关单原件交备件采购员或送修索赔员，以便其办理货款支付事项。

2.非正常备件报关

(1)AOG 备件采购。备件采购员应及时通知报关部门合同号、运单号及备件预到达日期。

(2)备件交换。原则上，备件交换的通关操作按照“先出后进”的程序进行办理。故障件出关时，备件采购或送修索赔人员事先向报关室提供国外收货人详细地址及联系方式、合同、交换协议(书面)，以便办理出口报关。交换件进口时，事先提供备件件号升级情况，以便办理进口报关，如属 AOG 备件，应提前通知，按 AOG 备件进口通关程序办理。

(3)备件索赔。故障件出口时，按正常出关手续办理报关。索赔件进口时，提前通知报关部门，并提供双方索赔协议、原进口报关单复印件、原进口合同复印件及备件件号升级情况，以便办理进口报关，如属 AOG 备件，应提前通知，按 AOG 备件进口通关程序办理。

(4)备件送修。备件送修也是按照“先出后进”的程序办理通关程序。故障件出关时，备件送修员事先向报关室提供国外收货人详细地址及联系方式、合同、修理协议(书面)，以便办理出口报关。修理件进口时，事先提供备件件号升级情况，以便办理进口报关，如属 AOG 备件，应提前通知，按 AOG 备件进口通关程序办理。

3.备件税金、运费、报关杂费的审核与支付

(1)税金的审核与支付。目前，进口备件关税与增值税一般由报关行先行垫付，报关行持银行付讫盖章的税单送至或寄至报关室审核并办理付款事项。遇到金额大的税单，由航空公司直接交纳。税金的审核主要是审报关备件是否是航空公司合同项下的备件、关税税

后价格、关税税率等，审核无误后航空公司签字确认，并具体办理付款事宜。

(2)运费的审核与支付。目前，备件的国际运费分到付与预付两种。备件的到付运费一般由报关部门与航空公司的货运部门结算，后由其持航空公司的发票复印件、有关运单的复印件及报关行的发票到报关室办理审核付款事项。运费的审核主要是审所运备件是否是航空公司合同项下的备件、外币金额、外汇汇率、人民币金额等，审核无误后办理付款事宜。

国际运费的发票及运单经相关采购或送修索赔负责人确认后送至报关室，报关室审核后具体办理付款事项。国际运费的审核主要是审备件的计费重量、起止港等，根据运费标准审核运费及各种杂费是否合理正确，审核无误后由航空公司具体办理付款事宜。

(3)报关杂费的审核与支付。报关杂费，主要是指报关费、机场费、退单费等与备件报关有关的杂项费用，遇到分舱单及直航 FOB 进口备件时费用会更多更复杂。报关行持对账单、报关费发票及库房收货确认单到报关室办理结算事项。此项费用，一般与报关行按月结算。报关杂费的审核主要是审报备件是否是合同项下备件，根据报价标准审核报关费等杂费的金额，审核无误后由航空公司签字确认并具体办理付款事宜。

10.4.2.5　备件收货管理

1. 入库验收

库房管理员负责在备件到货后通知质量控制处备件入库验收人员对来料进行验收。验收合格后，库房管理员进行收料，纳入库房管理。验收不合格的备件隔离存放，按照送修索赔控制程序处理。定购的工具设备到货后库房管理员负责通知质量控制处备件入库验收人员对来料进行验收。

2. 备件入库

经备件验收员验收合格的备件，由库房管理员接收并填写收料单，库房管理员必须准确填写收料单，不得漏填、错填。收料单应按机型、高价周转件、备件消耗件分别填写。同一件器材有不同件号的(即有替代号的)，不得作为同一备件进行管理，并应在收货单上注明。库房管理员查询计算机管理系统和器材卡片，确定原架位并在收料单上注明，并送至规定的库房和架位存放。若原来无记录，则选择合适的空闲架位存放，并在收料单上注明架位，在计算机管理系统和器材卡片上建立新增记录。备件仓库的可用件、待修件和报废件必须分区域存放，严防混杂。备件存放应做到有利于生产、有利于管理、有利于安全、收发方便的原则。

10.4.2.6　备件送修与索赔管理

1. 送修合同的管理

航空公司一般都会与批准的承修商手册中的维修厂家首先协商签订备件送修协议。

备件送修过程中，航空公司一般按先内场后国内再国外的原则进行，并根据该备件的当前库存决定送修等级，送修等级分为 AOG 合同(保留故障或零卡停飞备件)、紧急合同(零卡)、正常合同(尚有库存)。

送修合同一般在3个工作日内输入计算机系统，AOG合同则是立即输入。备件送修的方式包括内场送修、国内送修、国外送修。

对于备件修理单位来说，收到备件送修单、备件送修合同或备件待修单后负责核对接收备件与合同件号、序号的一致性。AOG合同立即发出，紧急合同在两个工作日内发出，正常合同在3个工作日内发出。

2.送修合同的跟踪

航空公司对送出的合同及时催修，等级高的备件重点催修，使备件在正常送修周期内返回，国外送修、国内送修、内场送修的正常送修周期有所区别，一般说来，国外最长，国内次之，内场最短。

航空公司对于紧急备件的合同会提高送修等级，进行催修，并根据日常领用及库存情况，提前做出节假日高价件催修清单，进行重点催修，同时将信息通知飞机维修单位。

3.时控件送修管理

时控件是指有时限要求的装机备件(不含发动机/APU本体)。待修时控件送交至备件送修部门后，备件管理人员将根据库存情况和时控件更换计划综合决定备件的送修等级。

4.备件索赔管理

航空公司根据备件拆装时间及故障现象等情况，确定并执行索赔工作。对于原装机备件，按购机合同规定，向OEM或飞机制造厂索赔；对于订购的备件，按订购合同规定，向备件供应商或OEM索赔；对于有修理记录的备件，按照修理记录向备件修理厂索赔。

航空公司发出索赔申请后，督促索赔厂商确认索赔是否成立。如索赔不成立，则要求索赔厂商提供详细理由和相应的检测报告，同时将索赔不成立备件的检测报告交工程技术部进行评估。

如果经修理厂商检测为无故障送修的备件，或因机务维护不当而造成损坏的备件，则做好相关记录统计，并将信息及时通知质量保证部及相关飞机维修单位。

5.工时和相关费用的索赔管理

航空公司索赔部门根据工程指令的索赔要求，将收到的经核准的工时、备件消耗及其他费用的情况报告交航空公司主管部门，向厂家提出索赔申请。经厂家确认，同意索赔并要求自行安排修理排故的项目，将收到的经核准的工时、备件消耗及其他费用交主管部门，再向厂家提出索赔。同时对索赔项目进行跟踪管理，并将厂家确认并发出的索赔补偿账单登记后交公司财务部门。

6.备件可靠性索赔管理

航空公司可靠性管理部门定期对备件的拆装情况进行统计，对拆装频繁、MTBUR数据较低的备件，及时发出备件可靠性警告。同时组织各有关部门，对备件故障现象进行分析，并对备件使用维护情况及相关厂商的产品及维修质量作出综合评估，为备件的可靠性索赔提供技术数据，并且对确定为产品质量原因而导致MTBUR低于厂商保证数据的备件，提出可靠性索赔申请。

航空公司索赔部门则根据可靠性管理部门提供的数据进行机队 MTBUR 数据低的备件的索赔工作。由于产品质量原因，备件 MTBUR 低于厂商保证数据，而造成库存短缺、影响正常生产的，向相关厂商联系，要求提供免费备件或交换件等解决方案。

10.5　工具设备

10.5.1　工具设备术语

(1)工具设备：指直接用于飞机维修的特定工具和设备，包括专用工具设备和测试设备，不包括通用工具。图 10.3 所示为航空发动机内窥镜(孔探仪)。

图 10.3　航空发动机内窥镜(孔探仪)

(2)通用工具：指制造厂家没有推荐，仅提供了尺寸、精度和范围要求的工具，即市场上具有通用标准和广泛渠道的产品。

(3)自制工具设备：指维修单位自己制造、自己使用、不以销售为目的，并由有效管理工作程序控制、审批的用于航空器或航空器部件维修的专用工具设备或测试工具设备。其设计制造的过程可以不在本单位内部完成，但本单位对其设计、制造和管理承担责任。

(4)专用工具设备：指制造厂家技术文件中推荐的专门用于某航空器或航空器部件维修的，仅用于维修过程，而非用于确定航空器或航空器部件最终放行的工具或设备。

(5)测试设备：指制造厂家技术文件中推荐的专门用于某航空器或航空器部件维修的，用于确定航空器或航空器部件最终放行的设备。

(6)验收标准：指评估自制工具设备是否达到设计标准，检查技术标准的符合性，工作记录的完整性、有效性。

10.5.2　工具设备管理环节

工具设备管理涉及以下主要环节。

(1)工具设备的采购计划。年度投资计划是根据本地飞机维修工作的实际需求,填写申请报告,经部门主管签字批准后报生产保障部。

(2)工具设备的采购。生产支援部工具设备管理人员对批准下达的工具设备采购项目组织实施采购工作。

(3)工具设备的验收。生产支援部工具设备管理人员在工具设备到货后,通知相关部门人员进行验收工作,并要求、跟踪供应商提供完整的技术资料。

(4)工具设备的台账。生产支援部工具设备管理、保管人员建立航线工具设备台账——取得航线维修许可必需的工具设备清单,内容应至少包括名称、件号/型号、编号、数量、存放地点/位置、适用机型、启用日期,同时将完整的信息数据按系统要求录入维修管理信息系统工具设备模块,做到及时录入、随时修正。

(5)工具设备的档案。生产支援部工具设备管理人员建立工具设备单件档案,将工具设备的原厂资料(包括说明书、合格证、技术图纸、检测证明等)、验收交接单一起存档。

(6)工具设备的培训。组织实施无须颁证和已具备培训能力的人员培训,并建立档案。对于需要颁证和不具备培训能力的人员进行培训,要报本部培训部门。培训管理室培训管理人员实施本部门工具设备操作和维修培训。生产技术部对本部门不具备培训技术能力的培训项目提供技术支援。

(7)工具设备的发放/交接/使用。工具设备保管/使用人员对所有在维修现场使用的工具箱、工具包(包括维修人员个人保管的工具设备),都必须建立工具设备清单,在维修工作中临时增加的工具设备或临时使用的物品,在进行飞机维修工作前,首先需要建立工具设备清单或使之加入工具设备清单。维修人员不准在飞机维修工作中使用未控制的工具设备,包括任何个人物品。

(8)工具设备的调配。生产支援部根据各项生产计划和任务指令,按照共享资源的原则,需通过工程公司内部调配解决工具设备需求。生产准备人员详细填写工具设备调配单后经部门主管签字批准后,通过传真方式发往具有所需调配的工具设备的生产支援部。

(9)工具设备的借用。

1)工具设备借入。当生产支援部内部资源和调配无法满足生产需求,需向工程公司以外单位借用工具设备时,生产准备人员进行联络,获得借出单位的同意后,按其要求办理相关手续、安排运输事宜。

2)工具设备借出。工程公司以外单位需要借用工具设备时,须详细填写工具设备借用单后交生产支援部业务管理室。生产支援部工具设备管理人员、生产准备人员确认该借用需求时段是否影响当地的生产计划任务和日常生产工作而决定该工具是否可借出。

(10)工具设备的丢失。维修人员在工具设备的使用过程中,应严格执行清点制度,即工作前清点、工作转移时清点、工作后清点。在工作结束后,应对工作区域进行检查,工具清点必须在飞机起飞前完成,以防止工具遗留在飞机上。当工具(设备)发生丢失时,尽快查明工具丢失原因,确定丢失地点,确保维修工作和飞机放行按程序操作,防止因工具(设备)丢失导致不安全事件发生。

(11)工具设备的报废。当发生工具设备报废情况时,生产支援部、工具设备管理人员、工具设备保管人员应对其实施隔离存放，及时挂签。

(12)工具设备年度盘点。生产支援部每年组织工具设备管理人员、工具设备保管人员，同各工具设备使用保管部门，对工具设备台账和实物相符性进行一次全面的盘点。

问题和习题

(1)简述备件的不同分类方法。

(2)备件管理的主要内容包括哪些方面?

(3)简述消耗类备件库存控制相关参数包括哪些。

(4)简述影响可修件库存的参数包括哪些。

(5)描述备件供应与采购的流程。

(6)简述工具设备管理的主要环节。

参考文献

[1] 金尼逊. 民航维修管理[M]. 李建瑂，李真，译. 北京：航空工业出版社，2007.

[2] 闫峰，付尧明，尚永锋. 民航维修管理基础[M]. 2版. 北京：中国民航出版社，2020.

[3] 左洪福，蔡景，吴昊，等. 航空维修工程学[M]. 北京：科学技术出版社，2011.

[4] 常士基，刘延利，郭润夏. 民用航空维修工程[M]. 北京：航空工业出版社，2018.

[5] 常士基. 现代民用航空维修工程管理[M]. 太原：山西科学技术出版社，2002.

[6] 中国民用航空总局. 合格的航材(AC-121-54R1)[Z]. 北京：中国民用航空总局，2005.

[7] 中国民用航空局. 可靠性方案(AC-121-54RI)[Z]. 北京：中国民用航空局，2017.

[8] 中国民用航空总局. 维修计划和控制(AC-121-66)[Z]. 北京：中国民用航空总局，2005.

[9] 张永生. 民航维修工程管理概论[M]. 北京：中国民航出版社，1999.

[10] 诺兰，希普. 可靠性为中心的维修(上、下册)[M]. 刘云，王立群，等，译. 中国人民解放军空军第一研究所，1982.

第11章　维修质量管理

▶导学

在当今日益激烈的市场竞争中，国内外许多航空公司的生存和发展面临严峻考验。市场竞争归根到底是质量竞争，民航维修是航空器空中运行的前提和安全保证，维修质量是航空运输企业的生命线。维修的工作质量总是通过维修效率、维修成果体现出来，最终通过航空器运行的安全性、可靠性和经济性表现出来。因此，维修质量是航空器运行的安全性、可靠性的基础和保证。航空维修管理理论主要包括：维修法规和通告，制定维修大纲的指导思想和方法，维修大纲、维修方案和计划控制，维修机构和人员，质量保证和控制、可靠性管理，维修资源、维修资料、信息和记录等。本章从维修质量保证的角度出发，主要介绍可靠性管理和安全性管理。

学习重点：可靠性方案的申报、评审、批准以及修改流程，构建安全管理体系的相关内容。

▶学习目标

(1)了解可靠性方案的持续分析和监督作用，熟悉可靠性方案的基本要素、功能和作用。

(2)了解维修可靠性方案的管理的内容；熟悉可靠性方案的申报、评审、批准以及修改流程。

(3)熟悉航空公司的可靠性报告以及使用信息报告的显示形式和内容。

(4)了解设计制造人的可靠性管理和统计分析任务优化。

(5)了解SMS背景、内涵与发展，熟悉SMS的一般步骤。

(6)熟悉航空维修单位的安全管理体系的相关内容。

11.1　维修可靠性方案

在民用航空器维修中开展可靠性管理是从1960年开始的，至今已经超过60年，航空器维修中常用的是统计可靠性和事件可靠性。维修可靠性控制是通过制订和实施可靠性方案来实现的。航空公司通过可靠性管理对维修方案进行控制、有效性判定和优化，需要通过收集信息，分析数据，并将结果与所制定的标准进行比较，当达不到要求时，则需要对维修方案进行调整或采取其他纠正措施。其中，调整维修方案和实施纠正措施是可靠性管理的核心。

可靠性管理是一个闭环控制过程，在航空公司保证飞行安全、航班正常和降低成本方面起着重要作用。特别是从事特殊运行(ETQPS)的承运人必须加强可靠性管理。维修可靠性区分为统计可靠性和事件可靠性,统计可靠性是用统计学方法对飞机系统和部附件的故障、拆换和翻修信息进行采集和分析,识别飞机和附件技术状况的变化和是否处在可接受的范围。事件可靠性是对单独事件按照可靠性要求进行分析并采取相应措施,在可靠性管理时应该两者并用,相互支持。对于从事 ETOPS 运行和小机队运行的航空公司,主要应用事件可靠性。可靠性事件分析系统与可靠性统计分析系统比较,除了性能标准和可靠性报告差异较大之外,其他分析程序和要求基本相同。

11.1.1　可靠性方案的功能和作用

可靠性方案是航空公司根据规章和运行实际开发并被管理当局批准的一套管理程序,是一个基于运行条件下发生的对飞机性能事件进行评价的报告系统。

1. 用来管理飞机性能的一套规则和方法

可靠性方案是维修可靠性方案的简称,是用来衡量飞机及其系统性能、管理维修计划的一套规则和方法,也是一种指导可靠性管理的方法和程序,重点是对维修方案进行管理。可靠性方案对飞机整机、系统、部件、结构、动力装置的技术状态进行监控,与可接受的性能标准进行比较,可以迅速识别出性能恶化趋势,以便在出现更严重的故障前采取纠正措施,并对纠正措施进行监控。

可靠性方案将过去的使用数据与现在的技术状态通过建立起来的维修可靠性管理制度有效地联系起来,用以改进维修方案及其实施。运营人可以建立一个完整的可靠性方案,也可以按照机型或监控对象类别(如系统、发动机、附件和检查项目等)分别建立单独的可靠性方案,但必须在其维修工程管理手册中说明。通过执行经管理当局批准的可靠性控制方案,允许航空公司不断修改维修方案,逐步达到有效维修的目的。

航空公司编写飞机可靠性监控的计算机管理软件,这些软件除了符合管理当局的要求和公司状况之外,还应符合 ATA 2000 规范的第 11 章和第 13 章关于可靠性信息的标准化要求。这样就可以充分应用网络和计算机技术,建立一套科学、先进、合理的飞机监控管理软件系统、便于及时对飞机的可靠性信息进行补充、交换,对可靠性状况进行持续的监督与控制,用低的成本满足航空公司运营要求。

2. 对飞机技术状态进行持续分析和监督的方法及程序

可靠性方案是运营人对飞机技术状况持续分析和监督的方法、程序,用来分析飞机的可靠性状况。主要监控的事件有:①飞机系统故障;②动力装置故障和非计划拆换;③附件故障和非计划拆换;④非计划维修情况;⑤维修方式或维修工作的正确性;⑥计划维修内容和频度;⑦飞机结构损伤和故障。

对按照 MSG－2 制定的维修大纲,可靠性方案用于对那些不适用定时或视情维修方式的项目,即状态监控(CM)项目,对 CM 项目的故障或者其他反映性能恶化状况进行统计分析,需要时采取纠正措施恢复其可靠性,控制系统和设备的可靠性在可接受的水平。同时,也可用于监控定时和视情维修项目是否在最适合的周期进行维修或检查。对按照 MSG－3 制定的维修大纲,可靠性方案主要是对没有制定维修要求的飞机结构和系统的技术状况进行监控，同时也用于对规定的维修项目进行适用性、有效性监控。

通过可靠性监控如果发现项目的可靠性性能下降，故障超过警戒值，就应发出报警通知、实施工程调查与分析、制定并执行纠正措施，恢复可靠性水平，以保证飞机可以安全和可靠运行。

3. 可靠性管理是一个闭环控制过程

可靠性管理要求对飞机使用、维修过程中产生的质量和可靠性信息进行数据收集和分析处理。信息数据应达到及时、准确、完整和连续，然后对信息进行分析处理，鉴别任何性能恶化和不良趋势，需要时请工程技术部门调查与分析，查找可能的原因与涉及的范围，并制定与实施纠正措施。纠正措施实施后，还要求对其实施效果进行跟踪监控，循环往复。因此，可靠性管理是一个持续分析和监督的闭环控制过程。这些过程的主要环节包括：①收集表示使用性能的信息；②对信息数据进行统计分析，以便鉴别不良的趋势；③调查并分析可能的缺陷或发生的问题；④确定并实施恰当的纠正措施；⑤重新回到信息收集步骤，重复下一个循环，以便监控纠正措施的有效性。

可靠性理论认为，飞机固有的可靠性水平是设计固有的，受运行环境和使用条件影响，产生的故障缺陷会有很大的差异。因此，航空公司应建立一套监督使用可靠性的有效方法。通过实施可靠性方案，保持维修方案的有效性和适用性。

另外，通过可靠性报告提供的一些系统和部件连续有效的数据，表明维修方案是有效的，并说明某些维修任务和间隔具有改进潜力，为优化这些维修项目提供重要参考。

4. 事件型可靠性分析系统

事件型可靠性分析系统是一种事件型可靠性评估系统，是可靠性统计分析系统的补充，是持续分析和监督的方法之一，有的称为事件型可靠性。事件分析系统主要用于不能用统计分析的事件或航空公司的小机队的可靠性管理，以及 ETOPS 等特殊运行可靠性管理。对于运营中偶然发生的事件或重大事件，每次发生后必须进行调查分析，找出原因，防止类似事件再次发生。对于频繁出现且用统计方法不能进行有效分析的事件，或者对于重复发生的事件、都应按照事件分析系统进行分析。有的管理当局要求，对于航空运营人初次使用新机型在其积累足够的可靠性分析数据之前，可靠性方案可以先不确定性能标准的警戒值而采用事件分析方法，满足持续分析和监督要求，按照 CCAR－135 部运行的机队，要求“合格证持有人应当持续分析和监督航空器检查大纲的有效性，并修订其存在的缺陷”，实际就是一种事件型可靠性评估系统。

CCAR－121 部第 121.719 条“双发飞机延程运行持续适航性维修方案(CAMP)”指出：双发飞机从事延程运行(ETOPS)的可靠性方案“应当是以事件分析为基础的方案”。对于具有统计可靠性方案的航空运营人，如果发生 ETOPS 运行事件，除了进行统计分析之外，还必须对单独事件按照事件可靠性要求进行分析，制定纠正和预防措施。

航空承运人在从事 ETOPS 时，如果发生 CCAR－121 部第 121.719 条“ETOPS 运行的故障报告要求”中列出的故障和第 121.707 条“使用困难报告”列出的每一事件都应进行事件可靠性分析。这些事件主要有发动机空中停车、飞机备降和返航、非指令性功率改变和发动机喘振、无法控制发动机或无法得到希望的推力值、ETOPS 关键项目失效，以及任何危及实施延程运行安全的飞行和着陆事件。如果通过分析表明某项事件可能影响适航性或造成重要经济损失，应进行工程分析，并制定和实施纠正措施。如果发现型号设计或运营中有重大缺陷，航空承运人除了及时分析并采取纠正措施之外，还应向管理当局和型号持有人报告。

事件分析系统是统计分析系统的补充，在可靠性管理中，既要重视统计可靠性，也要重视事件可靠性，应防止忽视事件分析系统甚至取消事件分析系统的倾向。对于小机队飞机用户，应该使用事件分析系统持续监控飞机的技术状况，不断改进维修工作。

5. 可靠性方案的作用

可靠性方案是用可靠性方法控制维修的重要手段，是航空公司普遍采用的一种管理方法，主要用于衡量飞机及其设备的性能，优化维修方案，及时发现飞机运行中存在的技术问题，并采取相应的纠正措施。可靠性方案在运行和维修管理中发挥着重要作用。

(1)可靠性方案是航空运营人满足航空规章要求并获得修改维修方案授权的重要方法，也是航空运营人执行持续分析和监督方案的深化和补充。

(2)维修可靠性方案用于保持飞机持续适航性和使用可靠性，它是对飞机在实际使用状态下表现出的性能数据的统计分析和事件分析系统。可靠性方案提供了两种观察飞机系统和周转件(又称航线可更换件/LRU)工作状况的手段，并将其故障率与预定可接受的性能标准进行比较，评估系统的技术状态。

(3)数据分析系统能够快速识别出系统和设备的不良趋势。如果系统和周转件的可靠性状况不符合预定水平，便发出警告并要求进行工程调查，以评估产生的原因并制定纠正措施。

(4)可靠性方案的非警告部分用来监视该部分性能和没有重复性事件的飞机系统，为评估这些部分的附件和系统的维修可靠性、修改维修要求、延长维修间隔提供信息支持。

(5)根据可靠性方案调查分析得到的数据修改航空公司维修方案，使维修方案符合运营人的运行环境和条件。

(6)对单独事件特别是双发飞机延程运行(ETOPS)事件、其他不安全事件和造成严重经济损失的事件，应按照事件可靠性方法单独进行调查，找出原因并制定纠正措施，防止或减少这类事件的发生。

(7)在从事极地航线、高原机场以及使用新航行系统运行时，通过可靠性方案对飞机、发动机及其系统进行持续监控，保持系统运行的安全性和可靠性。

(8)可靠性方案中的信息收集和分析程序，可同时满足管理当局的使用困难报告和机械可靠性汇总报告要求。定期颁发的可靠性报告，是航空公司及其维修机构工作业绩和形象的重要体现。

11.1.2　可靠性方案的基本要素及持续分析和监督的应用

可靠性方案的基本要素包括信息收集、数据分析、性能标准和评估、纠正措施和报告等，下文在阐述这些要素的基础上，说明了可靠性控制的局限性，推荐使用持续分析和监督系统进行补充，内容主要针对统计可靠性。事件可靠性除了没有性能标准之外，其他要素与统计可靠性类似，下文阐述时不再重复。

11.1.2.1 信息收集

飞机在使用和维修过程中，会产生并收集到大量的信息数据，这些信息可以用于判断飞机技术状况，不断改进维修和管理，并为改进设计提供信息。

收集信息的内容应包括航空器制造方在MRB报告中明确的重要维修项目和重要结构项目，同时还应重视没有维修任务项目的故障信息。基于这些信息，可以判断飞机结构、系统、部件和动力装置的技术状况和使用可靠性状况。

信息收集系统应保证信息的及时、准确、完整和连续性。只有数据真实准确，才能保证分析的结论有较高的可信度。信息越准确，基于信息数据的可靠性判断就越值得信任。航空公司应从运行的各有关方面获取信息和数据。在对数据进行分析之前，需要经过专人审核并确认其直接与建立的性能标准有关，发现任何可能存在的疑问都应进行核实。

在结束每次运行和完成每次维修时，从所有航空器使用者、维修和修理车间收集信息。飞机的维修可靠性信息主要来源如下。

(1)运行统计(飞行小时和飞行循环/起落次数)，来自飞行记录本。

(2)机组和维修人员发现的偏差，来自飞行记录本和技术或维修记录本。

(3)延误和取消(包括延误时间)，来自运行控制中心。

(4)发动机非计划拆换(包括拆下和装上发动机序号、工作小时和循环次数，拆换原因和车间检查发现的问题)，来自发动机监控室和修理车间。

(5)发动机空中停车(包括发动机序号和使用时间、停车原因、措施和车间检查发现的问题)，来自运行控制中心和有关车间。

(6)外场可更换件(LRU)拆换(包括涉及的零部件的件号和序号、安装和拆下时间、拆换原因和车间检查发现的问题等)，来自监控室和有关车间。

(7)CAAC和FAA的使用困难报告(包括问题描述、涉及的零部件的件号和序号、纠正措施等)，来自质控部门。

(8)重要的例行和非例行发现(包括A、C、D检或结构检查发现的故障和缺陷)，来自维修车间和质量部门。

(9)服务通告/信函等信息执行情况(必须说明执行的检查和改装的项目，文件修改版次和发现的问题，以及后续执行建议)，来自车间和工程技术部门。

(10)从飞行数字信息系统和QAR得到的信息，或者来自飞机电子信息系统、空地数据系统，以及健康管理系统得到的信息(如My Boeing Fleet，Air Man等)。

(11)MSG-3和规章要求跟踪监控的信息，如L/HIRF重要项目没有给出维修任务而要求按照保证计划进行监控的项目，列入维修方案的关键疲劳结构损伤容限检查项目执行日期和发现，结构腐蚀检查发现等。

特别应该注意附件修理、发动机翻修和飞机深度维修的故障信息收集，注意合同维修中的故障、维修和技术状况信息，做到信息完整准确。

为了指导信息的正确传递，实现信息的闭环管理，防止信息流失，航空公司应制定收集各种信息的管理流程和具体要求。计算机系统数据库用于收集和跟踪性能参数的信息流程，是由各单位根据自己情况制定的，有各种不同形式。如果由维修人员按照信息标准化要求直接输入信息，可以真实、准确、快速传递信息，减少转换环节，提高信息的可信度和准确性。

11.1.2.2　性能标准

统计可靠性要求建立一个以数学统计形式表达的性能标准。这个标准规定了可接受的不可靠度的最大值。满意的可靠性就是指不超过确定的性能标准值。相反，若一个项目的可靠性度量超过了性能标准，就需要采取相应的措施。

1. 确定性能参数并给出定义

用于维修可靠性管理的性能参数，有的时候分为主要和次要两类，但是并没有实际意义。表 11.1 给出了维修可靠性主要性能参数，可用于按照 MSG－3 逻辑分析方法制定、改进维修大纲，以及优化航空公司维修方案。

表 11.1　维修可靠性管理的主要性能参数

A. 系统	①每 100 次起落机组报告故障数； ②每 1 000 次离港的延误和取消次数； ③每 1 000 次飞行发生的运行中断(中断起飞、返航和备降)
B. 部附件	①每 1 000 工作小时的非计划拆换次数或平均非计划拆换时间(MTBUR)； ②每 1 000 工作小时的故障次数或平均故障间隔时间(MTBF)； 注：对于按照循环次数计量的项目，用 MCBUR 代替 MTBUR，用 MCBF 代替 MTBF
C. 动力装置	①发动机每 1 000 工作小时和 1000 循环的空中停车次数； ②发动机每 1 000 工作小时和 1000 循环的非计划拆换次数
D. 飞机	①飞行员报告的重复故障数； ②重要事件或使用困难报告(非结构的)及其数量； ③定期检修(主要是 A、C 检)中非例行发现的重大故障及其数量； ④每 100 次飞行发生不正常(延误＋取消＋返航＋备降)次数
E. 结构	①重要事件或使用困难报告(仅是结构事件)； ②字母检(主要是高级别 C、D 检)和结构检查中非例行发现的重大故障； ③结构腐蚀、裂纹和其他损伤事件

由于 MSG－2 和 MSG－3 在重要维修项目的选择和逻辑分析方法上的差异，在可靠性管理方面的重点也有区别。MSG－2 维修大纲称为反应式维修大纲，用于恢复可靠性；MSG－3 维修大纲称为前兆式维修大纲，用于保持可靠性。因此，在可靠性管理方面也有区别(见表 11.2)，前者强调对附件和设备项目的监控，后者强调对机队整个系统性能分析监控。

表 11.2　执行 MSG－2 和 MSG－3 维修大纲在可靠性管理方面的区别

	MSG－2 维修大纲	MSC－3 维修大纲
定义	按照技术状态监控维修方式；附件失效统计跟踪式可靠性大纲	按照规定监控维修工作；系统故障统计跟踪式或称机组故障报告式可靠性大纲
主要监控	针对附件：维修大纲项目{HT、OC、CM} 主要监控 CM 项目，同时也为改进 HT 和 OC 项目提供信息	针对系统：系统故障率；机组报告故障率；外场可换件(LRU)拆换率；主要监控没有计划维修工作的项目
信息收集	附件失效或性能衰退信息；动力装置失效；结构故障和失效	全面信息收集，包括：单机、机队、附件、系统结构的故障和失效和缺陷；飞行经历或报告、维修人员报告故障
监控范围	用可靠性方法控制部件和附件维修方式以及周期；主要指维修方式中的 CM 项目，同时监控 HT 和 OC 项目	用可靠性方法控制维修的全过程，控制整机可靠性状况；主要监控未规定维修工作的项目，同时监控其他项目
性质	反应式(reactive)维修大纲，用于恢复(restores)可靠性	前兆式(proactive)维修大纲，用于保持(maintains)可靠性

飞机系统和结构在使用中发生的重要事件和故障，有些是对飞机适航性有潜在影响的事件，还有些是对经济性有重要影响的事件。对这些事件，除进行统计可靠性分析（如果需要）之外，还应进行事件可靠性分析，逐一调查，单独分析，采取相应的纠正措施。

2. 警戒值的确定

飞机的可靠性状况是通过当前与过去性能比较而鉴别的。这个表述过去性能的度量参数，通常称为警戒值。警戒值是一种事件出现的概率，如果实际状况超过了这一数值，要求进行一次调查。警戒值是根据过去 12 个月的使用数据确定的，并且每隔 12 个月重新计算一次，每次调整幅度不超过警戒值的 10%。警戒值用于飞机整机、系统、动力装置和部附件，以便描述期望的或不期望的趋势或状况。如果发现实际统计数值超过警戒值，则要求进行调查。因此，有时将警戒值称为上控制限(UCL)。

确定警戒值的依据是可靠性的概率理论，其要点是可靠性统计的各种事件都是随机事件，常用的可靠性参数概率分布模型有正态分布、泊松分布或威布尔分布，计算样本是在运行条件比较稳定、偶然因素起作用的情况下选取的，通常根据过去 12 个月发生的事件计算。

不同航空公司所选用的概率分布的模型不同，但最常用的是正态分布。下面介绍一种常用的正态分布的警戒值的计算方法。

警戒值(AV)或控制上限为

$$UCL=\overline{X}+K\sigma \tag{11-1}$$

式中：$\overline{X}$ ——平均值即 $\overline{X} = \sum X/N$；

X ——每月的比率；

N ——统计群数即统计计算的月数；

K ——计算因子(Factor)，旧称系数，其数值代表警戒值的置信水平；

σ ——标准偏差，即

$$\sigma = \sqrt{\frac{\sum X^2 - \frac{\left(\sum X\right)^2}{N}}{N-1}} \tag{11-2}$$

K 是计算的控制参数(警戒值)用概率表示的可信程度。根据正态分布的分散性统计，K 取 2 时，其假警告(虚警)率大约为 4.5%，而 K 取 3 时，假警告率大约为 0.3%。可靠性警戒值上控制限是标准偏差的 K 倍，计算时，上控制限的选择应使报警的数量合理，如果上控制限定得太高，会出现事件很多但仍不能报警的情况，如果上控制限定得太低，又会导致过多的报警。K 一般取 2，2.5 或 3。K 值大小与系统的性质和机群大小有关。在首次计算时，大机群和稳定的系统(如液力系统)取低值，小机群和跳动大的系统(如电子设备)取高值。警戒值确定之后，在使用中根据假警告的多少再进行适当调整。

从警戒值计算公式可以看出按照正态分布，警戒值是过去 12 个月数据计算的平均值再加上标准偏差的放大值，咨询通告 AC-121-54 给出了多种警戒值的计算实例。应当为每个所需要分析的系统或附件设置警戒值。该数值应设置得合理，使其处在这样的水平：应有一定的合理数量的警告，但不至于有大量的假警告。因为真、假警告并存，会造成对工程人员大的工作压力和不必要的调查分析。表 11.3 给出了不同航空公司在 20 世纪 90 年代确定警戒值的计算模型和公式。可供选择计算模型时参考。

表 11.3　可靠性警戒值的计算模型和公式应用举例

航空公司	监控参数	概率模型	警戒值计算
新加坡	机组报告率(按照 ATA 及前 3 月平均)	正态分布	$\overline{X}+3SD$
	发动机空中停车		
	附件非计划拆换率(RR)		
泛美(美国)	航班延误率(本月的)	泊松分布	$P(X)=\frac{\lambda^x}{X!}e^{\lambda}$ 置信水平为 97.5%
	航班延误率(前 12 月的)		
	空中停车率(前 3 月的)		
科威特	机组报告率(按 ATA)	正态分布	$\overline{X}+1SD$
西北航空公司(美国)	延误+取消率(本月的)，按 ATA 机组报告率(本月的)，按 ATA	近似泊松分布的正态分布	$P+3\sqrt{\frac{P\times 100}{N}}$
南方航空公司(中国)	所有监控参数	正态分布	$\overline{X}+(2-3)\sigma$
国际航空公司(中国)	附件拆换(监控 K^*，即 MTBUR)		$K=(0.6-0.8)K^*$
	其他监控参数	正态分布	$\overline{X}+(2-3)\sigma$

注：①SD 即为 σ，为标准偏差；②$\overline{X}$ 为样本的算术平均值；③λ 为延误或空中停车数；④P 为参数的平均率；⑤N 为样本数。

3.警告和警告状态

(1)警告。当每月的或三个月平均的出现率超过了上控制极限(UCL,即警戒值)时,则存在一个警告。根据所显示的比率和有无改善或恶化的趋势,区分为多种警告状态。

(2)警告状态。警告状态区分为以下5类:

1)黄色。黄色状态(YELLOW,Y),当连续两个月的比率超出警告水平,而三个月的平均比率保持在警告水平以下时,则出现黄色状态。这个状态也表示一种警告,提示后面的月份可能出现一个警告。

2)红色。红色状态(RED,R)。当三个月的比率超过了警告水平时便出现红色状态。

3)保持警告。保持警告状态(REMAINS IN ALERT,RA)。当两次或三次三个连续月的比率超过了警戒值并且当月的比率等于或大于上个月的比率时出现该状态。

4)观察。观察状态(WATCH,WA)。在开始警告之后,紧接着的下一个月的比率表示有所改善时,则属于观察状态。

5)解除。解除状态就是恢复到正常工作状态(CLEAR,CL)。当每个月的和每三个月平均的比率都低于所确定的上控制极限(警戒值)时,则恢复到解除状态。

(3)警告状态的例外情况。如果当月的比率返回到低于警戒水平以下,即使三个月的比率平均值仍可能高于警戒水平,警告状态也应该被解除。

4.警戒极限的修改

(1)可靠性部门应每12个月对警戒值进行重新计算。

(2)通常的增量幅度不应高于现行量值的10%。

(3)对所有高出10%的警戒值的修正,必须经可靠性控制委员会批准。

(4)如果一个系统参数保持在已建立的警戒值参数之上超过两个月,并且调查发现警戒值不正确,则可以重新设定警戒值。

5.新机队的警戒值

新机队没有足够的使用经验,可以使用行业数据来制定临时警戒值,典型的行业数据有飞机延误/取消率、发动机平均拆换时间、发动机空中停车率、部件故障率、非计划拆换率。因为警戒值是根据1年的运行历史确定的,对航空公司新引进的飞机和设备,所制定警戒值要覆盖0~15个月的时间,如果缺少行业数据,可以使用下述方法进行监控并制定临时警戒值。

(1)在前6个月使用期间内,可靠性部门将负责监控新设备的运行,根据相似设备的使用经验去发现不良的趋势。

(2)在6个月使用期结束时,临时警戒值将根据6个月的数据计算。这些警戒值将一直使用到第15个月,以便获得所需要的数据。

(3)在15个月使用期结束时,警戒值将根据前面12个月数据计算。

(4)作为上述总则的替代的方法,可以使用飞机制造方给出的可靠性指标来确定项目的可靠性标准。

6. 附件/设备的人工警戒值

(1)如果在前 12 个月没有提供某附件/设备的拆换信息,则应该确定一个人工警戒值以便供监控时使用。人工警戒值将一直使用到获得了可计算比率的数据为止。

(2)人工警戒值是基于在过去 12 个月期间每月出现半次失效而设定的。假设的人工警戒水平将用下列公式计算,即

$$人工警戒值=\frac{0.5\times 1\,000}{每架飞机数量\times 月平均飞行小时} \tag{11-3}$$

在使用这种警戒值时,如果在连续三个月期间的任何时候发生三次拆换,将会产生一次警告。

(3)所有人工警戒值必须得到可靠性管理委员会的批准。

航空公司维修单位自己修理的航空器部(附)件项目,也应在修理车间按照工作单(卡)完成检查、修理、试验,并签署工作单(卡)及相关记录,签发 AAC－038 表格,也可以采用某种内部修理施工记录单。但是,不论采用何种形式,都应按照可靠性管理要求进行统计分析,以便监控修理质量并促进其不断提高。

7. 小机队的警戒状况

统计可靠性的警戒值计算方法是建立在统计规律基础上的,当机队的飞机数量少(如少于 5 架)时,事件子样少,可设定在下述情况之一发生时,可靠性处于警戒状态。

(1)当监控参数 12 个月的统计平均值连续两个月存在上升趋势时。

(2)当监控参数的月统计平均值连续三个月存在上升趋势时。

机队的飞机数量较少时,除了按照上述情况设定警戒状态之外,主要进行事件可靠性分析,也可以加入其他运营人的可靠性管理系统或者制造方的可靠性管理系统。

11.1.2.3　数据分析

数据分析是通过将每月收集、计算的数据与警戒值进行比较,确定系统和部件的可靠性状况,研究其变化趋势,为工程调查并采取措施提供信息。

根据表示性能和维修状况的信息数据生成的统计报告和图表,联系以往记录的数据,分析现时的运行状况,选择一种计量维修工作有效性的方法,便可实现对维修活动的持续监控。数据处理功能提供了记录到的性能变化趋势或重复发生的偏差,并在月度机队可靠性报告中显示。这些报告应能识别出哪些是需要调查的项目。根据记录的飞行员报告、空中停车、航班延误/取消、非计划的发动机拆换,以及非计划的附件拆换等,参照 ATA 2000 规范第 13 章关于可靠性展示要求进行分析计算并生成图表,以展示性能的变化趋势。

当飞机、系统、发动机或部附件可靠性处于警戒状态时,可靠性监控部门应进行该项目的故障模式、原因及其影响后果的初步分析,确认警戒状态的正确性,发出可靠性警戒状况报告。之后,工程技术部门将进行详细调查与分析,制定和采取针对性纠正措施,并对其实施效果进行跟踪,对纠正措施的有效性做出评估。

使用和维修检查中发现的结构缺陷(如结构使用困难报告),应由工程技术部门逐月评

审，同时考虑制造厂家是否有相关服务通告，需要时执行通告或者采取其他纠正措施，其中包括对机队其他飞机进行检查，或者修改维修方案。以下通过对性能评估、分析系统和工程调查的阐述，进一步说明可靠性分析要求。

1. 性能评估

维修可靠性方案要求通过每月的性能水平与已制定的警戒值相比较，来确定系统或部件的可靠性状况。

(1)当警戒出现时，可靠性经理负责提醒相关的部门。

(2)当出现红色状态时，可靠性部门将进行一次初始调查，来确定在红色警告区每一项目的警告状态的正确性。不正确的警告由可靠性经理以适当的文件取消。

(3)达到了红色状态的系统、附件或动力装置，将显示在每月的可靠性报告上。

(4)当任何一个附件、系统或动力装置进入了红色警告状态，可靠性经理将在该月底通知相应的工程技术人员。工程技术部门将对每个确定的警告项目展开综合的调查，找出原因。

(5)工程技术部门将提出纠正措施的建议，包括维修计划的更改，提交给可靠性控制委员会讨论决定。

(6)红色警告的纠正措施将在警告出现的下一个月发布的可靠性报告中汇总。

(7)如果某个项目“保持警告”持续三个月，则需要对“保持警告”项目重新评估。

2. 可靠性初步分析

可靠性管理的初步分析包括系统、附件和动力装置警告分析，结构故障分析和重要事件分析，其结果为机群的可靠性报告提供素材。

(1)飞机系统故障信息。按照ATA章节分析机组报告故障率、延误率、取消率，用于确定各系统可靠性状态，成为系统工程师下一步分析研究的基础，飞机系统、附件和动力装置的警告信息，由工程部门人员审核，每月将以机群可靠性报告形式发布。飞机系统可靠性的性能参数主要包括：

1)机组报告故障，对报告故障进行统计分析，识别系统状态。

2)根据机组每天报告的故障，由维修控制中心(MCC)确定重复性故障，以便排除并安排适当的维修措施。

3)对使用困难报告(非结构性的)进行调查分析，按规定报告和统计。

4)质量控制或MCC的经理，每月向工程部门报告重大故障和重复故障，以审核故障发展趋势，分析原因并制定纠正措施大纲。

5)从定期检修中发现的重大的非例行项目。在定检(C检或更高级检查)中发现的故障、缺陷，每月以机群可靠性报告的形式发布，由工程部门决定是否需要更改维修方案或采取其他纠正措施。

(2)飞机结构故障信息。飞机结构故障(疲劳裂纹、腐蚀和偶然损伤)一般随使用时间(飞行小时、起落次数、日历时间)的增长而增加。一架飞机上发生的结构故障，可能构成对该机型的一次警告，并可能由此触发对全机队的检查或抽样检查，需要注意以下几方面：

1)所有飞机结构故障都应填写结构使用故障报告,由质量部门或维修控制中心定期将发现的结构故障和缺陷通知结构工程部门。

2)结构工程部门审核每一个结构故障报告,以确定是否涉及 SSI 或 PSE 项目或重复发生的项目,决定需要采取的措施。

3)应特别注意收集结构检查和改装中发现的结构腐蚀、裂纹等损伤,对复合材料结构应特别关注分层和脱胶等损伤。

4)发现腐蚀损伤应按照 CPCP 要求处理,对于重要结构项目故障,在向管理当局报告的同时,应通知飞机的型号合格证持有人。

5)每月的机群可靠性报告,汇总了结构故障报告和相应的纠正措施。

(3)重大故障信息。重大故障是可能对飞机使用安全和经济性造成严重影响的故障,至少应包括 CCAR－21 部(故障、失效和缺陷报告)和 CCAR－121 部规章(使用困难报告)要求的飞机运行中发生的事件。

每一次重大故障,均构成对飞机(或系统)工作不正常的一种警告。凡重大故障发生后,工程部门应进行调查、评估,制定纠正措施并向有关部门报告,特别是影响飞行安全的危险故障,应在立即采取预防措施的同时,及时向管理当局报告,同时通报飞机型号合格证持有人,如果有必要,应对机群实施紧急预防和纠正措施。在机群的可靠性月报里应包括重大故障的描述以及采取的措施。

3. 工程调查和报告

当一个主要性能参数进入警告状态时,工程技术部门应该及时进行调查分析,提出系统或部件警告状态分析报告。有些警告分析要求相互参照,如机组报告故障率应该与相应部件警告情况进行比较,便于查清原因,制定纠正措施。对工程调查和报告的主要要求如下。

(1)工程调查必须深入维修第一线,查找出发生故障的真实原因,研究故障发生和发展过程,必要时应进行实验室分析或请制造方工程部门支援工程调查。质量不高是很多运营人的维修项目越来越多、维修间隔越来越短的重要原因。

(2)分析报告应该阐述将系统性能恢复到一个可接受水平所需要的措施,并提出监控纠正措施有效性的方法。

(3)在进行重复故障鉴定时,要重视限定时间和发生次数,更要重视故障原因和现象的相似性,只考虑时间和次数,忽视对于重复故障鉴定的全面考虑,可能会导致重复故障判定方面的失误。

(4)分析报告通常不应晚于可靠性部门发布警告通知后的一个月,但以下情况除外:

1)由于超出了工程技术部门控制的因素,可能需要推迟分析。例如,缺乏足够的数据,这些数据要等待车间检查报告、实验室分析或供货厂家分析报告。

2)只有工程技术部门经理可以将分析报告推迟。该决定必须以书面形式说明理由,并包括在所有随后的机群可靠性报告中,直到分析完成、给出结论为止。

3)工程技术部门的分析不得推迟超过三个月,若超过三个月,则应每月报告进展情况。

11.1.2.4 纠正措施

纠正措施是用可靠性方案进行维修控制的核心，可靠性管理重在纠正，每次发生超出规定的偏离，都应有相应的纠正措施。纠正措施由工程部门制定，由可靠性控制委员会批准实施，并在随后的运行过程中监控其实施效果。

1. 纠正措施按以下程序和要求进行

(1)对所有的警告项目和重要事件都必须进行调查，根据需要采取措施。

(2)负责项目的工程技术人员，应向可靠性委员会提供调查分析报告和纠正措施建议。调查结果及采取的纠正措施均应在可靠性月报告中发布，纠正措施可能包含对机群实施状态检查。

(3)纠正措施可能从一些可靠性事件转变为维修方案的更改，或者是操作规程的改变。也可能需要进行某种修理和改装，执行某项 SB 或 SIL。

(4)纠正措施可能需要对机械员、修理人员和检验员进行补充培训。

2. 纠正措施及其实施文件

不同的纠正措施，应采用不同的维修文件。在大多数情况下，纠正措施和实施文件的对应关系见表 11.4。

表 11.4　纠正措施和相应的实施文件

序号	纠正措施	实施文件
1	计划维修间隔更改	可靠性控制委员会指令或工程指令
2	维修方式或者工作内容更改	可靠性控制委员会指令或工程指令
3	修订容差和/或规范	工程指令(EO)
4	机群的状态检查、改装或者修理	工程指令
5	修改维修工艺和程序	政策和程序手册或工程指令
6	改进排故技术	维修手册修订
7	提高人员素质	培训大纲和课程表

3. 纠正措施的实施和监控

(1)纠正措施执行：

1)一旦制定了与发生问题相关的纠正措施，如工程指令，则该指令将被看作是“可靠性命令”。

2)纠正措施必须在规定的时间期限里完成。时间的长短，应通过评估问题的严重程度来确定。如果一个纠正措施进度有必要延长时，相应的生产计划和控制部门将发出一个书面要求，连同延期申请的正当理由一起交给质量保证和控制部门的领导。这里所述的正当理由可以包括但不限于：①器材订货需延长的时间；②特殊技能或设备需要延长的时间；③由于 E0 修改版而增加的工作范围；④结合两个或更多的计划维修时间实施，或与某一具体检查时间相结合。

3)纠正措施执行最长的延期时间不应超过下一次 C 检或类似等级的检查。

(2)机群的可靠性月报汇编了每个警告项目的纠正措施,按照 ATA 章节分析机组报告故障率、延误率、取消率,用于确定各系统的可靠性状态。对于超过警戒值的系统和项目,应采取相应措施;对于正常状况的系统和项目,可用于改进维修方案、批准保留工作项目和评估制造方提供的 SB/SIL 等。

(3)监控(跟随)。通过监控飞机、系统、动力装置和部附件的可靠性性能参数的变化,可判定纠正措施的有效性。如果相关的比率降低并返回到原有的正常值,则认为纠正措施有效,否则,需要更改或重新制定措施。这种有效性监控在有的文件中称为跟随(纠正措施的跟踪),也有的称为纠正措施状态,表明纠正措施的各种指令的效力及其执行效果。因此,机群可靠性报告应包括一个当前该项目的比率与所完成措施后受影响飞机的比率及其变化,用比率是否恢复到正常状态衡量纠正措施的有效性。在监控纠正措施的有效性时,应注意以下方面:

1)受影响飞机完成纠正措施百分比的增长,应能通过当前系统比率的降低而反映出来。

2)所有未完成纠正措施的技术状态,将在每月机群可靠性报告中列出,直到系统可靠性水平返回到正常状态为止。

3)如果纠正措施信息表明,性能没有返回到原有的正常水平,没有达到纠正效果,则需要重新制定纠正措施,重新开始新一轮的监控。

4)应定期对纠正措施的有效性进行审查评估,取消那些不合理或没有效益的措施,避免出现维修项目越来越多、维修间隔越来越短的状况。

(4)附件和设备的监控及对无故障发现的管理。通常,航空公司将可拆换的附件和设备称为航线可更换件(LRU)。为做好 LRU 的可靠性监控工作,有的将其分为重点监控件和一般监控件。对重点监控件逐月进行可靠性分析和通报,而一般监控件可每季度或半年进行分析和通报。对 LRU 的非计划拆换率和故障率等可靠性状况的警告,可能会导致实施改装、车间范围内的纠正、对有故障的零件处置、维修任务的修改和间隔的缩短等措施。对 LRU 监控应关注以下几方面问题:

1)应区别非计划拆换件和验证的故障件。航线可更换件(LRU)的非计划拆换是航线维修人员根据故障报告分析确定拆换的附件和设备,验证的故障件是被拆换的附件和设备经过验证确认的故障件,它是设计制造水平和修理质量的体现。

2)LRU 的真实故障拆换率,可作为确定适宜的维修方式和维修周期的参考。

3)无故障发现(NFF)是航线拆换的故障设备在验证试验时没有故障再现。无故障发现表明产品性能是好的,用拆换 LRU 排除故障的工作是无效的。设备的总拆换率减去确认的故障率称为无故障拆换率,有的单位用误拆率(无故障数与报告故障数的比值)表明用拆换方法进行排除故障的有效程度,也反映相关人员的技术和管理水平。

4)对于 NFF 件的追溯、调查和反馈,是一项很有意义但又容易忽略的工作。做好这方面的工作,既可以用于评价相关维修人员的技术素质,又可以反映修理质量高低。有的单位使用"NFF 件处理单"进行追溯管理,要求技术、质量、送修和修理车间进一步调查,必要时装机试验验证。如果 NFF 件装机检查再次证明设备有故障,则确认 LRU 是故障件,否则,需要进一步分析其他原因，排除隐蔽故障和缺陷。

11.1.3 对可靠性方案的管理

对维修可靠性方案的管理包括可靠性管理机构，可靠性方案的申报、评审、批准、修改和执行等。可靠性方案经管理当局批准后，由运行合格证（AOC）持有人管理和控制，由管理当局的运行监察员监督。

11.1.3.1 可靠性管理机构

可靠性管理机构的权威性和活动的有效性，直接影响维修可靠性管理的成效。可靠性管理的机构通常由可靠性控制委员会及其所属部门组成，有的航空公司在该委员会之上又设立技术评审委员会，它负责对可靠性方案的有效性进行控制和评估，并对可靠性方案的修改进行审批。不同航空公司维修可靠性管理机构的设置和工作流程不同，对于大的航空集团公司，在维修可靠性管理委员会下面设立若干机型或类似机型专业委员会，对分管机型实施可靠性管理。

维修可靠性控制委员会（MRCC），有的航空公司称为可靠性控制委员会（RCB），国外有的资料称为航空公司“维修大纲审查委员会”。其组成情况依据航空公司的不同情况而异，以下是该机构组成的一般原则。

(1)可靠性控制委员会由一批各方面最熟悉情况的资深专家组成，包括正式成员、顾问委员和咨询专家。

(2)该委员会正式成员由航空公司副总经理或总工程师任主席，维修单位总经理和机型主基地负责人任副主席，其他成员由质量保证和控制（质量保证、控制和可靠性）、技术服务（工程技术、生产计划、航材保障和培训）、飞机维修（包含维修控制中心/MCC 和维修车间）、发动机和附件翻修等部门主管和技术负责人组成，正式成员通常为 8～12 人，日常工作由可靠性办公室负责。

(3)正式成员以外的其他人员可以聘请为顾问成员（顾问没有表决权），还可根据需要聘请若干咨询人员参加可靠性会议。

(4)大型航空公司可以按照类似机型单独组织若干可靠性控制委员会。

(5)需要超过半数的正式委员会成员参加才能召开一次可靠性委员会会议。如果某一成员不能出席，可授权该成员单位的其他人员出席。正式成员超过半数同意，才能成为会议决议。

(6)可以邀请管理当局代表以顾问或观察员身份参加可靠性控制委员会会议。

11.1.3.2 对可靠性控制委员会的授权和职能

可靠性控制委员会应遵循可靠性方案开展工作，实施集体决策机制。主要负责评估可靠性报告、批准纠正措施和维修方案的更改，决定可靠性方案修订，保证维修工作符合标准并对发出的警告通知进行跟踪调查、保证纠正措施得到实施等。经管理当局批准的可靠性方案授予可靠性控制委员会对飞机维修方案进行修改的某些职责，如定期维修间隔延长不超过 10%，单个附件修理时限延长不超过 15%等。但是，根据管理规章和 MR 日报告规定不允许航空公司修改的项目，不能通过可靠性方案进行延长和修改。

1. 可靠性控制委员会的主要职能

(1)批准对可靠性方案的所有更改(某些更改还需要管理当局的批准)。

(2)应评估工程部门对维修方案更改和纠正措施的建议。

(3)维修方案的更改需要可靠性委员会正式成员多数表决通过，经过委员会主席批准。

(4)可靠性控制委员会主席在工程指令或更改单批准栏内的签名(注明日期)，表示维修方案的更改或可靠性指令已获委员会批准。

(5)对纠正措施实施情况进行跟踪，对纠正措施的有效性进行评估。

2. 可靠性控制委员会会议的主要任务

(1)评估机群运行状况和可靠性报告，审查维修工作是否达到了所要求的标准。

(2)评估纠正措施和维修方案的修改。

(3)批准或授权批准月度可靠性报告。

(4)决定可靠性方案的修改。

(5)按可靠性方案要求，确保调查和纠正措施顺利执行。

(6)研究机队可靠性状况和需要采取的措施。

可靠性控制委员会会议每月至少召开一次，会议记录或备忘录由可靠性办公室负责存档，备忘录由主席签字，可靠性控制委员会的实质性资料应存档。

11.1.3.3　维修机构各部门在可靠性管理方面的职责

维修和工程(M&E)机构设立很多部门和系统，在维修可靠性控制委员会组织领导下，维修和工程机构的下属单位应各负其责，从各个方面提供和收集维修和可靠性信息，共同保证可靠性方案的实施。

1. 可靠性办公室

可靠性办公室通常设在质量保证和控制部门，也有的单位设在工程技术部门，负责日常的维修可靠性管理，是可靠性控制委员会的常设机构。经可靠性控制委员会主席批准的纠正措施，由可靠性控制委员会发布、监督实施和评估。

(1)收集定期性报告所需的信息和数据。

(2)准备编写趋势分析报告并提出与延长维修时间有关的统计数据。

(3)完成可靠性方案所需的详细的统计分析，提出每月的警告状况。

(4)如有必要，进行初步的调查，以核实不利趋势和/或警告。

(5)在机群可靠性报告中列出警告和纠正措施计划，保留纠正措施的记录。

(6)将飞行员重复性故障报告转送给 MCC。

(7)提供附件时限更改或维修工艺更改的性能数据。

(8)准备并分发月度可靠性报告和图表。

(9)在每月机群可靠性报告中编辑重大故障和纠正措施。

(10)跟踪纠正措施、可靠性指令和工程指令的完成情况和有效性。

(11)检查维修方案修改执行情况。

2.工程技术部

工程技术部负责制定维修标准、程序和方案,保证适航审定部门提出的安全性项目和运行要求的维修检查项目按照规定执行,并对可靠性方案证实的警告情况进行调查和分析。

(1)进行各项警告的调查评估,并将结果和建议的纠正措施提交可靠性委员会审查批准。

(2)实施调查分析并收集信息,以支持维修时间调整和维修工艺的更改,提出维修方案修订计划,该计划包括修订的各项维修检查任务和实施频度等。

(3)分析可靠性数据,对需要采取工程措施的月警告项目制订纠正措施方案,深入进行工程调查并鉴别纠正措施的可行性。

(4)审核重大故障并确定纠正措施方案,颁发工程指令,通过执行改装或服务通告来改进飞机、系统、动力装置和部件的可靠性。

(5)收集发动机拆换和车间发现的问题,收集修理措施和翻修的数据,以支持工程调查。

(6)审核C检和D检中发现的重大非例行项目,决定是否需要采取进一步措施。

(7)评审飞机、发动机和设备制造厂家颁发的SB、SL等信息,决定是否需要执行,如果执行,应颁发工程指令。

(8)保证适航审定部门提出的安全性项目(包括适航性限制项目、审定维修要求、适航指令、零部件寿命限制等)按照规定执行,并反馈执行中发现的问题。

(9)编写重要修理和重要改装方案或实施报告,向施工现场提供技术支援,对纠正性维修提供排故支援。

3.生产计划和控制部

生产计划和控制部是维修单位生产指挥和信息的汇总单位,主要职责如下。

(1)从所有维修工作中收集服务信息数据,包括维修记录本的故障记录和纠正措施、部附件拆换动态和跟踪、飞机延误/取消报告、发动机拆换和空中停车等。

(2)计划并安排飞机的维修和检查,附件更换,以及飞机、系统和附件的改装。

(3)保证修改的工作文件(工作单、表格等)是完整的,并将其印发给维修部门。

(4)收集维修部门的实施维修和改装的信息。

4.其他部门

其他部门包括维修部门、翻修和修理车间、维修控制中心(MCC)、维修培训部、航材保障部等,各管理部门和各生产单位(包括合同维修单位)应按照机构的分工和职责,保证飞机的适航性和可靠性控制方案正确、有效地实施,提供维修和改装中发生或发现的所有信息,以及对纠正措施的跟踪信息。

11.1.3.4 可靠性方案的申报、评审和批准

航空运营人申报可靠性方案,文件中应包括系统运作的要素、对维修方案和维修单位的

要求，以及所要求的其他文件和对方案的详细说明。如果航空公司准备加入其他航空运营人或制造方的可靠性管理体系，还应当有正式的书面协议并附有相应的可靠性管理体系说明。

对可靠性方案的检查和评审，是批准该方案的必要步骤，其目的是确保可靠性方案能有效地管理和控制维修。该项工作可参照 CAAC 咨询通告 AC－121－54 及其修改和 FAA 管理指令(Order 8900.1)第 3 卷第 40 章“批准 121/135 部维修可靠性大纲”，第 6 卷第 2 章 31 节“检查批准的可靠性大纲”和 33 节“检查合同可靠性大纲”等文件进行。在评审和检查可靠性方案时，要特别注意以下问题。

(1)方案是否规定了评审周期(含性能标准的重新核定周期)。

(2)在可靠性控制中提出的纠正措施，是否在相关手册中所反映并被执行。

(3)批准的方案更改是否分发到所有相关单位。

运行合格证持有人应提交维修可靠性方案和相应标准，并确定维修可靠性方案已包括在运行规范(OPS)的 D 分部(维修)的项目中，但并不需要将整个文件都放入运行规范。由于各运营人提交的供局方批准的方案之间的差别，运行规范将随运营人的不同而应有所差异。

维修可靠性方案应由管理当局审查批准。这种批准包括两种相互关联的批准。一种是由地区主管部门或主管检查员在方案控制页上的批准；另一种是在运行规范中的授权批准。当整个飞机或动力装置都由一个可靠性方案控制时，在授权部分应明确由批准的可靠性方案所控制的飞机和动力装置的维修方案。FAA 在运行规范使用表 D075 对可靠性方案进行授权，CAAC 在运行规范中对可靠性方案进行批准，标准格式是运行规范格式批准号 D0013(见咨询通告 AC－121－001)。CAAC 颁发的持续适航监察员手册(CASM R2)第 2.1 章 16 节给出了可靠性方案审批的工作程序和标准。

运行规范格式化准页对可靠性方案和维修方案的使用做出明确规定，主要包括如果合格证持有人不能按照可靠性方案对其维修方案的有效性进行持续监控，管理当局将重新评估其维修方案的有效性，并根据保证飞行安全的需要提出必要的额外限制或要求。管理当局有权按照规章的要求持续对可靠性方案进行评估，并对任何不符合的问题提出改正要求。合格证持有人必须对当局提出的问题及时采取适当的改正措施，否则将造成可靠性方案批准的自动失效。可靠性方案批准的失效，将造成当局重新评估其维修方案的有效性，并根据需要提出必要的限制或要求。

11.1.3.5　可靠性方案的修改

可靠性方案应每年进行修改，以保证可靠性监控系统是一个持续有效的闭环控制系统，特别应关注对警戒值进行修订。

(1)对可靠性方案的所有修改，须经可靠性控制委员会或技术评审委员会的批准。对超过职权范围的方案修改，在经可靠性控制委员会同意后，应向管理当局申请并获得批准。

(2)需要管理当局批准的可靠性方案的修改包括：

1)与可靠性计量及性能标准有关的程序。

2)数据收集系统和分析方法。

3)维修方案的修改程序,包括 MSG-2 和 MSG-3。

4)取消对某些附件/系统参数的分析。

5)增加或删除机型。

6)涉及可靠性方案管理机构的变化,即与方案管理有关的所有程序和组织的更改。

7)管理当局的其他要求如 CAAC 要求对维修间隔调整的工作程序,FAA 要求对 A 检或更高级别检查间隔一次增大超过所批准间隔的 10%,或超过运行规范所授权的其他限制。

(3)可靠性方案批准程序,可靠性办公室起草修改方案,并将它交给可靠性控制委员会审查或批准,如需要报管理当局批准:

1)在页面之内修改行左侧或右侧用修改竖线标明,每一页下方应有更改日期,并应当包括带有当前修改日期的有效页清单,在备有标明修改日期的修改版控制页上签名。

2)可靠性方案的变更,首先应经可靠性管理机构负责人批准,然后根据情况确定是否需要经过局方批准。如果需要,可靠性控制委员会主席批准后还应获得管理当局的批准,并在修改版控制页上签字。对不需要管理当局批准的修改,应在修改控制页的“管理当局批准”一栏中注明“不适用”。

3)对可靠性方案任何不符合规定的项目,管理当局有权要求运营人进行改正,对认为可接受的变更内容,管理当局将在变更后的有效页清单批准可靠性方案的变更。

(4)管理当局在收到可靠性方案修改版之后,进行评估或者批准,取得批准或认可之后,可靠性办公室应出版并分发可靠性方案修改版。

根据可靠性控制委员会批准的“手册持有者一览表”来分发修改版,管理当局应当能收到对可靠性方案的所有的修改版的复印件,并对运营人提供的原始数据、图表、报告和统计数字等进行评估、监督。

11.1.3.6 执行经批准的可靠性方案及其发展

执行经管理当局批准的可靠性方案,除了定期发布可靠性报告之外,还授予了航空公司修改飞机维修方案的某些职责。对维修方案在授权范围内的修改,可以由可靠性委员会主任批准,而不需要管理当局批准。这是民用航空行业普遍采用的用可靠性方法控制维修的重要内容。

批准的可靠性方案,为航空承运人提供了控制和修改维修方案的授权。对于维修方案修改有时称为优化,包括维修任务的增加/删除和维修间隔的延长/缩短,其中包括确定维修方式、维修工作及其间隔时限的标准。在运营人的可靠性方案中,详细阐述了修改这些时限的程序和限制,但不包括适航性限制项目等强制执行的指令性维修要求和有特殊规定的项目。因此,运营人按照批准的程序对维修方案进行修改,可以简化管理程序、提高工作效率,如果运营人遵守这些程序,而且随时接受管理当局的检查,则他们对维修方案的修改就是有效的。

通过执行经管理当局批准的可靠性控制方案,航空公司可以不断修改维修方案,逐步达到有效维修和经济维修。可靠性需要通过维修来保持,但不可能比原设计的固有可靠性更高。然而,不恰当地维修或缺乏维修将会降低可靠性,过度维修又会带来新的故障。如果按照可靠性方法进行了恰当的分析,则可找到飞机每个部件、系统或设备最合适的维修类型、维修工作及其频度。如果分析发现飞机设计缺陷或某些产品可靠性状况不符合要求或存在不可接受的安全隐患,可向制造方提出改进设计的信息和建议,制造方将根据情况颁发服务通告或设计更改通告。航空公司通过实施新的改装,可以提高产品的可靠性。

鉴于维修可靠性方案的局限性,FAA 规章要求实施持续分析和监督方案。不过,如果航空公司仅仅实施持续分析和监督,对维修方案进行的任何修改都必须经过管理当局批准。航空公司只有实施经批准的可靠性方案及持续分析和监督方案相结合,才能在优化维修方案、保证飞行安全、提高经济效益和改进管理等方面发挥更大作用。

11.1.4　航空公司的可靠性报告和使用信息报告

航空公司定期发布的可靠性报告通常按照 ATA 2000 规范要求编写,有共同的显示形式和项目。使用信息报告程序是管理当局收集使用信息的方法,其目的是将使用中发生和发现的各种信息,尤其是适航性和可靠性方面的信息,提供给管理当局和制造方,以供他们控制、评估和指导,共同保持航空器的持续适航。

11.1.4.1　航空公司的可靠性报告

航空公司的可靠性报告的显示形式和内容基本相同但又具有各自的特色。近年来,在不断改进可靠性报告的同时,增加了发动机的性能监控报告,增加了 ETOPS 飞机使用可靠性状况报告等。

1. 机队状况汇总报告

该报告给出公司所有机队和分机型的机队可靠性状况汇总,也可以按照主管地区给出机队可靠性状况汇总。

2. 重要事件报告

该报告和说明给出飞机使用中发生的失效、故障和缺陷,至少应包括 CCAR-121 部 121.707 和 708 条要求的使用困难报告,还应该包括造成较大经济损失的事件。

对于适航性限制和审定维修要求项目检查发现的问题,应及时向制造方和管理当局报告。对于 MRB 报告中规定的除了适航性限制、审定维修要求和有特殊规定项目之外的时控项目,对其进行可靠性分析、评估后,确定有必要延长或缩短项目的间隔时,也应按程序审批。

3. 飞机延误和取消汇总(前三个月)

延误和取消影响签派率(有的称为出勤可靠度),是旅客比较关注的问题。有些公司将延误、取消和飞行中断合并,称为运营可靠度或者航班正常率,该项目考核飞机技术原因对航空公司的航班正常率的影响。

4. 延误和取消率及机组报告故障率(曲线)

给出连续 12 个月每 100 次运营飞行延误和取消率曲线，以及连续 12 个月每 100 次运营飞行机组报告故障率变化曲线。

5. 按 ATA 章节分类的机队延误和取消

分析各 ATA 章节对延误和取消的影响，识别可靠性状态，然后对超警戒的章节进行 12 个月的趋势分析，给出该章每 100 次离港延误取消率变化和警戒值曲线。

6. 机组报告故障总结

分析机组报告故障在各 ATA 章节的分布，识别警戒状态。然后对超警戒的章节进行 12 个月的趋势分析，给出每 100 次离港机组报告故障率变化和警戒值曲线。

7. 部附件拆换和故障情况

(1)分析各 ATA 章节监控部附件(LRu 或 COSL 清单件)非计划拆换和故障率，识别警戒状态。然后对超警戒的部附件进行 12 个月的趋势分析，给出每 1 000 飞行小时部附件非计划拆换率和故障率变化并与警戒值曲线进行比较。对长期处于良好状态的部附件，可作为延长维修间隔的重要参考；对处于警戒状态的部附件，应进一步调查、分析。

(2)有的航空公司使用平均非计划拆换时间(MTBUR)或平均拆换间隔时间(MTBR)以及平均故障间隔时间(MTBF)来表示部附件非计划拆换和故障情况，按照装机时间进行区分，对使用时间短的每个附件进行通报。根据修理报告统计分析，对过去 12 个月内误拆换率或误送修率大于设定值(如 20%)的每个附件进行通报，要求采取措施。

有的航空公司和制造公司每三个月发布一次附件可靠性报告，对每个附件非计划拆换和故障情况进行通报，或者对非计划拆换率大于设定值的每个附件进行通报。有的飞机制造公司在年度附件拆换报告中，对每个附件同时给出了平均非计划拆换时间、平均拆换间隔时间和平均故障间隔时间。

(3)航空公司目前已确定的定时控制项目、零部件更换是由成本、技术和可靠性状况驱动的。航空公司根据情况确定的定时更换项目，应依据该部附件在某一时期内性能恶化的趋势以及影响派遣可靠度的情况确定。

航空公司自己决定的时控项目的管理，原则上与维修方案中的时控项目采用相同的规则管理，但是应该特殊编号、定期进行评估，对于自己决定的管理政策，应制定详细说明。对自定义的时控项目维修间隔进行调整或变更监控方式，应报可靠性委员会批准。

(4)典型航空公司在工作程序中采用的主要程序：

1)可靠性办公室对航空器部附件的 MTBR 和 MTBF 进行分析、评估，提出某种部附件应上升为时控项目的建议。

2)工程技术室根据手册或服务通告的要求，结合相应部附件的 MTBR 或 MTBF 进行分析、评估，以书面的形式提出部附件上升为时控项目的建议。

3)可靠性办公室召集质量控制、工程技术和维修车间等部门人员参加的可靠性委员会议，对拟修改为时控项目的建议进行评估和讨论，提出建议，报可靠性委员会审查批准。

4)航空公司自己决定的时控项目的管理，原则上与维修方案中的时控项目采用相同的规则进行，但是应该特殊编号；可以对自定义的时控项目的监控时间间隔进行调整或变更监控方式，但必须报可靠性委员会批准。

(5)对厂家服务通告(SB)规定对某一部件执行的周期性的检查项目，原则上不纳入时控件管理，应将检查项目纳入相应的定期维修工作包，对于难以纳入定期工作的项目，则颁发《工程指令》，由可靠性办公室或由生产部门实施。

(6)有的航空公司对附件质量信息由多个部门管理，对承修商的质量评估由质量审计部门进行，附件可靠性监控由可靠性部门进行，SB 评估由技术部门进行，备件索赔由航材部门进行。如果综合应用质量和可靠性管理原理，建立附件质量和可靠性跟踪系统，将附件的使用可靠性、修理质量(修理件使用时间、返厂、索赔等)、附件 SB 评估和对承修厂审计的信息相互交换、综合分析，按照信息闭环管理的要求，相关部门建立统一信息综合系统，齐抓共管，共同为提高修理质量、降低成本努力，可以容易达到公司的目标。这种信息综合系统还可以向前延伸到制造方质量评估，向后扩展到订货和库存管理等环节，形成完整的附件质量和可靠性管理系统。

8.发动机状况报告

发动机状况的详细报告将在发动机监控报告中给出，以下情况需要列入飞机的可靠性报告。

(1)发动机性能汇总。发动机性能汇总(全部发动机和不同型号发动机)包括连续 12 个月和上年同期的发动机工作时间和循环次数、非计划拆换(包含原因和措施)、计划拆换、便利拆换和发动机空中停车等情况。

(2)发动机非计划拆换分析。发动机非计划拆换分析按非计划拆换的主要失效模式分为发动机本体和非本体两类，对于发动机本体还可以细分到单元体，以便监控单元体状况并制定预防措施。

(3)发动机空中停车的故障分析。发动机空中停车通常按照本体和非本体区分为两类，按照 12 个月滚动计算发动机空中停车率。发动机空中停车率按照飞行小时和飞行循环次数分别计算。

9.ETOPS 飞机使用状况报告

该报告给出飞机执行延程运行(ETOPS)的飞行次数和飞行小时，以及每架飞机的飞行时间累计，并给出 ETOPS 运行要求的其他符合性说明，包括发动机状态监控程序的应用(如符合 CCAR－33 R2 持续适航文件要求的情况)，发生的重要事件、原因和采取的措施。

10.结构故障缺陷报告

飞机结构的裂纹、腐蚀、偶然损伤和其他损伤，应该说明是否属于重要结构项目(SSI)或主要结构元件(PSR)，结构故障应单独报告并进行事件可靠性分析。

11. 机群纠正措施状况

说明机群纠正措施名称、发布时间、执行时间限制、责任单位和完成情况，另外需要对执行纠正措施完成后的性能进行监控，验证纠正措施的有效性。

12. 其他

认为需要报告的其他可靠性状况，如航线重点监控发动机报告、APU 拆换和附件车间修理报告等。

飞机可靠性报告项目，有的航空公司按照机型逐项列表分析和展示，有的按照机型用组合图表展示（如将日利用率、延误取消率、机组报告故障率、重要事件报告率和发动机空中停车率等曲线集中在一张表中展示）。航空公司的可靠性报告应尽可能与制造方发布的机型可靠性报告相协调，便于相互比较。

11.1.4.2 运营人应报告的重要信息

按照规定报告使用维修信息，既是国际民航公约对缔约国的要求，又是管理当局对航空器型号设计机构、航空运营人和维修机构的要求。国际民航组织在公约附件 8 中指出，所有缔约国必须"确定航空器在服役期间的资料，运营人、负责型号设计机构和维修机构应向适航当局报告这些资料"；还应保证"登记国对该航空器发生的所有强制持续适航资料通知设计国"；并且确保"将对航空器持续适航造成或可能造成不利影响的故障、失效、缺陷和其他事件的资料通知负责该航空器的型号设计机构"。CAAC 在航空规章 CCAR－21.8 条"故障、失效和缺陷报告"以及 121.707 条和 121.708 条"使用困难报告"等条款对相关单位提出了信息报告要求。这些规章条款要求，航空运营人在使用、维修航空器过程中，必须履行以下职责。

（1）在运营人的手册中必须有一种方法能使飞行员将发现的机械故障及时通告运营人的维修人员，以使这些故障得到及时排除。

（2）根据运行规章要求，每个运营人及其维修单位必须在其飞机维修记录本上记录出现的机械故障或推迟维修的机械故障，并记录随后完成的纠正措施。

（3）运营人必须按规定将使用困难报告（SDR）或机械可靠性报告（MRR）等呈交给管理当局。

（4）运营人有义务将使用困难和机械故障及时报告给航空器型号持有人。

CAAC 颁发的咨询通告 AC－121－60《民用航空器使用困难报告和调查》为航空运营人正确收集、调查和提交使用困难报告和机械原因中断使用汇总报告提供指导。

11.1.4.3 运营人和维修单位信息报告的主要项目

1. 运行事件报告

运行事件报告是航空器在使用过程中发生和发现的符合运行规章 CCAR 要求的运行使用困难、结构使用困难以及特殊要求的故障报告。航空器使用困难报告（Service Difficulty Reports，SDR）区分为运行故障报告和结构故障报告。CCAR－121 部规定了要求报告以下类别的信息：飞机系统的失效、故障和缺陷；对于飞机结构，主要是腐蚀、裂纹和胶结结构(复合材料)分层。运营人还应报告确认已经危及航空器运行安全的信息、可能危及航空器运行安全的信息，以及特殊要求报告的信息。

(1)运行使用困难报告。民航规章 121 部和 135 部明确规定，飞机系统发生影响安全飞行和正常着陆的失效、故障和缺陷事件应向管理当局报告(具体事件类型见 CCAR 第 121.707 条和第 135.439 条)。

(2)结构使用困难报告。民航规章 121 部和 135 部明确规定，飞机结构发生可能对结构完整性产生负面影响的事件或者发现的失效现象进行报告(具体事件见 CCAR 第 121.708 条和第 135.441 条)。

(3)特殊要求报告的信息。飞机新增加的航行系统和设备，需要按照规定报告使用中发生的故障和失效。

(4)运营人应对发生上述情况后 24 h 内向管理当局指定部门报告，同时还应报告上述信息的检查结果和处理情况。

运营人上报的信息可采用 CAAC F 121－6001(见表 11.5)“使用困难报告”或其他管理当局所要求的报告表格(如使用 FAA 表格 8070－1)，或者任何符合运营人的管理系统的其他表格形式。

表 11.5　CAAC 的使用困难报告(F 121－6001)基本格式

<table>
<tr><td colspan="2">1.航空器注册号/型号</td><td colspan="4" rowspan="2">中国民用航空局
使用困难报告
(□运行/□结构)</td><td rowspan="2">3.报告编号</td></tr>
<tr><td colspan="2">2.航空运营人</td></tr>
<tr><td rowspan="3">4.基本信息</td><td>(a)运行种类</td><td></td><td>(b)航班代码</td><td></td><td>(c)发生日期</td><td></td></tr>
<tr><td>(d)发生地点</td><td></td><td>(e)发生阶段</td><td></td><td>(f)涉及主要系统</td><td></td></tr>
<tr><td>(g)故障现象</td><td></td><td>(h)预防/紧急措施</td><td></td><td>(i)故障件/更换件名称</td><td></td></tr>
<tr><td>5.问题描述和纠正措施</td><td colspan="6"></td></tr>
<tr><td rowspan="2">6.提交单位信息</td><td>(a)单位编码</td><td>(b)提交人</td><td>(c)提交日期</td><td>(d)联系电话</td><td>(e)E-mial 地址</td><td>(f)审核人</td></tr>
<tr><td></td><td></td><td></td><td></td><td></td><td></td></tr>
</table>

2.机械中断汇总报告

机械中断汇总报告(MISR)是 CCAR 第 121.709 条和第 135.443 条的要求，其目的主要用来评估运营人机群的使用情况和性能，并对运营人维修活动和手册程序及有效性进行评价。机械中断汇总报告包括机械可靠性报告中未说明的航班中断和改航、备降情况，不属于机械可靠性报告范围的航班中断，以及发动机非计划拆换和其他需要报告的事件。运营人每月应提交“机械原因中断使用汇总报告”，包括因机械原因出现的下述情况的汇总报告。

（1）中断飞行。

（2）非计划更换飞机。

（3）延误、备降或者改航。

（4）因已知或者怀疑的机械原因引起的非计划换发。

（5）汇总报告还应包括航空器运营时间、起落次数，发动机的工作时间/循环次数等。

CAAC 咨询通告 AC－121－60 要求机械原因中断使用汇总报告包括航空器本月使用数据汇总表、发动机本月使用数据汇总表、航空器信息变化表和发动机信息变化表，机械原因中断使用汇总报告要求使用 F 121－6003 表的格式进行报告。

3. 维修单位的缺陷和不适航状况的报告

维修单位应根据 CCAR－145 部要求，报告在使用和维修中发现的缺陷和不适航状况。CCAR－145.34 条要求维修单位报告缺陷和不适航状况。该条款要求维修单位应当将维修过程中发现或者出现的故障、缺陷和不适航状况进行报告，主要是影响民用航空器安全运行和民用航空器或航空器部件适航性的重大缺陷和不适航状况，以及其他重要情况。缺陷和不适航状况包括以下内容。

（1）航空器、发动机、螺旋桨或直升机旋翼系统结构的裂纹、较大的永久变形、磨损或严重腐蚀。

（2）发动机系统、起落架系统和操纵系统的可能影响系统功能的任何缺陷。

（3）任何应急系统没有通过试验或测试。

（4）维修差错造成的航空器或者航空器部件的重大缺陷或故障。

维修单位应将维修中发现的缺陷和不适航状况同时通知航空运营人。当维修单位认为是设计或者是制造缺陷时，还应当将有关情况通知航空器或者航空器部件的制造厂家。

4. 重要修理和重要改装报告

对按照 CCAR－121 部、CCAR－135 部和 CCAR－91 部运行的航空运营人，必须按照规定向管理当局报告在飞机上进行的重要修理和重要改装，同时将情况报告航空器型号合格证持有人。对于租赁的飞机，还应报告出租人并得到他们的认可。

5. 人为差错报告

CCAR－121.710 条是运行中人为差错报告要求，合格证持有人应当在事件发生 72 h 内向管理当局报告运行中出现的飞行机组成员、维修和其他运行控制人员发生的人为差错。维修人为差错可以参照 AC－121－007 咨询通告和安全管理体系要求进行调查分析。

11.1.4.4 对使用信息的分析和反馈

航空运营人根据运行规章要求报告使用和维修信息，同时将对航空器持续适航造成不利影响的故障、失效、缺陷信息通知制造人。制造人也需要根据 CCAR－21 部规章要求报告制造、试验、维修和使用信息。这些信息，是航空器安全运行的基本资料。航空器制造人、运营人和管理当局应用这些信息进行持续分析和监督，不断改进航空器及其持续适航文件，不断改进运营和维修管理。

管理当局在收到运营人的使用困难或故障报告后，首先由管理当局的检查员进行评审，确认故障及其分类，对运营人报告的运行事件进行审查、分析，并确定是否需要进一步采取措施，同时通报管理当局的工程人员（审定部门）；之后，由管理当局的工程人员进行评审，这是对设计、制造及运营的又一次综合审查和评审，检查人员和工程人员的评审各有其重点，是相辅相成的，双方可以互相提醒和建议，但不能互相取代，在航空史上曾出现过信息中断的管理漏洞，致导致严重航空安全事件。

除了制造方采取措施之外，管理当局可能采取或要求采取颁发适航指令、要求对产品进行改装、更改维修要求或检查方法、进行安全性检查和调查，同时进行飞机故障发生趋势及航空安全趋势分析，保证机队的安全运行。

应努力提高运行和维修信息的准确性、及时性和完整性，认真实施闭环管理，落实纠正措施，充分发挥信息在提高质量、保证安全和改进管理等方面的作用。在对使用困难报告和机械可靠性报告进行统计分析时，应注意不同目的选择不同素材。每一型飞机的总体资料分析，用于评价机型整体或 ATA 章节或某个项目的技术状态。在运行过程中表现出来的故障，说明飞机的运行安全性和可靠性状况。在维修检查中发现和排除的故障，用来评价飞机的技术状态、维修人员的技术和能力，以及维修计划的有效性与航空器的固有属性和技术支援缺陷有关事件，用来评价设计制造水平和客户支援能力等。

民航科学技术研究院开发的使用困难报告系统，是根据民用航空规章要求研制的民用飞机机械故障信息系统，通过基于互联网的数据收集平台，收集、整理航空器在使用过程中发生或发现的使用困难报告和运营数据，结合单独事件调查，对正在运行的航空器及其发动机的故障趋势进行分析和研究。同时，该系统也广泛收集、整理了国外运行航空器及其发动机的相关数据，实现国内外同型飞机和发动机的运行状况对比。所有的信息分析、处理结果都可以发布在系统平台，实现信息共享，为管理当局决策提供技术支持，为航空公司改进管理和制造方改进设计提供信息。

11.2　设计制造人的可靠性管理和统计分析任务优化

很多航空器制造人在维修经济和可靠性工程系统建立了可靠性管理体系，通过收集、交换和分析航空器使用、维修和试验信息，定期发布报告，促进了航空器改进并指导用户正常使用和维修。FAA 在咨询通告 AC－121－22B 提出，如果制造人制定统计分析任务最优化（SATO）大纲，可以通过优化 MPD 帮助特定运营人优化维修方案，这是制造方可靠性管理的深化和发展。

11.2.1　制造方/型号合格证持有人的可靠性管理

20世纪80年代以来，每个型号合格证持有人都建立了机型的可靠性管理体系和专门机构，有的称为可靠性和维修性工程，有的称为维修经济和可靠性信息工程。这些专门机构通过对飞机运行性能进行持续跟踪监控，全面管理和监控机群的可靠性，不断优化维修计划文件和改进产品，形成完整的可靠性监控闭环管理体系，并定期发布机型的可靠性报告，指导飞机的使用和维修，也是制造方宣传自己产品的一种重要手段。常见的有波音公司的航空公司服务经验或服役中飞机季度使用总结，以及空客公司可靠性报告(月度服务报告)等。制造方通过信息搜集和分析以及纠正措施系统，不断改进航空产品并提出修改维修大纲的建议。

(1)飞机型号合格证持有人可靠性机构的主要职责是收集设计、制造、试验、使用和维修中的故障和可靠性信息，对故障和缺陷进行分析研究，协调制造方和设备供应商的资源，制定纠正措施，向飞机运营人提出相关改进建议，并对其实施效果进行跟踪监控对维修大纲(MRB报告)和MPD的执行情况进行跟踪，根据飞机使用和维修可靠性数据，对预定维修的间隔时间、维修工作的合理性等进行分析，为持续改进维修大纲以及改进产品设计和制造提供信息。

当运行的航空器发生重大故障后，型号持有人、航空运营人、维修单位和有责任采取纠正措施的其他单位，应按照规定向管理当局报告，并提供有关故障说明和历史资料，配合相关人员进行故障调查、分析，型号合格证持有人应对故障进行深入分析、制定纠正措施，如果经过故障调查、分析认为需要进行设计更改或产品改进时，应及时准备相应技术资料和器材。这些改进和纠正措施涉及运营中的航空器时，应及时颁发服务通告(SB)，帮助运营人实施改装。

飞机型号持有人可靠性管理遵循国际航空运输协会(IATA)认可的ATA 2000规范第11章和第13章规定的标准。这些标准是航空公司和MRO与飞机制造方、供应商、发动机制造方、管理当局之间的资料交换的标准化要求。通过这些标准的实施，可以改进信息收集、度量和交换的相容性，提高效率，使产品平均故障间隔时间(MTBF)达到最优值，最终实现改进产品降低成本并减少差错的目标。

(2)尽管可靠性报告有统一的标准，但每个型号合格证持有人的可靠性报告都有自己的特色，典型的航空器制造方可靠性报告的项目包括：

1)说明。

2)定义。

3)使用可靠性。

4)系列飞机机队状况。

5)某型飞机机队状况。

6)各用户使用可靠性与日利用率比较。

7)各用户使用可靠性与平均每次飞行时间比较。

8)双发动机飞机延伸航程运行。

9)每个 ATA 章的运行中断分布图。

10)每型发动机的使用技术数据。

11)每型飞机机队的主要纠正措施状况。

除上述基本项目外，有的还给出按照飞机制造序列号的总信息，每架飞机从出厂累计的飞行小时/起落次数，航空公司数据等。这些报告的主要指标可以详细到每个承运人。航空承运人可以使用这些报告评价自己机队的运行情况和管理水平，改进运行和维修管理。另外，有的制造方定期发布动力装置系统可靠性状况报告，以便加强对发动机的可靠性监控并在使用和维修方面向用户提供指导。

需要特别指出的是，在很多制造方发布的可靠性报告中，给出了故障率高或造成发动机拆换最多的 10 个系统或项目，对这些系统和项目进行详细分析并提出补充维修检查或改装建议，对航空公司和维修单位都具有重要的参考价值。

11.2.2　制造方用统计分析方法对特定用户维修任务的优化

统计分析任务优化（SATO）是一个术语，描述原设备制造人（OEM）/型号合格证持有人（TCH）制定客户化维修计划文件（MPD）的基本要求，以便帮助客户优化计划维修要求。OEM/TCH 应用数学驱动技术，将多家运营人使用特定型号飞机在不同运营条件和环境下的数字进行组合，形成一个大机队抽样数学模型，以便优化参与项目运营人维修方案中的任务和间隔。统计分析任务优化是 FAA 颁发咨询通告 AC－121－22B《维修审查委员会报告、维修型号委员会和 OEM/TCH 检查大纲程序》第 13 章的基本要求。

SATO 不是故意取代运营人的可靠性大纲，它是运营人自愿选择使用的，也是制造方扩展可靠性信息分析的一种模式。如果 OEM/TCH 希望帮助自愿参与的运管人优化维修方案中的任务和间隔，首先应制定 SATO 大纲。为此，必须为运营人设计一个框架，同时，OEM/TCH 将同管理当局相应的飞机评估组（AEG）共同工作，并在维修审查委员会（MRB）一级对制造方提出的优化建议进行评估。

1. SATO 大纲要素

制造方（OEM/TCH）统计分析任务优化大纲最少包含以下要素。

(1)一个按照 ATA 2200 规范或等效规范格式制定的从运营人到 OEM 的数据传递系统。

(2)一个服务数据大纲，以便将运营人提供的数据信息进入相应的适用表格和栏目。

(3)一个飞机维修可靠性数据库。因此，OEM/TCH 必须有一个数据质量确认系统，以便在工程分析之前保证数据清楚和有效。

(4)一个优化数据的统计模型。

2. 运营人参与条件

如果运营人希望参加 OEM/TCH 统计分析任务优化系统，OEM/TCH 将给予认可，运营人必须符合 OEM/TCH 提出的条件，包括提供 OEM/TCH 优化大纲可接受的机队详细的历史资料，以及飞机处于最佳运行状态的完整数据（从飞机交付开始到设定的时间）。如果运营人达不到上述要求，OEM/TCH 提出的大纲将确定一个运营人可做到的最低数据基线。

3.优化特定用户维修计划文件(MPD)的程序

OEM/TCH 应制定一个 SATO 程序，将运营人提供的数据同其他参与 SATO 项目的运营人以及机队数据进行综合分析，形成一个大的机队抽样数据，用这些数据去优化特定用户 MPD 中的维修任务。SATO 程序应符合以下要求。

(1)OEM/TCH 推荐优化的任务，AEG 主席或其代表对受影响的飞机进行评估，然后决定对推荐的优化任务进行征求意见，主任检查员(PI)与受影响飞机的运营人在最后决定之前有机会评价被提议的优化任务。

(2)当技术价值感到满意时，AEG 将 OEM/TCH 的推荐发送到主管部门(如 FAA 的 AFS-302)进行政策评估，最后共同确定认可。

(3)OEM/TCH 将认可的推荐(优化的 MPD 维修任务)分发到所有参与 SATO 大纲运营人。

(4)参加 SATO 的运营人应合并新修改的 MPD 任务进入他们的航空器维修方案(大纲)，然后递交到主管检查员(PI)审批。

参加制造方统计分析任务最优化(SATO)大纲，是航空公司优化维修计划的自愿选择。仅适用于同意并提供数据参加 SATO 大纲的运营人，才被允许使用最优化的 MPD 修改自己的维修方案。

波音公司在波音 787 飞机《政策与程序手册》(PPH)中提出的维修间隔确定和优化工具(MIDOT)是一种可供选择的类似 SATO 的辅助工具，可用来评估已经收集到的类似系统和附件的可靠性信息，帮助确定和修改维修任务和间隔。

11.3 航空维修安全管理

现在人们逐渐认识到，绝对安全是不可能的，安全是个相对概念。安全是一种对风险的管理，是指将与航空器运行相关或直接支持航空器运行的航空活动的相关风险减少并控制在一个可接受水平的状态。因此，人们所说的安全是一种状态，即通过持续的危险识别和风险管理过程，将人员伤害或财产损失的风险降低并保持在可接受的水平或以下。

国际民航组织要求国家应建立安全方案，所有航空服务提供者必须建立并实施安全管理体系(SMS)，并对此提出了具体要求。经批准的航空运营人、维修机构、培训机构等都属于服务提供者。航空维修机构从事航空器维修和工程方面的任务，既可能是航空运营人的一部分，也可能是经批准的独立维修机构，或者是两者兼备的双重身份，同时还可能包含培训机构。CAAC 已将安全管理体系要求列入 CCAR-121 部，并对运营人和维修单位提出了具体要求。

航空维修的安全包括两个方面：一是人员、设施、设备和工具的安全和卫生；二是维修机构提供的航空器符合规定，能够安全运营。

11.3.1　有害材料和危险物品管理及维修安全

在维修中使用的某些消耗材料和航空附件对人体、环境和部附件是有害的或者是有危险的，必须加强管理，创造必要的安全环境。航空运营人和维修单位通常将这些要求包含在维修安全大纲和手册中，列入质量部门管理。维修安全大纲是工业安全的重要方面，主要是指人员、设施、设备、工具的安全和卫生，内容包括职业安全和卫生标准、有害材料和危险物品管理，以及维修工作安全和人员健康等。

CAAC 对地面安全的要求列入民用航空行业标准，FAA 在运行规章修订时增加了“危险材料培训大纲”。这些规定和制造方在维修和检查工作中关于安全的提示和警告，构成了维修工作的安全性要求。近年来，维修界提出的绿色维修，使维修安全大纲进一步发展。

11.3.1.1　有害和危险材料的管理程序和说明

有些航空附件和在维修中使用的某些材料对人体、环境和其他附件是有害的或者是有危险的，如放射性物质、碱性材料、易燃材料等。因此，必须加强对相关人员的培训，提供使用、保护、储存和搬运等方面的知识，通报使用这些材料的环境和条件要求，以便对相关人员提供保护，创造必要的安全环境。

过去，涉及有害材料和危险物品方面的要求是由劳动部门颁发的，近年来，FAA 在规章修改时，增加了有害材料和危险物品方面的要求，主要包括 14 CFR－121 部的第 Z 分部和 14 CFR－135 部第 K 分部“危险材料培训大纲”，以及 14 CFR－145.206 条“危险材料授权的通知”等。如果维修实施中使用的飞机附件或消耗材料包含有害物质或危险物品，应防止这些附件和消耗材料对人员的伤害。

1. 专门标识并对相关培训

进行专门标识并对相关人员进行培训，同时在管理手册的程序进行说明并达到以下要求。

(1)帮助、提醒、指导相关人员在从事维修、运输、存储和保管时，鉴别包含有害物质的飞机附件和消耗材料。

(2)提示人们对含有危险物质和有害材料的飞机附件和消耗材料进行安全运输、存储或处理。

(3)为包含有害材料和危险物质的飞机附件和消耗材料确定正确的包装、标记、标签，并考虑材料之间的相互影响(兼容性)。

(4)提供信息和指导，以便防止对包含有害物质的飞机附件和消耗材料在不符合条件的情况下进行危险的移动和储存。

(5)提供信息、说明和详细程序，指导相关人员对包含有害物质的材料和物品使用后进行安全处理。

2. 储存化工危险物品

储存化工危险物品，应当符合下列要求。

(1)化工危险物品,应按分类存放在不同货架上,相互之间保持安全距离。

(2)对于遇火、遇潮时容易燃烧、爆炸或产生有毒气体的化工危险品,不得在露天、潮湿、漏雨或低洼容易积水的地点存放。

(3)受阳光照射易燃烧、易爆炸或产生有毒气体的化工危险品和桶装、罐装等易燃液体、气体,应当在阴凉通风地点存放。

(4)化学性质相互抵触的化工危险品,不得在相互接触的区域存放。

(5)定期检查库存化工品,对于过期、老化、损坏的化工品应及时清理。

(6)废弃的化工品由管理人员随时分级、分类收集,定点存放,集中处理,不得任意丢弃、掩埋。

11.3.1.2 维修工作中的人员安全和健康

维修工作中的人员安全和健康是维修安全大纲的主要内容之一,该大纲应符合国际标准(ISO 14001《环境管理体系要求》和 OHSAS 18001《职业安全和健康管理系统要求》),参照民用航空标准 MH 3011.1－3011.26《民用航空器维修地面安全》和 MH 3013.1－3013.9《民用航空器维修职业安全健康》的相关标准编写,其内容至少包括以下内容:

1.安全管理的责任制度

应建立安全管理的责任制度,明确规定安全管理的责任人和责任单位。

2.安全生产方针

坚持"安全第一、预防为主"的安全生产方针,当生产或其他工作处于不安全状态或不能保证生产或其他工作安全运行时,生产或其他工作应服从安全。各级领导在管理生产的同时,负责管理职业安全和健康工作,并将职业安全健康纳入生产经营考核的内容。

3.建立各种安全管理制度和安全操作规程

安全管理制度和安全操作规程主要包括安全生产岗位责任制,安全生产检查制度,设备定期维修保养制度,安全教育和培训制度,职业安全健康制度,特种作业人员的安全作业培训、资格认证和上岗制度,生产区域和工作场所的安全要求,有害工种防护规定,安全生产应急措施等。

另外,在劳动生产过程中应遵守维修手册中有关安全的提示或警告,维修工作单也应对于影响安全的任务、工序给出提示或警告。各航空公司对危险品仓库和各类危险品的防护措施都列入了公司的管理细则。

4.职业安全与健康

为了改善劳动条件,确保职工生产劳动过程中的安全与健康,应按照国家有关标准对职业卫生进行评估,建立职业健康管理档案,按照规定安排有害工种人员疗养和休假。定期对存在有害因素的工作场所和生产区域进行检测,并根据检测结果采取改进措施。

对于维修中产生有毒、有害物质的生产设备、物料和工艺等应采取监控措施,保证工作者的安全与健康,并确保释放的有害物质浓度符合劳动卫生标准。应根据化学危险品在其材料安全数据单(MSDS)中所描述的物理、化学性质来确定使用者的防护用品及其他注意事项,预防职业性危害,防止污染环境。

5. 事件与伤害报告

如果生产中发生不安全事件、事故与伤害,应按照规定报告主管部门和管理当局,查清原因,采取预防措施。国家标准 GB 14648—1993《民用航空器飞行事故等级》、GB 1843—2001《民用航空地面事故等级》和民航标准 MH/T 2001—2015《民用航空器事故征候》对航空事故、不安全事件与伤害等级以及报告和预防进行了规定。

11.3.1.3　努力开创绿色维修

噪声、油耗和二氧化碳排放是影响全球环境的主要因素,各航空公司正在为保护环境积极开展工作,一些维修企业提出"绿色维修"的口号,并且在这方面取得了一定成效。目前,在绿色航空和绿色维修方面采取的措施如下:

(1)开发和推广生物燃料替代石油燃料。

(2)采取飞机瘦身措施,控制和减少不必要的飞机重量。

(3)尽量使用地面电源,减少 APU 使用。

(4)增加飞机清洗次数,减少燃油消耗。

(5)积极推广定期实施飞机构型符合性检查并调整其构型等节油措施。

(6)大力开发生物清洗方法并在维修清洗中推广应用,以替代化学清洗剂。

推广绿色维修并进行研究和创新,使维修安全大纲包含人类安全和生存方面更广泛的内容,这是维修安全和健康管理的新领域,是对维修工作的新挑战。

11.3.2　航空维修安全管理体系

由于航空维修工作的特点是点多、面广、工种复杂、工作环境差,经常要求在有限时间完成特殊工作,发生差错的概率高,再加上维修差错具有时间滞后和地点转移的特点,使一些维修差错不能及时发现或者被掩盖。因此,维修机构实施维修和改装,保证航空器持续安全运行,更需要扎实推进安全管理体系建设。

维修安全管理体系建设应参照国际民用航空公约附件 19、国际民航组织编写的《安全管理手册》和 CAAC 颁发的咨询通告并结合单位实际情况和发展阶段,制订方案、分步骤实施、持续改进。成功的维修安全管理体系需要用行政和企业方法管理、有效实施安全管理方案、持续进行安全监督和方案评估。航空维修中潜在的安全风险与维修时所处的环境、条件有关,包括组织因素、工作环境和条件及工作人员的能力、情绪等可变因素,很多文件列出的维修工作中的程序偏离、维修事件诱发因素,是识别潜在安全风险的重要参考。

11.3.2.1　综合应用行政和企业方法管理安全

为了保持航空器的持续适航,除了飞机系统采用余度设计、增加备用系统及结构采用损伤容限设计之外,在维修领域采取了综合的安全防护措施。这些措施主要包括维修组织的认证,维修人员资格认证和持证上岗,详细的标准操作程序、工作单,RII 管理,换班记录和完成工作后的放行签署，必须完成适航性限制、适航指令等指令性项目，建立事件报告、质量控制以及持续分析和监督系统等。航空运营人和维修单位，应在这些安全防护措施的基础上，建立安全管理体系，综合实施各种手段，保证航空器持续安全飞行。

（1）维修机构在确定采取哪些方法管理安全时，必须考虑上级要求和单位的具体情况，综合应用行政和企业方法管理安全。该方法要求考虑规章要求，维修机构的大小、性质、经验、工作范围和企业文化等因素，主要包括：

1）安全方面的组织安排。大型公司应设立安全主管并建立维修安全委员会。

2）文件和记录管理。在一个维修单位，安全管理体系的成功与否，与文件和记录系统的质量和及时性有很大关系。

3）资源分配。安全管理需要足够的管理和检查监督人员，需要足够的经费。

4）安全文化。安全文化由共同的信念、态度和程序构成，安全文化是企业文化的主要部分，需要通过安全宣传不断培育积极的安全文化。

运营人和维修单位的领导层对于安全的态度，极大地影响其员工对安全的态度和做法。维修单位不良的安全文化可能导致不安全的工作方法长期得不到纠正，使一些安全隐患长期存在。纠正这种情况，取决于管理层能否提供足够的资源和营造积极的安全文化。

（2）维修安全管理的主要手段。航空维修安全管理体系有效运作，离不开建立在安全风险决策基础上的安全保证。维修安全管理的政策必须转化为程序，成为维修工作的标准，并且对它进行持续控制。根据知识、经验和数据分析，制定并实施维修工作单，可将意外失效风险降低到可接受水平，这是维修工作的基本经验。维修安全管理体系常用的手段主要有：

1）明确规定并强制实施的标准操作程序。

2）对适航性限制、审定维修要求、适航指令等指令性维修项目，严格按照规定实施和管理；MSG-3 分析影响安全的维修项目，严格控制和实施。

3）科学制定 RII 和管理制度，并严格按照规定执行。

4）实施基于风险的资源分配，落实维修疲劳风险管理要求。

5）建立危险和事故征候报告系统，鼓励自愿报告。

6）进行飞行记录数据分析和可靠性分析。

7）定期进行安全审计，实施趋势监测、安全分析和成本效益分析。

8）对与维修相关事件进行深入调查，根据安全风险管理原理制定纠正措施。

9）进行安全管理培训和宣传。

10）加强维修人员不安全事件及工作诚信记录管理，加大对有意违规的处罚。

11）制定信息交流、沟通和反馈制度并认真贯彻。

对于维修人员不安全事件及工作诚信记录的管理，是维修人员资质和安全管理的重要组成部分。为适应民航维修行业的快速发展，加强维修人员的资质管理，促进维修人员不安全事件及工作诚信记录管理的规范、完整与连续性，2015 年 7 月，民航局发布中国民航维修人员不安全事件及工作诚信记录管理规定。该规定对于建立安全文化，提升航空安全水平发挥着重要作用。

（3）培育优良的安全文化。思想是行动的先导，文化是思想的源泉。文化是一个民族的精神和灵魂，是国家发展和民族振兴的强大力量，也是行业发展和企业兴盛的重要支柱。安全文化是民航行业文化的重要组成，先进的安全文化发挥着教育引导、价值整合、行为规范的重要作用，通过大力推进民航安全文化建设，可以为民航强国建设和持续安全提供强大精神动力和文化支撑。

安全文化影响着员工的职业道德、工作作风，树立优良的机务维修作风，是先进安全文化的体现。处罚文化也是安全文化的一个方面，在维修领域建立和谐的处罚文化，可以有效地减少维修差错，提高飞行的安全水平。和谐处罚文化的意思是在决定是否处罚一个发生维修差错的人员时，应综合分析各种因素，检查管理制度规定的多重防护措施为什么没有防止人为差错的发生，看有无其他的诱发因素，然后再决定加重或者减轻处罚。有的航空公司在成功地实行了和谐的处罚文化之后，飞行中重大事故减少了 48%，维修原因造成的航班延迟减少了 16%，维修差错减少了 67%。

安全管理体系倡导全员参与，使员工成为安全管理中的风险共同承担者，只有全体人员共同参与并发挥积极作用，主动为安全多做贡献，才能不断提高安全运行水平，实现运营人的持续安全目标。安全责任制和安全文化建设是相辅相成的，推进安全管理体系建设，应该紧紧围绕安全责任制的建立和落实，通过落实民航局提出的“企业的安全主体责任、政府的安全监管责任、领导者的安全领导责任和员工的安全岗位责任”，可以健全安全责任体系，带动安全文化建设。

安全文化是企业文化的核心，应建立“以人为本”的维修企业文化，企业文化是在经营实践中逐步形成的为全体员工所认同、遵守，带有本企业特色的价值观念。良好的企业文化就像是一座桥梁，更像是一根纽带，把企业和职工紧紧地联系在一起，让职工感觉到强烈的归属感和自豪感。员工在优越的维修企业文化中，把为企业工作看成是一种快乐和自愿的行动，企业文化才能持续地发展，并不断适应新形势的需要。只有这样，企业才会生机勃勃，充满生命力，创造优良的安全业绩。在维修人员按照标准程序和安全要求圆满完成维修任务的情况下，企业应积极为员工着想。企业应该建立这样一种安全文化，使从事维修的员工能够做到发生差错后会无顾虑地立即报告，从事维修的员工会主动去查找安全隐患，高质量地完成每一项维修检查工作。

11.3.2.2　对于维修中的程序偏离进行管理

航空器维修要求对维修中的程序偏离和差错事件进行管理。因为与维修相关的事故和事故征候与维修中的程序偏离有关，包括发生偏离时规定的程序和做法，甚至包括小缺陷发展到故障前对其进行观测和检查的不足和差错。建立完善的工作程序和工作步骤是降低风险的最好手段，无计划的工作和不良程序则会大大增加风险出现概率。在航空器维修中，经常使用的可靠性调查、质量调查、使用困难事件调查和维修人为差错调查等，都是对偏离进行管理和发现风险的重要方法。SMM 第 1 版的第 19 章“航空器维修”要求对在维修中的程序偏离进行管理，推荐使用维修差错辅助决断工具（MEDA，与 CAAC 咨询通告 AC-121-007 等效），是一种对维修中的程序偏离和差错进行管理的系统方法。应用该方法对维修差错进行分析，可以发现和跟踪导致维修差错的各种因素（诱因），从这些因素选择危险源，按照安全风险管理方法进行深入分析，制定纠正和预防措施。

维修差错是维修人员非故意行为造成的航空器状态偏差，是一种个人或群体的行为。维修差错管理基本原理是机械员不是有意犯错的，维修工作中发生的差错是由一系列的诱发因素导致的。大部分诱发因素与维修机构的运作程序有关，可以通过管理控制。因此，通过改进管理，消除诱发因素，可以避免差错重复发生。维修人为差错事件调查和分析，是航空维修单位落实安全管理体系的重要方面，应该通过持续分析安全风险并采取纠正和缓解措施，不断减少维修差错数量、降低差错等级。维修差错分为两类：一类是在维修过程中产生的，另一类是在维修检查中可以发现但未发现的不安全征兆。过去在人为差错调查中，常倾向于考虑单个的人，忽视了人的集合。在制订解决方案时，大多数掩盖了事故根源是潜在的组织差错和缺陷。为了揭示系统范围内诱发差错的条件，必须仔细分析系统和组织缺陷，在分析差错发生的根源时，要识别出组织差错、个人差错，找出诱发差错的组织原因。安全管理体系特别强调找出诱发差错的组织原因，有预见地从组织上、系统上解决航空安全问题。

在维修人为差错调查分析时应该特别注意人力资源状况，很多维修差错和违规与人力资源缺乏有关，在人力资源缺乏的情况下，人员疲劳造成差错的风险增大，维修工作的组织者和执行者还可能采用各种不断违反规则和程序的行动。

11.3.2.3 进行人类工程学评审和干预

ATA 113 规范《维修人为因素大纲指南》和民航行业标准 MH/T 3010.18《维修人为因素方案指南》推荐制订人为因素管理方案，并进行人类工程学评审和干预。

人类工程学评审，是指为改进人的表现并减少差错，从人类工程学的角度对工作场所、组织机构和工作任务等进行调查分析和评估，通常使用 SHEL 模型（人与软件—硬件—环境—生命件的匹配情况）或 PEAR 模型（人—环境—措施—资源）进行分析，提出干预措施。其目的是使人们所从事的工作适应人体解剖学、生理学、心理学的各种特征。它将注意力集中在承认人具有身体上和心理上的局限性，如果需要人们有效地进行工作，必须考虑这些局限性。

采用人类工程学干预措施的程度，取决于可用资源的多少。资源花费需要根据风险大小和成本效益分析来确定，特别应注意不能只考虑成本效益而忽视风险增大对安全的影响。人类工程学干预措施调查，至少应从已报告过的运行事件（如空中停车、中断起飞、空中返航、改航、延误和取消等）开始，不断扩大调查范围，特别应重视未报告的、风险大的典型差错事件。

应用人类工程学干预或预防，对维修中人、机、任务和管理及其之间的界面进行持续的评估，对有可能发生的潜在事件或已发生的造成后果事件进行识别和研究，分析原因，采取预防性措施，提供预测的安全管理措施。这方面最典型的是在维修中执行“双重维修项目的限制”（从事 ETOPS 运行必须遵守的要求）。

11.3.2.4 应用预测性方法改进安全管理

航空安全战略包括三种操控手段，对应有三种安全管理方法。人为差错的安全调查分析属于被动和主动操控手段，除此之外，还需要应用预测操控手段。预测操控手段是一种最好的管理安全的方法，它是通过各种信息分析努力发现组织和系统缺陷，而不是坐等它的出现。因此，预测操控需要积极寻找安全信息，这些从各种渠道得到的信息可以显示出多方面的安全风险。

成熟的安全管理体系将被动、主动和预测的安全数据收集系统结合起来，并综合采用这些风险减缓策略，制定相应的风险减缓方法。在制定风险减缓策略时，应注意三种安全数据收集系统的每一种信息都是在运行的不同层次上发生的，每一种都会在实际运行偏离的不同阶段发挥作用。

在实际维修过程中，危险源是持续存在的。如果不被遏制的话，它们会一直随着偏离发展，并导致潜在破坏性的增加。在实际运行和维修偏离的起始点或初期，它们没有机会去表现其破坏性，危险源通常不会造成任何伤害；在运行偏离的过程中，如果任由危险源发展，它就会逐渐积蓄其破坏性；当危险源达到实际运行偏离最大的这一点时，它就已经积蓄了足够大的破坏力，包括使系统严重崩溃。因此，最重要的就是尽可能在最接近实际运行偏离的初始点附近找到危险源并采取措施。

在飞机损伤容限结构设计的裂纹检查中，从初始裂纹到可检裂纹再到临界裂纹，安排多次检查并及时修理，对附件/设备的潜在故障检测以及发动机性能趋势监控等手段，都是在维修技术领域控制偏离的例子。在 RII 方面规定的检验政策、人员独立管理原则和培训要求等都是运行规章在控制偏离、保证安全方面的例子。

11.3.2.5　维修安全管理体系的有效性评估

持续的安全监督和方案评估，是安全管理的主要方法，应通过以下方式进行。

(1)应用定期审计、事件评估和信息反馈等手段确保维修安全管理体系各个要素充分发挥作用，维修单位为了持续保持高的安全标准，应该定期对所有维修活动，特别是员工维修工作之间的联系环节进行安全审计、监督和评估。

(2)对于组织内的每种重要变化(如组织机构改变，机队、设备、系统变化，维修能力和工作范围变化等)进行评估和管理。

(3)维修单位可以按照《安全管理手册》(SMM)第 2 版第 7 章附录 2 给出的差距分析模板进行定期和不定期评估，找出自己的安全管理系统与国际民航组织要求的差距，为不断完善和改进安全管理系统提供素材。

(4)在安全管理体系方案评估时，应关注对以下问题是否得到满意的答复。

1)在事件和事故征候报告中反映的趋势是什么(按照机型和章节分类)?

2)危险是否正在被识别和解决?

3)是否已经为维修安全管理体系提供了充分的资源?

4)管理者在多大程度上成功地建立了积极的安全文化?

维修安全管理体系应帮助维修机构建立良好的安全文化，在这种文化氛围下，员工认识和发现差错后可无顾虑地向组织报告。

(5)根据国内外维修管理经验和统计分析，应特别重视评估维修安全管理的有效性，这些问题主要表现在以下方面：

1)安全风险管理和安全保证程序的完整性和有效性。

2)维修文件(包括工作单)的充分性、正确性和适用性。

3)管理者上下级之间和维修单位内部横向沟通质量。

4)质量保证和质量控制系统的有效性。

5)影响人的行为能力的环境因素以及维修疲劳风险。

6)培训是否包括与工作相关的知识和技能,培训质量能否满足工作要求。

7)识别系统危险的差错报告及趋势分析系统。

8)为消除识别出的安全隐患或降低风险,对实施的改进措施的完整性和正确性是否进行跟踪分析。

9)是否具有容许发生差错的文化和无惩罚的安全文化。

10)采用被动、主动和预测的风险减缓策略及风险减缓方法情况。

11.3.3 航空维修安全管理体系(SMS)

11.3.3.1 SMS 发展的背景

航空业各领域都离不开安全管理,安全管理在国际民航组织 ICAO DOC 9859《安全管理手册》中有详细要求,附件 1,6(第Ⅰ部分、第Ⅲ部分),8,11,13 和 14 要求:各国应建立国家安全纲要(SSP),以使航空运营达到可接受的安全水平。作为 SSP 的一部分,各国应要求培训机构、航空经营者、维修组织、航空器设计/制造者、空中交通服务提供者和验证合格的机场经营者实施国家认可的安全管理体系(SMS),不断提高安全绩效。

SMS 已经脱离了航空科学的范畴,叫作“系统安全”。系统安全起源于 20 世纪 60 年代,当时许多重大的损失使人们明白,航空工业需要一个有组织的方法进行损失控制,这个方法包括人、机、环境。这三者是系统安全的特点和信条。之后产生了安全的有组织的、综合的观点,这使许多航空活动获得了成功。其他行业看到了系统安全所带来的优势,也纷纷采用了这种方法。

SMS 的发展是安全管理思维的演变结果,是航空组织持续发展的管理需要,因此,也是国际民航组织和中国民航局的要求。

安全理念的转变大体经过的阶段如图 11.1 所示。

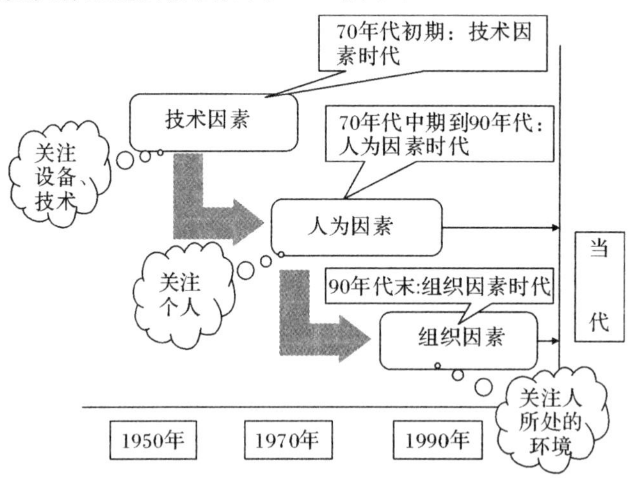

图 11.1 安全理念的发展

与安全管理相关的基本概念如下：

(1)安全在 ICAO DOC 9859(第二版)定义为一种状态，即通过持续的危险源辨识和安全风险管理过程，将人员伤害和财产损失发生的可能性降至并保持在可接受的水平或其以下。

由此可见，安全是一个相对的概念，与风险相关，并且系统中的内在风险是可接受的。

(2)危险是可能引起人员伤害、设备或建筑损坏、财产损失或履行规定职责的能力降低的条件或物体。

(3)后果是危险源的潜在结果。

(4)风险是对危险源在最坏状况下的后果可能发生的概率和严重性的评价。

(5)安全绩效是由其安全绩效目标和安全绩效指标界定的国家或服务提供者的安全业绩。

(6)安全绩效指标是用于监测和评估安全绩效的、以数据为基础的参数。

(7)安全管理体系(Safety Management System, SMS)是一个系统的、清晰的、全面的安全管理方法，它综合了运行、技术、财务和人力资源管理，融入到公司的整个组织机构和管理活动中，包括目标设定、计划和绩效评估等，最终实现安全运行和符合局方的规章要求。SMS 的核心是通过主动地管理而不是被动地符合规章要求来改进航空安全水平，是一种系统、主动、明晰的安全风险管理过程，其基本理论是 Reason 理论。SMS 体系包括的要素，如图 11.2 所示。

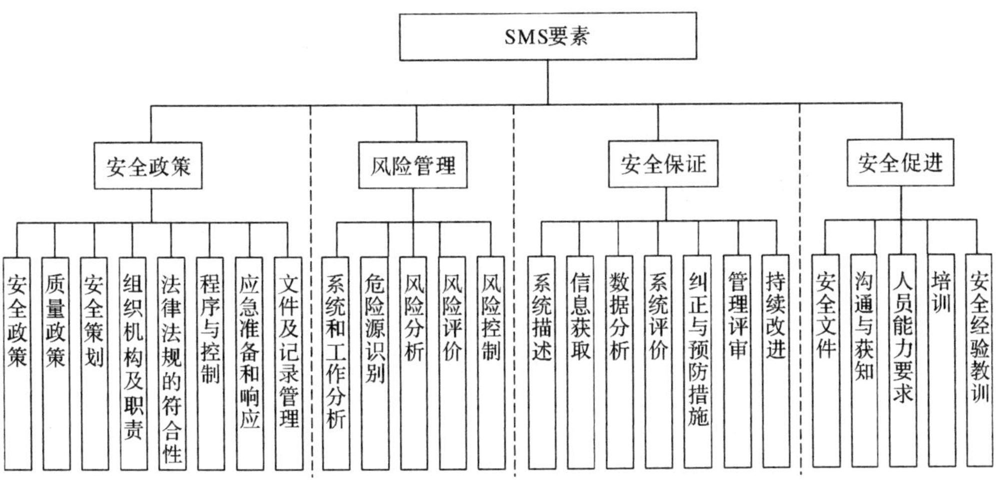

图 11.2　SMS 要素

11.3.3.2　实施 SMS 的一般步骤

用系统安全的时候，可依照以下步骤：

(1)识别危险。

(2)确定每个危险的可能后果。

(3)评估与危险相关的风险的严重性和可能性。

(4)对当前的或计划的风险(系统的缺陷)缓解或控制措施进行评审。

(5)对积极的变革提出建议。

(6)进行持续的、实时的、系统的评价。

(7)进行损失调查。

(8)监控、反馈、评价以前的评估。

(9)当监控结果显示必要时,需要进行系统改革。

考虑“人、机、环”的各个方面,将会是一个常见的过程并包括很多内容。损失和事故调查是安全工作的基础,并且会是经常性的安全工作,但在SMS中的调查并不是为了调查而调查。

11.3.3.3 SMS活动

SMS活动分为以下三种活动:

(1)组织:制订方案并对其进行管理的活动,包括政策、程序,更重要的是指定负责运行安全的责任人员,即“责任主管”。责任主管将负责规划公司的目标和发展方向并指导如何使用资金。

(2)风险管理:包括探测、分析和采取措施以消除或控制危险。在航空业,风险管理措施非常普遍,它对传统安全措施进行了分类,也就是将措施进行了细化而使之具有层次性。

(3)信息:没有充分的信息安全,系统就不能高效运行。需要信息来管理风险、探测新问题和核实相应工作正常进行。

表11.6详细描述了SMS是如何组织的。我们也可以把SMS活动看成一个金字塔(见图11.3),可以很清楚地看到每件事的质量都以充分的安全信息为基础。同时它也表明SMS中的每件事都按照项目的组织方式从上到下进行。

表11.6 航空公司SMS组成要素矩阵

SMS活动	参与者		
	运营人(航空公司)	员工	管理当局
组织	(1)文件化的SMS:明确的、文件化的项目构成系统的、持续的安全风险管理活动。 (2)管理者的任务:责任主管指定并记录在案各个层次上的“损失控制”,确定明确的责任。在经过安全培训的人员的协助下,进行正式的、常规的危险/损失控制管理审查,确定经过安全培训的人员的领导。 (3)文件化的政策(涵盖整个公司):风险接受政策。 (4)员工的任务:确保全员参与,充分利用在员工工作经验基础上的危险发生和危险控制的专业意见	(1)文件化的SMS:正式地加入到运营人的SMS中去。 (2)管理者的任务:参与建立SMS;参与常规SMS有效性审查,经过培训的安全人员/领域的专家要与管理人员保持联系。 (3)文件化的政策:合同/LOA/SMS措施的MOU文件/职责。 (4)员工的任务:培养或提供领域的专家以进行危险分析和控制活动	(1)文件化的SMS:详细明确的、咨询性的材料。 (2)管理者的任务:与运营人的SMS保持密切联系,对行业危险/损失控制活动进行常规的审查,提供经过安全培训的人员,按照SMS模型、技术和用法指导政府和行业部门。 (3)文件化的政策:为运行人建立SMS而推荐的评审运营人SMS活动的标准框架,如ATOS、CSET等。 (4)员工的任务:准备一线工作人员进驻并培育一个SMS的环境

续表

SMS 活动	参与者		
	运营人(航空公司)	员工	管理当局
风险管理活动	(1)危险探测系统。 (2)危险分析系统：公司内部的研究小组(纵向的)充分利用各专家的意见和技术。 (3)分析评估系统。 (4)危险控制系统：建立并实施适当的危险控制；当专业经验显示有必要时，对控制进行更改。 (5)危险控制跟踪系统：确认危险控制的实施；确认危险控制的效果	(1)危险探测系统。 (2)危险分析系统：参与危险分析活动。 (3)分析评估系统。 (4)危险控制系统：参与控制，建立协助运营人实施控制。 (5)危险控制跟踪系统：参与危险和危险控制的反馈；报告危险态势	(1)危险探测系统：监督，对运营人和行业信息进行内部评价。 (2)危险分析系统：管理当局内部(纵向的)的分析小组、行业外部分析小组。 (3)分析评估系统； (4)危险控制系统：规章、出版物、标准、ACs、SMS 评审组对运营人进行审查。 (5)危险控制跟踪系统：确认管理当局、行业和运营人危险控制的实施，例如，审查和所要求的报告程序评价控制措施的效果
危险信息系统	(1)内部的危险信息系统：用于探测、分析和项目的改进；为员工建立无惩罚的报告系统；反馈和信息共享；整合所有运营人的信息(纵向的)。 (2)外部的危险信息：系统的运用，例如：管理当局、制造商、行业团体、国际性组织等	(1)内部的危险信息系统：用于探测、分析和项目的改进；参与雇主的无惩罚的运营人安全报告系统；参与行业的无惩罚安全报告系统；内部的安全报告系统。 (2)外部的危险信息：系统的运用，例如：管理当局、制造商、行业团体、国际性组织等	(1)全行业的安全信息系统：建立/保持系统(SDR 等)。 (2)强制系统。 (3)自愿系统：建立/鼓励建立全行业的和运营人的无惩罚安全报告系统，为运营人提供 NPSRS 模型，以达到信息共有，可以进行危险探测和分析

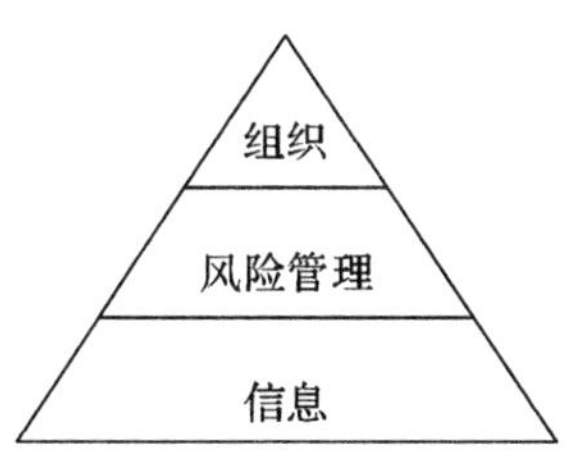

图 11.3　SMS 的参与者

运营人组织内部的 SMS 也和管理当局的 SMS 活动相配合。从另一个角度看，管理当局必须能够对运营人的 SMS 活动作出积极的、支持性的反应。在 SMS 中，管理当局与运营人组织内部的 SMS 相互作用。

11.3.3.4 民航系统安全风险管理

1. 危险识别

危险种类一般分为自然类、技术类和经济类。

(1)自然危险有恶劣天气或气候事件、不利天气条件、地球物理学事件、地理条件、环境事件、公共卫生事件等。

(2)技术危险涉及航空器及其构件，系统、子系统和相关设备，组织的设施、工具和相关设备，组织外部的设施、系统、子系统和相关设备等。

(3)经济危险有经济增长、衰退和材料或设备的成本变化等。

识别危险即识别源，从内部和外部来考察，一般来源于以下几方面：

1)内部识别源包括：①飞行数据分析；②自愿报告系统；③审核与调查；④日常运行监测；⑤趋势分析；⑥培训反馈；⑦事故征候调查与后续行动。

2)外部识别源包括：①事故报告；②国家强制与自愿报告系统；③国家监督审计；③信息交换系统。

分析危险的步骤有：识别危险、识别危险的构成要素(特定危险)、将特定危险与特定结果相联系。

2. 风险评价与处理程序

典型的风险评价与处理程序如图 11.4 和图 11.5 所示。

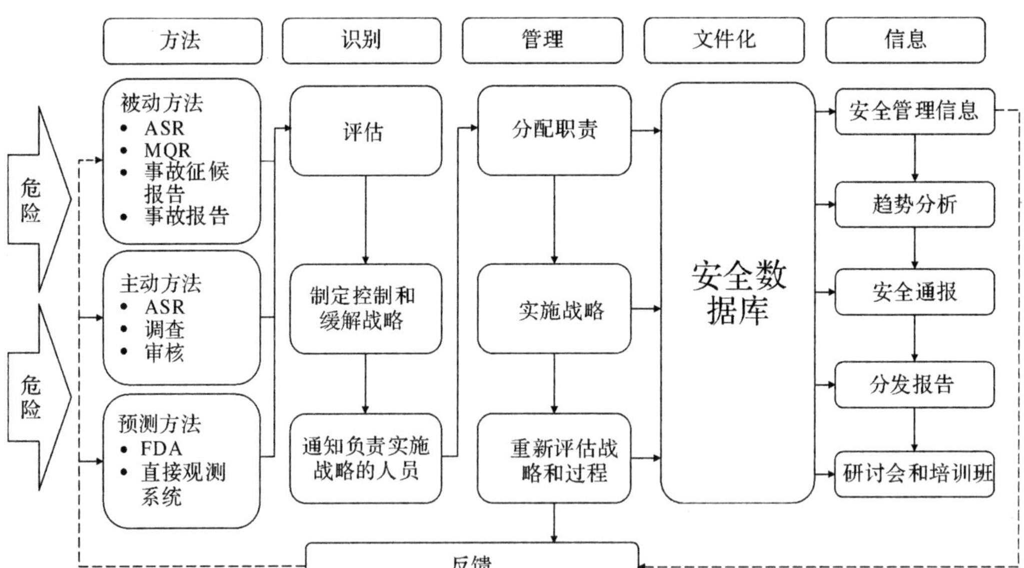

图 11.4 风险评价与处理程序

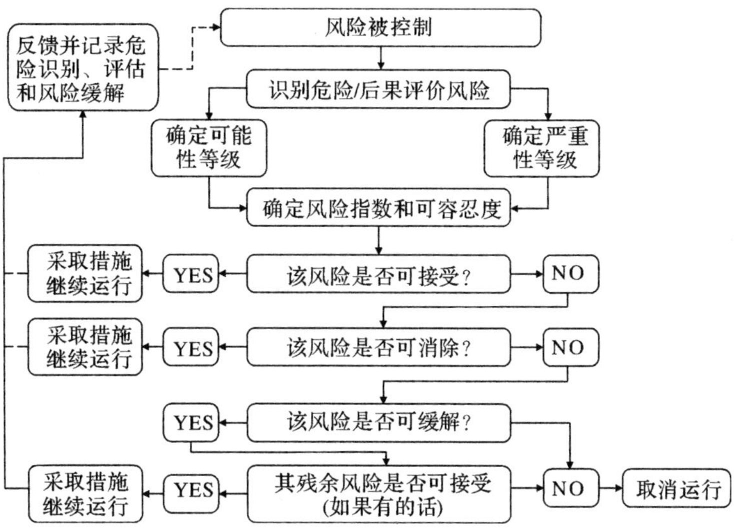

图 11.5 风险管理

11.3.3.5 SMS 的内涵与发展

实施安全管理体系的基础是积极的安全文化，本质是系统管理，核心是预防性风险管理。风险管理必须在信息管理和数据驱动的基础上借助闭环管理予以实现。

相对于传统的安全管理，SMS 的内涵主要体现在以下几个方面：

(1)从单一要素改进到系统全面完善。

(2)从事后管理到事前管理。

(3)从符合规章到管理规范化。

(4)从少数人的安全责任到全员的安全责任。

(5)从阶段性管理到持续性改进。

(6)从开放式管理到闭环式管理。

(7)从规章制度执行到安全文化引领。

SMS 系统的特征如图 11.6 所示。

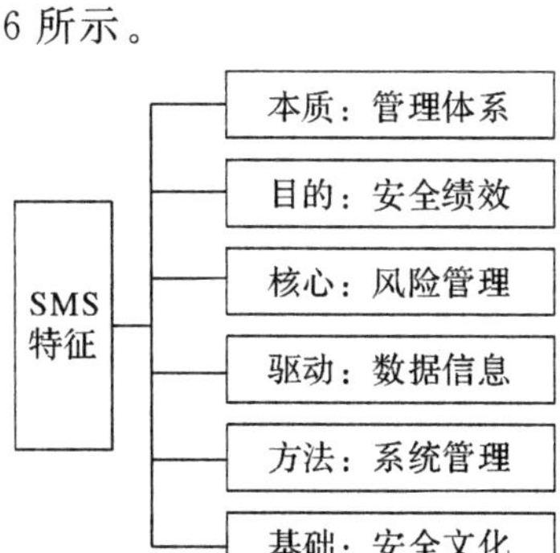

图 11.6 SMS 特征

11.3.3.6 航空维修单位的安全管理体系(SMS)

1.航空维修单位SMS的内容

航空器维修质量是各民航当局关注的管理重点,已在规章要求中予以明确。随着民航维修管理理念和实践的发展,维修质量管理的发展也从最初的单一的产品检验、过程控制,逐步发展为系统审核和全面质量管理的实施。

航空器维修质量管理在保证民用航空飞行安全方面起到了重要作用,使因航空器维修问题造成的飞行事故率持续保持在较低的水平。但随着航空运输量的增长,即使保持这样的事故率,飞行事故发生的数量也不能满足国际上对飞行安全的期望,对于航空业界也是不可接受的。为此,2006年11月生效的《国际民用航空公约》附件推荐各缔约国对空中交通管制、机场、航空运营人和航空器维修单位要求建立安全管理体系(SMS),以更有效地实施安全管理。对于安全管理体系的实施,国际上虽然存在多种不同的模式,但通常都认为:

(1)安全是一个组织流程所产生的成果。

(2)安全管理其实是流程质量管理的结果。

(3)安全管理体系在质量管理的基础上强调安全目标,并为此增加了风险管理的内容。

将安全管理体系的要素融入维修单位的质量管理体系中,通过科学地制定政策、目标,清楚地界定安全责任,鼓励全员参与,实施风险管理、安全保证、安全促进,有效地配备资源,在满足规章的基础上,不断提高运行水平。

2.相关术语

(1)安全管理体系:正式的、自上而下的、有条理的管理安全风险的做法。其包括安全管理系统的程序、措施和政策(如本部分所述,包括风险管理、安全政策、安全保证和安全促进)。

(2)危险源:有可能导致人员受到伤害、疾病或死亡,或者系统、设备或财产遭到破坏或受损,或者环境受到破坏的任何现有的或潜在的状况。

(3)危害:可能导致危险或严重后果(但未发生)的某种状态或行为。

(4)风险:综合考虑严重性和可能性,而对某一危害可能导致危险或严重后果的一种衡量。

(5)衍生风险:作为风险控制结果无意中带来的新风险。

(6)风险管理:识别、分析、排除各种危害及其带来的风险或将风险降低到可接受的程度的管理方法。

(7)安全保证:系统地为维修单位的产品和服务满足或超越安全要求而提供信心的过程管理功能。

(8)安全策划:安全管理的一部分,主要是制定安全目标并详细规定必要的生产运行过程和达到质量目标的相关资源的策划活动。

(9)安全文化:是几个方面的产物,有个人和团体的价值观、态度、能力和公认的行为模式,组织安全管理的类型和效率,具有积极的安全文化的组织,有以下特征:建立在相互信任的基础上,分享对安全重要性的理解,对预防措施的效果抱有信心。

(10)安全促进:协助组织内 SMS 实施运行的安全文化、培训及数据共享活动的综合。

3. 安全管理体系的本质构成

(1)安全管理。现代安全管理和安全监督活动日益倾向于注重过程控制的系统方法,而不是仅仅努力地对最终结果开展检查和采取补救措施。理解安全管理体系概念的一个方法是简要地讨论三个词:安全、管理、体系。这样我们才会谈到安全管理的另一个基本方面:安全文化。

1)安全:基于风险管理的要求。安全管理体系的目标是提供一个结构化的管理体系,以控制运行中的风险。有效的安全管理体系必须基于维修单位影响安全的各过程的特点。字典中安全被定义为没有潜在的危害,很明显这是一个不切实际的目标。用风险后果严重性(造成多大的伤害)和可能性(我们有多少可能受到伤害)进行描述,则是一个更切实际的管理目标。因此,安全可以被定义为人员伤害或财产损失的风险在可接受的水平或其以下的状态,我们可以识别、分析那些有可能使我们陷入事故,并造成相对严重后果的因素。对这些因素,我们可以设置系统要求,并采取措施来保证满足要求。因此,有效的安全管理就是风险管理。

2)管理:使用质量管理技术进行安全保证。安全管理过程始于组织过程的设计、实施及维修工作中的风险控制程序。一旦这些控制措施付诸实施,质量管理技术可以被用来提供一个结构化过程,以保证其实现预定目标,并在不足之处加以改进。因此,安全管理可以被视为实现安全目的,对安全相关的运行和支持过程进行的质量管理。

3)体系:运用系统理念。体系是指在特定环境下完成某使命或目标的人员和其他资源。系统活动的管理包含了实现组织目标的计划、组织、指挥和控制。系统及其过程的几个重要特性在被用于安全相关的运行和支持过程时被称为“过程属性”或“安全属性”。如果这些过程属性会产生需要的安全结果,则这些过程属性的设计必须有安全要求。这些属性包括:①完成所要求活动的职责及权力;②为组织内的人员提供需遵守的、明晰的程序;③组织管理措施和监查措施的控制;④对过程及其结果的测量;⑤明确组织内部每个人与其所在部门的关系,以及维修单位与相关方之间重要的相互关系或联系。

(2)安全文化。一个组织的文化包括组织的价值观、信念、习惯、仪式、使命、目标、绩效考核,以及对员工、顾客、集体的责任感。除非组织内的员工共同努力促进安全运行,否则前面讨论的“安全”“管理”“体系”将不能实现它们各自的目标,安全文化包括心理的(人们怎么想)、行为的(人们怎么做)及组织的因素,组织因素大部分处于管理控制之下,其他两方面因素的结果则视其努力而定。

4. 安全管理体系的组成

安全管理体系分为安全政策、风险管理、安全保证和安全促进四个部分。

(1)安全政策。所有的管理体系都必须明确政策程序、组织结构以实现目标。

安全政策反映了维修单位的安全管理理念以及对安全的承诺,是建立安全管理体系的基础,并为建设积极的安全文化提供了清晰的导向。安全政策必须符合国家的相关规定,同时必须由责任经理批准,并传达给全体员工。在制定安全政策的过程中,高层管理人员应与影响安全的相关领域的关键人员进行广泛协商,以确保员工与安全政策密切相关。

(2)风险管理。风险管理是将风险控制在可接受水平或其以下的管理。

风险管理过程常用于分析维修单位的生产运行功能及其运行环境，以识别危险源，分析评价相关风险。风险管理过程贯穿于维修单位提供维修服务的过程，不是一个独立的或特殊的过程。

(3)安全保证。风险控制措施被确定后，维修单位可利用安全保证功能，确保风险控制措施持续被执行并在不断变化的环境中持续有效。

安全保证系统还可评估当运行环境变化时是否需要新的风险控制措施。安全保证功能运用质量保证技术(包括内部审核、分析和评审系统)判断维修单位的生产运行过程中的风险控制是否被实施并按计划实施，以确保设计后的风险控制过程与要求持续符合，并在保持风险处于可接受水平内这一方面持续有效。这些保证功能也为持续改进打下了基础。质量保证技术通过收集和分析客观证据，证实过程的要求是否已被满足。

(4)安全促进。维修单位必须用支持良好安全文化的活动将安全作为核心价值进行促进。

维修单位的安全努力仅靠强制命令或严格机械地执行政策无法获得成功。企业文化将影响每个员工对待问题的态度和行为。企业文化包括员工的价值观、信念、使命、目标和责任感。文化填补了组织政策程序和过程的空隙，提供了安全努力方向的共识。

5.风险管理与安全保证的关系

风险管理与安全保证过程的关系见图 11.7。风险管理过程可用于初始的危险源识别和风险评价，当制订的风险控制措施能够使风险达到可接受水平时，该措施就可被实施。此后，安全保证功能开始发挥作用，以确保风险控制措施被实施并持续达到预定目标。

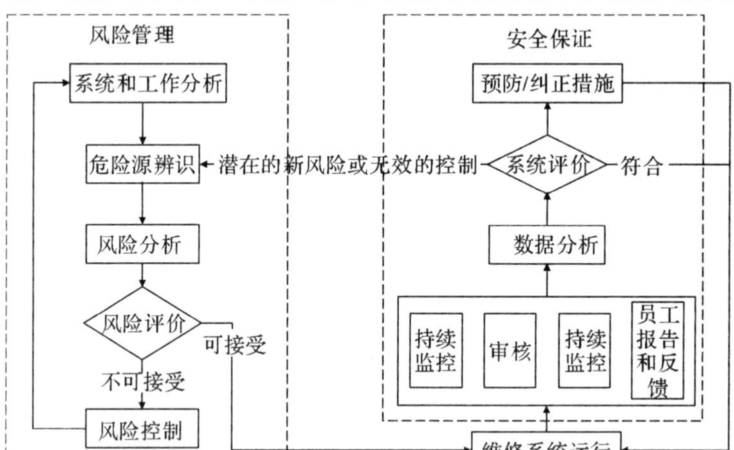

图 11.7　风险管理与安全保证功能的关系

问题和习题

(1)简述可靠性方案的功能和作用。

(2)描述可靠性方案的基本要素。

(3)简述可靠性控制委员会的主要职能。

(4)简述维修安全管理体系的有效性评估方式。

(5)简述实施 SMS 的一般步骤。

参考文献

[1] 金尼逊. 民航维修管理[M]. 李建瑂，李真，译. 北京：航空工业出版社，2007.

[2] 闫峰，付尧明，尚永锋. 民航维修管理基础[M]. 2 版. 北京：中国民航出版社，2020.

[3] 左洪福，蔡景，吴昊，等. 航空维修工程学[M]. 北京：科学技术出版社，2011.

[4] 常士基，刘延利，郭润夏. 民用航空维修工程[M]. 北京：航空工业出版社，2018.

[5] 常士基. 现代民用航空维修工程管理[M]. 太原：山西科学技术出版社，2002.

[6] 孙春林. 民航维修质量管理[M]. 北京：中国民航出版社，2001.

[7] 帕坦卡尔，泰勒. 航空维修中的风险管理与差错减少[M]. 孟惠民，译. 北京：中国民航出版社，2007.

[8] 拉里·里斯麦尔. 维修与维修人员[M]. 程晋萍，译. 北京：中国民航出版社，2003.

[9] 中国民用航空局. 质量管理系统(AC-145-F5-006R3)[Z]. 北京：中国民用航空局，2019.

[10] 中国民用航空局. 民航维修单位合格审定规定(CCAR-145-R3)[Z]. 中国民用航空局，2005.

[11] 王端民. 民航维修质量与安全管理[M]. 北京：国防工业出版社，2008.

[12] 中国民用航空局. 民航维修工作作风管理规范(AC-121/135-67)[Z]. 北京：中国民用航空局，2020.

[13] 中国民用航空局. 维修单位的安全管理体系(AC-145-15)[Z]. 北京：中国民用航空局，2009.

[14] 中国民用航空局. 中国民航维修人员工作作风建设指导意见[Z]. 北京：中国民用航空局，2018.

[15] 中国民用航空局. 中国民航维修人员不安全事件及工作诚信记录管理规定[Z]. 北京：中国民用航空局，2015.

[16] 孙缨军，王烨，蔡景，等，持续适航导论[M]. 北京：北京航空航天大学出版社，2020.

附　录

附录 1　常用分布表

1. 伽马函数

n	$\Gamma(n)$	n	$\Gamma(n)$	n	$\Gamma(n)$	n	$\Gamma(n)$
0.010 0	99.432 7	2.510 0	1.338 8	5.010 0	24.364 5	7.510 0	1 908.050 4
0.020 0	49.442 3	2.520 0	1.348 3	5.020 0	24.735 1	7.520 0	1 945.601 9
0.030 0	32.785 0	2.530 0	1.358 0	5.030 0	25.111 8	7.530 0	1 983.919 2
0.040 0	24.461 0	2.540 0	1.367 8	5.040 0	25.494 8	7.540 0	2 023.021 6
0.050 0	19.470 1	2.550 0	1.377 7	5.050 0	25.884 3	7.550 0	2 062.922 1
0.060 0	16.145 7	2.560 0	1.387 8	5.060 0	26.280 3	7.560 0	2 103.641 4
0.070 0	13.773 6	2.570 0	1.398 1	5.070 0	26.682 9	7.570 0	2 145.192 6
0.080 0	11.996 6	2.580 0	1.408 4	5.080 0	27.092 2	7.580 0	2 187.597 7
0.090 0	10.616 2	2.590 0	1.419 0	5.090 0	27.508 5	7.590 0	2 230.870 6
0.100 0	9.513 5	2.600 0	1.429 6	5.100 0	27.931 7	7.600 0	2 275.033 2
0.110 0	8.612 7	2.610 0	1.440 4	5.110 0	28.362 1	7.610 0	2 320.100 6
0.120 0	7.863 2	2.620 0	1.451 4	5.120 0	28.799 7	7.620 0	2 366.096 7
0.130 0	7.230 2	2.630 0	1.462 5	5.130 0	29.244 8	7.630 0	2 413.035 6
0.140 0	6.688 7	2.640 0	1.473 8	5.140 0	29.697 3	7.640 0	2 460.942 6
0.150 0	6.220 3	2.650 0	1.485 2	5.150 0	30.157 5	7.650 0	2 509.833 0
0.160 0	5.811 3	2.660 0	1.496 8	5.160 0	30.625 5	7.660 0	2 559.733 2
0.170 0	5.451 2	2.670 0	1.508 5	5.170 0	31.101 4	7.670 0	2 610.658 9
0.180 0	5.131 8	2.680 0	1.520 4	5.180 0	31.585 3	7.680 0	2 662.637 9
0.190 0	4.846 8	2.690 0	1.532 5	5.190 0	32.077 5	7.690 0	2 715.688 7
0.200 0	4.590 8	2.700 0	1.544 7	5.200 0	32.578 1	7.700 0	2 769.833 0
0.210 0	4.359 9	2.710 0	1.557 1	5.210 0	33.087 2	7.710 0	2 825.098 1
0.220 0	4.150 5	2.720 0	1.569 6	5.220 0	33.604 9	7.720 0	2 881.503 2
0.230 0	3.959 8	2.730 0	1.582 4	5.230 0	34.131 4	7.730 0	2 939.077 6
0.240 0	3.785 5	2.740 0	1.595 3	5.240 0	34.667 0	7.740 0	2 997.840 6
0.250 0	3.625 6	2.750 0	1.608 4	5.250 0	35.211 7	7.750 0	3 057.824 2

续表

n	$\Gamma(n)$	n	$\Gamma(n)$	n	$\Gamma(n)$	n	$\Gamma(n)$
0.260 0	3.478 5	2.760 0	1.621 6	5.260 0	35.765 6	7.760 0	3 119.047 4
0.270 0	3.342 6	2.770 0	1.635 1	5.270 0	36.329 1	7.770 0	3 181.543 5
0.280 0	3.216 9	2.780 0	1.648 7	5.280 0	36.902 2	7.780 0	3 245.332 8
0.290 0	3.100 1	2.790 0	1.662 5	5.290 0	37.485 1	7.790 0	3 310.449 7
0.300 0	2.991 6	2.800 0	1.676 5	5.300 0	38.078 0	7.800 0	3 376.917 0
0.310 0	2.890 3	2.810 0	1.690 7	5.310 0	38.681 1	7.810 0	3 444.768 6
0.320 0	2.795 8	2.820 0	1.705 1	5.320 0	39.294 6	7.820 0	3 514.028 3
0.330 0	2.707 2	2.830 0	1.719 6	5.330 0	39.918 6	7.830 0	3 584.733 2
0.340 0	2.624 2	2.840 0	1.734 4	5.340 0	40.553 4	7.840 0	3 656.907 2
0.350 0	2.546 1	2.850 0	1.749 4	5.350 0	41.199 1	7.850 0	3 730.589 1
0.360 0	2.472 7	2.860 0	1.764 6	5.360 0	41.855 9	7.860 0	3 805.803 7
0.370 0	2.403 6	2.870 0	1.779 9	5.370 0	42.524 1	7.870 0	3 882.590 8
0.380 0	2.338 3	2.880 0	1.795 5	5.380 0	43.203 9	7.880 0	3 960.978 0
0.390 0	2.276 5	2.890 0	1.811 3	5.390 0	43.895 3	7.890 0	4 041.006 3
0.400 0	2.218 2	2.900 0	1.827 4	5.400 0	44.598 8	7.900 0	4 122.703 6
0.410 0	2.162 8	2.910 0	1.843 6	5.410 0	45.314 5	7.910 0	4 206.113 3
0.420 0	2.110 4	2.920 0	1.860 0	5.420 0	46.042 6	7.920 0	4 291.265 1
0.430 0	2.060 5	2.93 0	1.876 7	5.430 0	46.783 3	7.930 0	4 378.203 6
0.440 0	2.013 2	2.940 0	1.893 6	5.440 0	47.537 0	7.940 0	4 466.962 9
0.450 0	1.968 1	2.950 0	1.910 8	5.450 0	48.303 7	7.950 0	4 557.578 6
0.460 0	1.925 2	2.960 0	1.928 1	5.460 0	49.083 8	7.960 0	4 650.098 6
0.470 0	1.884 3	2.970 0	1.945 7	5.470 0	49.877 5	7.970 0	4 744.555 7
0.480 0	1.845 3	2.980 0	1.963 6	5.480 0	50.685 0	7.980 0	4 840.998 5
0.490 0	1.808 0	2.990 0	1.981 7	5.490 0	51.506 7	7.990 0	4 939.462 9
0.500 0	1.772 5	3.000 0	2.000 0	5.500 0	52.342 7	8.000 0	5 113.230 5
0.510 0	1.738 4	3.010 0	2.018 6	5.510 0	53.193 3	8.010 0	5 142.660 6
0.520 0	1.705 8	3.020 0	2.037 4	5.520 0	54.058 9	8.020 0	5 247.468 8
0.530 0	1.674 7	3.030 0	2.056 5	5.530 0	54.939 6	8.030 0	5 354.492 7
0.540 0	1.644 8	3.040 0	2.075 9	5.540 0	55.835 8	8.040 0	5 463.770 0
0.550 0	1.616 1	3.410 0	2.095 5	5.550 0	56.747 7	8.050 0	5 575.352 1
0.560 0	1.588 6	3.420 0	2.115 3	5.560 0	57.675 7	8.060 0	5 689.274 9
0.570 0	1.562 3	3.070 0	2.135 5	5.570 0	58.620 0	8.070 0	5 805.614 3
0.580 0	1.536 9	3.080 0	2.155 9	5.580 0	59.580 9	8.080 0	5 924.411 6
0.590 0	1.512 6	3.090 0	2.176 6	5.590 0	60.558 8	8.090 0	6 045.718 8
0.600 0	1.489 2	3.100 0	2.197 6	5.600 0	61.553 9	8.100 0	6 169.580 6
0.610 0	1.466 7	3.110 0	2.218 9	5.610 0	62.566 6	8.110 0	6 296.074 7

续 表

n	$\Gamma(n)$	n	$\Gamma(n)$	n	$\Gamma(n)$	n	$\Gamma(n)$
0.620 0	1.445 0	3.120 0	2.240 5	5.620 0	63.597 2	8.120 0	6 425.246 6
0.630 0	1.424 2	3.130 0	2.262 3	5.630 0	64.646 0	8.130 0	6 557.155 8
0.640 0	1.404 1	3.140 0	2.284 5	5.640 0	65.713 5	8.140 0	6 691.848 1
0.650 0	1.384 8	3.150 0	2.306 9	5.650 0	66.799 8	8.150 0	6 829.410 2
0.660 0	1.366 2	3.160 0	2.329 7	5.660 0	67.905 4	8.160 0	6 969.891 1
0.670 0	1.348 2	3.170 0	2.352 8	5.670 0	69.030 6	8.170 0	7 113.354 0
0.680 0	1.330 9	3.180 0	2.376 2	5.680 0	70.175 8	8.180 0	7 259.852 1
0.690 0	1.314 2	3.190 0	2.399 9	5.690 0	71.341 4	8.190 0	7 409.477 5
0.700 0	1.298 1	3.200 0	2.424 0	5.700 0	72.527 7	8.200 0	7 562.284 2
0.710 0	1.282 5	3.210 0	2.448 3	5.710 0	73.735 2	8.210 0	7 718.344 7
0.720 0	1.267 5	3.220 0	2.473 1	5.720 0	74.964 2	8.220 0	7 877.725 6
0.730 0	1.253 0	3.230 0	2.498 1	5.730 0	76.215 2	8.230 0	8 040.485 8
0.740 0	1.239 0	3.240 0	2.523 5	5.740 0	77.488 4	8.240 0	8 206.731 4
0.750 0	1.225 4	3.250 0	2.549 3	5.750 0	78.784 5	8.250 0	8 376.521 5
0.760 0	1.212 3	3.260 0	2.575 4	5.760 0	80.103 8	8.260 0	8 549.934 6
0.770 0	1.199 7	3.270 0	2.601 8	5.770 0	81.446 7	8.270 0	8 727.033 2
0.780 0	1.187 5	3.280 0	2.628 7	5.780 0	82.813 6	8.280 0	8 907.930 7
0.790 0	1.175 7	3.290 0	2.655 9	5.790 0	84.205 2	8.290 0	9 092.693 4
0.800 0	1.164 2	3.300 0	2.683 4	5.800 0	85.621 6	8.300 0	9 281.409 2
0.810 0	1.153 2	3.310 0	2.711 4	5.810 0	87.063 6	8.310 0	9 474.141 6
0.820 0	1.142 5	3.320 0	2.739 8	5.820 0	88.531 5	8.320 0	9 671.020 5
0.830 0	1.132 2	3.330 0	2.768 5	5.830 0	90.025 9	8.330 0	9 872.115 2
0.840 0	1.122 2	3.340 0	2.797 6	5.840 0	91.547 2	8.340 0	10 077.520 5
0.850 0	1.112 5	3.350 0	2.827 2	5.850 0	93.096 0	8.350 0	10 287.309 6
0.860 0	1.103 1	3.360 0	2.857 1	5.860 0	94.672 7	8.360 0	10 501.620 1
0.870 0	1.094 1	3.370 0	2.887 5	5.870 0	96.278 0	8.370 0	10 720.532 2
0.880 0	1.085 3	3.380 0	2.918 3	5.880 0	97.912 2	8.380 0	10 944.143 6
0.890 0	1.076 8	3.390 0	2.949 5	5.890 0	99.576 1	8.390 0	11 172.543 0
0.900 0	1.068 6	3.400 0	2.981 2	5.900 0	101.270 1	8.400 0	11 405.872 1
0.910 0	1.060 7	3.410 0	3.013 3	5.910 0	102.994 9	8.410 0	11 644.222 7
0.920 0	1.053 0	3.420 0	3.045 9	5.920 0	104.750 9	8.420 0	11 887.708 0
0.930 0	1.045 6	3.430 0	3.078 9	5.930 0	106.538 9	8.430 0	12 136.410 2
0.940 0	1.038 4	3.440 0	3.112 4	5.940 0	108.359 4	8.440 0	12 390.496 1
0.950 0	1.031 5	3.450 0	3.146 3	5.950 0	710.212 9	8.450 0	12 650.062 5
0.960 0	1.024 7	3.460 0	3.180 7	5.960 0	112.100 3	8.460 0	12 915.228 5
0.970 0	1.018 2	3.470 0	3.215 6	5.970 0	114.021 9	8.470 0	13 186.119 1

续表

n	Γ(n)	n	Γ(n)	n	Γ(n)	n	Γ(n)
0.980 0	1.011 9	3.480 0	3.251 0	5.980 0	115.978 7	8.480 0	13 462.830 1
0.990 0	1.005 9	3.490 0	3.286 9	5.990 0	117.971 1	8.490 0	13 745.553 7
1.000 0	1.000 0	3.500 0	3.323 3	6.000 0	120.000 0	8.500 0	14 034.387 7
1.010 0	0.994 3	3.510 0	3.360 3	6.010 0	122.066 1	8.510 0	14 329.469 7
1.020 0	0.988 8	3.520 0	3.397 7	6.020 0	124.170 0	8.520 0	14 630.912 1
1.030 0	0.983 6	3.530 0	3.435 7	6.030 0	126.312 3	8.530 0	14 938.909 2
1.040 0	0.978 4	3.540 0	3.474 2	6.040 0	128.494 0	8.540 0	15 253.582 0
1.050 0	0.973 5	3.550 0	3.513 2	6.050 0	130.715 6	8.550 0	15 575.078 1
1.060 0	0.968 7	3.560 0	3.552 9	6.060 0	132.978 1	8.560 0	15 903.514 6
1.070 0	0.964 2	3.570 0	3.593 0	6.070 0	135.282 0	8.570 0	16 239.107 4
1.080 0	0.959 7	3.580 0	3.633 8	6.080 0	137.628 5	8.580 0	16 581.990 2
1.090 0	0.955 5	3.590 0	3.675 1	6.090 0	140.018 1	8.590 0	16 932.324 2
1.100 0	0.951 3	3.600 0	3.717 0	6.100 0	142.451 8	8.600 0	17 290.234 4
1.110 0	0.947 4	3.610 0	3.759 5	6.110 0	144.930 3	8.610 0	17 655.966 8
1.120 0	0.943 6	3.620 0	3.802 7	6.120 0	147.454 6	8.620 0	18 029.654 3
1.130 0	0.939 9	3.630 0	3.846 4	6.130 0	150.025 5	8.630 0	18 411.480 5
1.140 0	0.936 4	3.640 0	3.890 8	6.140 0	152.644 1	8.640 0	18 801.580 1
1.150 0	0.933 0	3.650 0	3.935 8	6.150 0	155.311 1	8.650 0	19 200.220 7
1.160 0	0.929 8	3.660 0	3.981 4	6.160 0	158.027 4	8.660 0	19 607.554 7
1.170 0	0.926 7	3.670 0	4.027 7	6.170 0	160.794 1	8.670 0	20 023.773 4
1.180 0	0.923 7	3.680 0	4.074 7	6.180 0	163.612 0	8.680 0	20 449.037 1
1.190 0	0.920 9	3.690 0	4.122 3	6.190 0	166.482 5	8.690 0	20 883.627 0
1.200 0	0.918 2	3.700 0	4.170 7	6.200 0	169.406 0	8.700 0	21 327.710 9
1.210 0	0.915 6	3.710 0	4.219 7	6.210 0	172.384 1	8.710 0	217 815 059
1.220 0	0.913 1	3.720 0	4.269 4	6.220 0	175.417 5	8.720 0	22 245.226 6
1.230 0	0.910 8	3.730 0	4.319 9	6.230 0	178.507 5	8.730 0	22 719.044 9
1.240 0	0.908 5	3.740 0	4.371 1	6.240 0	181.654 9	8.740 0	23 203.287 1
1.250 0	0.906 4	3.750 0	4.423 0	6.250 0	184.861 2	8.750 0	23 698.136 7
1.260 0	0.904 4	3.760 0	4.475 7	6.260 0	188.127 2	8.760 0	24 203.834 0
1.270 0	0.902 5	3.780 0	4.529 1	6.270 0	191.454 3	8.770 0	24.720.566 4
1.280 0	0.900 7	3.780 0	4.533 3	6.280 0	194.843 5	8.780 0	25 248.689 5
1.290 0	0.899 0	3.790 0	4.638 4	6.290 0	198.296 2	8.790 0	25 788.402 3
1.300 0	0.897 5	3.800 0	4.694 2	6.300 0	201.813 4	8.800 0	26 339.976 6
1.310 0	0.896 0	3.810 0	4.750 8	6.310 0	205.396 8	8.810 0	26 903.613 3
1.320 0	0.894 6	3.820 0	4.808 3	6.320 0	209.047 1	8.820 0	27 479.701 2
1.330 0	0.893 4	3.830 0	4.866 6	6.330 0	212.766 1	8.830 0	28 068.460 9

续表

n	Γ(n)	n	Γ(n)	n	Γ(n)	n	Γ(n)
1.340 0	0.892 2	3.840 0	4.925 7	6.340 0	216.554 9	8.840 0	28 670.179 7
1.350 0	0.891 2	3.850 0	4.985 7	6.350 0	220.415 0	8.850 0	29 285.091 8
1.360 0	0.890 2	3.860 0	5.046 6	6.360 0	224.347 6	8.860 0	29 913.617 2
1.370 0	0.889 3	3.870 0	5.108 4	6.370 0	228.354 4	8.870 0	30 555.990 2
1.380 0	0.888 5	3.880 0	5.171 1	6.380 0	232.436 6	8.880 0	31 212.539 1
1.390 0	0.887 9	3.890 0	5.234 8	6.390 0	236.595 9	8.890 0	31 883.511 7
1.400 0	0.887 3	3.900 0	5.299 3	6.400 0	240.833 5	8.900 0	32 569.353 5
1.410 0	0.886 8	3.910 0	5.364 8	6.410 0	245.151 4	8.910 0	33 270.355 5
1.420 0	0.886 4	3.920 0	5.431 3	6.420 0	249.550 9	8.920 0	33 986.847 7
1.430 0	0.886 0	3.930 0	5.498 8	6.430 0	254.033 4	8.930 0	34 719.117 2
1.440 0	0.885 8	3.940 0	5.567 3	6.440 0	258.601 1	8.940 0	35 467.644 5
1.450 0	0.885 7	3.950 0	5.636 8	6.450 0	263.255 0	8.950 0	36 232.746 1
1.460 0	0.885 6	3.960 0	5.707 3	6.460 0	267.997 5	8.960 0	37 014.785 2
1.470 0	0.885 6	3.970 0	5.778 9	6.470 0	272.829 7	8.970 0	37 814.140 6
1.480 0	0.885 7	3.980 0	5.851 5	6.480 0	277.753 9	8.980 0	38 631.132 8
1.490 0	0.885 9	3.990 0	5.925 2	6.490 0	282.771 6	8.990 0	39 466.308 6
1.500 0	0.886 2	4.000 0	6.000 0	6.500 0	293.095 3	9.000 0	40 320.000 0
1.510 0	0.886 6	4.010 0	6.075 9	6.510 0	293.095 3	9.010 0	41 192.707 0
1.520 0	0.887 0	4.020 0	6.153 0	6.520 0	298.405 2	9.020 0	42 084.695 3
1.530 0	0.887 6	4.030 0	6.231 2	6.530 0	303.816 1	9.030 0	42 996.574 2
1.540 0	0.888 2	4.040 0	6.310 6	6.540 0	309.330 5	9.040 0	43 928.718 8
1.550 0	0.888 9	4.050 0	6.391 2	6.550 0	314.950 0	9.050 0	44 881.582 0
1.560 0	0.889 6	4.600 0	6.473 0	6.560 0	320.677 0	9.060 0	45 855.554 7
1.570 0	0.890 5	4.070 0	6.556 0	6.570 0	326.513 4	9.070 0	46 851.304 7
1.580 0	0.891 4	4.080 0	6.640 3	6.580 0	332.461 6	9.080 0	47 869.246 1
1.590 0	0.892 4	4.900 0	6.725 8	6.590 0	338.523 6	9.090 0	48 909.871 1
1.600 0	0.893 5	4.100 0	6.812 6	6.600 0	344.702 0	9.100 0	49 973.597 7
1.610 0	0.894 7	4.110 0	6.900 8	6.610 0	350.998 6	9.110 0	51 061.160 2
1.620 0	0.895 9	4.120 0	6.990 2	6.620 0	357.416 4	9.120 0	52 173.007 8
1.630 0	0.897 2	4.130 0	7.081 1	6.630 0	363.957 1	9.130 0	53 309.679 7
1.640 0	0.898 6	4.140 0	7.173 3	6.640 0	370.623 9	9.140 0	54 471.632 8
1.650 0	0.900 1	4.150 0	7.266 9	6.650 0	377.418 5	9.150 0	55 659.691 4
1.660 0	0.901 7	4.160 0	7.361 9	6.660 0	384.344 3	9.160 0	56 874.304 7
1.670 0	0.903 3	4.170 0	7.458 4	6.670 0	391.403 5	9.170 0	58 116.105 5
1.680 0	0.905 0	4.180 0	7.556 3	6.680 0	398.598 5	9.180 0	59 385.582 0
1.690 0	0.906 8	4.190 0	7.655 7	6.690 0	405.932 6	9.190 0	60 683.613 3

续表

n	$\Gamma(n)$	n	$\Gamma(n)$	n	$\Gamma(n)$	n	$\Gamma(n)$
1.700 0	0.908 6	4.200 0	7.756 7	6.700 0	413.407 9	9.200 0	62 010.726 6
1.710 0	0.910 6	4.210 0	7.859 2	6.710 0	421.028 0	9.210 0	63 367.601 6
1.720 0	0.912 6	4.220 0	7.963 2	6.720 0	428.795 1	9.220 0	64 754.902 3
1.730 0	0.914 7	4.230 0	8.068 9	6.730 0	436.712 9	9.230 0	66 173.195 3
1.740 0	0.916 8	4.240 0	8.176 2	6.740 0	444.783 5	9.240 0	67 623.468 8
1.750 0	0.919 1	4.250 0	8.285 1	6.750 0	453.011 0	9.250 0	69 106.304 7
1.760 0	0.921 4	4.260 0	8.395 7	6.760 0	461.397 6	9.260 0	70 622.460 9
1.770 0	0.923 8	4.270 0	8.508 0	6.770 0	469.947 3	9.270 0	72 172.554 7
1.780 0	0.926 2	4.280 0	8.622 0	6.780 0	478.662 7	9.280 0	73 757.664 1
1.790 0	0.928 8	4.290 0	8.737 8	6.790 0	487.547 9	9.290 0	75 378.429 7
1.800 0	0.931 4	4.300 0	8.855 4	6.800 0	496.605 4	9.300 0	77 035.695 3
1.810 0	0.934 1	4.310 0	8.974 7	6.810 0	505.839 8	9.310 0	78 730.117 2
1.820 0	0.936 0	4.320 0	9.096 0	6.820 0	515.253 5	9.320 0	80 462.898 4
1.830 0	0.939 7	4.330 0	9.219 1	6.830 0	524.851 1	9.330 0	82 234.718 8
1.840 0	0.942 6	4.340 0	9.344 1	6.840 0	534.635 6	9.340 0	84 046.531 2
1.850 0	0.945 6	4.350 0	9.471 1	6.850 0	544.611 6	9.350 0	85 899.031 2
1.860 0	0.948 7	4.360 0	9.600 0	6.860 0	554.781 9	9.360 0	87 793.546 9
1.870 0	0.951 8	4.370 0	9.730 9	6.870 0	565.151 6	9.370 0	89 730.851 6
1.880 0	0.955 1	4.380 0	9.863 9	6.880 0	575.723 6	9.380 0	91 711.929 7
1.890 0	0.958 4	4.390 0	9.998 9	6.890 0	586.503 2	9.390 0	93 737.632 8
1.900 0	0.961 0	4.400 0	10.136 1	6.900 0	597.493 3	9.400 0	95 809.320 3
1.910 0	0.965 2	4.410 0	10.275 4	6.910 0	608.699 6	9.410 0	97 927.929 7
1.920 0	0.968 8	4.420 0	10.416 9	6.920 0	620.125 6	9.420 0	100 094.492 2
1.930 0	0.972 4	4.430 0	10.560 6	6.930 0	631.775 4	9.430 0	102 309.921 9
1.940 0	0.976 1	4.440 0	10.706 5	6.940 0	643.654 7	9.440 0	104 575.781 2
1.950 0	0.979 9	4.450 0	10.854 8	6.950 0	655.766 7	9.450 0	106 893.007 8
1.960 0	0.983 7	4.460 0	11.005 3	6.960 0	668.117 6	9.460 0	109 262.828 1
1.970 0	0.987 7	4.470 0	11.158 3	6.970 0	680.710 9	9.470 0	111 686.187 5
1.980 0	0.991 7	4.480 0	11.313 6	6.980 0	693.552 8	9.480 0	114 164.804 7
1.990 0	0.995 8	4.490 0	11.471 4	6.990 0	706.647 0	9.490 0	116 699.734 4
2.000 0	1.000 0	4.500 0	11.631 7	7.000 0	712.127 0	9.500 0	1 192 922 969
2.010 0	1.004 3	4.510 0	11.794 5	7.010 0	733.617 1	9.510 0	121 943.796 9
2.020 0	1.008 6	4.520 0	11.959 9	7.020 0	747.503 4	9.520 0	124 655.335 9
2.030 0	1.013 1	4.530 0	12.128 0	7.030 0	761.663 2	9.530 0	127 428.890 6
2.040 0	1.017 6	4.540 0	12.298 6	7.040 0	776.103 7	9.540 0	130 265.609 4
2.050 0	1.022 2	4.550 0	12.472 0	7.050 0	790.829 2	9.550 0	133 166.906 2

续表

n	$\Gamma(n)$	n	$\Gamma(n)$	n	$\Gamma(n)$	n	$\Gamma(n)$
2.060 0	1.026 9	4.560 0	12.648 2	7.060 0	805.847 1	9.560 0	136 134.062 5
2.070 0	1.031 6	4.570 0	12.827 1	7.070 0	821.162 0	9.570 0	139 169.156 2
2.080 0	1.036 5	4.580 0	13.008 9	7.080 0	836.781 3	9.580 0	12 273.468 8
2.090 0	1.041 5	4.590 0	13.193 6	7.090 0	852.709 9	9.590 0	145 448.656 2
2.100 0	1.046 5	4.600 0	13.381 3	7.100 0	868.955 9	9.600 0	148 696.015 6
2.110 0	1.051 6	4.610 0	13.571 9	7.110 0	885.523 9	9.610 0	152 017.859 4
2.120 0	1.056 8	4.620 0	13.765 6	7.120 0	902.422 2	9.620 0	155 415.640 6
2.130 0	1.062 1	4.630 0	13.962 4	7.130 0	919.656 4	9.630 0	158 891.062 5
2.140 0	1.067 5	4.640 0	14.162 4	7.140 0	937.234 6	9.640 0	162 445.640 6
2.150 0	1.073 0	4.650 0	14.365 5	7.150 0	955.162 2	9.650 0	166 081.890 6
2.160 0	1.078 6	4.660 0	14.572 0	7.160 0	973.448 4	9.660 0	169 801.406 2
2.170 0	1.084 2	4.670 0	14.781 7	7.170 0	992.099 6	9.670 0	1 736.061 250
2.180 0	1.090 0	4.680 0	14.994 8	7.180 0	1 011.122 4	9.680 0	177 497.625 0
2.190 0	1.095 9	4.690 0	15.211 4	7.190 0	1 030.526 5	9.690 0	181 478.718 8
2.200 0	1.101 8	4.700 0	15.431 4	7.200 0	1 050.317 4	9.700 0	185 551.093 8
2.210 0	1.107 8	4.710 0	15.655 0	7.210 0	1 070.505 4	9.710 0	189 716.921 9
2.220 0	1.114 0	4.720 0	15.882 2	7.220 0	1 091.096 7	9.720 0	193 977.968 8
2.230 0	1.120 2	4.730 0	16.113 1	7.230 0	1 112.101 6	9.730 0	198 337.281 2
2.240 0	1.126 6	4.740 0	16.347 8	7.240 0	1 133.526 4	9.740 0	202 796.750 0
2.250 0	1.133 0	4.750 0	16.586 2	7.250 0	1 155.382 3	9.750 0	207 358.703 1
2.260 0	1.139 5	4.760 0	16.828 5	7.260 0	1 177.676 0	9.760 0	212 025.562 5
2.270 0	1.146 2	4.770 0	17.074 8	7.270 0	1 200.418 5	9.770 0	216 799.343 8
2.280 0	1.152 9	4.780 0	17.325 0	7.280 0	1 223.617 1	9.780 0	221 683.484 4
2.290 0	1.159 8	4.790 0	17.579 4	7.290 0	1 247.283 2	9.790 0	226 680.093 8
2.300 0	1.166 7	4.800 0	17.837 8	7.300 0	1 271.424 4	9.800 0	231 791.796 9
2.310 0	1.173 8	4.810 0	18.100 5	7.310 0	1 296.053 7	9.810 0	237 020.828 1
2.320 0	1.180 9	4.820 0	18.367 5	7.320 0	1 321.177 7	9.820 0	242 370.984 4
2.330 0	1.188 2	4.830 0	18.638 9	7.330 0	1 346.809 7	9.830 0	247 844.515 6
2.340 0	1.195 6	4.840 0	18.914 7	7.340 0	1 372.958 0	9.840 0	253 444.390 6
2.350 0	1.203 1	4.850 0	19.195 0	7.350 0	1 399.635 4	9.850 0	259 173.062 5
2.360 0	1.210 7	4.860 0	19.480 0	7.360 0	1 426.850 7	9.860 0	265 034.625 0
2.370 0	1.218 4	4.870 0	19.769 6	7.370 0	1 454.617 6	9.870 0	271 031.625 0
2.380 0	1.226 2	4.880 0	20.064 0	7.380 0	1 482.945 1	9.880 0	277 167.312 5
2.390 0	1.234 1	4.890 0	20.363 2	7.390 0	1 511.847 7	9.890 0	283 444.343 8
2.400 0	1.242 2	4.900 0	20.667 4	7.400 0	1 541.334 2	9.900 0	289 867.218 8

续表

n	$\Gamma(n)$	n	$\Gamma(n)$	n	$\Gamma(n)$	n	$\Gamma(n)$
2. 410 0	1. 250 3	4. 910 0	20. 976 5	7. 410 0	1 571. 420 3	9. 910 0	296 438. 843 8
2. 420 0	1. 258 6	4. 920 0	21. 290 8	7. 420 0	1 602. 115 2	9. 920 0	303 162. 750 0
2. 430 0	1. 267 0	4. 930 0	21. 610 3	7. 430 0	1 633. 434 9	9. 930 0	310 041. 656 2
2. 440 0	1. 275 6	4. 940 0	21. 935 1	7. 440 0	1 665. 390 6	9. 940 0	317 080. 750 0
2. 450 0	1. 284 2	4. 950 0	22. 265 2	7. 450 0	1 697. 995 0	9. 950 0	324 283. 093 8
2. 460 0	1. 293 0	4. 960 0	22. 600 9	7. 460 0	1 731. 263 7	9. 960 0	331 652. 468 8
2. 470 0	1. 301 9	4. 970 0	22. 942 0	7. 470 0	1 765. 208 1	9. 970 0	339 192. 187 5
2. 480 0	1. 310 9	4. 980 0	23. 288 9	7. 480 0	1 799. 845 6	9. 980 0	346 907. 562 5
2. 490 0	1. 320 1	4. 990 0	23. 641 5	7. 490 0	1 835. 187 4	9. 990 0	354 802. 062 5
2. 500 0	1. 329 3	5. 000 0	24. 000 0	7. 500 0	1 847. 133 4	10. 000 0	362 880. 000 0

2. 标准正态分布

$$\varphi(x) = \int_{-\infty}^{x} \frac{1}{2\pi} e^{-\frac{t^2}{2}} dt$$

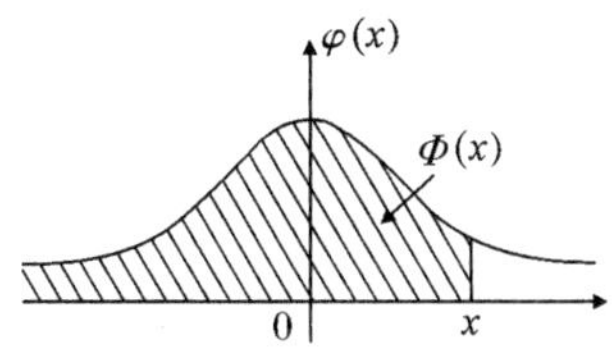

	0. 00	0. 01	0. 02	0. 03	0. 04	0. 05	0. 06	0. 07	0. 08	0. 09
0. 0	0. 500 0	0. 504 0	0. 508 0	0. 512 0	0. 516 0	0. 519 9	0. 523 9	0. 527 9	0. 531 9	0. 535 9
0. 1	0. 539 8	0. 543 8	0. 547 8	0. 551 7	0. 555 7	0. 559 6	0. 56. 36	0. 567 5	0. 571 4	0. 575 3
0. 2	0. 579 3	0. 583 2	0. 587 1	0. 591 0	0. 594 8	0. 598 7	0. 602 6	0. 606 4	0. 610 3	0. 614 1
0. 3	0. 617 9	0. 621 7	0. 625 5	0. 629 3	0. 633 1	0. 636 8	0. 640 6	0. 644 3	0. 648 0	0. 651 7
0. 4	0. 655 4	0. 659 1	0. 662 8	0. 666 4	0. 670 0	0. 673 6	0. 677 2	0. 680 8	0. 684 4	0. 687 9
0. 5	0. 691 5	0. 695 0	0. 698 5	0. 701 9	0. 705 4	0. 708 8	0. 712 3	0. 715 7	0. 719 0	0. 722 4
0. 6	0. 725 7	0. 729 1	0. 732 4	0. 735 7	0. 738 9	0. 742 2	0. 745 4	0. 748 6	0. 751 7	0. 754 9
0. 7	0. 758 0	0. 761 1	0. 764 2	0. 767 3	0. 770 4	0. 773 4	0. 776 4	0. 779 4	0. 782 3	0. 785 2
0. 8	0. 788 1	0. 791 0	0. 793 9	0. 796 7	0. 799 5	0. 802 3	0. 805 1	0. 807 8	0. 810 6	0. 813 3
0. 9	0. 815 9	0. 818 6	0. 821 2	0. 823 8	0. 826 4	0. 828 9	0. 831 5	0. 834 0	0. 836 5	0. 838 9
1. 0	0. 841 3	0. 843 8	0. 846 1	0. 848 5	0. 850 8	0. 853 1	0. 855 4	0. 857 7	0. 859 9	0. 862 1
1. 1	0. 864 3	0. 866 5	0. 868 6	0. 870 8	0. 872 9	0. 874 9	0. 877 0	0. 879 0	0. 881 0	0. 883 0
1. 2	0. 884 9	0. 886 9	0. 888 8	0. 890 7	0. 892 5	0. 894 4	0. 896 2	0. 898 0	0. 899 7	0. 901 5
1. 3	0. 903 2	0. 904 9	0. 906 6	0. 908 2	0. 909 9	0. 911 5	0. 913 1	0. 914 7	0. 916 2	0. 917 7
1. 4	0. 919 2	0. 920 7	0. 922 2	0. 923 6	0. 925 1	0. 926 5	0. 927 9	0. 929 2	0. 930 6	0. 931 9
1. 5	0. 933 2	0. 934 5	0. 935 7	0. 937 0	0. 938 2	0. 939 4	0. 940 6	0. 941 8	0. 942 9	0. 944 1
1. 6	0. 945 2	0. 946 3	0. 947 4	0. 948 4	0. 949 5	0. 950 5	0. 951 5	0. 952 5	0. 953 5	0. 954 5
1. 7	0. 955 4	0. 956 4	0. 957 3	0. 958 2	0. 959 1	0. 959 9	0. 960 8	0. 961 6	0. 962 5	0. 963 3

续 表

1.8	0.964 1	0.964 9	0.965 6	0.966 4	0.967 1	0.967 8	0.968 6	0.969 3	0.969 9	0.970 6
1.9	0.971 3	0.971 9	0.972 6	0.973 2	0.973 8	0.974 4	0.975 0	0.975 6	0.976 1	0.976 7
2.0	0.977 2	0.977 8	0.978 3	0.978 8	0.979 3	0.979 8	0.980 3	0.980 8	0.981 2	0.981 7
2.1	0.982 1	0.982 6	0.983 0	0.983 4	0.983 8	0.984 2	0.984 6	0.985 0	0.985 4	0.985 7
2.2	0.986 1	0.986 4	0.986 8	0.987 1	0.987 5	0.987 8	0.988 1	0.988 4	0.988 7	0.989 0
2.3	0.989 3	0.989 6	0.989 8	0.990 1	0.990 4	0.990 6	0.990 9	0.991 1	0.991 3	0.991 6
2.4	0.991 8	0.992 0	0.992 2	0.992 5	0.992 7	0.992 9	0.993 1	0.993 2	0.993 4	0.993 6
2.5	0.993 8	0.994 0	0.994 1	0.994 3	0.994 5	0.994 6	0.994 8	0.994 9	0.995 1	0.995 2
2.6	0.995 3	0.995 5	0.995 6	0.995 7	0.995 9	0.996 0	0.996 1	0.996 2	0.996 3	0.996 4
2.7	0.996 5	0.996 6	0.996 7	0.996 8	0.996 9	0.997 0	0.997 1	0.997 2	0.997 3	0.997 4
2.8	0.997 4	0.997 5	0.997 6	0.997 7	0.997 7	0.997 8	0.997 9	0.997 9	0.998 0	0.998 1
2.9	0.998 1	0.998 2	0.998 2	0.998 3	0.998 4	0.998 4	0.998 5	0.998 5	0.998 6	0.998 6
3.0	0.998 7	0.998 7	0.998 7	0.998 8	0.998 8	0.998 9	0.998 9	0.998 9	0.999 0	0.999 0
3.1	0.999 0	0.999 1	0.999 1	0.999 1	0.999 2	0.999 2	0.999 2	0.999 2	0.999 3	0.999 3
3.2	0.999 3	0.999 3	0.999 4	0.999 4	0.999 4	0.999 4	0.999 4	0.999 5	0.999 5	0.999 5
3.3	0.999 5	0.999 5	0.999 5	0.999 6	0.999 6	0.999 6	0.999 6	0.999 6	0.999 6	0.999 7
3.4	0.999 7	0.999 7	0.999 7	0.999 7	0.999 7	0.999 7	0.999 7	0.999 7	0.999 7	0.999 8
3.5	0.999 8	0.999 8	0.999 8	0.999 8	0.999 8	0.999 8	0.999 8	0.999 8	0.999 8	0.999 8
3.6	0.999 8	0.999 8	0.999 9	0.999 9	0.999 9	0.999 9	0.999 9	0.999 9	0.999 9	0.999 9
3.7	0.999 9	0.999 9	0.999 9	0.999 9	0.999 9	0.999 9	0.999 9	0.999 9	0.999 9	0.999 9
3.8	0.999 9	0.999 9	0.999 9	0.999 9	0.999 9	0.999 9	0.999 9	0.999 9	0.999 9	0.999 9

3.标准正态分布及其相关函数

$$F(x) = \int_{-\infty}^{x} \frac{1}{\sqrt{2\pi}} e^{-\frac{t^2}{2}} dt$$

$$F(x) = \frac{1}{\sqrt{2\pi}} e^{-\frac{t^2}{2}}$$

x	$F(x)$	$1-F(x)$	$f(x)$	x	$F(x)$	$1-F(x)$	$f(x)$
0.00	0.500 0	0.500 0	0.398 9	2.01	0.977 8	0.022 2	0.052 9
0.01	0.504 0	0.496 0	0.398 9	2.02	0.978 3	0.021 7	0.051 9
0.02	0.508 0	0.492 0	0.398 9	2.03	0.978 8	0.021 2	0.050 8
0.03	0.512 0	0.488 0	0.398 8	2.04	0.979 3	0.020 7	0.049 8
0.04	0.516 0	0.484 0	0.398 6	2.05	0.979 8	0.020 2	0.048 8
0.05	0.519 9	0.480 1	0.398 4	2.06	0.980 3	0.019 7	0.047 8
0.06	0.523 9	0.476 1	0.398 2	2.07	0.980 8	0.019 2	0.046 8
0.07	0.527 9	0.472 1	0.398 0	2.08	0.981 2	0.018 8	0.045 9
0.08	0.531 9	0.468 1	0.397 7	2.09	0.981 7	0.018 3	0.044 9

续表

x	$F(x)$	$1-F(x)$	$f(x)$	x	$F(x)$	$1-F(x)$	$f(x)$
0.09	0.535 9	0.464 1	0.397 3	2.10	0.982 1	0.017 9	0.044 0
0.10	0.539 8	0.460 2	0.397 0	2.11	0.982 6	0.017 4	0.043 1
0.11	0.543 8	0.456 2	0.396 5	2.12	0.983 0	0.017 0	0.042 2
0.12	0.547 8	0.452 2	0.396 1	2.13	0.983 4	0.016 6	0.041 3
0.13	0.551 7	0.448 3	0.395 6	2.14	0.983 8	0.016 2	0.040 4
0.14	0.555 7	0.444 3	0.395 1	2.15	0.984 2	0.015 8	0.039 6
0.15	0.559 6	0.440 4	0.394 5	2.16	0.984 6	0.015 4	0.038 7
0.16	0.563 6	0.436 4	0.393 9	2.17	0.985 0	0.015 0	0.037 9
0.17	0.567 5	0.432 5	0.393 2	2.18	0.985 4	0.014 6	0.037 1
0.18	0.571 4	0.428 6	0.392 5	2.19	0.985 7	0.014 3	0.036 3
0.19	0.575 3	0.424 7	0.391 8	2.20	0.986 1	0.013 9	0.035 5
0.20	0.579 3	0.420 7	0.391 0	2.21	0.986 4	0.013 6	0.034 7
0.21	0.583 2	0.416 8	0.390 2	2.22	0.986 8	0.013 2	0.033 9
0.22	0.587 1	0.412 9	0.389 4	2.23	0.987 1	0.012 9	0.033 2
0.23	0.591 0	0.409 0	0.388 5	2.24	0.987 5	0.012 5	0.032 5
0.24	0.594 8	0.405 2	0.387 6	2.25	0.987 8	0.012 2	0.031 7
0.25	0.598 7	0.401 3	0.386 7	2.26	0.988 1	0.011 9	0.031 0
0.26	0.602 6	0.397 4	0.385 7	2.27	0.988 4	0.011 6	0.030 3
0.27	0.606 4	0.393 6	0.384 7	2.28	0.988 7	0.011 3	0.029 7
0.28	0.610 3	0.389 7	0.383 6	2.29	0.989 0	0.011 0	0.029 0
0.29	0.614 1	0.385 9	0.382 5	2.30	0.989 3	0.010 7	0.028 3
0.30	0.617 9	0.382 1	0.381 4	2.31	0.989 6	0.010 4	0.027 7
0.31	0.621 7	0.378 3	0.380 2	2.32	0.989 8	0.010 2	0.027 0
0.32	0.625 5	0.374 5	0.379 0	2.33	0.990 1	0.009 9	0.026 4
0.33	0.629 3	0.370 7	0.377 8	2.34	0.990 4	0.009 6	0.025 8
0.34	0.633 1	0.366 9	0.376 5	2.35	0.990 6	0.009 4	0.025 2
0.35	0.636 8	0.363 2	0.375 2	2.36	0.990 9	0.009 1	0.024 6
0.36	0.640 6	0.359 4	0.373 9	2.37	0.991 1	0.008 9	0.024 1
0.37	0.644 3	0.355 7	0.372 5	2.38	0.991 3	0.008 7	0.023 5
0.38	0.648 0	0.352 0	0.371 2	2.39	0.991 6	0.008 4	0.022 9
0.39	0.651 7	0.348 3	0.369 7	2.40	0.991 8	0.008 2	0.022 4
0.40	0.655 4	0.344 6	0.368 3	2.41	0.992 0	0.008 0	0.021 9

续表

x	$F(x)$	$1-F(x)$	$f(x)$	x	$F(x)$	$1-F(x)$	$f(x)$
0.41	0.659 1	0.340 9	0.366 8	2.42	0.992 2	0.007 8	0.021 3
0.42	0.662 8	0.337 2	0.365 3	2.43	0.992 5	0.007 5	0.020 8
0.43	0.666 4	0.333 6	0.363 7	2.44	0.992 7	0.007 3	0.020 3
0.44	0.670 0	0.330 0	0.362 1	2.45	0.992 9	0.007 1	0.019 8
0.45	0.673 6	0.326 4	0.360 5	2.46	0.993 1	0.006 9	0.019 4
0.46	0.677 2	0.322 8	0.358 9	2.47	0.993 2	0.006 8	0.018 9
0.47	0.680 8	0.319 2	0.357 2	2.48	0.993 4	0.006 6	0.018 4
0.48	0.684 4	0.315 6	0.355 5	2.49	0.993 6	0.006 4	0.018 0
0.49	0.687 9	0.312 1	0.353 8	2.50	0.993 8	0.006 2	0.017 5
0.50	0.691 5	0.308 5	0.352 1	2.51	0.994 0	0.006 0	0.071 7
0.51	0.695 0	0.305 0	0.350 3	2.52	0.994 1	0.005 9	0.016 7
0.52	0.698 5	0.301 5	0.348 5	2.53	0.994 3	0.005 7	0.016 3
0.53	0.701 9	0.298 1	0.346 7	2.54	0.994 5	0.005 5	0.015 8
0.54	0.705 4	0.294 6	0.344 8	2.55	0.994 6	0.005 4	0.015 5
0.55	0.708 8	0.291 2	0.342 9	2.56	0.994 8	0.005 2	0.015 1
0.56	0.712 3	0.287 7	0.341 0	2.57	0.994 9	0.005 1	0.014 7
0.57	0.715 7	0.284 3	0.339 1	2.58	0.995 1	0.004 9	0.014 3
0.58	0.719 0	0.281 0	0.337 2	2.59	0.995 2	0.004 8	0.013 9
0.59	0.722 4	0.277 6	0.335 2	2.60	0.995 3	0.004 7	0.013 6
0.60	0.725 7	0.274 3	0.333 2	2.61	0.995 5	0.004 5	0.013 2
0.61	0.729 1	0.270 9	0.331 2	2.62	0.995 6	0.004 4	0.012 9
0.62	0.732 4	0.267 6	0.329 2	2.63	0.995 7	0.004 3	0.012 6
0.63	0.735 7	0.264 3	0.327 1	2.64	0.995 9	0.004 1	0.012 2
0.64	0.738 9	0.261 1	0.325 1	2.65	0.996 0	0.004 0	0.011 9
0.65	0.742 2	0.257 8	0.323 0	2.66	0.996 1	0.003 9	0.011 6
0.66	0.745 4	0.254 6	0.320 9	2.67	0.996 2	0.003 8	0.011 3
0.67	0.748 6	0.251 4	0.318 7	2.68	0.996 3	0.003 7	0.011 0
0.68	0.751 7	0.248 3	0.316 6	2.69	0.996 4	0.003 6	0.010 7
0.69	0.754 9	0.245 1	0.314 4	2.70	0.996 5	0.003 5	0.010 4
0.70	0.758 0	0.242 0	0.312 3	2.71	0.996 6	0.003 4	0.010 1
0.71	0.761 1	0.238 9	0.310 1	2.72	0.996 7	0.003 3	0.009 9
0.72	0.764 2	0.235 8	0.307 9	2.73	0.996 8	0.003 2	0.009 6

续表

x	$F(x)$	$1-F(x)$	$f(x)$	x	$F(x)$	$1-F(x)$	$f(x)$
0.73	0.767 3	0.232 7	0.305 6	2.74	0.996 9	0.003 1	0.009 3
0.74	0.770 4	0.229 6	0.303 4	2.75	0.997 0	0.003 0	0.009 1
0.75	0.773 4	0.226 6	0.301 1	2.76	0.997 1	0.002 9	0.008 8
0.76	0.776 4	0.223 6	0.298 9	2.77	0.997 2	0.002 8	0.008 6
0.77	0.779 4	0.220 6	0.296 6	2.78	0.997 3	0.002 7	0.008 4
0.78	0.782 3	0.217 7	0.294 3	2.79	0.997 4	0.002 6	0.008 1
0.79	0.785 2	0.214 8	0.292 0	2.80	0.997 4	0.002 6	0.007 9
0.80	0.788 1	0.211 9	0.289 7	2.81	0.997 5	0.002 5	0.007 7
0.81	0.791 0	0.209 0	0.287 4	2.82	0.997 6	0.002 4	0.007 5
0.82	0.793 9	0.206 1	0.285 0	2.83	0.997 7	0.002 3	0.007 3
0.83	0.796 7	0.203 3	0.282 7	2.84	0.997 7	0.002 3	0.007 1
0.84	0.799 5	0.200 5	0.280 3	2.85	0.997 8	0.002 2	0.006 9
0.85	0.802 3	0.197 7	0.278 0	2.86	0.997 9	0.002 1	0.006 7
0.86	0.805 1	0.194 9	0.275 6	2.87	0.997 9	0.002 1	0.006 5
0.87	0.807 8	0.192 2	0.273 2	2.88	0.998 0	0.002 0	0.006 3
0.88	0.810 6	0.189 4	0.270 9	2.89	0.998 1	0.001 9	0.006 1
0.89	0.813 3	0.186 7	0.268 5	2.90	0.998 1	0.001 9	0.006 0
0.90	0.815 9	0.184 1	0.266 1	2.91	0.998 2	0.001 8	0.005 8
0.91	0.818 6	0.181 4	0.263 7	2.92	0.998 2	0.001 8	0.005 6
0.92	0.821 2	0.178 8	0.261 3	2.93	0.998 3	0.001 7	0.005 5
0.93	0.823 8	0.176 2	0.258 9	2.94	0.998 4	0.001 6	0.005 3
0.94	0.826 4	0.173 6	0.256 5	2.95	0.998 4	0.001 6	0.005 1
0.95	0.828 9	0.171 1	0.254 1	2.96	0.998 5	0.001 5	0.005 0
0.96	0.831 5	0.168 5	0.251 6	2.97	0.998 5	0.001 5	0.004 8
0.97	0.834 0	0.166 0	0.249 2	2.98	0.998 6	0.001 4	0.004 7
0.98	0.836 5	0.163 5	0.246 8	2.99	0.998 6	0.001 4	0.004 6
0.99	0.838 9	0.161 1	0.244 4	3.00	0.998 7	0.001 3	0.004 4
1.00	0.841 3	0.158 7	0.242 0	3.01	0.998 7	0.001 3	0.004 3
1.01	0.843 8	0.156 2	0.239 6	3.02	0.998 7	0.001 3	0.004 2
1.02	0.846 1	0.153 9	0.237 1	3.03	0.998 8	0.001 2	0.004 0
1.03	0.848 5	0.151 5	0.234 7	3.04	0.998 8	0.001 2	0.003 9
1.04	0.850 8	0.149 2	0.232 3	3.05	0.998 9	0.001 1	0.003 8

续 表

x	$F(x)$	$1-F(x)$	$f(x)$	x	$F(x)$	$1-F(x)$	$f(x)$
1.05	0.853 1	0.146 9	0.229 9	3.06	0.998 9	0.001 1	0.003 7
1.06	0.855 4	0.144 6	0.227 5	3.07	0.998 9	0.001 1	0.003 6
1.07	0.857 7	0.142 3	0.225 1	3.08	0.999 0	0.001 0	0.003 5
1.08	0.859 9	0.140 1	0.222 7	3.09	0.999 0	0.001 0	0.003 4
1.09	0.862 1	0.137 9	0.220 3	3.10	0.999 0	0.001 0	0.003 3
1.10	0.864 3	0.135 7	0.217 9	3.11	0.999 1	0.000 9	0.003 2
1.11	0.866 5	0.133 5	0.215 5	3.12	0.999 1	0.000 9	0.003 1
1.12	0.868 6	0.131 4	0.213 1	3.13	0.999 1	0.000 9	0.003 0
1.13	0.870 8	0.129 2	0.210 7	3.14	0.999 2	0.000 8	0.002 9
1.14	0.872 9	0.127 1	0.208 3	3.15	0.999 2	0.000 8	0.002 8
1.15	0.874 9	0.125 1	0.205 9	3.16	0.999 2	0.000 8	0.002 7
1.16	0.877 0	0.123 0	0.203 6	3.17	0.999 2	0.000 8	0.002 6
1.17	0.879 0	0.121 0	0.201 2	3.18	0.999 3	0.000 7	0.002 5
1.18	0.881 0	0.119 0	0.198 9	3.19	0.999 3	0.000 7	0.002 5
1.19	0.883 0	0.117 0	0.196 5	3.20	0.999 3	0.000 7	0.002 4
1.20	0.884 9	0.115 1	0.194 2	3.21	0.999 3	0.000 7	0.002 3
1.21	0.886 9	0.113 1	0.191 9	3.22	0.999 4	0.000 6	0.002 2
1.22	0.888 8	0.111 2	0.189 5	3.23	0.999 4	0.000 6	0.002 2
1.23	0.890 7	0.109 3	0.187 2	3.24	0.999 4	0.000 6	0.002 1
1.24	0.892 5	0.107 5	0.184 9	3.25	0.999 4	0.000 6	0.002 0
1.25	0.894 4	0.105 6	0.182 6	3.26	0.999 4	0.000 6	0.002 0
1.26	0.896 2	0.103 8	0.180 4	3.27	0.999 5	0.000 5	0.001 9
1.27	0.898 0	0.102 0	0.178 1	3.28	0.999 5	0.000 5	0.001 8
1.28	0.899 7	0.100 3	0.175 8	3.29	0.999 5	0.000 5	0.001 8
1.29	0.901 5	0.098 5	0.173 6	3.30	0.999 5	0.000 5	0.001 7
1.30	0.903 2	0.096 8	0.171 4	3.31	0.999 5	0.000 5	0.001 7
1.31	0.904 9	0.095 1	0.169 1	3.32	0.999 5	0.000 5	0.001 6
1.32	0.906 6	0.093 4	0.166 9	3.33	0.999 6	0.000 4	0.001 6
1.33	0.908 2	0.091 8	0.164 7	3.34	0.999 6	0.000 4	0.001 5
1.34	0.909 9	0.090 1	0.162 6	3.35	0.999 6	0.000 4	0.001 5
1.35	0.911 5	0.088 5	0.160 4	3.36	0.999 6	0.000 4	0.001 4
1.36	0.913 1	0.086 9	0.158 2	3.37	0.999 6	0.000 4	0.001 4

续表

x	$F(x)$	$1-F(x)$	$f(x)$	x	$F(x)$	$1-F(x)$	$f(x)$
1.37	0.914 7	0.085 3	0.156 1	3.38	0.999 6	0.000 4	0.001 3
1.38	0.916 2	0.083 8	0.153 9	3.39	0.999 7	0.000 3	0.001 3
1.39	0.917 7	0.082 3	0.151 8	3.40	0.999 7	0.000 3	0.001 2
1.40	0.919 2	0.080 8	0.149 7	3.41	0.999 7	0.000 3	0.001 2
1.41	0.920 7	0.079 3	0.147 6	3.42	0.999 7	0.000 3	0.001 2
1.42	0.922 2	0.077 8	0.145 6	3.43	0.999 7	0.000 3	0.001 1
1.43	0.923 6	0.076 4	0.143 5	3.44	0.999 7	0.000 3	0.001 1
1.44	0.925 1	0.074 9	0.141 5	3.45	0.999 7	0.000 3	0.001 0
1.45	0.926 5	0.073 5	0.139 4	3.46	0.999 7	0.000 3	0.001 0
1.46	0.927 9	0.072 1	0.137 4	3.47	0.999 7	0.000 3	0.001 0
1.47	0.929 2	0.070 8	0.135 4	3.48	0.999 7	0.000 3	0.000 9
1.48	0.930 6	0.069 4	0.133 4	3.49	0.999 8	0.000 2	0.000 9
1.49	0.931 9	0.068 1	0.131 5	3.50	0.999 8	0.000 2	0.000 9
1.50	0.933 2	0.066 8	0.129 5	3.51	0.999 8	0.000 2	0.000 8
1.51	0.934 5	0.065 5	0.127 6	3.52	0.999 8	0.000 2	0.000 8
1.52	0.935 7	0.064 3	0.125 7	3.53	0.999 8	0.000 2	0.000 8
1.53	0.937 0	0.063 0	0.123 8	3.54	0.999 8	0.000 2	0.000 8
1.54	0.938 2	0.061 8	0.121 9	3.55	0.999 8	0.000 2	0.000 7
1.55	0.939 4	0.060 6	0.120 0	3.56	0.999 8	0.000 2	0.000 7
1.56	0.940 6	0.059 4	0.118 2	3.57	0.999 8	0.000 2	0.000 7
1.57	0.941 8	0.058 2	0.116 3	3.58	0.999 8	0.000 2	0.000 7
1.58	0.942 9	0.057 1	0.114 5	3.59	0.999 8	0.000 2	0.000 6
1.59	0.944 1	0.055 9	0.112 7	3.60	0.999 8	0.000 2	0.000 6
1.60	0.945 2	0.054 8	0.110 9	3.61	0.999 8	0.000 2	0.000 6
1.61	0.946 3	0.053 7	0.109 2	3.62	0.999 9	0.000 1	0.000 6
1.62	0.947 4	0.052 6	0.107 4	3.63	0.999 9	0.000 1	0.000 5
1.63	0.948 4	0.051 6	0.105 7	3.64	0.999 9	0.000 1	0.000 5
1.64	0.949 5	0.050 5	0.104 0	3.65	0.999 9	0.000 1	0.000 5
1.65	0.950 5	0.049 5	0.102 3	3.66	0.999 9	0.000 1	0.000 5
1.66	0.951 5	0.048 5	0.100 6	3.67	0.999 9	0.000 1	0.000 5
1.67	0.952 5	0.047 5	0.098 9	3.68	0.999 9	0.000 1	0.000 5
1.68	0.953 5	0.046 5	0.097 3	3.69	0.999 9	0.000 1	0.000 4

续表

x	$F(x)$	$1-F(x)$	$f(x)$	x	$F(x)$	$1-F(x)$	$f(x)$
1.69	0.954 5	0.045 5	0.095 7	3.70	0.999 9	0.000 1	0.000 4
1.70	0.955 4	0.044 6	0.094 0	3.71	0.999 9	0.000 1	0.000 4
1.71	0.956 4	0.043 6	0.092 5	3.72	0.999 9	0.000 1	0.000 4
1.72	0.957 3	0.042 7	0.090 9	3.73	0.999 9	0.000 1	0.000 4
1.73	0.958 2	0.041 8	0.089 3	3.74	0.999 9	0.000 1	0.000 4
1.74	0.959 1	0.040 9	0.087 8	3.75	0.999 9	0.000 1	0.000 4
1.75	0.959 9	0.040 1	0.086 3	3.76	0.999 9	0.000 1	0.000 3
1.76	0.960 8	0.039 2	0.084 8	3.77	0.999 9	0.000 1	0.000 3
1.77	0.961 6	0.038 4	0.083 3	3.78	0.999 9	0.000 1	0.000 3
1.78	0.962 5	0.037 5	0.081 8	3.79	0.999 9	0.000 1	0.000 3
1.79	0.963 3	0.036 7	0.080 4	3.80	0.999 9	0.000 1	0.000 3
1.80	0.964 1	0.035 9	0.079 0	3.81	0.999 9	0.000 1	0.000 3
1.81	0.964 9	0.035 1	0.077 5	3.82	0.999 9	0.000 1	0.000 3
1.82	0.965 6	0.034 4	0.076 1	3.83	0.999 9	0.000 1	0.000 3
1.83	0.966 4	0.033 6	0.074 8	3.84	0.999 9	0.000 1	0.000 3
1.84	0.967 1	0.032 9	0.073 4	3.85	0.999 9	0.000 1	0.000 2
1.85	0.967 8	0.032 2	0.072 1	3.86	0.999 9	0.000 1	0.000 2
1.86	0.968 6	0.031 4	0.070 7	3.87	0.999 9	0.000 1	0.000 2
1.87	0.969 3	0.030 7	0.069 4	3.88	0.999 9	0.000 1	0.000 2
1.88	0.969 9	0.030 1	0.068 1	3.89	1.000 0	0.000 0	0.000 2
1.89	0.970 6	0.029 4	0.066 9	3.90	1.000 0	0.000 0	0.000 2
1.90	0.971 3	0.028 7	0.065 6	3.91	1.000 0	0.000 0	0.000 2
1.91	0.971 9	0.028 1	0.064 4	3.92	1.000 0	0.000 0	0.000 2
1.92	0.972 6	0.027 4	0.063 2	3.93	1.000 0	0.000 0	0.000 2
1.93	0.973 2	0.026 8	0.062 0	3.94	1.000 0	0.000 0	0.000 2
1.94	0.973 8	0.026 2	0.060 8	3.95	1.000 0	0.000 0	0.000 2
1.95	0.974 4	0.025 6	0.059 6	3.96	1.000 0	0.000 0	0.000 2
1.96	0.975 0	0.025 0	0.058 4	3.97	1.000 0	0.000 0	0.000 2
1.97	0.975 6	0.024 4	0.057 3	3.98	1.000 0	0.000 0	0.000 1
1.98	0.976 1	0.023 9	0.056 2	3.99	1.000 0	0.000 0	0.000 1
1.99	0.976 7	0.023 3	0.055 1	4.00	1.000 0	0.000 0	0.000 1
2.00	0.977 2	0.022 8	0.054 0				

附录 2　航空维修英语

The　Airplane

Fig. 2-1 shows the main components of a high-winged airplane. The airframe consists of the fuselage, which is the main component of the airplane, the wings, and the empennage. The empennage is the tail assembly consisting of the horizontal stabilizer, the elevators, the vertical stabilizer, and the rudder. The elevators are used to adjust, or control, the pitch (nose up/down attitude) of the airplane. The elevators are connected to the control wheel or stick of the airplane and are moved by the forward and backward motion of the control. On some airplanes the entire horizontal stabilizer is the elevator, as shown in Fig. 2-2. This is called a stabilator. The rudder is used to make small directional changes and in turns. Two pedals on the floor operate the rudder, used to provide directional control.

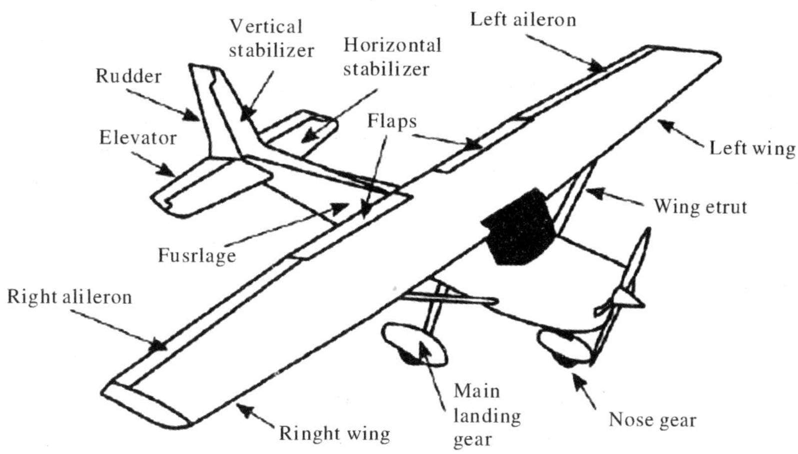

Fig. 2-1　Main components of airplane

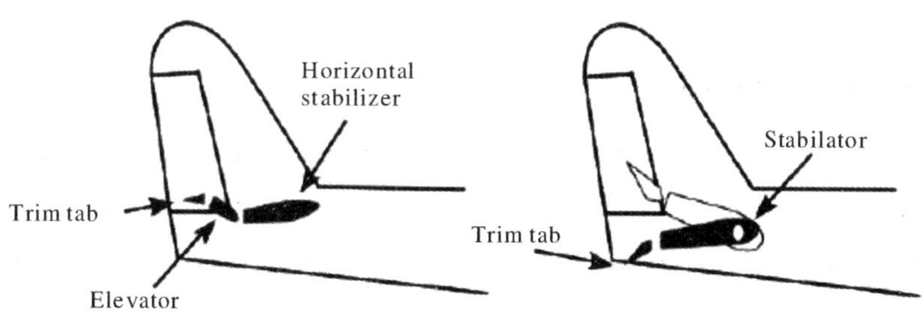

Fig. 2-2　The empennage

Most airplanes have small hinged sections on the trailing edge of the elevators and sometimes on the rudder called trim tabs as shown in Fig. 2-2. These tabs move in the opposite direction to the control surface. The purpose of the trim tabs is to reduce the necessary force on the control wheel, called a yoke, for the pilot to maintain a desired flight attitude.

Most modern airplanes have single wings mounted either above or below the fuselage. Most but not all high-winged airplanes have wings that are supported by struts. Struts allow for a lighter wing but at the expense of more drag (resistance to motion through the air).

The movable surfaces on the outer trailing edge of the wings are the ailerons, which are used for roll control (rotation around the axis of the fuselage). They are operated by the rotation of the control wheel or by the left-right movement of the stick. The ailerons are coupled so that when one swings up the other swings down.

The hinged portions on the inboard part of the trailing edge of the wings are the flaps. These are used to produce greater lift at low speeds and to provide increased drag on landing. This increased drag helps to reduce the speed of the airplane and to steepen the landing approach angle. Flaps are discussed in detail in the chapter on wings.

Small airplanes have two configurations of landing gear. Tricycle landing gear has the main landing gear just behind the center of balance of the airplane and a steerable nose gear up forward. The tail dragger has the main landing gear forward of the center of balance and a small steerable wheel at the tail. The nose gear and the tail wheel are steered with the rudder pedals

The Engine

An aircraft engine produces thrust to propel an aircraft. Reciprocating engines and turboprop engines work in combination with a propeller to produce thrust. Turbojet and turbofan engines produce thrust by increasing the velocity of air flowing through the engine. All of these powerplants also drive the various systems that support the operation of an aircraft.

(1) Reciprocating Engines

Most small aircraft are designed with reciprocating engines. The name is derived from the back-and-forth movement of the pistons which produces the mechanical energy necessary to accomplish work. All reciprocating engines are basically the same. They have the same major parts, most of them use liquid fuel, and all of them require an ignition system, a cooling system and a lubrication system. The reciprocating engine is also known as an internal-combustion engine. The seven major parts of a reciprocating engine include: the cylinder, the piston, the connecting rod, the crankshaft, the valves, the spark plug and a valve operating mechanism (Fig. 2-3).

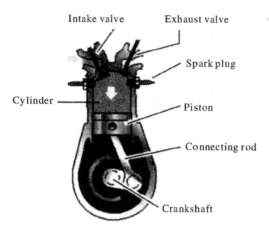

Fig. 2-3　Reciprocating engines

(2)Turbine Engines

Turbine engines found in aircraft use the force of hot, flowing gases striking a turbine. Some of these engines are geared to propellers which are similar to the types of propellers used with reciprocating engines. An aircraft's turbine engine consists of an air inlet, compressor, combustion chambers, a turbine section and exhaust. Thrust is produced by increasing the velocity of the air flowing through the engine. The path the air takes through the engine and how power is produced determines the type of engine. There are four types of aircraft's turbine engines-turbojet, turboprop, turbofan and turboshaft.

1)Turbojet Engines

The turbojet uses a series of fan-like compressor blades to bring air into the engine and compress it. In this section, there is a series of rotor and stator blades. Rotor blades perform somewhat like propellers in which they gather and push air backward into the engine. The stator blades serve to straighten the flow of this air as it passes from one set of rotor blades to the next. The compressor section passes inlet air at a high rate of speed to the combustion chamber. The combustion chamber contains the fuel inlet and igniter for combustion. The expanding air drives a turbine, which is connected by a shaft to the compressor, sustaining engine operation. The accelerated exhaust gases from the engine provide thrust. This is a basic application of compressing air, igniting the fuel-air mixture, producing power to self-sustain the engine operation, and exhaust for propulsion (Fig. 2-4).

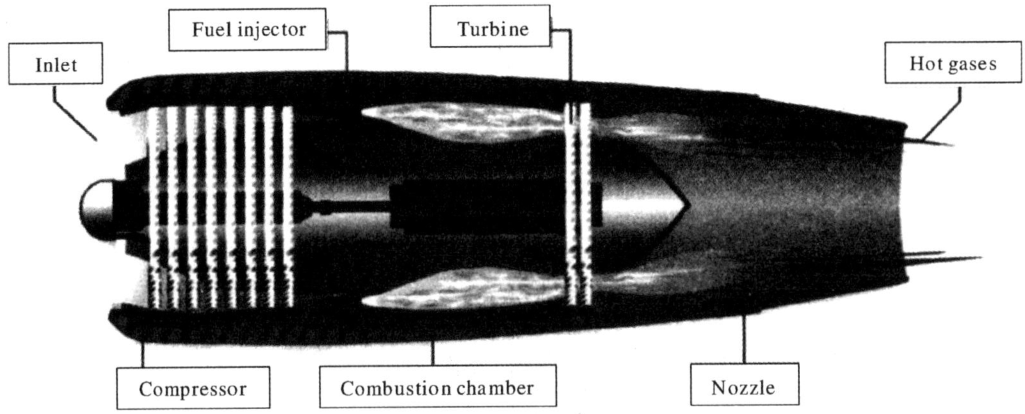

Fig. 2-4 Turbojet engine

2) Turboprop Engines

The turboprop engine is an effort to combine the best features of turbojet and propeller of aircraft. The turboprop uses a gas turbine to turn a propeller (Fig. 2-5). Its turbine uses almost all the engine's energy to turn its compressor and propeller, and it depends on the propeller for thrust, rather than on the high-velocity gases going out of the exhaust. A turboprop engine drives a propeller through a reduction gear. The exhaust gases drive a power turbine connected by a shaft that drives the reduction gear assembly. Reduction gear is necessary in turboprop engines because optimum propeller performance is achieved at much slower speeds than the engine's operating rpm. No propeller is capable of withstanding the forces generated when it is turned at the same rate as that of the gas turbine.

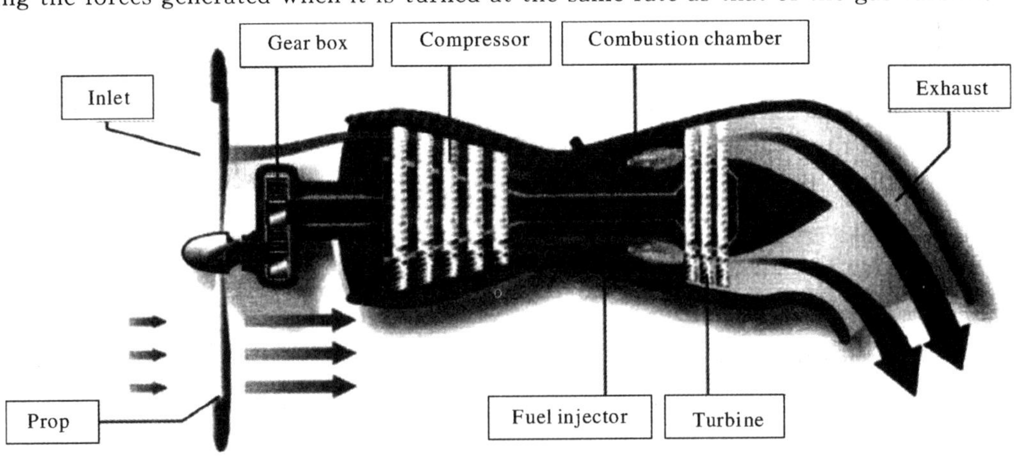

Fig. 2-5 Turboprop engine

3) Turbofan Engines

Turbofan engines have been developed to combine some of the best features of the turbojet engines and the turboprop engines. The inlet air that passes through a turbofan engine is usually divided into two separate streams of air. One stream passes through the core of engine, while a second stream bypasses the core of engine. The turbofan bypass air generates increased thrust, cools the engine, and aids in exhaust noise suppression. A fan burner permits the burning of additional fuel in the fan airstream. With the burner off, this engine can operate economically and efficiently at low altitudes and low speeds. With the burner on, the thrust is doubled by the burning fuel, and it can operate on high speeds and high altitudes fairly efficiently. The turbofan has greater thrust for take-off, climbing and cruising on the same amount of fuel than the conventional turbojet engine (Fig. 2-6).

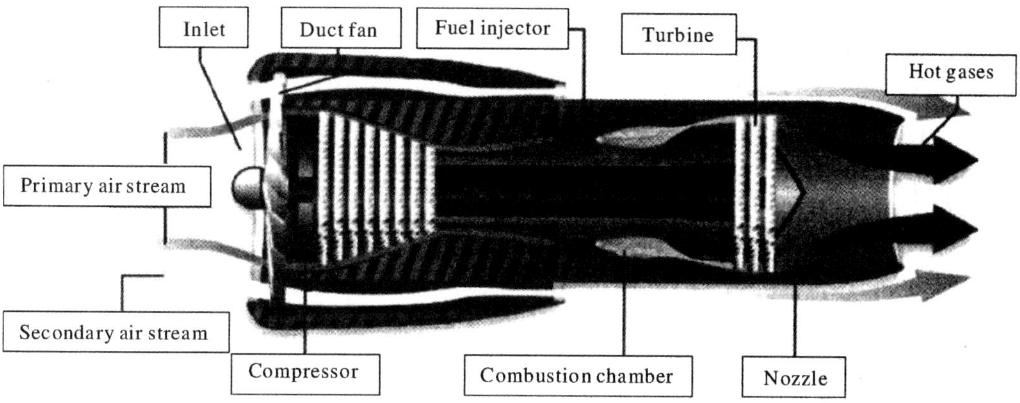

Fig. 2-6　Turbofan engine

4) Turboshaft Engines

A turboshaft engine delivers powerto a shaft that drives something other than a propeller(Fig. 2-7). The biggest difference between a turbojet and a turboshaft engine is that on a turboshaft engine, most of the energy produced by the expanding gases is used to drive a turbine rather than produce thrust. Many helicopters use a turboshaft engine. In addition, turboshaft engines are widely used as auxiliary power units on large aircraft.

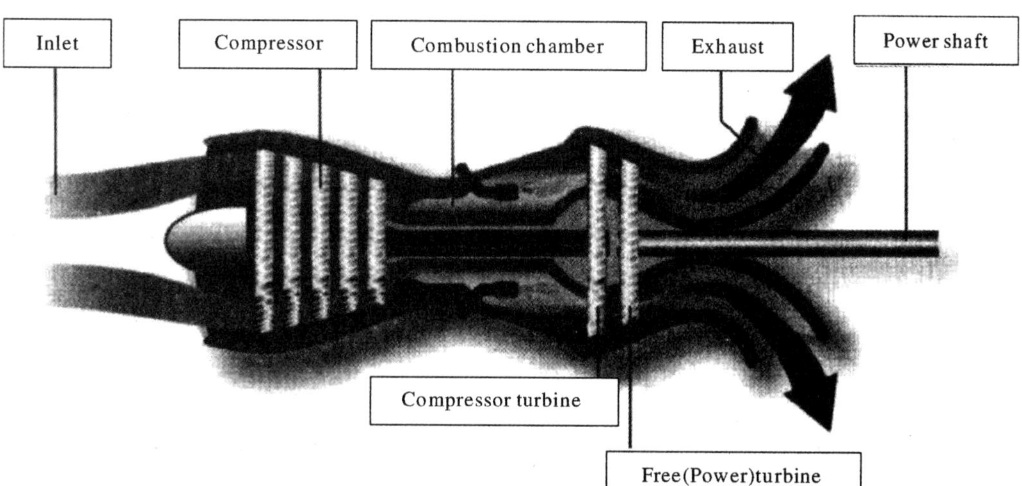

Fig. 2-7　Turboshaft engine

As a group, turbine engines have many advantages over reciprocating engines, the most obvious being the capability of higher-altitude and higher-speed performance. Vibration stress is relieved as a result of rotating rather than reciprocating parts. Control is simpler because one lever controls both speed and power. With the large airflow, cooling is less complicated. Spark plugs are used only for starting, and the continuous ignition system of reciprocating engines is not needed. A carburetor and mixture control are not needed. The major disadvantages of turbine engines have been the high fuel consumption and poor performance at low power setting, low speeds and low altitudes. The developments of turboprop and turbofan have greatly improved aircraft's turbine engines in these areas.

Aviation Maintenance

Why do we have to do maintenance? It is simple: "The maintenance of an aircraft provides assurance of flight safety, reliability, and airworthiness." The aircraft maintenance department is responsible for accomplishing all maintenance tasks as per the aircraft manufacturer and the company's requirements. The goal is a safe, reliable, and airworthy aircraft.

The aircraft maintenance department provides maintenance and preventive maintenance to ensure reliability, which translates into aircraft availability. These functions do not preclude a random failure or degradation of any part or system, but routine maintenance and checks will keep these from happening and keep the aircraft in good flying condition.

In those early days of aviation, maintenance was performed "as necessary" and the machines often required several hours of maintenance time for every hour of flying time. Major maintenance activities consisted of overhauling nearly everything on the aircraft on a periodic basis. Even though the airplanes and their systems were quite simple at first, maintenance carried out in this manner became quite expensive. With the increasing complexity of the aircraft and their onboard systems over the following years, that expense rose accordingly.

The modern approach to maintenance is more sophisticated. The aircraft are designed for safety, airworthiness, and maintainability, and a detailed maintenance program is developed along with every new model aircraft or derivative of an existing model. This initial maintenance program can then be tailored by each airline to accommodate the nature of their individual operations. This ensures continued airworthy operation under any circumstances. Backing up that individual undertaking are the ongoing efforts by manufacturers, airlines, and regulators to improve design and maintenance techniques and to keep the aviation industry on the leading edge.

Of course, such a sophisticated approach to maintenance requires sophisticated management, both in development of the initial maintenance program and at the airlines to accomplish all that is necessary to maintain that superior record of safety mentioned earlier.

The Role of the Engineer

The design of systems or components is not only limited by the imperfections of the physical world (i. e. ,the "natural entropy" of the system),it is also limited by a number of other constraints which we could refer to as "man-made entropy." A design engineer may be limited from making the perfect design by the technology or the state of the art within any facet of the design effort. He or she may be limited by ability or technique; or more often than not, the designer may be limited by economics; i. e. , there just is not enough money to build that nearly perfect system that is on the drawing board or in the designer's mind. Although the designer is limited by many factors, in the tradition of good engineering practice, the designer is obliged to build the best system possible within the constraints given.

Another common situation in design occurs when the designer has produced what he or she believes is the optimum system when the boss, who is responsible for budget asks, "How much will it cost to build this?" The designer has meticulously calculated that these widgets can be mass produced for $1200 each. "Great," says the boss. "Now redesign it so we can build it for under a thousand dollars." That means redesign, usually with reduced tolerances, cheaper materials, and, unfortunately, more entropy. More entropy sometimes translates into more maintenance required. The design engineer's primary concern, then is to minimize (not eliminate) the entropy of the system he or she is designing while staying within the required constraints.

The Role of the Mechanic

The mechanic [aircraft maintenance technician (AMT), repairer, or maintainer], on the other hand, has a different problem. Let us once again refer to the field of thermodynamics. One important point to understand is that entropy not only exists in every system, but that the entropy of a system is always increasing. That means that the designed-in level of perfection (imperfection?) will not be permanent. Some components or systems will deteriorate from use, and some will deteriorate from lack of use (time or environment related). Misuse by an operator or user may also cause some premature deterioration or degradation of the system or even outright damage. This deterioration or degradation of the system represents an increase in the total entropy of the system. Therefore, while the engineer's job is to minimize the entropy of a system during design, the mechanic's job is to combat the natural, continual increase in the entropy of the system during its operational lifetime.

To summarize, it is the engineer's responsibility to design the system with as high degree of perfection (low entropy) as possible within reasonable limits. The mechanic's responsibility is to remove and replace parts, troubleshoot systems, isolate faults in systems by following the fault isolation manual (FIM), and restore systems for their intended use.

Maintenance Considerations

The aviation industry has developed three management techniques for addressing the in-service interruptions created by the items that must be operated to failure before maintenance can be done. These are equipment redundancy, line replaceable units, and minimum aircraft dispatch requirements.

The concept of redundancy of certain components or systems is quite common in engineering design of systems where a high reliability is desirable. In the case of redundant units—usually called primary and backup units—if one unit fails, the other is available to take over the function. For example, in aviation most commercial jets have two high-frequency (HF) radios. Only one is needed for communications, but the second one is there for backup in case the first one fails.

A unique feature of redundant units also affects the maintenance requirements. If both primary and backup units are instrumented such that the flight crew is aware of any malfunction, no prior maintenance check is required to indicate that incapability. On the other hand, if neither system is so instrumented, maintenance personnel would need to perform some check on both primary and backup systems (at the transit or other check) to determine serviceability.

Very often, however, one system (usually the backup) is instrumented to show serviceability to the crew. If a maintenance check is performed on the other (i. e., the primary) the crew can be assured that it is serviceable. In the case of failure, then, they already have a positive indication, through the instrumentation, that the backup system is available and useable. The purpose for this arrangement is to strike a balance between how much instrumentation is used and how much maintenance is required to ensure system serviceability. In some cases, the backup system is automatically switched into service when the primary system fails. Flight crew needs during the flight are primary concerns in making such decisions.

Another common concept used in aviation is the line replaceable unit (LRU). An LRU is a component or system that has been designed in such a manner that the parts that most commonly fail can be quickly removed and replaced on the vehicle. This allows the vehicle to be returned to scheduled service without undue delay for maintenance. The failed part, then, can either be discarded or repaired in the shop as necessary without further delaying the flight.

The third concept for minimizing delays for maintenance in aviation is known as the minimum equipment list (MEL). This list allows a vehicle to be dispatched into service with certain items inoperative provided that the loss of function does not affect the safety and operation of the flight. These items are carefully determined by the manufacturer and sanctioned by the regulatory authority during the early stages of vehicle design and test. The manufacturer issues a master minimum equipment list (MMEL) which includes all equipment and accessories available for the aircraft model. The airline then tailors the document to its own configuration to produce the MEL. Many of these MEL items are associated with redundant systems. The concept of the MEL allows deferral of maintenance without upsetting the mission requirements. The maintenance, however, must be performed within certain prescribed periods, commonly 1, 3, 10, or 30 days, depending on the operational requirements for the system.

The items are identified in the MMEL by flight crew personnel during the latter stages of new aircraft development. Thus, flight personnel determine what systems they can safely fly the mission without or in a degraded condition. These flight crew personnel also determine how long (1, 3, 10, or 30 days) they can tolerate this condition. Although this is determined in general terms prior to delivering the airplane, the flight crew on board makes the final decision based on actual conditions at the time of dispatch. The pilot in command (PIC) can, based on existing circumstances, decide not to dispatch until repairs are made or can elect to defer maintenance per the airline's MEL. Maintenance must abide by that decision.

Associated with the MEL is a dispatch deviation guide (DDG) that contains instructions for the line maintenance crew when the deviation requires some maintenance action that is not necessarily obvious to the mechanic. A dispatch deviation guide is published by the airplane manufacturer to instruct the mechanic on these deviations. The DDG contains such information as tying up cables and capping connectors from removed units, opening and placarding circuit breakers to prevent inadvertent power-up of certain equipment during flight, and any other maintenance action that needs to be taken for precautionary reasons. Similar to the MEL is a configuration deviation list (CDL). This list provides information on dispatch of the airplane in the event that certain panels are missing or when other configuration differences not affecting safety are noted. The nonessential equipment and furnishing (NEF) items list contains the most commonly deferred items that do not affect airworthiness or safety of the flight of the aircraft. This is also a part of the MEL system.

附录 3　常用航空维修专业术语

"A" Check,"A"检。一种定期例行维修检查,大约每月进行一次,不同机型有不同的具体周期规定。

AC (Airworthiness Certificate),适航证。适航当局对所制造的每一架航空器颁发的适航证,以保证该航空器已经按照型号合格证(TC)标准制造并按照适航状态向顾客交付。

Accidental Damage,意外损伤。指因为飞机之外的物体或影响,由于接触或碰撞引起一个项目的物理性能恶化；也指在飞机制造、运营或者维修期间发生的人为差错引起的损伤。

AD (Airworthiness Directive)，适航指令。适航当局在某一航空产品存在不安全状态的时候所颁发的一种文件。适航指令可以规定各种检查、更改、状态或限制要求，满足了这些要求，产品才可以继续从事运营，适航指令具有强制性。

AFM(Airplane Flight Manuel)，飞机飞行手册。包含性能极限，操作极限，操作程序，起飞和着陆性能等资料的法定文件。

Airworthiness，适航性。指飞机满足了联邦航空局制定的安全飞行标准，并且按照飞行状态配备设备和维护。

AMM (Airplane Maintenance Manual)，飞机维修手册。飞机制造商制定的文件，包含了关于飞机及其安装设备的有关数据资料。

AMT (Aviation Maintenance Technician)航空维修技术员。指在飞机、动力装置、航空电子等领域经过培训和考核的专业人员。

AOG (Aircraft On Ground)，飞机停飞。指飞机停飞(即停在地面)等待紧急备件，没有该备件飞机就无法继续使用。

APU (Auxiliary Power Unit)，辅助动力装置。一种涡轮发动机，发动机在地面尚未工作的时候，APU 为其提供电源，有时候当一台发动机空中停车时(ETOPS)，用来代替其驱动发电机。

ARINC(Aeronautical Radio Incorporated)，航空无线电公司。行业组织，制定并出版电子设备和系统的规范。

ARM，预位。部件可以开始工作的状态。

ATA (Air Transport Association of America)，美国航空运输协会。美国商用航空营运人的一个行业组织。

ATC (Air Traffic Control)，空中交通管制。管理全国空中交通服务、民用航空通信、导航、监视、航空气象、航行情报等，以促进空中交通安全、有序和迅速有效地运行。

BITE (Built-In Test Equipment)，机内测试设备。是与某些系统有连接的专门设备，用以监督该系统的状态和运行情况，并协助确定故障位置。

Block Hours，航段小时。指从飞机离开登机门(轮挡去掉)的时刻到飞机停在目的地机场的登机门(轮挡放到适当位置)的时刻所经过的小时数。

CAAC (Civil Aviation Administration of China)，中国民用航空局。是中华人民共和国国务院中由交通运输部管理的国家局，主管我国民用航空事业。

“C” Check，“C”检。一种定期例行维修检查，大约每 12～18 个月进行一次。

CAMP (Continuous Airworthiness Maintenance Program)，持续适航维修大纲，是适航当局批准的商用航空器营运人维修大纲。

CCAR(Chinese Civil Aviation Regulations)，中国民航规章。中国民航管理的航空公司和其他航空企业全部按照 CCAR 的要求来建立和健全各自的管理体系。

CDL (Configuration Deviation List)，构型偏离清单。是对型号合格证的一种修正文件，它列出了一些飞机和发动机零部件，只要它们与安全无关，这些零部件可以缺件签派，并且按照 CDL 的规定，对于这种偏离，飞机签派要有一定的限制规定。

CM (Condition Monitoring)，状态监控。对没有明显特征的项目的一种维护方法，通过这种方法，确立定时维修或视情维修的周期，以便确定设备的可使用性。状态监控项目一直用到有故障为止。

Critical Failure，关键故障。指涉及功能丢失或二次损伤的那些故障，这些故障可能会对运营安全产生不利的影响。

Daily Check，日检。是指当飞机停在地面达 4 h 以上时，每天或在任何时候进行的维修检查。对于最近的飞机型号，这种检查已经改为 48 h 的检查周期。

D&O (Description and Operation)，结构说明与工作原理。是飞机维修手册的一部分，说明飞机的各个系统是如何工作的。

DDG (Dispatch Deviation Guide)，签派偏差指南。维修的指导原则，指为了安全飞行，对于按照最低设备清单保留的那些故障项目，在签派时必须有正确的构型配置。

Detailed Inspection，详细检查。是对规定的零件、组件或设备的一种强化的目视检查，在检查时往往使用充分的照明，并在必要时使用辅助检验工具(如镜子、放大镜等)。

Discard，报废。指在规定的寿命后，部件卸下来永远弃之不用的行为。

DMI (Deferred Maintenance Item)，推迟维修项目。也叫保留维修项目，是指按照最低设备清单或构型偏离清单保留的维修项目，放到以后合适的时间完成。

EBU (Engine Build-Up)，发动机装配/安装。是将某些部件按照构型要求安装到基本型发动机上的一种工艺过程，以便于将发动机安装到具体飞机和具体部位上。这样有利于发动机更快地更换。

Engine Cycle，发动机周期。指飞机发动机从起动到停车的工作时间。

Entropy，热力工程学中的熵值。是一种无用能，是理论值与实际值之间的差。

ETOPS (Extended range operations with two-engine aircraft)，双发飞机延程运营。指允许双发飞机营运人从适当的备用机场延长航程飞行达 180 min(或更多)。

Evident Failure，明显故障。指飞行机组可以察觉到的飞机系统或部件的故障。

FAA (Federal Aviation Administration)，联邦航空局。是美国运输部的下属机构，负责航空和航空运输业。

Failure Effect，故障效应。指一个具体故障对系统运营的影响。

Failure Mode，故障模式。指系统或部件可能发生故障的方式。

FAR (Federal Aviation Regulation)，联邦航空条例。

Fatigue Damage，疲劳损伤。是指由于周期性负荷引起的一处或多处裂纹，以及这类裂纹的随后扩展。

FH (Flight hours)，飞行小时。指从飞机起飞(机轮离地)到着陆(机轮触地)测试到的实际飞行时间。

FIM(Fault Isolation Manuel)，故障隔离手册。内含隔离并排除飞机故障程序的手册，供航空公司维修机械员使用。

FRM(Fault Reporting Manuel)，故障报告手册。机组使用的一本手册，用以帮助他们报告飞机系统的故障。

Functional Check，功能检查。一种量化检查，用以确定一个项目的每一个功能是否按照规定的限制条件执行。这种检查可以要求使用辅助设备。

General Visual Inspection，一般目视检查。指通过目视检测检查那些明显的不满意的状态或偏差。

GMM (General Maintenance Manual)，一般维修手册。是航空公司的技术政策与程序手册的另一种叫法。

HF (Human Factor)，人为因素。

HFM (Human Factor in Maintenance)，维修中的人为因素。

Hidden Failure，隐蔽故障。是指对于飞行机组不明显的(不易察觉的)飞机系统或部件的故障。

HMG (Hydraulic Motor Generator)，液压马达发电机。是由液压系统提供动力的交流发电机，以便为 ETOPS 运营提供补充能源。

HMV (Heavy Maintenance Visit)，重大维修检查。是一种维修检查，涉及结构检查、重大更改和其他重大修理。这种维修检查通常会延长停飞时间。

HT (Hard Time)，定时维修。是一种主要的维修程序，要求在规定的周期更换部件(在寿命期内)。

IATA (International Air Transport Association)，国际航空运输协会。是国际航空的一个行业组织。

IDG (Integrated Drive Generator)，综合驱动发电机。靠飞机发动机驱动的一种发电机。

IFSD (In-Flight Shutdown)，飞机的一台发动机空中停车。

Inherent Reliability，固有可靠性。是指部件或系统在设计上的可靠性，这种可靠性是设计与预防维修共同努力的综合结果。

Inspection，检验。是指对一个项目的检查并对照具体标准加以比较。

ISC (Industry Steering Committee)，工业指导委员会，是由制造商和营运人中有经验的代表组成，在制定飞机维修大纲时，监督维修指导组(MSG)的各项活动。

ISO (International Standards Organization)，国际标准化组织。是一个国际组织，负责制定世界范围内的质量标准。

IWG (Industry Working Group)，工业工作组。由航空工业专家组成的一个团队，负责制定新飞机或派生飞机的维修大纲。

LCD (Liquid Crystal Display)，液晶显示。是仪表显示装置的一种类型。

LEP (List of Effective Pages)，有效页清单(目录)。标明文件的各个页，包括最新的修正(有助于区分丢失页或增加页)。

Letter Check，字母标识的检查。对于某些维修工作，有标准的检查周期，可以称之为 A、B、C 等。航空公司可以用其他叫法。检查的频度在飞机与飞机、营运人与营运人之间都是不同的，可用飞行小时、飞行周期或者日历时间来计算。

LRU (Line Replaceable Unit)。航线可更换装置。飞机部件设计得便于快速拆卸与安装，以便减少维修停飞时间，并尽量减少飞行中断时间。

Lubrication，润滑。是添加润滑油、润滑脂或其他物质的一种养护方法，其作用是，通过减少摩擦和/或把热量传导出去，保持装置或系统的固有设计能力。

Maintenance Zone，维修区域。是飞机上标明的区域，在该区域内，可以对所有的元器件进行目视检查。

MCC (Maintenance Control Center)，维修控制中心。对于正在使用中的飞机，该中心是飞行航线上维修活动的枢纽。

MEL (Minimum Equipment List)，最低设备清单。指飞行机组同意在短期内带故障飞行的那些设备的清单。故障项目处理的时间周期是按照适航当局和飞机制造商在主最低设备清单中的规定。营运人按照其飞机构型制定自己的最低设备清单。

MMEL (Master Minimum Equipment List)，主最低设备清单。是 MEL 项目的主清单，包括了用于该飞机型号的所有有关项目，不管有没有安装到营运人的飞机上。主最低设备清单是由飞机制造商制定的，并由适航当局批准。

MOE (Maintenance Organization Exposition)，维修单位说明。是航空公司技术政策与程序手册的另一种叫法。

MPD (Maintenance Planning data Document)，维修计划数据文件。对于给定型号的飞机，规定了维修审查委员会和其他组织建议的维修任务项目。

MPRB (Maintenance Program Review Board)，维修大纲审查委员会。是航空公司的持续分析与监督系统项目的主管机构，由处级领导和各业务中心的经理组成。

MRB (Maintenance Review Board)，维修审查委员会。是联邦航空局的一个组织机构，用以监督飞机维修大纲的制定，该大纲是按照 MSG 程序制定的。

MRBR (MRB Report)，维修审查委员会报告。是指联邦航空局批准的维修大纲，该大纲由工业部门按照 MSG 程序制定，规定了对具体飞机的维修要求。

MSDS (Material Safety Data Sheet)，材料安全数据单。是关于一些化学物品的安全须知，上面提供了有关产品的潜在危险的数据、要求的使用安全标准以及搬运该产品需要的应急措施。

MSG (Maintenance Steering Group)，维修指导组。由制造商、营运人和规章制定当局的人员组成，负责对新型号和派生型号飞机的维修大纲的制定。

MSI (Maintenance Significant Item)，重大维修项目。是由制造商确定的项目，其故障既会影响安全，也会使航空公司在运营或经济上受到影响，并且可能不为飞行机组所察觉。

MTBUR (Mean time Between Unscheduled Removals)，非计划拆卸的平均时间(可修理的设备)。

MTTF (Mean Time To Failure)，平均故障时间(不可修理的设备)。

MTTR (Mean Time To Repair)，平均修理时间(在车间维修的时间)。

NDI (Non Destructive Inspection)，无损检验，是一种不改变(或损伤)受检物件的检验技术。

NDT (Nondestructive test)，无损探伤试验。是一种试验技术，它不会引起所试验的设备、部件的改变。

NDT/NDI or NDT/I，无损探伤试验和检查。

NFF (No Fault Found),无故障发现。

OC (On Condition),视情维修。是一个主要的维修程序,用以安排定期的检查或试验,以便确定部件或系统是否还有可使用性。

Operating Cycle,运营周期。指一个飞机连续完成的起飞、飞行和着陆的整套过程。

Operational Check,运营检查。是一项维修任务,用以确定一个项目是否实现了它的预期目的,所以,这是一项故障发现任务,不需要量化容差或者除了项目本身以外的任何其他设备。

Ops Specs (Operation Specifications),运营规范。这是航空公司按照具体飞机型号制定的文件,详细规定了航空公司的运营与维修大纲,并且该大纲必须经过适航当局的批准。

PC (Production Certificate),生产许可证。是联邦航空局对已批准航空器型号的制造商颁发的一种合格证书。

PIREP (Pilot Report),飞行员报告。是飞行机组成员所作的履历本记录或其他报告(口头的或电子的),涉及飞机偏差或故障。

PP&C (Production Planning and Control),生产计划与调度。是维修与工程单位的一个部门,负责计划并安排航空公司的所有维修活动。

QA (Quality Assurance),质量保证。是维修与工程单位中的一个部门,负责制定运营标准,并负责监督营运人的各个部门,以便保证这类标准均得以满足。

QC (Quality Control),质量控制,是维修与工程单位的一个部门,负责对维修工作进行检查(必要时),并负责对工具和试验设备进行校验。

QEC (Quick Engine Change),发动机快速更换。指对飞机发动机用最短的停飞时间进行拆卸与更换的程序。所有与发动机安装有关的一切活动均应在发动机快速更换程序进行之前完成,以便有利于快速拆卸与安装。

R&I (Removal and Installation),拆卸与安装。是对指定为航线可更换装置的飞机部件或系统进行拆卸与安装的程序。

Redundancy,余度。按照并列或者主/次安排使用的两套或更多套的项目,以保证万一有一套发生故障时能充分支持运营。

Reliability,可靠性。指一个项目在规定的状态下和规定的时间范围内,执行要求的功能而没有发生故障的概率。

Reliability Program,可靠性大纲。该文件包括了一套规章和措施,以便于对维修及维修大纲进行管理和控制。

Residual Failure,残余故障。一种故障模式,如果对建议的装置改装或对建议的维修大纲更改拒绝执行,这种故障就仍然存在。在决定贯彻还是不贯彻这种更改的时候,必须考虑为这些故障付出的代价。

Restoration,修复(或恢复)。通过该维修工作,必须使一个项目恢复到一个具体标准。

RII (Required Inspection Item),必检项目。如果对这些项目没有正确地进行维修或者使用了不适当的零件,这些项目可能会引起飞机的不安全运营。

SB (Service Bulletin),服务通告。是由制造商颁发的文件,用以更改或改进飞机部件或系统,该通告可能会包括零件的替代、特殊的检验或检查以及寿命限制的更改。

Scheduled Maintenance，计划维修。指那些简单的维修和/或养护活动，按照规定间隔进行，用以保持系统固有的安全与可靠性水平。

SD (Standard Deviation)，标准偏离。一种统计参数，表明各个数据点围绕一个平均值相对分散的情况。

Servicing，养护。是对部件和/或系统的基本的护理行为，以便保持其固有的设计能力。

SL (Service letter)，服务信函。制造商颁发的文件，表明维修建议或新的程序。

SSI (Structurally Significant Item)，重大结构项目。指对飞机载荷起重大作用的任何零件、元件或组件，其故障可能会影响到飞机安全需要的结构完整性。

TC (Type Certificate)，型号合格证。是适航当局颁发的一种合格证书，标明了所批准的具体航空器设计。

Transit Check，过站检查。指在每次飞行之前（在飞机周转的时候）所进行的维修检查。

Troubleshooting，排故。是研究与分析问题的过程，以便找准原因并解决问题。

TN (Tail Number)，尾号。飞机的识别号码，通常用漆喷涂在尾翼上。

Unscheduled Maintenance，非计划维修。指为了把已有故障的或者性能尚未恶化到可使用水平以下的项目修复到其固有的（设计上的）可靠性与安全性水平而进行的维修。

Validation，批准/确认/证实。指对一个试验程序经过实际的成功实施之后予以接受或认可。

Verification，验证/核实。指对一个试验程序根据对处于试验阶段的装置的了解和对程序的理解予以接受或认可。

Visual Check，目视检查，对一个项目进行观察，看它是否正在实现其预期的用途。这是一种故障发现任务，不需要量化容差。

Zonal Inspection，区域检查。指在飞机的一个具体领域（或区域）所进行的几个目视检查任务。